高等学校电子信息类专业系列教材

数字电路设计及 Verilog HDL 实现

（第二版）

康磊　李润洲　编著

西安电子科技大学出版社

内 容 简 介

本书结合现代数字系统设计技术的发展，从教学和实际应用的角度出发，在系统地介绍数字电路分析和设计基本理论、基本方法的基础上，着重分析和说明采用 Verilog HDL 进行数字系统设计和实现的方法。本书主要内容包括数字系统设计概述、数字技术基础、Verilog HDL 基本语法、组合逻辑电路分析和设计、时序逻辑电路分析和设计、可编程逻辑器件原理、Verilog HDL 综合设计实例、Quartus II 开发环境简介等，并将 Verilog HDL 的介绍渗透于各个章节。

本书在内容上由浅入深，实用性强，既可以作为高等院校通信与电子类专业本科生的教材或参考书，也可以作为各类电子系统设计科研人员和硬件工程师的参考书。

图书在版编目(CIP)数据

数字电路设计及 Verilog HDL 实现/康磊，李润洲编著. —2 版.
—西安：西安电子科技大学出版社，2019.1(2022.9 重印)
ISBN 978 - 7 - 5606 - 5094 - 4

Ⅰ. ① 数…　Ⅱ. ① 康…　② 李…　Ⅲ. ① 数字电路—电路设计
② VHDL 语言—程序设计　Ⅳ. ① TN79　② TP312

中国版本图书馆 CIP 数据核字(2018)第 300090 号

责任编辑　雷鸿俊　刘玉芳
出版发行　西安电子科技大学出版社(西安市太白南路 2 号)
电　　话　(029)88202421　88201467　　邮　　编　710071
网　　址　www. xduph. com　　　　电子邮箱　xdupfxb001@163. com
经　　销　新华书店
印刷单位　咸阳华盛印务有限责任公司
版　　次　2019 年 1 月第 2 版　2022 年 9 月第 6 次印刷
开　　本　787 毫米×1092 毫米　1/16　印张　27.5
字　　数　654 千字
印　　数　10 001～13 000 册
定　　价　65.00 元
ISBN 978 - 7 - 5606 - 5094 - 4/TN
XDUP 5396002 - 6

前　言

作为一名长期从事数字电路教学的教师，笔者一直希望在教学中能够将最新的专业理论和技术讲授给学生，但是教材总是滞后的事实使教师在教学中不得不面对诸多问题。学生在学习完数字电路设计课程后，只能用传统电路设计方法实现系统，如果在其他教学环节，如课外电子大赛、课程设计、毕业设计中涉及复杂系统、EDA 设计、可编程逻辑器件等问题，则往往需要进行额外的教学或让学生自学，学生毕业后在实际工作中也经常面临同样的问题。因此，笔者萌生了根据自己的教学和实践经验编写一本教材的想法，希望在教材中能够融入可编程逻辑器件、硬件描述语言、EDA 开发技术等内容。

硬件描述语言在数字系统设计中扮演着极其重要的角色。有两种硬件描述语言先后被 IEEE 采纳，成为了标准的硬件描述语言，它们分别是 VHDL 和 Verilog。目前，国内有许多关于硬件描述语言的教材，其中大部分都是用 VHDL 语言来实现的。本书选用 Verilog 硬件编程语言的主要原因是：Verilog 与 C 语言有很多相同点，并且大专院校都开设 C 语言课程，这给教学带来很大方便。

为了保持数字电路内容的完整性和理论的系统性，本书以数字电路系统的设计原理为主线，同时系统地阐述了采用 Verilog 作为硬件编程语言进行 EDA 设计的方法。本书包括数制与编码、逻辑代数、组合逻辑电路、触发器、时序逻辑电路等基本内容；为了使读者掌握 EDA 技术，书中增加了 Verilog 语言规则、可编程逻辑电路等有关内容，以目前广泛使用的 Altera 公司的 Quartus Ⅱ 13.0 开发环境为例，详细说明了进行 EDA 开发的流程；为了使读者全面系统地掌握 Verilog HDL 设计方法，书中还以几种典型数字系统设计为实例，详细说明了 EDA 设计实现的全过程。书中对由分立元件、中规模逻辑电路和可编程逻辑器件完成电路设计和实现的方法进行了分析和对比，由浅入深，层层深入。

本书共由 8 章组成。

第 1 章介绍了数字系统的基本概念和数字系统的设计方法，并对电子设计自动化(EDA)流程做了简要说明。

第 2 章首先说明了数字信号的表示方法，然后介绍了逻辑代数的基本定理、公式、逻辑函数及逻辑函数的化简，最后说明了集成逻辑门电路的工作原理和外部特性。

第 3 章介绍了硬件描述语言 Verilog 的基本语法规则和常用语句，并对 Verilog 建模的方法进行了说明。

第 4 章详细阐述了组合逻辑电路的分析、设计方法，对常用组合逻辑单元电路的功能和应用进行了说明，并给出了每种单元电路的 Verilog 描述。

第 5 章详细阐述了时序逻辑电路的基本理论、分析和设计以及如何用 Verilog HDL 实现典型单元电路。

第 6 章介绍了可编程逻辑器件 SPLD、复杂可编程逻辑器件 CPLD 和现场可编程门阵列 FPGA 的原理与结构，并对可编程逻辑器件的编程方法进行了简要说明。

第 7 章以综合实例的形式讲述了采用 Verilog HDL 进行数字系统设计和实现的全过程。

第 8 章详细介绍了 Altera 公司的 Quartus Ⅱ 集成开发环境的特点、硬件系统开发流程以及开发过程中每个步骤的操作流程。

本书由康磊和李润洲合作编写。康磊负责第 4、5、7、8 章的编写，李润洲负责第 1、2、3、6 章的编写，书中所有的 Verilog 源代码都经过调试。

本书从教学和工程角度出发，力图做到理论严谨、内容新颖、实用性较强，将 EDA 设计技术应用于数字电路及计算机硬件的教学中，缩小高校教学与应用的距离，使学生为今后的项目开发打下良好的基础。希望此书能够对电子工程人员和高校相关专业师生有所帮助。

由于作者水平有限，加之时间仓促，本书可能有疏漏和不足之处，敬请广大读者批评指正。作者的电子邮箱为 kangl@xsyu.edu.com。

作　者
2018 年 9 月

目　　录

第 1 章　数字系统设计概述 ……………………………………………………… 1

1.1　数字系统的基本概念 …………………………………………………… 1

1.2　数字系统的设计方法 …………………………………………………… 4

   1.2.1　三类常用芯片 …………………………………………………… 4

   1.2.2　数字系统的设计过程 …………………………………………… 5

1.3　EDA 技术基础 …………………………………………………………… 7

   1.3.1　硬件描述语言 HDL …………………………………………… 8

   1.3.2　EDA 软件开发工具 …………………………………………… 10

   1.3.3　EDA 芯片的设计开发流程 …………………………………… 11

习题 ……………………………………………………………………………… 12

第 2 章　数字技术基础 …………………………………………………………… 13

2.1　数制与编码 ……………………………………………………………… 13

   2.1.1　进位计数制 ……………………………………………………… 13

   2.1.2　数制转换 ………………………………………………………… 15

   2.1.3　几种常用的编码 ………………………………………………… 17

2.2　逻辑代数 ………………………………………………………………… 20

   2.2.1　基本逻辑运算 …………………………………………………… 20

   2.2.2　复合逻辑运算 …………………………………………………… 23

   2.2.3　逻辑函数 ………………………………………………………… 27

   2.2.4　逻辑代数的基本定律、规则和公式 …………………………… 30

   2.2.5　逻辑函数的标准形式 …………………………………………… 32

2.3　逻辑函数的化简 ………………………………………………………… 35

   2.3.1　代数法化简逻辑函数 …………………………………………… 36

   2.3.2　卡诺图法(图解法)化简逻辑函数 …………………………… 38

   2.3.3　含有任意项的逻辑函数化简 …………………………………… 46

2.4　逻辑门电路 ……………………………………………………………… 48

   2.4.1　逻辑门电路概述 ………………………………………………… 48

   2.4.2　TTL 集成逻辑门 ……………………………………………… 52

   2.4.3　CMOS 电路 …………………………………………………… 60

习题 ……………………………………………………………………………… 66

第 3 章　Verilog HDL 语法基础 ……………………………………………… 70

3.1　Verilog HDL 程序的基本结构 ………………………………………… 70

   3.1.1　Verilog HDL 设计风格 ……………………………………… 70

   3.1.2　Verilog HDL 模块结构 ……………………………………… 73

3.2　Verilog HDL 基本语法 ………………………………………………… 76

　　3.2.1　分隔符、标识符和关键字 ·· 76

　　3.2.2　常量 ·· 77

　　3.2.3　变量 ·· 80

3.3　Verilog HDL 运算符 ··· 83

3.4　Verilog HDL 常用建模方式 ·· 88

　　3.4.1　Verilog HDL 门级建模 ··· 88

　　3.4.2　Verilog HDL 数据流建模 ·· 91

　　3.4.3　Verilog HDL 行为建模 ··· 93

3.5　模块化的电路设计 ··· 100

　　3.5.1　分层次电路设计 ·· 100

　　3.5.2　任务和函数的使用 ·· 102

　　3.5.3　编译预处理命令 ·· 104

习题 ·· 106

第 4 章　组合逻辑电路 ·· 108

4.1　组合逻辑电路概述 ··· 108

4.2　组合逻辑电路分析 ··· 108

　　4.2.1　组合逻辑电路分析方法 ·· 108

　　4.2.2　简单组合逻辑电路分析举例 ······································ 109

4.3　组合逻辑电路设计 ··· 111

　　4.3.1　用中小规模集成电路设计组合逻辑电路 ······························ 112

　　4.3.2　用 Verilog HDL 设计组合逻辑电路的方法 ···························· 112

　　4.3.3　组合逻辑电路设计举例 ·· 113

4.4　常用组合逻辑电路 ··· 121

　　4.4.1　加法器 ·· 121

　　4.4.2　编码器 ·· 126

　　4.4.3　译码器 ·· 132

　　4.4.4　数据选择器和数据分配器 ·· 144

　　4.4.5　数值比较器 ·· 153

　　4.4.6　奇偶产生/校验电路 ··· 157

4.5　组合电路中的竞争与险象 ·· 161

　　4.5.1　竞争与险象的概念 ·· 161

　　4.5.2　险象分类 ·· 162

　　4.5.3　险象的判别 ·· 164

　　4.5.4　险象的消除 ·· 165

习题 ·· 167

第 5 章　时序逻辑电路 ·· 170

5.1　时序逻辑电路概述 ··· 170

　　5.1.1　时序逻辑电路的特点 ·· 170

　　5.1.2　时序逻辑电路的分类 ·· 171

5.2　集成触发器 ··· 171

　　5.2.1　触发器的工作原理 ·· 172

　　5.2.2　常用触发器 ·· 176

　　5.2.3　各种类型触发器的相互转换 ·· 189

5.3 时序逻辑电路分析 ·· 191

    5.3.1 同步时序逻辑电路分析 ······································· 192

    5.3.2 异步时序逻辑电路分析 ······································· 195

5.4 时序逻辑电路的设计方法 ··· 198

    5.4.1 同步时序逻辑电路的传统设计方法 ·························· 199

    5.4.2 异步时序逻辑电路的传统设计方法 ·························· 213

    5.4.3 用 Verilog HDL 描述时序逻辑电路 ······················· 216

5.5 常用时序电路及其应用 ··· 222

    5.5.1 计数器 ··· 222

    5.5.2 寄存器 ··· 243

习题 ·· 262

第 6 章　可编程逻辑器件 ··· 267

6.1 可编程逻辑器件概述 ··· 267

    6.1.1 可编程逻辑器件的概念 ······································· 267

    6.1.2 可编程逻辑器件的发展历程 ·································· 268

    6.1.3 可编程逻辑器件的分类 ······································· 269

6.2 PLD 的编程元件 ·· 270

    6.2.1 熔丝型开关 ·· 270

    6.2.2 浮栅型编程元件 ·· 271

    6.2.3 SRAM 编程元件 ··· 274

6.3 简单 PLD 的原理与结构 ··· 275

    6.3.1 PLD 的阵列图符号 ··· 275

    6.3.2 可编程逻辑阵列 PLA ·· 277

    6.3.3 可编程阵列逻辑 PAL ·· 278

    6.3.4 通用阵列逻辑 GAL ·· 280

6.4 复杂可编程逻辑器件 CPLD ·· 282

    6.4.1 CPLD 的原理与结构 ··· 282

    6.4.2 CPLD 器件实例 ·· 283

6.5 现场可编程门阵列 FPGA ·· 288

    6.5.1 FPGA 的原理与结构 ··· 288

    6.5.2 FPGA 器件实例 ·· 290

6.6 CPLD 和 FPGA 的编程 ··· 299

    6.6.1 在系统可编程技术 ·· 299

    6.6.2 JTAG 边界扫描测试技术 ····································· 301

习题 ·· 305

第 7 章　Verilog HDL 综合设计实例 ······································ 307

7.1 分频器的设计 ··· 307

    7.1.1 偶数分频器 ·· 307

    7.1.2 奇数分频器 ·· 311

    7.1.3 半整数分频器 ··· 315

7.2 乐曲播放器 ··· 317

    7.2.1 时钟信号发生器模块 ·· 318

    7.2.2 音频产生器模块 ·· 319

7.2.3 乐曲存储模块 …………………………………………………… 322

7.2.4 乐曲控制模块 …………………………………………………… 330

7.2.5 乐曲播放器顶层模块 …………………………………………… 331

7.3 电子表 ………………………………………………………………… 332

7.3.1 时钟调校及计时模块 …………………………………………… 332

7.3.2 整数分频模块 …………………………………………………… 335

7.3.3 时钟信号选择模块 ……………………………………………… 336

7.3.4 七段显示模块 …………………………………………………… 337

7.3.5 顶层模块的实现 ………………………………………………… 339

7.4 VGA 控制器 …………………………………………………………… 339

7.4.1 VGA 显示原理 …………………………………………………… 339

7.4.2 VGA 控制信号发生器 …………………………………………… 342

7.4.3 像素点 RGB 数据输出模块 ……………………………………… 354

7.4.4 顶层模块的设计与实现 ………………………………………… 355

7.4.5 RGB 模拟信号的产生 …………………………………………… 357

7.5 简单模型机设计 ……………………………………………………… 357

7.5.1 指令系统设计 …………………………………………………… 357

7.5.2 数据通路设计 …………………………………………………… 362

7.5.3 系统各功能模块设计 …………………………………………… 364

7.5.4 指令时序设计 …………………………………………………… 374

7.5.5 控制器设计 ……………………………………………………… 378

习题 ………………………………………………………………………… 391

第 8 章　Quartus Ⅱ 开发环境简介 ………………………………………… 392

8.1 Quartus Ⅱ 简介 ……………………………………………………… 392

8.1.1 Quartus 软件的版本 …………………………………………… 392

8.1.2 Quartus Ⅱ 软件的主要特性 …………………………………… 392

8.1.3 Quarts Ⅱ 软件的开发流程 …………………………………… 393

8.2 Quartus Ⅱ 开发环境的建立 ………………………………………… 396

8.2.1 系统配置要求 …………………………………………………… 396

8.2.2 Quartus Ⅱ 软件的下载 ………………………………………… 396

8.2.3 Quartus Ⅱ 软件的安装 ………………………………………… 397

8.2.4 安装下载线缆驱动程序 ………………………………………… 400

8.3 Quartus Ⅱ 软件的开发过程 ………………………………………… 402

8.3.1 建立新项目 ……………………………………………………… 402

8.3.2 设计输入 ………………………………………………………… 407

8.3.3 编译 ……………………………………………………………… 412

8.3.4 功能仿真 ………………………………………………………… 413

8.3.5 时序仿真 ………………………………………………………… 420

8.3.6 工程配置及引脚分配 …………………………………………… 421

8.3.7 器件编程和配置 ………………………………………………… 426

习题 ………………………………………………………………………… 429

参考文献 ……………………………………………………………………… 430

第 1 章 数字系统设计概述

数字系统在日常生活中扮演着越来越重要的角色，其例子不胜枚举，如手机、数字电话、数字电视、数码相机、手持设备、互联网络以及最典型的数字计算机等。除了在日常生活中的应用，数字系统也已广泛应用于通信、航天、自动控制、医疗、教育、气象等工业、商业、科学研究诸多领域。

本章介绍关于数字系统、数字系统的设计方法和电子设计自动化(EDA)技术的相关基础知识。

1.1 数字系统的基本概念

1. 数字信号

数字系统的一个典型特征就是能够表示并处理离散的信息量。离散的信息量是非连续物理量的数值表述，这样的物理量称为数字量。例如，0~9 十个阿拉伯数字、26 个英文字母、工厂生产的产品个数、某一年级的学生人数等。数字量在时间和数值上都不连续，其变化总是发生在一系列离散的瞬间，如工厂产品的生产只能在一些离散的时间点完成，且产品个数只能一件一件地增加。

数字量在数字系统中只采用 0、1 两种数码表示，因为只有两种取值，所以称为二进制。二进制的 0、1 数码是构成数字信息的基本元素，不论所表示的是 1 位还是多位的数值信息，存储设备的地址信息还是计算机的指令信息，都用由这两个数码组合形成的二进制形式代码表示。采用二进制的一个主要原因是只需要两种不同的电路状态就可分别表示出 0 和 1，不但电路易于实现，而且易于分辨。

表示 0、1 数码的两种状态，可以是低电平和高电平，也可以是无脉冲和有脉冲等。这类用于表示数字量，且参数具有离散特征的电信号称为数字信号。图 1.1.1 给出了数字量 110100010 的两种数字信号波形。图 1.1.1(a)中高电平表示"1"，低电平表示"0"；图 1.1.1(b)中有脉冲表示"1"，无脉冲表示"0"。

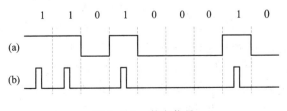

图 1.1.1 数字信号

数字系统可以对数字量进行描述和处理。但有些时候，人们也可能面对一些具有连续变化特性的物理量，如正弦交流信号、压力、温度、速度等，这样的物理量称为模拟量。模拟量在时间和数值上都是连续的，也就是说，在某一个瞬间，它可以是取值范围内某一区间的任意值。模拟量不能直接送入数字系统，需要经过采样、量化、编码，将其转化为数字量后才可由数字系统表示并处理。比如，采集正弦交流信号在某些时间点的电压值，并将其划分到某个数值等级内(量化)，然后将每一个等级转化为一组对应的二进制编码。为处理模拟量，需要在数字系统中加入模/数(Analog/Digital，A/D)转换器来完成从模拟量到数字量的转化。

2. 数字电路

工作于数字信号的电路称为数字电路。数字电路采用二进制，1、0 两种数码正好对应于两种逻辑状态——真和假，因此可方便地进行逻辑运算和逻辑处理。逻辑运算是数字电路最基本的运算形式，因此数字电路也称为数字逻辑电路。

数字电路的发展经历了电子管、晶体管分立器件电路，直到现在广泛应用的集成电路。经过半个多世纪的发展，数字电路的应用几乎延伸到了所有的领域。

数字电路中，实现基本逻辑运算的电子电路称为门电路，如用于实现"与"运算的与门、实现"或"运算的或门等。采用少量的门电路还可以很容易地构成一种能够存储并记忆 1 位二进制信息的逻辑部件，称为触发器。门电路和触发器是数字电路最基本的电路单元。早期的门电路是由导线将晶体管、电阻等独立的元件连接形成的，称为分立元件门电路。从 20 世纪 60 年代开始，构成门电路或触发器的电子电路可以被制作于一个半导体芯片中，形成了目前广泛应用的集成电路 IC(Integrated Circuit)。

集成电路的一个重要指标是集成度。集成度指每个芯片或芯片每单位面积中包含的晶体管的数量，通常用于表示集成电路的规模。集成门电路和集成触发器的结构简单，只包含少量的晶体管，集成度低，规模小，因此被称为小规模集成电路 SSIC(Small Scale Integrated Circuit)。但从此后，随着集成电路技术的迅速发展，更多的晶体管，甚至是整个电路都能够被制作于一个芯片中，形成了规模更大的集成电路。依据集成度的高低，数字电路分为小规模集成电路 SSIC、中规模集成电路 MSIC(Middle Scale Integrated Circuit)、大规模集成电路 LSIC(Large Scale Integrated Circuit)、超大规模集成电路 VLSIC(Very Large Scale Integrated Circuit)、甚大规模集成电路 ULSIC(Ultra Large Scale Integrated Circuit)和巨大规模集成电路 GSIC(Giga Scale Integrated Circuit)等类别。按照制造工艺，集成电路早期采用双极型晶体管作为主要电子器件，问世较早，在长期的使用过程中，逐渐演化形成 TTL 标准。但 TTL 电路有较大的静态功耗，难以实现高集成度。20 世纪 60 年代，CMOS 电路出现，具有显著的低功耗、高密度等特性，适用于大规模集成电路制造，逐渐取代 TTL 电路的主导地位，发展成为主流的电路形式。之后几十年，CMOS 电路通过改进制备工艺来等比例缩小器件关键参数，以及改善材料特性等方法，集成度和性能获得稳定提升。2011 年，Intel 公司推出以 FinFET(Fin Field-Effect Transistor，鳍式场效应晶体管)为基础器件的集成电路产品，突破传统晶体管以缩小参数方式提升集成度的物理瓶颈，获得广泛关注，成为许多厂家选择替代传统晶体管的主要电子器件。

数字电路的主要研究对象是电路的输入与输出之间的逻辑关系，所采用的主要分析工具是逻辑代数。逻辑代数是描述客观事物逻辑关系的数学方法，由英国数学家乔治·布尔

(George Boole)于 1849 年创立，所以也称为布尔代数。逻辑代数广泛应用于线路设计和自动化系统中，是分析和设计数字电路的数学基础。对数字电路逻辑功能的描述，通常采用的方法有真值表、逻辑表达式、逻辑电路图、波形图、状态转移图等。目前，使用硬件描述语言以文本的方式描述电路的结构与功能，逐渐成为设计复杂数字逻辑电路的主要手段。

3. 数字系统

一直以来，数字电路的一项主要研究内容就是如何实现对数字信息的可靠存储、方便快速的运算及满足应用需求的各种操作处理。为达到这一目标，通常需要将多个数字电路功能模块有机地组织成一个电子系统，在控制电路的统一协调指挥下，完成对数字信息的存储、传输和处理等操作，这样的系统称为数字系统。数字系统的实现基于数字电路技术，处理的是以二进制形式表示的具有离散特征的数据。从这个角度看，数字系统就是能够存储、传输、处理以二进制形式表示的离散数据的逻辑模块/子系统的集合。

数字系统的组成框图如图 1.1.2 所示，通常由控制电路、输入电路、输出电路、功能单元电路和时基电路组成。输入电路引入外部信号，如开关、按键的状态等。输出电路送出数字系统的处理结果，如将处理结果在发光二极管、七段数码管或液晶显示器上输出显示。功能单元电路按系统设计要求完成对数据信息的加工处理，通常包括存储电路

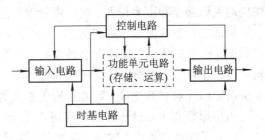

图 1.1.2　数字系统组成框图

和运算电路。不同应用目的的数字系统对数据有不同的处理操作要求，功能单元电路的结构与功能也不尽相同，复杂程度也可能有较大差异。有些系统的功能单元电路本身可能又由多个电路模块构成，因此在图中用虚线框表示。输入电路、输出电路和功能单元电路在数字信息的处理过程中执行具体的任务，它们需要在控制电路的统一调度指挥下，协调有序地动作，才能保证处理任务的正确执行。时基电路为所有的电路模块提供所需的定时信号。

数字系统区别于功能模块电路的一个典型特点就是在其组成结构中包含了控制电路。控制电路在时基电路产生的定时信号的作用下，按照数字系统设计的算法流程进行状态转移，在不同的状态条件下产生不同的用于控制其他各部件的控制信号，协调各部件的动作，实现自动连续的处理过程。一个典型的例子就是数字计算机。数字计算机由运算器、控制器、存储器、输入设备、输出设备五部分组成。运算器对数据进行算术和逻辑运算处理；存储器负责存储程序和数据；输入设备接收外部的信息，并将其转换为二进制代码存入存储器；输出设备将运算结果表达给最终用户。相对于控制器，这些部件都属于执行单元。控制器按照存储的程序，自动连续地逐条解释程序的每条指令，产生相应的控制命令以控制其他各部件的动作，实现复杂任务的处理。

数字计算机是一个典型的例子，也是一个复杂的例子，它的一个组成模块往往比一些简单数字系统的规模更大。下面介绍数字系统的设计方法以及在数字系统设计过程中涉及的相关知识，目的是使读者学习完本书后，掌握与数字电路相关的基础知识，具备一些系统设计的基本技能。本书作为辅助说明而选用的例子，都是一些简单且易于实现的电路。关于数字计算机的组成结构、工作原理及实现，则需要在掌握了数字电路基础知识之后，通过一些专门的课程深入了解。

1.2　数字系统的设计方法

1.2.1　三类常用芯片

选择不同的器件设计开发数字系统,需采用不同的设计方法与流程。下面,首先介绍三类常用来实现数字系统的芯片。

1. 标准芯片

设计数字系统,可以选用具有通用、固定逻辑功能的集成电路器件,如集成门电路、集成触发器、加法器、译码器、计数器等。有大量的这一类集成电路产品可供选择使用,虽然具体产品可能来自于不同的厂商,但一般都遵循统一的命名规则,相同编号的芯片具有相同的逻辑功能和引脚排列。这一类集成电路器件称为标准芯片。

标准芯片集成度通常都较低(一般低于 100 晶体管/片),只能实现一些简单、固定的逻辑功能。使用标准芯片设计数字系统时,需要先选择合适的芯片,利用芯片实现基本的逻辑功能模块,然后再根据系统逻辑功能需求,决定各模块之间的连接方式。多个具有不同逻辑功能的模块相互连接,可搭建构成更大的逻辑电路。

采用标准芯片的设计方法主要用于 20 世纪 80 年代之前,其缺点是:

(1) 所需要的芯片个数多,占用电路板体积大,功耗大,可靠性差,难于实现复杂的逻辑功能。

(2) 逻辑功能固定,一旦完成设计,就很难再进行更改。

2. 可编程逻辑器件 PLD

可编程逻辑器件 PLD(Programmable Logic Device)是 20 世纪 70 年代开始发展起来的一类集成电路器件。与标准芯片类似,PLD 具有通用的逻辑结构,可以按通用的集成电路器件进行批量生产。不同的是,PLD 内部包含大量的可编程开关,用户编程配置这些开关为不同的状态,就能实现不同的逻辑功能,而且这样的编程配置过程可以由最终的电路产品用户借助编程工具实现,而不必由芯片制造厂商来完成。

PLD 的优点主要表现在以下几个方面:

(1) PLD 作为通用芯片,可批量生产,成本低,但又可编程配置实现不同的电路,设计后能实现专用集成电路 ASIC(Application Specific Integrated Circuit)的功能。

(2) 大多数的 PLD 器件允许多次编程,便于系统的修改、升级和维护。

(3) PLD 的集成度高,与标准芯片相比,可以实现更复杂的逻辑电路。应用最广泛的一类 PLD 器件是现场可编程门阵列 FPGA(Field Programmable Gate Array),其集成度可达到千万级以上晶体管/片,并可集成存储器等不同功能器件,用于芯片级集成系统(SoC)设计。由于大部分电路都可以在芯片内实现,因此,相对于标准芯片,使用 PLD 设计的电路具有功耗低、体积小、可靠性高等优点。

基于以上这些优势,PLD 器件获得了广泛的应用,成为了设计数字系统的一类主流器件。

3. 定制芯片

使用 PLD 设计数字系统,能够满足大多数应用的需求。但其内部的可编程开关在带来可编程定制、便于修改升级等优势的同时,也带来了一些缺点,如可编程开关耗费了芯片空间,限制了可实现电路的规模;增加了器件的成本;降低了速度性能;增大了功耗。

在一些对集成度、速度、功耗等性能要求较高的系统中,可以将设计好的电路交付半导体器件制造厂商,由厂商选择合适的技术来生产满足特定性能指标的芯片。这样的芯片可依据用户的要求定制生产,因此称为定制芯片。由于生产的芯片主要用于一些特定的应用场合,因此也称为专用集成电路 ASIC。

定制芯片按照其设计与生产的方式,可分为全定制芯片和半定制芯片两类。全定制芯片由设计者完全决定芯片内的晶体管数量、晶体管的放置位置、相互之间的连接方式等。半定制芯片是在厂商预构建的一些电路的基础上由用户设计版图,再交付生产厂家进行生产的。比如厂商可预构建一些标准单元或门阵列,用户基于这些标准单元或门阵列设计电路,然后由厂商根据用户的需求布线连接各单元,生产出满足功能与性能需求的芯片。相对于全定制芯片,半定制芯片可以减少设计的复杂性,缩短设计开发周期,但性能要差一些。

不论是全定制芯片还是半定制芯片,它们的主要优点在于:针对特定的应用需求生产,能够根据特定的任务进行优化。相对于标准芯片和 PLD,定制芯片具有更好的性能,能够实现更大规模的电路。

定制芯片的缺点是:

(1) 设计和开发周期长,产品投放市场时间长。

(2) 生产过程中可能要经过多次反复的尝试,成本高,风险大。为降低成本,通常需要生产足够的数量,以降低每个芯片的平均价格。

定制芯片通常用于微处理器、信号处理等大规模专用集成电路。

1.2.2 数字系统的设计过程

1. 设计方法

数字系统的设计通常有两种方法:一种是自底向上(Bottom-Up)的设计方法;另一种是自顶向下(Up-Bottom)的设计方法。

1) 自底向上

自底向上的设计方法是传统的使用标准芯片设计数字系统时所采用的主要方法。

自底向上的设计过程从底层设计开始。首先根据需求选择元器件;然后依据各个元器件的功能,设计实现各个独立的电路模块;最后将各个模块连接起来,组成完整的数字系统。

这种设计方法的优点是符合硬件工程师的设计习惯,缺点是:由于从底层独立模块的设计开始,系统的整体性能不易把握,而且只有在系统设计完成后,才能进行整体测试,一旦发现错误或系统不能满足某些指标要求,修改起来就比较困难。

2) 自顶向下

传统的自底向上的设计方法主要用于数字系统的手工设计阶段,设计调试、错误排查、系统测试和修改都比较困难,难于实现大规模的复杂电路,已不能满足设计者的要求。近年来,EDA 技术以计算机为工作平台,以 EDA 软件工具为开发环境,在多种不同的设计环境中都极大地影响着数字系统的设计过程，使得数字系统自顶向下的这一设计方法成为可能。

自顶向下的设计过程从系统的概念设计开始，描述并定义系统的行为特性，并在系统级进行仿真测试。然后，依据系统的功能需求，将整个系统划分为若干个相对独立的子系统。若子系统规模较大，还可以继续划分，直至划分为便于逻辑设计和实现的基本模块。这一划分过程不必考虑硬件的功能特性，完全可以依据系统的功能需求进行，但划分应遵循以下基本原则：

(1) 各模块相对独立，功能集中，易于实现。

(2) 模块间逻辑关系明确，接口简单，连线少。

划分后的每个子系统/模块可独立进行设计、仿真及测试，设计完成后并入系统整体框架中，构成一个完整的系统。

自顶向下的设计方法从系统的整体结构向下，逐步求精，由高层模块定义低层模块的功能和接口，易于对系统的整体结构和行为特性进行控制。另外，划分后的每个子系统/模块相互独立，一方面便于多个设计者同时进行设计，对设计任务合理分配，用系统工程的方法对设计进行管理；另一方面，当设计不能满足某一方面的要求时，也便于将修改过程定位于某些具体的模块，若保持模块间的接口方式不变，则这种修改不会影响到其他电路模块的设计与实现，因此能够大大地缩短系统设计周期。模块的合理划分是设计的核心所在。

自顶向下设计方法的缺点是划分后的基本模块往往不标准，制造成本可能很高，而自底向上的方法采用标准单元，较为经济，但可能不能满足一些特定指标的要求。复杂数字系统的设计过程常采用这两种方法的结合，以综合平衡多个目标。

2. 数字系统设计流程

数字系统产品通常由一块或多块印刷电路板(Printed Circuit Board，PCB)构成。一个典型例子是微型计算机的主机板，它将多个用于实现逻辑功能的集成电路芯片以及一些其他的部件安装于电路板上，通过电路板的布线构成一个完整的系统。

自顶向下的数字系统产品设计的一般流程如下：

(1) 明确设计要求，确定系统的整体设计方案。

(2) 将系统划分为多个功能相互独立的子系统/模块。

(3) 选择芯片，独立设计各个子系统/模块。

(4) 定义各子系统/模块间的互连线路，将所有模块组合成完整系统。

(5) 对设计完成的电路进行功能仿真，检测其逻辑功能是否正确。早期，只有实际搭建完成电路后，才能验证设计是否正确。现在，大多数计算机辅助分析软件都提供仿真功能，可以先对设计进行仿真模拟，尽早发现逻辑设计上的错误，避免不必要的时间和资金的浪费，待仿真正确后再进行实际电路的测试。

(6) 进行电路板的物理设计/映射，包括确定电路板上每个芯片的物理位置、芯片之间的相互连接模式等。随着芯片规模不断扩大，器件外围引脚越来越密集，使得电路板正确合理的布局布线成为一项繁重且复杂的工作，手工操作难以胜任。目前，这一阶段的工作多采用 PCB 计算机辅助设计工具软件进行，如 Protel。

(7) 对物理映射后的电路进行时序仿真。第(5)步的仿真过程主要用于检测电路的逻辑设计，确定其是否具有与设计预期相同的功能行为，称为功能仿真。即使一个功能仿真正确的电路,在物理映射之后,也可能由于电路板物理布线时产生的各种干扰等而导致速度过慢,甚至不能正确操作,因此需要对综合了实际物理特性的电路进一步进行仿真检测。区别于功能仿真,这一时期的仿真称为时序仿真。时序仿真能够反映电路板的一些实质性的性能问题,时序仿真不正确的电路,需要返回电路板的物理设计阶段进行修正,若问题不能通过修改电路板的物理设计解决,就需要返回之前的设计过程进行修改,甚至是重新进行设计。

(8) 制作原型板、测试及投产。

在上述的数字系统设计过程中,如果选择的芯片是 PLD 或定制芯片,那么在进行电路板设计之前,必须首先完成这些芯片的设计。随着集成电路集成度的提高,单个芯片内可以实现越来越多的电路,系统大部分的电路结构都可以移至芯片内实现,甚至可以将一个系统的所有核心电路都集成制造于一个芯片内(称为片上系统或 SoC),而只在电路板上布局一些输入、输出等外围电路模块。因此,可以说数字系统的主要设计任务转移到了芯片设计方面。本书在后续章节中主要使用 PLD 器件阐述数字电路和数字系统的设计方法与过程。采用 PLD 的原因,一方面是由于它在成本、研发周期、多次编程及便于修改升级等方面的优势而获得的应用广泛性;另一方面在于它的用户可编程特性。终端用户可以自己设计电路和系统,编程下载后即可实现一个集成电子系统或形成一个专用集成芯片,可方便地对所完成的系统进行测试与验证。

基于 PLD 的集成电子系统或专用集成芯片的设计,对于复杂的系统,通常也需要划分为若干个功能相互独立的子系统/模块分别进行设计。EDA 技术的发展,为芯片的设计与开发提供了许多便利的工具与手段,整个设计与开发过程几乎都可以在 EDA 软件工具的支持下自动完成。下面就 EDA 技术的基本概念、主要内容以及 EDA 技术支持下的集成电路芯片设计流程进行简单的介绍。

1.3　EDA 技术基础

EDA 技术是一种汇集了计算机图形学、拓扑逻辑学、微电子工艺与结构学、计算数学等多种应用学科最新成果的先进技术,其研究对象是电子设计的全过程,涵盖的范畴相当广泛。目前,EDA 还没有一个统一的定义,从集成电子系统/专用集成电路芯片设计的角度看,EDA 技术是指:以大规模可编程逻辑器件为设计载体,以硬件描述语言为系统逻辑描述的主要表达方式,以计算机、大规模可编程逻辑器件的开发软件及实验开发系统为设计工具,通过有关的开发软件,自动完成用软件方式设计的电子系统到硬件系统的逻辑编译、逻辑化简、逻辑分割、逻辑综合及优化、逻辑布局布线、逻辑仿真,直至对于特定目标芯片的适配编译、逻辑映射、编程下载等工作,最终形成集成电子系统或专用集成芯片的一门技术。

按这一定义,EDA 技术的主要内容包括:大规模可编程逻辑器件、硬件描述语言、EDA 软件开发工具和实验开发系统。在 1.2.1 节,对可编程逻辑器件进行了简单介绍,这些器件的具体原理及结构,将在第 6 章中详细介绍。实验开发系统通常用于电路或系统设计的测试与验证。面向特定应用的设计可能需要选择一些能够满足其需求的实验开发系统,但通常情况下,用于一般电路和系统测试的实验开发系统都会包含这样一些电路模块:可编程逻辑器件;编程/下载电路;常用的输入/输出电路,如按键、开关、发光二极管、七段数码管、液晶显示屏等;各种信号,如时钟、脉冲、高低电平等产生电路;用于连接其他电路模块的接口电路以及开发系统的扩展接口等。不同的实验开发系统有不同的配

置与结构，具体的使用需要参考相关的数据文档，这里就不再赘述。下面对硬件描述语言
和 EDA 软件开发工具进行简要介绍。

1.3.1　硬件描述语言 HDL

1. 硬件描述语言的概念

硬件描述语言 HDL(Hardware Description Language)是一种以文本形式描述数字电
路和数字系统的语言。它类似于典型的计算机编程语言，可以使用计算机软件进行编辑、
检索、编译等处理操作，所不同的是，它专门用于描述逻辑电路和系统的硬件结构与行为
特性，而不用来编写计算机程序。

HDL 用软件方法描述数字电路和系统，允许设计者从系统设计的整体结构与行为描
述开始，逐层向下分解设计和描述自己的设计思想，并能够在每一层次利用 EDA 工具进
行相应的仿真验证。这使得电路或系统在实际构建之前就能进行功能测试，能够有效地降
低设计成本，并缩短设计周期。

HDL 既可用于数字系统的行为描述，也可用于具体逻辑电路的结构描述。按照描述
的层次，由高到低，可粗略地分为行为级、寄存器传输级 RTL(Register Transfer Level)和
门电路级。寄存器由触发器构成，能够存储一组二进制信息，是数字系统的一类重要组成
部件。寄存器传输级描述就是用数字系统内部的寄存器以及各寄存器(组)间二进制信息传
输的数据通路(可以直接传送，或经过数据处理部件的加工)来描述数字系统。门电路级则
是用构成数字系统的逻辑门以及逻辑门之间的连接模型来描述数字系统。寄存器传输级和
门电路级与逻辑电路都有明确的对应关系，而行为级描述则不考虑硬件的具体结构。

高层次描述的电路和系统要得以实现，需要转化为底层的门电路级，这一转化过程称
为综合。综合之后，还需要针对特定的目标器件，利用其内部资源进行合理布局，并布线
连接各逻辑模块。这一过程称为适配或布局布线。在 EDA 开发工具的支持下，这些过程都
可以自动完成，使得设计者不必过多考虑电路实现的细节，而将设计重心放在系统的行为
与结构建模上，这样更有利于设计出正确的大规模复杂电路和系统。

2. VHDL 与 Verilog

HDL 的发展至今已有 30 多年的历史，其间形成了多种不同的硬件描述语言。其中有
很多都是专有的，也就是说，这些硬件描述语言由特定的公司或厂家提供，也只能用该公
司或厂家提供的技术和产品设计数字系统。在公共设计领域，有两种硬件描述语言先后被
IEEE(the Institute of Electrical and Electrics Engineers)采纳，成为了标准的硬件描述语
言，它们分别是 VHDL 和 Verilog。

VHDL 的首字母 V 是英文缩写 VHSIC(Very High Speed Integrated Circuit)的第一个
字母，因此，其中文翻译应为超高速集成电路硬件描述语言(VHSIC Hardware
Description Language)。VHDL 由美国军方于 1982 年组织开发，在 1987 年年底被 IEEE 和
美国国防部确认为标准硬件描述语言。

Verilog 于 1983 年初创于 GDA(Gateway Design Automation)公司。1989 年，Cadence
公司收购了 GDA 公司，Verilog 成为了 Cadence 公司专有的 HDL。1990 年，Cadence 公司
开放了 Verilog，成立了一个公司和大学的联盟机构 OVI(Open Verilog International)，并

将 Verilog 移交给了该机构。这极大地促进了 Verilog 的发展，1995 年，Verilog 被 IEEE 采纳成为了一种标准的硬件描述语言。

不论是 Verilog 还是 VHDL，它们作为标准通用的硬件描述语言，都获得了众多 EDA 公司的支持，都有各自广泛的应用群体。对于目前的版本，一般认为，Verilog 在系统和行为级抽象方面比 VHDL 稍差一些，但在门级和开关电路描述方面比 VHDL 要强得多。也就是说，VHDL 适用于抽象描述系统和电路的行为；Verilog 更适用于描述寄存器传输级和门级电路。由于 VHDL 的描述层次较高，因此综合过程较为复杂，对综合器的要求较高，不易控制底层电路；而 Verilog 的综合过程较为简单，易于控制电路资源。

尽管两种语言在许多方面都有所不同，但选择哪种语言学习逻辑电路或系统的设计并不重要，因为它们在这一方面都提供了类似的特性。本书选用 Verilog 的一个主要原因在于，相对于 VHDL，Verilog 更容易学习、掌握和使用。Verilog 的风格类似于 C 语言，只要有 C 语言程序设计的基础，就可以很快地掌握使用 Verilog 设计电路的方法。

3. 使用 Verilog 设计数字系统的优点

Verilog 以文本形式描述电路和系统的行为，不但便于进行设计输入，而且允许设计者采用自顶向下的分层次设计方式。另外，作为标准通用的硬件描述语言，Verilog 获得了众多 EDA 公司的支持，相同的电路和系统描述可以在不同厂家的不同器件上得以实现，从而使系统设计可以分解为前端逻辑设计和后端电路实现两个相互独立又相互关联的部分，这又为数字电路和系统的设计带来了兼容、共享和可重用等许多优点。

1）自顶向下的分层次设计

Verilog 可以用来抽象描述数字电路和系统的行为特性，这允许设计者从系统的顶层设计开始，从抽象到具体，从复杂到简单逐层分解并进行描述，最后用一系列分层次的电路模块来表示一个复杂的数字系统。

2）方便简单的设计输入

在完成电路和系统的概念设计之后，要实现自动化的设计过程，需要首先将设计输入计算机。传统的逻辑电路通常采用逻辑电路图描述设计，也就是用逻辑（图形）符号表示所用到的器件，如逻辑门，然后定义各器件之间的连线。要将这样的设计输入，需要专门的电路图输入工具，而且要求工程师熟知所选用器件的外部引脚。对于一些复杂的电路，即使借助电路图输入工具，要正确合理地连接各个器件，也是一件繁重且复杂的工作。而使用 Verilog 进行设计时，由于 Verilog 以文本形式描述电路的结构与行为，因此可以在任一种文本编辑器中进行编辑，输入简单方便，发生错误时也易于修改。

3）电路和系统设计的兼容性

Verilog 是一种标准的硬件描述语言，因此获得了多个数字电路硬件厂家的支持。Verilog 描述的电路和系统，可用不同厂家的综合工具和适配工具在不同类型的芯片上实现，实现中不需要改变 Verilog 代码。在数字电路技术快速发展的今天，这样的兼容性允许设计者将精力主要集中在电路和系统的功能设计方面，而不需要过多考虑电路最终实现的细节。

4）成熟电路模块的共享和可重用性

Verilog 使用变量表示输入输出的信号，通常情况下，不需要改变电路模块的实现代码，只改变变量的位宽，就能够形成具有不同位宽但逻辑功能相同的电路功能模块，比如，可将一个模为 16 的计数器改变为模为 32 的计数器。这允许设计者之间可以相互引用一些已经成功设计的电路模块,实现共享,降低设计的工作量。同样,对于一个新的设计,设计者可以重用以前设计中的一些成熟电路模块,加快开发速度。

1.3.2　EDA 软件开发工具

集成电路芯片的自动化设计过程需要多个 EDA 软件开发工具的支持。通常,这些软件工具被打包构成一个 EDA 软件系统,典型的有 Altera 公司的 Quartus Ⅱ 开发平台、Xilinx 公司的 ISE 设计套件以及 Lattice 公司的 ispLEVER 设计软件等。一般情况下,EDA 软件系统为芯片的设计过程提供的工具包括:设计输入、逻辑综合与优化、仿真、芯片适配/布局布线以及编程/下载等工具。下面对这些工具做一个简单的介绍,以便读者理解 EDA 集成芯片的设计开发流程。

1. 设计输入

设计输入工具用于将数字电路或系统的概念设计输入计算机。目前的 EDA 设计输入工具通常支持原理图输入和 HDL 输入两种方法。

1) 原理图输入

原理图输入工具提供原理图编辑环境以及绘制逻辑电路图的各类工具。它通常包含一个基本器件库,有的还包含一些由厂家设计的较复杂逻辑模块(器件)。这些器件都以逻辑符号(图形)表示,用户可以将库中的器件(图形符号)导入逻辑图,并使用绘制工具在器件之间进行连线。对于用户,一个成功设计的逻辑模块也可以用逻辑图形符号的形式表示并保存,这样,在后边的设计中就可以直接引用这些电路模块,从而便于实现一些大型的复杂电路和系统。

2) HDL 输入

EDA 软件系统为用 HDL 描述的电路和系统提供文本编辑环境,以进行 HDL 源代码的编辑、输入。HDL 输入方法简单、方便,更适合于描述复杂的大型数字电路和系统。

2. 综合与优化

输入的电路可以是用原理图形式描述的或用 HDL 描述的,要将这样的电路在具有特定结构的器件(如 FPGA)中实现,需要将它转化为能与器件的基本结构相对应的一系列物理单元(如逻辑门)以及这些单元之间的互连,这个过程就是综合。综合器的输入是高层描述的电路,如用原理图形式或用 HDL 描述的电路;综合器的输出是一个用来描述转化后的物理单元及其互连结构的文件,这个文件称为网表文件。综合器的综合过程必须针对某一 PLD 生产厂家的某一产品,因此综合后的电路是硬件可实现的。

除了产生网表文件,综合器还可以对电路按照系统设置进行优化,形成一个与设计输入功能相同,但性能更好的电路。例如,如果一个逻辑功能模块的实现可以有多种方式,那么综合器能够根据设计者性能参数定义的要求,自动选择更利于满足该性能指标的实现方式。

3. 目标芯片布局布线/适配

布局布线工具也称为适配器,用于精确定义如何在一个给定的目标芯片上实现所设计的电路或系统。PLD 器件通常由多个模块构成,每个模块都能编程实现一些逻辑功能。布局就是在 PLD 器件的众多模块中,为网表文件中的各个逻辑功能块选择 PLD 芯片中适当位置的模块去实现。布线则是利用芯片中的互连线路连接各个布局后的逻辑功能块。布局布线/适配过程的输入是综合器产生的网表文件；输出是可用于目标芯片最终实现的配置文件，它包含了 PLD 中可编程开关的配置信息。

4. 编程/下载

编程/下载工具通过编程器或下载电缆将配置文件下载到目标芯片中，从而完成设计电路或系统的物理实现。

5. 功能仿真与时序仿真

功能仿真用于测试电路或系统设计的功能是否与预期相同。功能仿真器的输入是综合器产生的网表文件，并要求用户给定仿真过程中用到的各个输入信号的取值。功能仿真过程不考虑电路的延迟特性(即假定输入信号的变化会立即引起输出信号的变化)，它评估并显示电路对应于各输入情况下的输出结果。仿真结果通常以波形图的形式描述。

实际的电路往往需要满足一些时间性能指标，有些电路在构建后可能会因为信号的延迟而不能正确操作。可能的信号延迟有两种，一种是逻辑功能块内部产生的延迟，另一种是逻辑功能块间连线产生的延迟。时序仿真器将布局布线工具产生的配置文件作为输入，对所设计电路或系统的延迟进行评估，其结果可用来检测形成的电路是否满足时序要求。

1.3.3　EDA 芯片的设计开发流程

在 EDA 软件工具的支持下，PLD 芯片的设计开发流程可以用图 1.3.1 表示。

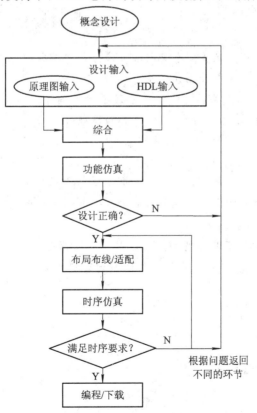

图 1.3.1　EDA 芯片设计与开发流程

　　概念设计定义系统的整体结构和功能。高层次的设计往往采用行为描述的方法，并可通过仿真进行验证，以确定系统的总体性能和各模块的指标分配。此时，一般不需要考虑硬件规划，也就不需要进行综合优化等步骤。

　　当高层次的设计向下分解至具体的电路模块时，通常需要按图 1.3.1 所示的流程对各个模块分别进行综合优化、功能仿真、布局布线以及时序仿真等一系列操作，以保证每个子模块设计的正确性，避免由于模块设计的问题而必须每次都对整个系统进行编译操作所引起的工作时间的浪费。

　　在每个子模块都通过仿真测试后，整个系统的开发过程按照图 1.3.1 所示的流程进行。若仿真结果不正确或不能满足某些指标要求，则需要根据具体问题返回到前边的不同阶段进行修改。

　　近几年来，设计已提升到系统设计的层次，即行为综合工具可直接将行为描述进行综合，这更有利于缩短设计周期，降低设计成本。

习　　题

1. 举出几个日常生活中用到的数字系统的例子。
2. 解释下列术语：
　　　VLSIC　　PLD　　PCB　　EDA　　HDL
3. 什么是数字信号？如果用高电平表示 1，低电平表示 0，试画出表示数字量 01001101 的数字信号。
4. 集成度指什么？按集成度，集成电路可分为哪些类别？
5. 数字系统中控制电路的作用是什么？
6. 基于半定制芯片的数字系统设计也可以用硬件描述语言进行，然后在半定制芯片上"编程"实现。那么，这样的"编程"与 PLD 的编程有何不同？
7. 使用 PLD 设计数字系统有什么优缺点？
8. 在采用"自顶向下"的方法设计数字系统时，划分逻辑模块应遵循的基本原则有哪些？
9. 一个功能仿真正确的电路，是否一定会是一个硬件实现也正确的电路？为什么？
10. 综合器完成什么功能？
11. 简述在 EDA 软件工具支持下，PLD 芯片的设计过程。
12. 使用标准化的硬件描述语言设计数字系统有哪些优点？

第 2 章　数字技术基础

逻辑代数是描述客观事物逻辑关系的数学方法，由英国数学家乔治•布尔于 1849 年创立，所以也称为布尔代数。1930 年，克劳德•香农(Claude Shannon)将逻辑代数应用于继电器开关电路的设计中，从此，逻辑代数开始用于描述逻辑电路。现在，逻辑代数已成为分析和设计数字逻辑电路的一种强有力的工具。

逻辑代数只有 0、1 两种逻辑值，与、或、非三种基本逻辑运算。数字电路中，实现基本逻辑运算的电子电路称为逻辑门电路，它们是构成数字逻辑电路的基础器件。

本章首先介绍如何实现二进制与其他进制之间的转换以及如何用二进制码表示一些非数值信息；然后介绍逻辑代数的基本定理、公式、逻辑函数及逻辑函数的化简；最后介绍集成逻辑门电路的工作原理和外部特性。这些内容都是学习数字电路和数字系统设计的基础。

2.1　数　制　与　编　码

数字系统中，除了采用二进制数表示运算数据之外，也用二进制数码 0、1 表示具有特定含义的信息代码，称为编码。数制、数制间的相互转换、常用编码是本节要讨论的主要内容。

2.1.1　进位计数制

采用若干位数码进行计数，并规定进位规则的科学计数法称为进位计数制，也简称数制。某一进位计数制中，所采用计数数码的个数，称为该数制的基数。每一位数码因其所处的位置不同而代表的不同的数值，称为该数位的位权。

以十进制数为例。十进制数采用 0、1、2、…、9 共 10 个数码进行计数，进位规则为"逢十进一，借一当十"。十进制数的基数为 10。对于十进制数 $(333)_{10} = 3 \times 100 + 3 \times 10 + 3 \times 1$，虽然每个数码都是 3，但因为所处的位置不同而代表不同的数值，100、10、1 是十进制数 $(333)_{10}$ 从左到右各位的位权值，即十进制数各位的位权值为 10 的幂。

对任意一个十进制数，都可以按位权展开，表示为

$$(N)_{10} = a_{n-1} a_{n-2} \cdots a_1 a_0 \cdot a_{-1} a_{-2} \cdots a_{-m}$$
$$= a_{n-1} \times 10^{n-1} + \cdots + a_1 \times 10^1 + a_0 \times 10^0 + a_{-1}$$
$$\times 10^{-1} + a_{-2} \times 10^{-2} + \cdots + a_{-m} \times 10^{-m}$$
$$= \sum_{i=-m}^{n-1} a_i \times 10^i \qquad\qquad (2.1.1)$$

其中，a_i 表示各十进制数位；n、m 是正整数，n 表示十进制数 N 的整数位数，m 表示 N 的小数位数。

例如，十进制数 324.15 按位权展开表示为

$$(324.15)_{10} = 3 \times 10^2 + 2 \times 10^1 + 4 \times 10^0 + 1 \times 10^{-1} + 5 \times 10^{-2}$$

上述十进制数的位权展开式可推广到任意的 $R(R \geqslant 2)$ 进制数。R 进制数采用 0、1、$\cdots$、$R-1$ 共 R 个数码进行计数，进位规则为"逢 R 进一，借一当 R"。R 进制数的基数为 R，各位的位权值为 R 的幂。对任意一个 R 进制数，都可以按位权展开，表示为

$$(N)_R = a_{n-1}a_{n-2}\cdots a_1 a_0 \cdot a_{-1}a_{-2}\cdots a_{-m}$$
$$= a_{n-1} \times R^{n-1} + \cdots + a_1 \times R^1 + a_0 \times R^0 + a_{-1} \times R^{-1} + a_{-2} \times R^{-2} + \cdots + a_{-m} \times R^{-m}$$
$$= \sum_{i=-m}^{n-1} a_i \times R^i \tag{2.1.2}$$

数字系统中，常用的数制有二进制、八进制、十进制和十六进制，它们所采用的数码、进位规则、基数和位权如表 2.1.1 所示。表 2.1.2 列出了这几种数制各数码间的对应关系。

表 2.1.1　数字系统中常用的数制

数制	采用的数码	进位规则	基数	位权	位权展开表示
二进制	0，1	逢二进一 借一当二	2	2^i	$\sum_{i=-m}^{n-1} a_i \times 2^i$
八进制	0，1，2，3，4，5，6，7	逢八进一 借一当八	8	8^i	$\sum_{i=-m}^{n-1} a_i \times 8^i$
十进制	0，1，2，3，4，5，6，7，8，9	逢十进一 借一当十	10	10^i	$\sum_{i=-m}^{n-1} a_i \times 10^i$
十六进制	0，1，2，3，4，5，6，7，8，9，A，B，C，D，E，F（符号 A、B、C、D、E、F 分别代表十进制数 10、11、12、13、14、15）	逢十六进一 借一当十六	16	16^i	$\sum_{i=-m}^{n-1} a_i \times 16^i$

表 2.1.2　二、八、十、十六进制数码对应关系

十进制	二进制	八进制	十六进制	十进制	二进制	八进制	十六进制
0	0	0	0	8	1000	10	8
1	01	1	1	9	1001	11	9
2	10	2	2	10	1010	12	A
3	11	3	3	11	1011	13	B
4	100	4	4	12	1100	14	C
5	101	5	5	13	1101	15	D
6	110	6	6	14	1110	16	E
7	111	7	7	15	1111	17	F

2.1.2　数制转换

1.　R 进制数转换为十进制数

要将 R 进制数转换为十进制数，只需将 R 进制数按位权展开的方法表示，再按十进制运算规则进行运算即可。

【例 2.1.1】　将二进制数 11011.101 转换为十进制数。

解　　$(11011.101)_2 = 1 \times 2^4 + 1 \times 2^3 + 0 \times 2^2 + 1 \times 2^1 + 1 \times 2^0 + 1$
$$\times 2^{-1} + 0 \times 2^{-2} + 1 \times 2^{-3}$$
$$= 16 + 8 + 0 + 2 + 1 + 0.5 + 0 + 0.125 = (27.625)_{10}$$

【例 2.1.2】　将八进制数 126.73 转换为十进制数。

解　　$(126.73)_8 = 1 \times 8^2 + 2 \times 8^1 + 6 \times 8^0 + 7 \times 8^{-1} + 3 \times 8^{-2}$
$$= 64 + 16 + 6 + 0.875 + 0.046\,875$$
$$= (86.921\,875)_{10}$$

【例 2.1.3】　将十六进制数 1F0B.C 转换为十进制数。

解　　$(1F0B.C)_{16} = 1 \times 16^3 + 15 \times 16^2 + 0 \times 16^1 + 11 \times 16^0 + 12 \times 16^{-1}$
$$= 4096 + 3840 + 0 + 11 + 0.75$$
$$= (7947.75)_{10}$$

2.　十进制数转换为 R 进制数

将十进制数转换为任意的 R 进制数，需要将整数部分和小数部分分开转换，然后将转换后的两部分结果拼接在一起。

整数部分转换时通常采用除 R 取余法，也就是将十进制数的整数部分除以 R，余数即为转换后 R 进制数整数部分的最低位，然后将商继续除 R 取余，直至商为 0，逐次得到的余数就是转换后 R 进制数整数部分从低到高的各个数位。

例如，要将十进制数 $(47)_{10}$ 转换为二进制数，转换过程如下所示：

所以
$$(47)_{10} = (101111)_2$$

将十进制数转换为 R 进制数时，小数部分的转换通常采用乘 R 取整法，也就是将十进制数的小数部分乘以 R，乘积的整数位就是转换后 R 进制数小数部分的最高位，然后将乘积的小数部分继续乘 R 取整，直至小数部分为 0 或满足精度要求，逐次得到的乘积整数位就是转换后 R 进制数小数部分从高到低的各个数位。

例如，要将十进制数 $(0.625)_{10}$ 转换为二进制数，转换过程如下所示：

$$
\begin{array}{r}
0.625 \qquad\qquad \text{转换后数位}\\
\times \qquad 2 \\
\hline
\boxed{1}.250 \qquad \text{高} \qquad a_{-1}=1 \\
\times \qquad 2 \\
\hline
\boxed{0}.500 \qquad\qquad a_{-2}=0 \\
\times \qquad 2 \\
\hline
\boxed{1}.000 \qquad \text{低} \qquad a_{-3}=1
\end{array}
$$

所以

$$
(0.625)_{10}=(0.101)_2
$$

将 $(47)_{10}$ 和 $(0.625)_{10}$ 的转换结果拼接在一起，就可以得出 $(47.625)_{10}=(101111.101)_2$。

【例 2.1.4】 将十进制数 493.75 转换为十六进制数。

解 整数部分除 16 取余，如下所示：

$$
\begin{array}{ccccc}
\text{除数} & \text{被除数/商} & & \text{余数} & \text{转换后数位}\\
16 & 493 & & & \\
16 & 30 & \cdots\cdots & 13 \quad\text{低} & a_0=D \\
16 & 1 & \cdots\cdots & 14 & a_1=E \\
& 0 & \cdots\cdots & 1 \quad\text{高} & a_2=1
\end{array}
$$

即

$$
(493)_{10}=(1ED)_{16}
$$

小数部分乘 16 取整，如下所示：

$$
\begin{array}{r}
0.75 \qquad\qquad \text{转换后数位} \\
\times \qquad 16 \\
\hline
\boxed{12}.000 \qquad a_{-1}=C
\end{array}
$$

即

$$
(0.75)_{10}=(0.C)_{16}
$$

所以

$$
(493.75)_{10}=(1ED.C)_{16}
$$

需要说明的是，有些时候十进制小数转换为其他进制数时，不能完全精确转换，也就是在乘 R 取整时，不能使小数部分变为 0。例如，十进制小数 0.3，其等值的二进制小数 0.01001001001……是一无限循环小数，此时，只需要按精度要求取一定位数就可以了。

3. 二进制数与八进制数和十六进制数间的转换

若将 3 位二进制数看做一个整体，则 3 位的整体之间是逢八进一的，因此，3 位二进制数对应于 1 位八进制数。将八进制数转换为二进制数时，只需要将每 1 位八进制数替换为等值的 3 位二进制数，然后去掉整数部分高位的 0 以及小数部分低位的 0 就可以了。

例如：

$$
(263.71)_8 = (\underset{2}{010}\ \underset{6}{110}\ \underset{3}{011}.\underset{7}{111}\ \underset{1}{001})_2 = (10110011.111001)_2
$$

将二进制数转换为八进制数时，需要从小数点开始，分别对二进制数的整数部分和小数部分按 3 位进行分组。整数部分从小数点开始从右到左每 3 位一组，左边不足 3 位的用 0 补足。小数部分从小数点开始从左到右每 3 位一组，右边不足 3 位的用 0 补足。然后将每组的 3 位二进制数替换为等值的 1 位八进制数。

例如：

$$(1011101.10111)_2 = (\underbrace{001}'\ 011'\ 101.101'\ 110)_2 = (135.56)_8$$

二进制数与十六进制数之间的转换方法类似于二进制数和八进制数之间的转换，只是在十六进制数转换为二进制数时，需要将每一位十六进制数替换为等值的 4 位二进制数，而将二进制数转换为十六进制数时，需要按 4 位进行分组。

【例 2.1.5】　将十六进制数 $(3BA8.E)_{16}$ 转换为二进制数。

解　　　$(3BA8.E)_{16} = (\underset{3}{\underline{0011}}\ \underset{B}{\underline{1011}}\ \underset{A}{\underline{1010}}\ \underset{8}{\underline{1000}}.\underset{E}{\underline{1110}})_2 = (11101110101000.111)_2$

【例 2.1.6】　将二进制数 $(1011101.10111)_2$ 转换为十六进制数。

解

$$(1011101.10111)_2 = (\underbrace{0101}'\ 1101.1011'\ 1000)_2 = (5D.B8)_{16}$$

2.1.3　几种常用的编码

除了用二进制数表示数值数据外，数字系统中还使用二进制数码表示一些具有特定含义的信息，如字母、学号等。这些用约定的 0、1 数码组合来表示特定含义信息的代码称为编码。这里介绍几种常用的编码。

1. BCD 码

BCD(Binary Coded Decimal)码也称为二—十进制代码，就是用二进制编码来表示十进制数。与十进制数转换成二进制数不同，BCD 码与十进制数码之间是一种事先约定的直接对应关系，因此能够方便地表示日常生活中由十进制数码表示的信息，便于实现人机交互，是一类重要的编码。

十进制有 0、1……9 共 10 个数码，因此至少需要 4 位二进制数码来表示 1 位十进制数码。而 4 位二进制数码共有 16 种组合，选择其中不同的 10 种组合分别表示 10 个十进制数码，就形成了不同的 BCD 码。表 2.1.3 列出了几种常用的 BCD 码。

表 2.1.3 中，8421BCD 码、5421BCD 码和 2421BCD 码各数位都有确定的位权值，可以按位权展开求得所代表的十进制数码。例如：

$$(1001)_{8421BCD} = 1 \times 8 + 0 \times 4 + 0 \times 2 + 1 \times 1 = (9)_{10}$$
$$(1001)_{5421BCD} = 1 \times 5 + 0 \times 4 + 0 \times 2 + 1 \times 1 = (6)_{10}$$
$$(1011)_{2421BCD} = 1 \times 2 + 0 \times 4 + 1 \times 2 + 1 \times 1 = (5)_{10}$$

这些 BCD 码被称为有权 BCD 码。其中，因为 8421BCD 码各位的位权值与二进制数各位位权值一致，所以应用最为普遍。

余 3 码的各数位并没有确定的位权值，因此被称为无权 BCD 码。从 8421BCD 码和余 3 码的编码可以看出，在有效编码范围内，8421BCD 码加 3(对应二进制的 0011)就可以获得余 3 码，这一特点能够方便地实现 8421BCD 码和余 3 码之间的转换。

表 2.1.3　常用 BCD 码

十进制数码	8421BCD 码	5421BCD 码	2421BCD 码	余 3 码
0	0000	0000	0000	0011
1	0001	0001	0001	0100
2	0010	0010	0010	0101
3	0011	0011	0011	0110
4	0100	0100	0100	0111
5	0101	1000	1011	1000
6	0110	1001	1100	1001
7	0111	1010	1101	1010
8	1000	1011	1110	1011
9	1001	1100	1111	1100
各位位权值	8, 4, 2, 1	5, 4, 2, 1	2, 4, 2, 1	

要用 BCD 码表示十进制数，方法类似于二进制数和十六进制数之间的转换，就是将每 1 位十进制数码用对应的 BCD 码直接表示。反之，将 BCD 码转换为十进制数时，需要将每个 BCD 码组用对应的 1 位十进制数码表示。

【例 2.1.7】 将十进制数 $(93.26)_{10}$ 分别表示成 8421BCD 码和余 3 码。

解
$$(93.26)_{10} = (\underline{1001}\ \underline{0011}.\underline{0010}\ \underline{0110})_{8421BCD}$$
$$\quad\quad\quad 9\quad\ 3\quad\ \ 2\quad\ 6$$

$$(93.26)_{10} = (\underline{1100}\ \underline{0110}.\underline{0101}\ \underline{1001})_{余3码}$$
$$\quad\quad\quad 9\quad\ 3\quad\ \ 2\quad\ 6$$

【例 2.1.8】 将 5421BCD 码 $(101110101000.0010)_{5421BCD}$ 转换为十进制数。

解 $(101110101000.0010)_{5421BCD} = (1011'1010'1000.0010)_{5421BCD} = (875.2)_{10}$

BCD 码表示的十进制数具有二进制码的形式，同时又有十进制数的特点，码组(也就是 4 位二进制数码)之间是逢十进一的。

2. 循环码

循环码也称为格雷码，是一种无权码，具有多种形式。但不论是哪种循环码，都有一个共同的特点，就是任意两个相邻码之间只有一位不同。表 2.1.4 列出了十进制数、二进制数与典型 2 位、3 位、4 位循环码的对应关系。

表 2.1.4　十进制数、二进制数与典型 2 位、3 位、4 位循环码的对应关系

十进制数	二进制数	2 位循环码	3 位循环码	4 位循环码
0	0000	00	000	0000
1	0001	01	001	0001
2	0010	11	011	0011
3	0011	10	010	0010
4	0100		110	0110
5	0101		111	0111
6	0110		101	0101
7	0111		100	0100
8	1000			1100
9	1001			1101
10	1010			1111
11	1011			1110
12	1100			1010
13	1101			1011
14	1110			1001
15	1111			1000

从表 2.1.4 可以看出，任意两个相邻数对应的循环码只有一位不同，这一特性称为"相邻"。值得注意的是，循环码的最后一个编码与第一个编码之间也是相邻的，构成了循环，如 2 位循环码的 10 和 00 之间、3 位循环码的 100 和 000 之间、4 位循环码的 1000 和 0000 之间等。

循环码的相邻特性能够大大减少数字电路中状态变换时出错的可能性。比如计数器计数时，如果采用自然二进制数的顺序，从 0111 计到顺序邻接的 1000 时，4 位代码都要变化。各位变化有先后快慢，需要一定的时间，如果在没有完成全部变化时就进入下一次计数，就会产生错误，循环码则能够避免这种情况的发生。循环码属于一种可靠性编码，在数/模转换等方面有着广泛的应用。

3．奇偶校验码

二进制信息代码在传输或存储过程中，可能会由于噪声或干扰而产生错误，致使某些位由 0 变成了 1，或使某些位由 1 变成了 0。为了避免或减少错误产生的影响，通常采用信息冗余的方法编码，也就是在原有信息位的基础上增加若干位校验位，通过这些校验位来检出错误，进而纠正错误。具有校验位的信息码称为校验码，其中能够检出错误的校验码称为检错码，而能够发现错误并纠正错误的校验码则称为纠错码。

奇偶校验码是应用最多也是最简单的检错码，有奇校验和偶校验两种方式。奇校验就是在信息位之前或之后增加 1 位校验位，使得校验位与信息位一起构成的码字中所含 1 的个数为奇数。而偶校验码则是通过增加 1 位校验位，使码字中所含 1 的个数为偶数。表 2.1.5 给出了一些 4 位信息码的奇偶校验码示例，这里约定校验位为码字的高位。

表 2.1.5　奇偶校验码示例

4 位信息码	奇校验码	偶校验码
0000	10000	00000
0001	00001	10001
0011	10011	00011
0111	00111	10111
1001	11001	01001
1011	01011	11011
1111	11111	01111

注：校验码中最高位是校验位。

采用奇偶校验码校验时，收发双方需要事先约定采用哪种校验方式，并约定码字格式。发送方发送时，计算校验位，然后将校验位和信息位一起构成的码字发送给接收方。接收方收到码字后，计算码字中所含 1 的个数是否符合要求，如不符合要求，就可判断出传输过程中产生了错误。奇偶校验码只能检出码字中的奇数个错误，而不能检出偶数个错误，也不能确定是一个还是三个或多个奇数个错误，更不能确定错误的位置，因此不能纠错，一旦有错误发生，只能要求发送方重发。以奇校验为例，发送方发送码字 11001，如果接收方接收到的码字是 01001 或 10111，则会因为不符合奇校验而能够判定产生了错误；但如果接收方接收到的码字是 10011，则不能判定产生了错误。

虽然奇偶校验码的检错能力较差，但因为其校验位只有 1 位，所以冗余度小，在一些线路可靠性较高或对可靠性要求不太严格的场合应用较为普遍。

2.2　逻 辑 代 数

逻辑代数是按一定逻辑关系进行运算的代数。与普通代数一样，逻辑代数是变量、常量和一些运算符组成的代数系统。与普通代数不同的是：

(1) 逻辑代数中的变量只有 0、1 两种取值。这两种取值不代表数的大小，而表示两种不同的状态，如命题的真假、电平的高低、开关的通断、脉冲的有无等。

(2) 逻辑代数只有与、或、非三种基本运算。

逻辑代数中，变量也称为逻辑变量，通常用字母 A、B、C……表示。由逻辑变量、逻辑常量(0 或 1)、逻辑运算符按一定规则组成的表达式称为逻辑表达式。

下面介绍三种基本逻辑运算。

2.2.1　基本逻辑运算

1. 与运算

如果决定某一事件的条件都具备时，事件才发生，否则就不发生，这样的因果关系就是逻辑与。例如，图 2.2.1 所示电路就是一个满足这种逻辑关系的简单电路。只有开关 A、B 都闭合时，灯才亮，否则灯灭。灯状态与开关状态之间的关系如

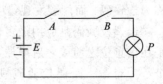

图 2.2.1　与逻辑示例电路

表 2.2.1 所示。

在表 2.2.1 中，如果将灯亮用逻辑 1 表示，灯灭用逻辑 0 表示，开关闭合用逻辑 1 表示，开关断开用逻辑 0 表示，就形成了逻辑与运算的真值表，如表 2.2.2 所示。在这里，A、B 是两个逻辑变量，它们的不同取值会决定逻辑变量 P 的值，真值表列出了 A、B 两个逻辑变量在各种取值组合情况下，对应 P 的取值，因此能够唯一描述 A、B 与 P 之间的逻辑运算关系。

<table>
<tr><th colspan="3">表 2.2.1　与逻辑示例电路状态</th></tr>
<tr><th>A</th><th>B</th><th>P</th></tr>
<tr><td>断开</td><td>断开</td><td>灭</td></tr>
<tr><td>断开</td><td>闭合</td><td>灭</td></tr>
<tr><td>闭合</td><td>断开</td><td>灭</td></tr>
<tr><td>闭合</td><td>闭合</td><td>亮</td></tr>
</table>

<table>
<tr><th colspan="3">表 2.2.2　与运算真值表</th></tr>
<tr><th>A</th><th>B</th><th>P</th></tr>
<tr><td>0</td><td>0</td><td>0</td></tr>
<tr><td>0</td><td>1</td><td>0</td></tr>
<tr><td>1</td><td>0</td><td>0</td></tr>
<tr><td>1</td><td>1</td><td>1</td></tr>
</table>

与运算也称为逻辑乘运算，可以用如下的逻辑表达式进行描述：

$$P = A \cdot B$$

或

$$P = A \wedge B$$

在不产生歧义的情况下，也可以简写为 $P = AB$。

由与运算真值表可以得出与运算的运算规则如下：

$$0 \cdot 0 = 0 \qquad 0 \cdot 1 = 0 \qquad 1 \cdot 0 = 0 \qquad 1 \cdot 1 = 1$$

即有 0 出 0，全 1 出 1。

并由此可推出一般形式：

$$A \cdot 0 = 0 \tag{2.2.1}$$

$$A \cdot 1 = A \tag{2.2.2}$$

$$A \cdot A = A \tag{2.2.3}$$

2. 或运算

如果决定某一事件的条件中有一个或一个以上具备时，事件就发生，否则就不发生，这样的因果关系就是逻辑或。图 2.2.2 给出了一个描述这种逻辑关系的简单示例电路。只要开关 A、B 有一个闭合，灯就会亮，只有 A、B 都断开时，灯才不亮。灯状态与开关状态之间的关系如表 2.2.3 所示。

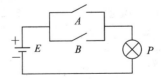

图 2.2.2　或逻辑示例电路

同样，在表 2.2.3 中，如果约定灯亮用逻辑 1 表示，灯灭用逻辑 0 表示，开关闭合用逻辑 1 表示，开关断开用逻辑 0 表示，就形成了逻辑或运算的真值表，如表 2.2.4 所示。

表 2.2.3　或逻辑示例电路状态

A	B	P
断开	断开	灭
断开	闭合	亮
闭合	断开	亮
闭合	闭合	亮

表 2.2.4　或运算真值表

A	B	P
0	0	0
0	1	1
1	0	1
1	1	1

或运算也称为逻辑加运算,逻辑表达式如下:

$$P = A + B$$

或

$$P = A \vee B$$

由或运算真值表可以得出或运算的运算规则如下:

$$0+0=0 \quad 0+1=1 \quad 1+0=1 \quad 1+1=1$$

即有 1 出 1,全 0 出 0。

一般形式有:

$$A + 1 = 1 \tag{2.2.1'}$$

$$A + 0 = A \tag{2.2.2'}$$

$$A + A = A \tag{2.2.3'}$$

3. 非运算

如果决定某一事件的条件不具备时,事件才发生,否则就不发生,这样的因果关系称为逻辑非。图 2.2.3 给出了一个描述逻辑非关系的简单电路,只有开关 A 断开时,灯才会亮,否则,灯就不亮。灯状态与开关状态之间的关系如表 2.2.5 所示。

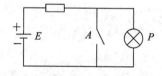

图 2.2.3　非逻辑示例电路

在表 2.2.5 中,如果仍然约定灯亮用逻辑 1 表示,灯灭用逻辑 0 表示,开关闭合用逻辑 1 表示,开关断开用逻辑 0 表示,就形成了逻辑非运算的真值表,如表 2.2.6 所示。

表 2.2.5　非逻辑示例电路状态

A	P
断开	亮
闭合	灭

表 2.2.6　非运算真值表

A	P
0	1
1	0

非运算逻辑表达式为

$$P = \overline{A}$$

由非运算真值表可以得出非运算的运算规则如下：

$$\overline{0}=1 \qquad \overline{1}=0$$

由此可推出：

$$\overline{\overline{A}} = A \tag{2.2.4}$$

$$A \cdot \overline{A} = 0 \tag{2.2.5}$$

$$A + \overline{A} = 1 \tag{2.2.5'}$$

4. 基本逻辑运算的逻辑符号

在数字电路中，实现上述基本逻辑运算的电路称为逻辑门电路。如用来实现逻辑与运算的电路称为与门，实现逻辑或运算的电路称为或门，实现逻辑非运算的电路称为非门。逻辑门电路是构成数字电路的基础元件，通常用图 2.2.4 所示的逻辑符号表示。图中，参加逻辑运算的逻辑量 A、B 称为输入，运算结果 P 称为输出，逻辑门电路符号反映了输入与输出间的逻辑关系。

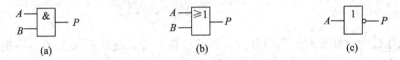

图 2.2.4　与门、或门、非门逻辑符号
(a) 与门；(b) 或门；(c) 非门

图 2.2.4 给出的逻辑门电路符号是国际电工委员在 IEC617‑12 标准中推荐使用的逻辑符号，也符合我国的国家标准 GB4728.12—85。如无特殊说明，本书一律采用该标准推荐使用的逻辑符号。同时，为方便读者参考，图 2.2.5 的第一行给出了国内以前沿用(部颁标准)的与、或、非门的逻辑符号，第二行给出了国外一些书籍使用(美标)的与、或、非门的逻辑符号。

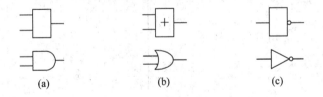

图 2.2.5　国内沿用和国外常用与、或、非门逻辑符号
(a) 与门；(b) 或门；(c) 非门

2.2.2　复合逻辑运算

由与、或、非三种基本逻辑运算可以导出一些复合逻辑运算，如与非、或非、与或非、异或、同或等。实现这些常用复合逻辑运算的电路也是数字电路的基本构成单元，称为逻辑门电路，如与非门、或非门、与或非门、异或门、同或门等。

1. 与非运算

与非逻辑运算是与运算和非运算的复合，就是将输入变量先进行与运算，再进行非运算，它可以有多个输入变量。两变量的与非逻辑表达式为

$$P = \overline{A \cdot B}$$

与非门逻辑符号如图 2.2.6 所示。由与非逻辑的运算方法可得出与非运算真值表如表 2.2.7 所示。

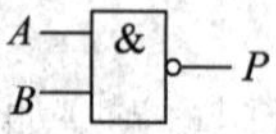

表 2.2.7 两变量与非运算真值表

图 2.2.6 与非门逻辑符号

A	B	P
0	0	1
0	1	1
1	0	1
1	1	0

2. 或非运算

或非运算是或运算和非运算的复合,就是对输入变量先进行或运算,再进行非运算。或非运算同样允许对多个输入变量进行运算。

两变量的或非运算逻辑表达式为

$$P = \overline{A + B}$$

或非门逻辑符号如图 2.2.7 所示,其真值表如表 2.2.8 所示。

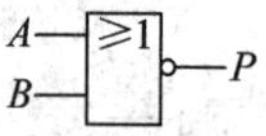

表 2.2.8 两变量或非运算真值表

图 2.2.7 或非门逻辑符号

A	B	P
0	0	1
0	1	0
1	0	0
1	1	0

3. 与或非运算

与或非运算是与运算和或非运算的复合,与或非门的逻辑符号如图 2.2.8 所示。

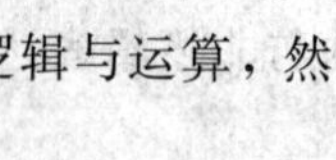

图 2.2.8 与或非门逻辑符号

与或非运算的逻辑表达式为

$$P = \overline{A \cdot B + C \cdot D}$$

这里首先进行 $A \cdot B$ 和 $C \cdot D$ 的逻辑与运算,然后将逻辑与运算的结果再进行或非运算，由此可得出与或非运算真值表，如表 2.2.9 所示。

表 2.2.9　与或非运算真值表

A	B	C	D	P
0	0	0	0	1
0	0	0	1	1
0	0	1	0	1
0	0	1	1	0
0	1	0	0	1
0	1	0	1	1
0	1	1	0	1
0	1	1	1	0
1	0	0	0	1
1	0	0	1	1
1	0	1	0	1
1	0	1	1	0
1	1	0	0	0
1	1	0	1	0
1	1	1	0	0
1	1	1	1	0

4. 异或运算

异或运算是只有两输入变量的逻辑运算，其逻辑表达式定义为

$$P = A\overline{B} + \overline{A}B = A \oplus B$$

实现异或运算的电路称为异或门，异或门逻辑符号如图 2.2.9 所示。

由异或运算的逻辑表达式可得出异或运算真值表，如表 2.2.10 所示。从异或运算真值表可以看出，其运算的典型特点是：输入变量"相异"为 1，"相同"为 0，这也是"异或"运算名称的含义。

图 2.2.9　异或门逻辑符号

表 2.2.10　异或运算真值表

A	B	P
0	0	0
0	1	1
1	0	1
1	1	0

异或运算的运算规则为

$$0 \oplus 0 = 0 \quad 0 \oplus 1 = 1 \quad 1 \oplus 0 = 1 \quad 1 \oplus 1 = 0$$

可推导出异或运算的一般形式有:

$$A \oplus 0 = A \tag{2.2.6}$$

$$A \oplus 1 = \overline{A} \tag{2.2.7}$$

$$A \oplus A = 0 \tag{2.2.8}$$

$$A \oplus \overline{A} = 1 \tag{2.2.9}$$

由异或运算的定义还可以推出

$$A \oplus B = \overline{A} \oplus \overline{B} \tag{2.2.10}$$

$$\overline{A \oplus B} = \overline{A} \oplus B = A \oplus \overline{B} \tag{2.2.11}$$

式(2.2.6)和式(2.2.7)表明,一逻辑变量与逻辑 0 相异或时可获得原变量,而与逻辑 1 相异或时可获得其反变量。如果将异或门的一个输入端作为控制端,则可对从另一个输入端输入的变量进行有控制的取反,这一特点使得异或门在数字电路中有着广泛应用。

5. 同或运算

同或运算也是只有两个输入变量的逻辑运算,其逻辑表达式定义为

$$P = AB + \overline{A}\,\overline{B} = A \odot B$$

由逻辑表达式,可导出同或运算的真值表如表 2.2.11 所示。从真值表可以看出,同或运算的典型特点是:输入变量"相同"为 1,"相异"为 0。同或运算与异或运算正好相反,因此同或运算也称为异或非运算。

表 2.2.11 同或运算真值表

A	B	P
0	0	1
0	1	0
1	0	0
1	1	1

同或运算的运算规则为

$$0 \odot 0 = 1 \quad 0 \odot 1 = 0 \quad 1 \odot 0 = 0 \quad 1 \odot 1 = 1$$

同或运算的一般运算形式有:

$$A \odot 1 = A \tag{2.2.6'}$$

$$A \odot 0 = \overline{A} \tag{2.2.7'}$$

$$A \odot A = 1 \tag{2.2.8'}$$

$$A \odot \overline{A} = 0 \tag{2.2.9'}$$

因为它与异或运算相反,所以有:

$$\overline{A \oplus B} = A \odot B \tag{2.2.12}$$

$$\overline{A \odot B} = A \oplus B \tag{2.2.12'}$$

实现同或运算的电路称为同或门,逻辑符号如图 2.2.10 所示。

图 2.2.10　同或门逻辑符号

对于与非门、或非门、与或非门、异或门和同或门，图 2.2.11 也给出了国内以前沿用的逻辑符号（部颁标准，第一行）以及国外一些书籍使用的逻辑符号（美标，第二行）。

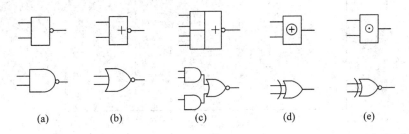

图 2.2.11　国内沿用和国外常用的逻辑门符号
(a) 与非门；(b) 或非门；(c) 与或非门；(d) 异或门；(e) 同或门

2.2.3　逻辑函数

1. 逻辑函数的概念

与普通代数的函数概念类似，一个逻辑表达式可对应于一个逻辑函数。逻辑函数反映构成表达式的逻辑变量（自变量）与逻辑函数值（因变量）之间的逻辑关系。例如，下边的逻辑函数 F：

$$F(A, B, C) = AB + B\bar{C}$$

或简写为

$$F = AB + B\bar{C}$$

逻辑函数可以用逻辑门电路实现。例如，逻辑函数 $F = AB + B\bar{C}$ 的实现电路如图 2.2.12 所示，自变量 A、B、C 代表逻辑电路的输入信号，因变量 F 代表逻辑电路的输出信号。逻辑电路图能够反映输入信号与输出信号间的逻辑关系，且逻辑电路图和函数表达式又可以方便地相互表达，因此，逻辑电路图也可以看做是逻辑函数的一种表示方式。

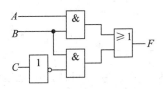

图 2.2.12　实现 $F = AB + B\bar{C}$ 的逻辑电路

逻辑函数还可以用真值表表示。真值表就是以表格的形式列出逻辑函数自变量的所有取值组合以及每种取值对应的函数值。由于逻辑函数的逻辑变量只有 0、1 两种取值，因此，对有 n 个输入变量的逻辑函数，其取值组合共有 2^n 种。真值表穷尽了输入变量所有可能的取值，因此能够唯一地表示逻辑函数。例如，函数 $F = AB + B\bar{C}$ 的真值表如表 2.2.12 所示。

表 2.2.12　逻辑函数 $F=AB+B\overline{C}$ 的真值表

A	B	C	F
0	0	0	0
0	0	1	0
0	1	0	1
0	1	1	0
1	0	0	1
1	0	1	0
1	1	0	1
1	1	1	1

2. 由真值表写出函数表达式

对于一个用真值表描述的逻辑函数,通常要先转化为函数表达式,然后再用逻辑电路实现。下面结合一个例子介绍由真值表写出函数表达式的方法。

【例 2.2.1】　某逻辑电路有 A、B、C 三个输入信号,只有当三个输入中出现奇数个 1 时,输出 F 才为 1,否则为 0,试列出其真值表,并写出函数表达式。

解　三个输入变量有 000、001、010、011、100、101、110、111 共 8 种取值组合,依据问题描述,可列出真值表如表 2.2.13 所示。

表 2.2.13　例 2.2.1 的真值表

A	B	C	F
0	0	0	0
0	0	1	1
0	1	0	1
0	1	1	0
1	0	0	1
1	0	1	0
1	1	0	0
1	1	1	1

由真值表写出逻辑函数表达式的方法有两种,下面用第一种方法写出的表达式称为"与—或"式;用第二种方法写出的表达式称为"或—与"式。

1) 由真值表写出"与—或"表达式

将每一种使函数值为 1 的输入变量取值组合用逻辑与(相乘)的形式表示,如果变量取值为 1,则用原变量表示,否则用反变量表示;再将表示出的逻辑与进行逻辑或(相加),即可得到 F 的"与—或"表达式。

在表 2.2.13 所示的真值表中,使 $F=1$ 的输入信号 A、B、C 共有 001、010、100、111

四组取值组合，其逻辑与可分别表示为 $\overline{A}\,\overline{B}\,C$、$\overline{A}\,B\,\overline{C}$、$A\,\overline{B}\,\overline{C}$ 和 ABC。将这些逻辑与再进行逻辑或，即得到函数 F 的"与一或"表达式：

$$F = \overline{A}\,\overline{B}C + \overline{A}B\overline{C} + A\overline{B}\,\overline{C} + ABC$$

因其运算特点，"与一或"表达式也称为"积之和"式。"与一或"式中的每一个逻辑与称为乘积项或与项，乘积项中的每一个变量也称为乘积项的因子。

2）由真值表写出"或一与"表达式

将每一种使函数 F 值为 0 的输入变量 A、B、C 取值组合用逻辑或（相加）的形式表示，如果变量取值为 0，则用原变量表示，否则用反变量表示；再将表示出的逻辑或进行逻辑与（相乘），即可得到 F 的"或一与"表达式。

在表 2.2.13 所示的真值表中，使 $F=0$ 的输入信号取值组合共有 000、011、101 和 110 四组，其逻辑或分别表示为 $A+B+C$、$A+\overline{B}+\overline{C}$、$\overline{A}+B+\overline{C}$ 和 $\overline{A}+\overline{B}+C$。将这些逻辑或再进行逻辑与，即得到函数 F 的"或一与"表达式：

$$F = (A+B+C)(A+\overline{B}+\overline{C})(\overline{A}+B+\overline{C})(\overline{A}+\overline{B}+C)$$

"或一与"式也称为"和之积"式，其中的每一个逻辑或称为和项或者是或项。

3. 逻辑函数的相等

从前面的介绍可以看出，同一个逻辑函数可能有不同形式的函数表达式。很多时候，需要对具有不同表达形式的逻辑函数判断是否表示的是同一个逻辑函数，也就是逻辑函数的相等问题。下面首先介绍逻辑函数"相等"的定义。

设有两个具有相同变量的逻辑函数

$$F = f(A_1, A_2, \cdots, A_n)$$
$$G = g(A_1, A_2, \cdots, A_n)$$

若对于 A_1，A_2，$\cdots$，A_n 的每一种取值组合，F 和 G 都有相同的函数值，则称 F 和 G 是相等的，记作 $F=G$。

显然，若两函数相等，则必然有相同的真值表；反之，若两函数的真值表相同，则它们必然相等。因此，要证明两函数相等，可以列出它们的真值表，如果完全相同，则两函数相等。

【例 2.2.2】　设 $F=\overline{A+B}$，$G=\overline{A}\cdot\overline{B}$，证明：$F=G$。

证明　列出函数 F 和 G 的真值表，如表 2.2.14 所示。

表 2.2.14　$F=\overline{A+B}$ 和 $G=\overline{A}\cdot\overline{B}$ 的真值表

A	B	$F=\overline{A+B}$	$\overline{A}$	$\overline{B}$	$G=\overline{A}\cdot\overline{B}$
0	0	1	1	1	1
0	1	0	1	0	0
1	0	0	0	1	0
1	1	0	0	0	0

从真值表可以看出，F 和 G 具有相同的真值表，因此，$\overline{A+B}=\overline{A}\cdot\overline{B}$。

2.2.4　逻辑代数的基本定律、规则和公式

1. 逻辑代数的基本定律

除了在 2.2.1 节和 2.2.2 节给出的逻辑代数一般运算形式的公式之外，依据逻辑代数基本运算规则，或通过真值表证明，还可以得出以下一些基本定律。

交换律

$$A \cdot B = B \cdot A \tag{2.2.13}$$

$$A + B = B + A \tag{2.2.13'}$$

$$A \oplus B = B \oplus A \tag{2.2.14}$$

$$A \odot B = B \odot A \tag{2.2.14'}$$

结合律

$$(A \cdot B) \cdot C = A \cdot (B \cdot C) \tag{2.2.15}$$

$$(A + B) + C = A + (B + C) \tag{2.2.15'}$$

$$(A \oplus B) \oplus C = A \oplus (B \oplus C) \tag{2.2.16}$$

$$(A \odot B) \odot C = A \odot (B \odot C) \tag{2.2.16'}$$

分配律

$$A(B + C) = AB + AC \tag{2.2.17}$$

$$A + BC = (A + B)(A + C) \tag{2.2.17'}$$

$$A(B \oplus C) = AB \oplus AC \tag{2.2.18}$$

$$A + (B \odot C) = (A + B) \odot (A + C) \tag{2.2.18'}$$

反演律(德·摩根定律)

$$\overline{A + B} = \overline{A} \cdot \overline{B} \tag{2.2.19}$$

$$\overline{A \cdot B} = \overline{A} + \overline{B} \tag{2.2.19'}$$

2. 三个规则

1) 代入规则

任何一个含有变量 A 的等式，在出现 A 的所有地方都代之以一个逻辑函数 F，则等式仍然成立，这一规则称为代入规则。

因为任何一个逻辑函数都和逻辑变量一样，只有 0、1 两种可能的取值，因此代入规则是正确的。有了代入规则，上述基本定律中的任一个逻辑变量都可以代之以一个逻辑函数，因此能够扩大这些基本定律的应用范围。

【例 2.2.3】　证明反演律可推广到多个变量的情况，如：$\overline{A + B + C} = \overline{A} \cdot \overline{B} \cdot \overline{C}$。

证明　依据反演律，可知 $\overline{A + X} = \overline{A} \cdot \overline{X}$。将出现 X 的地方都代之以逻辑函数 $B + C$，则：

$$\text{等式左边} = \overline{A + (B + C)} = \overline{A + B + C} \quad (\text{依据结合律})$$

$$\text{等式右边} = \overline{A} \cdot \overline{B + C} = \overline{A} \cdot (\overline{B} \cdot \overline{C}) = \overline{A} \cdot \overline{B} \cdot \overline{C} \quad (\text{依据结合律})$$

因此，依据代入规则，即有

$$\overline{A + B + C} = \overline{A} \cdot \overline{B} \cdot \overline{C}$$

2) 反演规则

对任一个逻辑函数 F，如果将其表达式中的 0 改为 1，1 改为 0，原变量改为反变量，

反变量改为原变量，"＋"改为"·"，"·"改为"＋"，则可得到该逻辑函数的反函数 $\overline{F}$。这个规则称为反演规则。

利用反演规则可方便地求出一个逻辑函数的反函数。

【例 2.2.4】 已知

$$F_1 = (0 + AB)(\overline{A} + C \cdot 1)$$

$$F_2 = A + \overline{BC} + \overline{\overline{C} + \overline{D}}$$

求 $\overline{F_1}$ 和 $\overline{F_2}$。

解

$$\overline{F_1} = 1 \cdot (\overline{A} + \overline{B}) + A \cdot (\overline{C} + 0)$$

$$\overline{F_2} = \overline{A} \cdot \overline{(B + \overline{C})} \cdot \overline{\overline{C}D}$$

需要注意的是，在运用反演规则求逻辑函数的反函数时，必须保持原有的运算顺序不变，因此需要在必要的地方加上括号，尤其是将"与"运算改为"或"运算时。

3）对偶规则

对任一个逻辑函数 F，如果将其表达式中的 0 改为 1，1 改为 0，"＋"改为"·"，"·"改为"＋"，则可得到该逻辑函数的对偶式，记为 F^*。

若有等式 $F = G$，且 F^* 和 G^* 分别是逻辑函数 F 和 G 的对偶式，则 $F^* = G^*$。这一规则称为对偶规则。

例如，设 $F = A(B + C)$，$G = AB + AC$，依据式（2.2.17），有 $F = G$。而 $F^* = A + BC$，$G^* = (A + B)(A + C)$，则依据对偶规则，有 $F^* = G^*$，即 $A + BC = (A + B)(A + C)$，也即式（2.2.17'）。

同样需要注意的是，在运用对偶规则求逻辑函数的对偶式时，也必须保持原有的运算顺序不变。与运用反演规则求逻辑函数的反函数不同的是，求对偶式时，不能将原变量改为反变量，也不能将反变量改为原变量。

【例 2.2.5】 已知

$$F = A + BC + \overline{\overline{A} \cdot 1 + D}$$

求 F^*。

解

$$F^* = A \cdot (B + C) \cdot \overline{(\overline{A} + 0) \cdot D}$$

从例 2.2.5 可以看出，若逻辑函数 F 的对偶式为 F^*，再对 F^* 求对偶式就可得到逻辑函数 F 本身，也就是说，F 和 F^* 互为对偶函数。观察逻辑代数基本公式（2.2.1）～式（2.2.19）与式（2.2.1'）～式（2.2.19'），可以看出，用"'"号区分的具有相同序号的公式之间，是互为对偶的等式，因此利用对偶规则，记忆这些公式时只需记住一半就可以了。

3. 四个常用公式

逻辑代数中，有四个常用公式，可用于逻辑函数的化简以及逻辑函数相等的证明。

（1）　　　　　　　　　　　　$A + AB = A$　　　　　　　　　　　　（2.2.20）

证明　　　$A + AB = A(1 + B)$　　　（依据分配律）

$$= A \cdot 1$$

$$= A$$

这一公式也称为吸收律，其特点是，如果一个乘积项（AB）完全包含了另一个乘积项（A），则包含乘积项（AB）是多余的。

(2)　　　　　　　　　　$$AB + A\overline{B} = A \qquad\qquad (2.2.21)$$

证明　　　$AB + A\overline{B} = A(B + \overline{B})$　　　（依据分配律）

$$= A \cdot 1$$

$$= A$$

这一公式的特点是，若两乘积项除公共因子(A)外，剩余因子(B 和 $\overline{B}$)恰好互补，则可合并为只有公共因子的一项(A)。

(3)　　　　　　　　　　$$A + \overline{A}B = A + B \qquad\qquad (2.2.22)$$

证明　　　$A + \overline{A}B = (A + \overline{A})(A + B)$　　　（依据分配律）

$$= A + B$$

这一公式的特点是，若一个乘积项的补(A 的补 $\overline{A}$)恰好是另一个乘积项($\overline{A}B$)的因子，则含有补因子($\overline{A}$)的乘积项($\overline{A}B$)中，补因子($\overline{A}$)是多余的。

(4)　　　　　　　　　$$AB + \overline{A}C + BC = AB + \overline{A}C \qquad\qquad (2.2.23)$$

证明　$AB + \overline{A}C + BC = AB + \overline{A}C + (A + \overline{A})BC$

$$= AB + \overline{A}C + ABC + \overline{A}BC \qquad （依据分配律）$$

$$= (AB + ABC) + (\overline{A}C + \overline{A}BC) \qquad （依据结合律）$$

$$= AB + \overline{A}C \qquad （依据式(2.2.21)）$$

这一公式的特点是，若两乘积项含有互补的因子(A 和 $\overline{A}$)，且剩余因子(B、C)都是第三个乘积项(BC)的因子，则第三个乘积项(BC)是多余的。这一公式也可以推广到有多个变量的情况，如：

$$AB + \overline{A}C + BCDE = AB + \overline{A}C$$

2.2.5　逻辑函数的标准形式

从前面的介绍可以看出，利用逻辑代数的基本定理、规则及公式，可以对逻辑函数表达式进行多种形式的变换。几种常用的表达式形式包括：与－或式、或－与式、与非－与非式、或非－或非式、与或非式等。下面通过一个例子说明各种形式之间的相互转化。

例如：

$$F(A, B, C) = (A + C)(\overline{A} + B) \qquad （或－与式）$$

$$= AB + \overline{A}C \qquad （与－或式）$$

$$= \overline{\overline{AB + \overline{A}C}} = \overline{\overline{AB} \cdot \overline{\overline{A}C}} \qquad （与非－与非式）$$

$$= \overline{\overline{(A + C)(\overline{A} + B)}} = \overline{\overline{(A + C)} + \overline{(\overline{A} + B)}} \qquad （或非－或非式）$$

$$= \overline{\overline{A}\,\overline{C} + A\overline{B}} \qquad （与或非式）$$

以上表达式中，与－或式和或－与式是两种最基本的形式，其他几种形式都可以通过这两种表达式变换得到。与非－与非式可以通过对与－或式两次取非，然后利用德·摩根定律展开一层非号获得。或非－或非式可以通过对或－与式两次取非，然后利用德·摩根定律展开一层非号获得。与或非式则是对或非－或非式中的每个或非项利用德·摩根定律展开获得。

由于同一个逻辑函数多种不同形式的表达式不便于逻辑问题的讨论，因此，下面介绍逻辑函数的标准表达式形式。

1. 最小项

构成逻辑函数的乘积项中，若每个输入变量都以原变量或反变量的形式出现，且仅出现一次，这些乘积项就称为最小项，或称为标准积。

例如，若逻辑函数 F 有 A、B、C 三个输入变量，那么 ABC、$A\overline{B}\,\overline{C}$、$\overline{A}\,\overline{B}\,\overline{C}$ 就是最小项，而 AB、$A\overline{A}\,\overline{B}\,\overline{C}$ 则不是最小项。

在最小项中，每个变量只能有原变量或反变量两种表现形式，因此，对 n 个输入变量，可以构成的最小项最多有 2^n 个。表 2.2.15 给出了三个输入变量可以形成的所有最小项。

表 2.2.15　三变量最小项与最大项

A	B	C	最小项	最大项
0	0	0	$m_0 = \overline{A}\,\overline{B}\,\overline{C}$	$M_0 = A+B+C$
0	0	1	$m_1 = \overline{A}\,\overline{B}\,C$	$M_1 = A+B+\overline{C}$
0	1	0	$m_2 = \overline{A}B\overline{C}$	$M_2 = A+\overline{B}+C$
0	1	1	$m_3 = \overline{A}BC$	$M_3 = A+\overline{B}+\overline{C}$
1	0	0	$m_4 = A\overline{B}\,\overline{C}$	$M_4 = \overline{A}+B+C$
1	0	1	$m_5 = A\overline{B}C$	$M_5 = \overline{A}+B+\overline{C}$
1	1	0	$m_6 = AB\overline{C}$	$M_6 = \overline{A}+\overline{B}+C$
1	1	1	$m_7 = ABC$	$M_7 = \overline{A}+\overline{B}+\overline{C}$

根据最小项的定义，可以得出最小项有以下一些性质：

（1）对于任意一个最小项，只有一组变量取值使得它的值为 1。

将最小项的原变量取值为 1，反变量取值为 0，就是使其值为 1 的唯一取值组合。也就是说，在输入变量的所有取值组合中，使最小项取值为 1 的可能性最小，这也是其名字的由来。

依据这一特性，可以利用这个使其值为 1 的唯一变量取值组合来标识一个最小项。例如，用 010 标识 $\overline{A}B\overline{C}$；用 111 标识 ABC。在变量表示顺序确定的前提下，将标识最小项的取值组合转换为对应的十进制数，即成为最小项的编号 i，并可以用 m_i 来表示该最小项。例如 $m_2 = \overline{A}B\overline{C}$、$m_7 = ABC$。

（2）任意两个最小项的乘积恒为 0，即 $m_i \cdot m_j = 0 (i \neq j)$。

（3）n 个变量的所有最小项之和恒为 1，即 $\displaystyle\sum_{i=0}^{2^n-1} m_i = 1$。

2. 函数的"标准与－或"表示形式

"标准与－或式"也称为"标准积之和式"，就是将逻辑函数表示成最小项之和的形式。例如：

$$F(A, B, C, D) = \overline{A}BC\overline{D} + A\overline{B}\,\overline{C}D + A\overline{B}C\overline{D} + ABCD$$
$$= m_6 + m_9 + m_{10} + m_{15} = \sum m(6, 9, 10, 15)$$

其中，$\sum m$ 表示最小项的和，括号中的数字就是最小项的编号。

将一个非标准的与－或式转化为标准与－或式，可以采用配项的方法补齐乘积项中没有包含的输入变量。

【例 2.2.6】 将逻辑函数

$$F(A, B, C, D) = AB + A\overline{C}D + A\overline{B}C\overline{D}$$

转换为标准与－或式。

解　　$F(A, B, C, D) = AB + A\overline{C}D + A\overline{B}C\overline{D}$

$$= AB(C+\overline{C})(D+\overline{D}) + A(B+\overline{B})\overline{C}D + A\overline{B}C\overline{D}$$

$$= ABCD + ABC\overline{D} + AB\overline{C}D + AB\overline{C}\ \overline{D}$$
$$+ AB\overline{C}D + A\overline{B}\ \overline{C}D + A\overline{B}C\overline{D}$$

$$= ABCD + ABC\overline{D} + AB\overline{C}D + AB\overline{C}\ \overline{D}$$
$$+ A\overline{B}\ \overline{C}D + A\overline{B}C\overline{D}$$

$$= m_{15} + m_{14} + m_{13} + m_{12} + m_9 + m_{10}$$

$$= \sum m(9, 10, 12, 13, 14, 15)$$

如果逻辑函数表达式不是与－或式，则采用配项法时，需要先将逻辑函数转换为与－或式。

3. 最大项与函数的"标准或－与"形式

构成逻辑函数的和项中，若每个输入变量都以原变量或反变量的形式出现，且仅出现一次，则这些和项就称为最大项，也称为标准和。

例如，若逻辑函数 F 有 A、B、C 三个输入变量，那么 $A+B+C$、$\overline{A}+B+\overline{C}$、$\overline{A}+B+C$ 就是最大项，而 $A+\overline{B}$、$A+\overline{B}+C+\overline{C}$ 则不是最大项。

同样，对 n 个输入变量，可以构成的最大项最多有 2^n 个。表 2.2.15 也给出了三个输入变量可以形成的所有最大项。

依据最大项的定义，可以得出最大项有以下一些性质：

(1) 对于任意一个最大项，只有一组变量取值使得它的值为 0。

将最大项的原变量取值为 0，反变量取值为 1，就是使其值为 0 的唯一取值组合。也就是说，在输入变量的所有取值组合中，使最大项取值为 1 的可能性最大，这也是其名字的由来。

与最小项的表示方法类似，在变量表示顺序确定的前提下，一个最大项可以用使该最大项取值为 0 的唯一变量取值组合来标识，并用 M_i 来表示。其中，下标 i 就是标识最大项的取值组合转换成的十进制数。例如，当有 A、B、C 三个输入变量时，$M_1 = A + B + \overline{C}$，$M_3 = A + \overline{B} + \overline{C}$。

(2) 任意两个最大项的和恒为 1，即 $M_i + M_j = 1 (i \neq j)$。

(3) n 个变量的所有最大项之积恒为 0，即 $\prod\limits_{i=0}^{2^n-1} M_i = 0$。

函数的"标准或－与式"就是将逻辑函数表示成最大项之积的形式，也称为"标准和之积式"。例如：

$$F(A, B, C) = (A + B + \overline{C})(A + \overline{B} + C)(A + \overline{B} + \overline{C})(\overline{A} + \overline{B} + \overline{C})$$
$$= M_1 \cdot M_2 \cdot M_3 \cdot M_7$$
$$= \prod M(1, 2, 3, 7)$$

其中，$\prod M$ 表示最大项的积，括号内的数字就是最大项的编号。

　　值得一提的是，运用 2.2.3 节介绍的由逻辑函数真值表写出逻辑函数表达式的方法，所写出的"与-或式"或"或-与式"，就是"标准与-或式"或"标准或-与式"。

　　例如，利用表 2.2.16 所给出的真值表，可以直接写出函数 F 的标准与-或式：

$$F(A, B, C) = \overline{A}\,\overline{B}\,C + A\overline{B}\,\overline{C} + A\overline{B}C + ABC = \sum m(1, 4, 5, 7)$$

以及标准或-与式：

$$F(A, B, C) = (A + B + C)(A + \overline{B} + C)(A + \overline{B} + \overline{C})(\overline{A} + \overline{B} + C)$$
$$= \prod M(0, 2, 3, 6)$$

表 2.2.16　函数真值表与最小项和最大项

A	B	C	$F(A, B, C)$	最小项	最大项
0	0	0	0		$M_0 = A + B + C$
0	0	1	1	$m_1 = \overline{A}\,\overline{B}C$	
0	1	0	0		$M_2 = A + \overline{B} + C$
0	1	1	0		$M_3 = A + \overline{B} + \overline{C}$
1	0	0	1	$m_4 = A\overline{B}\,\overline{C}$	
1	0	1	1	$m_5 = A\overline{B}C$	
1	1	0	0		$M_6 = \overline{A} + \overline{B} + C$
1	1	1	1	$m_7 = ABC$	

　　按照由真值表写出函数与-或式和或-与式的方法，出现在函数标准与-或式中的最小项代表的就是使函数值为 1 的变量取值组合，而出现在函数标准或-与式中的最大项代表的就是使函数值为 0 的变量取值组合，因此，一个逻辑函数标准与-或式中的最小项编号和函数标准或-与式中的最大项编号是互补的。由此，若已知一个逻辑函数的标准与-或式，则可以很方便地写出它的标准或-与式，反之亦然。

　　例如：

$$F(A, B, C, D) = \sum m(0, 2, 7, 8, 10, 12, 15)$$
$$= \prod M(1, 3, 4, 5, 6, 9, 11, 13, 14)$$

2.3　逻辑函数的化简

　　逻辑函数有繁简不同的多种表达式形式，在用逻辑门电路实现逻辑函数时，简化的逻辑函数可以用较少的门电路实现，逻辑门之间的连线也较少。这不但有利于降低实现电路的成本，而且可以减少功耗、增加可靠性。下面介绍代数法和卡诺图法两种常用的逻辑函数化简方法，主要讨论如何将一个一般的与-或式化简为最简与-或式。利用对偶规则，不难求出或一与式的最简形式。

与一或式最简的标准通常定义如下：

(1) 乘积项的个数最少，意味着电路实现时所用的与门个数最少。

(2) 每个乘积项的因子个数最少，即每个与门所用的输入端个数最少。

尽管在基于 EDA 技术的数字系统设计过程中，逻辑函数的化简和优化通常是由综合器自动完成的，但是掌握逻辑函数化简的基本理论和方法有助于读者对综合、优化等问题的理解，而且可以在采用传统方法设计电路时简化电路的实现。

2.3.1 代数法化简逻辑函数

代数法化简逻辑函数就是利用逻辑代数的基本定律、公式、规则等对逻辑函数表达式进行变换，通过合并、消去多余因子、消除多余项等手段，最终得到最简的逻辑表达式。下面介绍几种常用的化简方法。

1) 并项法

可利用公式 $AB+A\overline{B}=A$，将两项合并为一项，且消去一个因子 B。

【例 2.3.1】 化简逻辑函数 $F=ABC+A\overline{B}+A\overline{C}$ 为最简与一或式。

解 $F=ABC+A\overline{B}+A\overline{C}$

$\quad=ABC+A\,\overline{BC}$ （依据分配律、德·摩根定律）

$\quad=A$ （利用式 $AB+A\overline{B}=A$ 合并乘积项）

2) 消项法

可利用公式 $A+AB=A$ 或公式 $AB+\overline{A}C+BC=AB+\overline{A}C$ 消去多余的乘积项。

【例 2.3.2】 化简逻辑函数 $F=AC+\overline{B}CD+A\overline{B}C+\overline{B}C$ 为最简与一或式。

解 $F=AC+\overline{B}CD+A\overline{B}C+\overline{B}C$

$\quad=(AC+A\overline{B}C)+(\overline{B}CD+\overline{B}C)$ （依据交换律、结合律）

$\quad=AC+\overline{B}C$ （利用式(2.2.20)消去乘积项 $A\overline{B}C$、$\overline{B}CD$）

【例 2.3.3】 化简逻辑函数 $F=AB+\overline{B}\,\overline{C}+\overline{B}D+CD+AD$ 为最简与一或式。

解 $F=AB+\overline{B}\,\overline{C}+\overline{B}D+CD+AD$

$\quad=(AB+\overline{B}D+AD)+\overline{B}\,\overline{C}+CD$ （依据交换律、结合律）

$\quad=AB+\overline{B}D+\overline{B}\,\overline{C}+CD$ （利用式(2.2.23)消去多余项 AD）

$\quad=AB+(\overline{B}D+\overline{B}\,\overline{C}+CD)$ （依据结合律）

$\quad=AB+\overline{B}\,\overline{C}+CD$ （利用式(2.2.23)消去多余项 $\overline{B}D$）

3) 消元法

可利用公式 $A+\overline{A}B=A+B$ 消去多余的因子。

【例 2.3.4】 化简逻辑函数 $F=A\overline{C}+ABC$ 为最简与一或式。

解 $F=A\overline{C}+ABC$

$\quad=A(\overline{C}+BC)$ （依据分配律）

$\quad=A(\overline{C}+B)$ （利用式(2.2.21)消去 BC 中与 $\overline{C}$ 互补的因子 C）

$\quad=A\overline{C}+AB$ （依据分配律）

4) 配项法

为了能够利用上面介绍的方法化简逻辑函数，有时候需要利用公式 $A=A(B+\overline{B})$ 添加一些乘积项，或反向运用公式 $AB+\overline{A}C+BC=AB+\overline{A}C$ 增加一些冗余项，达到化简的目的。

【例 2.3.5】　化简逻辑函数 $F=AB+\overline{A}\,\overline{B}+BC+\overline{B}\,\overline{C}$ 为最简与-或式。

解　$F=AB+\overline{A}\,\overline{B}+BC+\overline{B}\,\overline{C}$

$\quad\quad=AB+\overline{A}\,\overline{B}(C+\overline{C})+(A+\overline{A})BC+\overline{B}\,\overline{C}$

$\quad\quad=AB+\overline{A}\,\overline{B}C+\overline{A}\,\overline{B}\,\overline{C}+ABC+\overline{A}BC+\overline{B}\,\overline{C}$　（依据分配律）

$\quad\quad=(AB+ABC)+(\overline{A}\,\overline{B}C+\overline{A}BC)+(\overline{A}\,\overline{B}\,\overline{C}+\overline{B}\,\overline{C})$　（依据交换律、结合律）

$\quad\quad=AB+\overline{A}C+\overline{B}\,\overline{C}$　　　　　　　　　　（利用式(2.2.21)、式(2.2.20)合并、吸收乘积项）

【例 2.3.6】　化简逻辑函数 $F=A\overline{B}+BD+\overline{A}CD$ 为最简与-或式。

解　$F=A\overline{B}+BD+\overline{A}CD$

$\quad\quad=A\overline{B}+BD+AD+\overline{A}CD$　（利用式(2.2.23)增加冗余项 AD）

$\quad\quad=A\overline{B}+BD+D(A+\overline{A}C)$　（依据分配律）

$\quad\quad=A\overline{B}+BD+AD+CD$　（利用式(2.2.22)消去 $\overline{A}C$ 中与 A 互补的因子 $\overline{A}$）

$\quad\quad=A\overline{B}+BD+CD$　（利用式(2.2.23)消去冗余项 AD）

对于一些复杂的逻辑函数，通常需要反复、灵活地多次运用上面介绍的方法，来获得最佳的化简结果。

【例 2.3.7】　化简逻辑函数 $F=AB+\overline{A}C+A\overline{B}\,\overline{D}+ABCD+\overline{A}\,\overline{B}\,\overline{D}+\overline{B}C+A\overline{C}\,\overline{D}E$ 为最简与-或式。

解　$F=AB+\overline{A}C+A\overline{B}\,\overline{D}+ABCD+\overline{A}\,\overline{B}\,\overline{D}+\overline{B}\,C+A\overline{C}\,\overline{D}E$

$\quad\quad=(AB+ABCD)+\overline{A}C+(A\overline{B}\overline{D}+\overline{A}\,\overline{B}\,\overline{D})+\overline{B}C+A\overline{C}\,\overline{D}E$　（依据交换律、结合律）

$\quad\quad=AB+\overline{A}C+\overline{B}\,\overline{D}+\overline{B}C+A\overline{C}\,\overline{D}E$　（利用式(2.2.20)、式(2.2.21)合并、吸收乘积项）

$\quad\quad=AB+\overline{A}BC+\overline{B}\,\overline{D}+A\overline{C}\,\overline{D}E$　（依据分配律、德·摩根定律）

$\quad\quad=AB+C+\overline{B}\,\overline{D}+A\overline{C}\,\overline{D}E$　（利用式(2.2.22)消去互补因子 $\overline{AB}$）

$\quad\quad=AB+C+\overline{B}\,\overline{D}$　（利用式(2.2.23)消去冗余项 $A\overline{C}\,\overline{D}E$）

【例 2.3.8】　化简逻辑函数 $F=\overline{\overline{(BC+\overline{A})\overline{D}}\cdot\overline{(A+B)}\cdot\overline{B}\,\overline{D}+BC\overline{D}}$ 为最简与-或式。

解　$F=\overline{\overline{(BC+\overline{A})\overline{D}}\cdot\overline{(A+B)}\cdot\overline{B}\,\overline{D}+BC\overline{D}}$

$\quad\quad=(BC+\overline{A})\overline{D}+\overline{A}+B+\overline{B}\,\overline{D}+BC\overline{D}$　　　（依据德·摩根定律）

$\quad\quad=BC\overline{D}+\overline{A}\,\overline{D}+A\overline{B}+\overline{B}\,\overline{D}+BC\,\overline{D}$　　（依据分配律、德·摩根定律）

$\quad\quad=(BC\overline{D}+BC\,\overline{D})+(\overline{A}\,\overline{D}+A\overline{B}+\overline{B}\,\overline{D})$　　（依据交换律、结合律）

$\quad\quad=B\overline{D}+\overline{A}\,\overline{D}+A\overline{B}$　　　　　　　　（利用式(2.2.20)、式(2.2.21)）

$\quad\quad=\overline{A}\overline{B}\cdot\overline{D}+A\overline{B}$　　　　　　　　　（依据分配律、德·摩根定律）

$\quad\quad=\overline{D}+A\overline{B}$　　　　　　　　　　（利用式(2.2.22)）

【例 2.3.9】　化简逻辑函数 $F=(A+C)(\overline{B}+C)(B+\overline{D})(\overline{A}+C+\overline{D})(A+C+D+E)$ 为最简或-与式。

解　若利用分配律展开，过程会比较繁琐。对于或-与式，可利用对偶规则，求出逻辑函数的对偶式，运用上面介绍的方法进行化简，化简后再运用对偶规则，即可得到逻辑函数的最简或－与式。

$$F^* = AC + \overline{B}C + B\overline{D} + \overline{A}C\overline{D} + ACDE$$
$$= (AC + ACDE) + (\overline{B}C + B\overline{D} + \overline{A}C\overline{D})$$
$$= AC + \overline{B}C + B\overline{D}$$

逻辑函数 F 的最简或－与式可通过再求 F^* 的对偶式得到:

$$F = (A + C)(\overline{B} + C)(B + \overline{D})$$

从上面的介绍可以看出,使用代数法化简逻辑函数时,没有明显的规律。要求设计人员熟练掌握各个公式,并能灵活运用。很多时候,化简还依赖于设计者个人的经验,化简的结果是否最简有时候也难以判定。

2.3.2　卡诺图法(图解法)化简逻辑函数

卡诺图由多个小方格构成。n 变量卡诺图包含 2^n 个小方格,每个小方格唯一对应变量的一种取值组合,因此相当于一个最小项。我们知道,一个逻辑函数可以用真值表唯一表示,就是列出变量所有取值组合下的函数值,即各个最小项对应的函数值。因此,卡诺图表示逻辑函数与真值表使用的方法相同,只是具有不同的形式。卡诺图也可看做是图形化的真值表。用卡诺图表示逻辑函数能够方便地进行函数的化简。

1. 卡诺图的画法

卡诺图的一个特点是:逻辑相邻的最小项也是几何相邻的。所谓逻辑相邻,就是两个最小项中只有一个变量的取值不同。几何相邻就是代表最小项的小方格在卡诺图中的位置相邻。

为满足这一要求,通常将逻辑变量分为两组,每组变量按循环码(参见 2.1.3 节)的顺序取值,两组变量的各个取值组合分别依次排列作为行或列的取值,行列交叉绘制形成代表最小项的小方格。

以四变量(从高到低位,设为 A、B、C、D)为例,四变量卡诺图的一般形式如图 2.3.1 所示。四个变量 A、B、C、D 分为 AB 和 CD 两组,两组各自按 2 位循环码的顺序取值,即 00、01、11 和 10。两组变量的各自 4 个取值分别作为列和行的取值,行列交叉形成 16 个小方格,每个小方格对应四变量的一种取值组合,代表一个最小项。在图 2.3.1 所示的卡诺图中,处于相邻位置(几何相邻)的任意两个最小项之间是逻辑相邻的。例如,m_5 和 m_{13} 位置相邻,它们对应的

CD\\AB	00	01	11	10
00	m_0	m_4	m_{12}	m_8
01	m_1	m_5	m_{13}	m_9
11	m_3	m_7	m_{15}	m_{11}
10	m_2	m_6	m_{14}	m_{10}

图 2.3.1　四变量卡诺图的一般形式

取值组合分别是 $ABCD = 0101$ 和 $ABCD = 1101$,只有一个变量 A 的取值不同,因此它们是逻辑相邻的。可以看出,四变量卡诺图中,任一行或任一列中,两个位置相邻的最小项都是逻辑相邻的。行或列最外侧的两个最小项也是逻辑相邻的,如 m_0 和 m_2,m_3 和 m_{11} 等。但斜线方向上的最小项之间不属于几何相邻,也不属于逻辑相邻,如 m_{12} 和 m_9。

两变量和三变量卡诺图的画法类似。两变量(从高到低位,设为 A、B)卡诺图的一般形式如图 2.3.2 所示。变量分为 A、B 两组,每组按 0、1 的顺序取值,构成 4 个小方格,代表 4 个最小项。行或列内的两个最小项都是逻辑相邻的。三变量(从高到低位,设为 A、B、C)卡诺图的一般形式如图 2.3.3 所示。三个变量可分为 AB、C 两组或 A、BC 两组,两个变

量的组按 00、01、11、10 的顺序取值，一个变量的组按 0、1 的顺序取值，构成 8 个小方格，表示 8 个最小项。各最小项的逻辑相邻关系与两变量和四变量卡诺图类似。

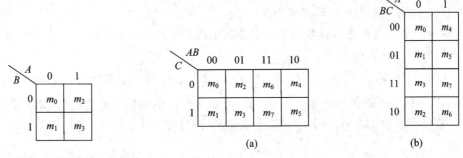

图 2.3.2　两变量卡诺图的一般形式

图 2.3.3　三变量卡诺图的一般形式

五变量逻辑函数有 32 个最小项，需要画出 32 个小方格。五变量(从高到低位，设为 A、B、C、D、E)卡诺图的一般形式如图 2.3.4 所示。图中变量分为 ABC、DE 两组(也可以分为 AB、CDE 两组)，ABC 按 000、001、011、010、110、111、101、100 的顺序取值，DE 按 00、01、11、10 的顺序取值，行列交叉构成 32 个小方格，表示 32 个最小项。在判定最小项的相邻关系时，可以以 ABC 取值为 010 和 110 间的竖线作为分界线，将卡诺图分为各包含 16 个最小项的两部分。每一部分内各最小项的相邻关系与四变量卡诺图相同。若将卡诺图以分界线对折，如图 2.3.5(只用编号表示最小项)所示，那么两部分间重合的最小项逻辑相邻，如 m_{31} 和 m_{15}。

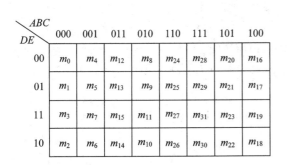

图 2.3.4　五变量卡诺图的一般形式

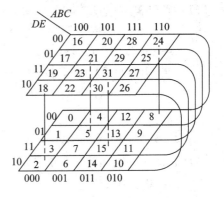

图 2.3.5　五变量卡诺图相邻关系举例

从上边的分析可以看出，从五变量开始，由于变量个数增加，卡诺图表示的相邻性越来越复杂，最小项的相邻关系不能较直观地判断，因此五变量及以上的逻辑函数通常不用卡诺图表示和化简。卡诺图化简法主要用于五变量以下逻辑函数的化简。

2. 用卡诺图表示逻辑函数

n 变量的卡诺图可以表示出任意一个 n 变量的逻辑函数。

用卡诺图表示逻辑函数时，首先需要根据函数的变量个数，画出相应的卡诺图，然后将函数的每一种变量取值组合对应的函数值 1 或 0 填入对应的小方格。填入 1 的含义是：当函数的变量取值与该小方格(最小项)表示的取值相同时，函数值为 1。填入 1 的小方格简称为 1 格。填入 0 的含义就是当函数的变量取值与该小方格(最小项)表示的取值相同时，函数值为 0。填入 0 的小方格简称为 0 格。有时候，0 也可以省略不填。

下面介绍如何根据不同的函数表达式填写卡诺图。

1) 标准与一或式表示的逻辑函数

对每一个出现在逻辑函数表达式中的最小项，找到它在卡诺图中对应的小方格，填入 1，其他小方格中填入 0。

例如，逻辑函数 $F(A, B, C) = \sum m(1, 3, 5, 6)$ 的卡诺图如图 2.3.6 所示。4 个 1 格表示：当 ABC 的取值与 m_1、m_3、m_5 或 m_6 表示的取值相同，也就是当 ABC 取值分别为 001、011、101 或 110 时，$F = 1$，其余取值组合都使 $F = 0$。

C \ AB	00	01	11	10
0	0	0	1	0
1	1	1	0	1

图 2.3.6　$F(A, B, C) = \sum m(1, 3, 5, 6)$ 的卡诺图

2) 非标准与一或式表示的逻辑函数

对一般与一或式表示的逻辑函数，可以采用两种方法来填卡诺图。一种方法是将一般与一或式转化为标准与一或式；另一种方法是使用观察法直接填卡诺图。下面结合一个例子进行说明。

【例 2.3.10】　画出逻辑函数 $F = ABC\overline{D} + A\overline{C}\,\overline{D} + \overline{B}C$ 的卡诺图。

解　方法一：将函数 F 转换为标准与一或式，然后用上面介绍的方法填卡诺图。

$$F = ABC\overline{D} + A\overline{C}\,\overline{D} + \overline{B}C$$
$$= ABC\overline{D} + A(B + \overline{B})\overline{C}\,\overline{D} + (A + \overline{A})\overline{B}C(D + \overline{D})$$
$$= ABC\overline{D} + AB\overline{C}\,\overline{D} + A\overline{B}\,\overline{C}\,\overline{D} + A\overline{B}CD + \overline{A}\,\overline{B}CD + A\overline{B}C\overline{D} + \overline{A}\,\overline{B}C\overline{D}$$

即

$$F(A, B, C, D) = \sum m(2, 3, 8, 10, 11, 12, 14)$$

函数 F 的卡诺图如图 2.3.7 所示。

方法二：采用观察法。

观察法就是通过观察表达式，确定都有哪些取值组合能使函数值为 1，则在相应的小方格中填入 1，其他小方格中填入 0。

函数 F 表达式中的乘积项 $ABC\overline{D}$ 是一个最小项，可以确定当 $ABCD$ 取值为 1110 时，$ABC\overline{D} = 1$，$F = 1$。因此，可以直接在 $ABCD$ 取值为 1110 的小方格中填入 1。乘积项 $A\overline{C}\overline{D}$ 不是最小项，少一个变量

CD \ AB	00	01	11	10
00	0	0	1	1
01	0	0	0	0
11	1	1	0	1
10	1	0	1	1

图 2.3.7　例 2.3.10 的卡诺图

B。只要 ACD 取值为 100，不论 B 取 0 还是 1，乘积项 $A\overline{C}\,\overline{D}$ 的值都为 1，使 $F = 1$。因此，可以直接在卡诺图中找出 ACD 取值为 100 的所有小方格，填入 1。即在图 2.3.7 中，将 $ABCD$ 分别取值为 1000($A\overline{B}\,\overline{C}\,\overline{D}$) 和 1100($AB\overline{C}\,\overline{D}$) 对应的两个小方格填入 1。同理，乘积

项 $\overline{BC}$ 也不是最小项，缺少变量 A 和 D，只要 BC 取值为 01，不论 AD 取什么值，都会使乘积项 $\overline{BC}=1$，$F=1$。因此，可以在卡诺图中直接将 BC 取值为 01 的所有小方格内都填入 1，即图 2.3.7 中，$ABCD$ 取值为 0010（$\overline{A}\ \overline{B}C\overline{D}$）、0011（$\overline{A}\ \overline{B}CD$）、1010（$A\overline{B}C\overline{D}$）、1011（$A\overline{B}CD$）的 4 个小方格。最后得到与图 2.3.7 相同的卡诺图。

非与-或式表示的逻辑函数在填卡诺图时，通常需要先将函数表达式转换为与-或式。

如果表达式的形式是标准或-与式，那么由于逻辑函数的最大项和最小项是互补的，因此可以先表示为标准与-或式，再填图。由标准或-与式直接填写卡诺图的方法将在后面介绍。

3. 利用卡诺图化简逻辑函数

1）利用卡诺图化简逻辑函数的原理

卡诺图中位置相邻的最小项都是逻辑相邻的。逻辑相邻的两个最小项之间只有一个变量取值不同，因此可以利用公式 $AB+A\overline{B}=A$ 将相邻的两个最小项圈在一起，合并为一项，并消去一个变量。这就是利用卡诺图化简逻辑函数的基本方法。

例如，逻辑函数

$$F(A,\ B,\ C)=\sum m(1,\ 2,\ 5,\ 6)$$
$$=\overline{A}\ \overline{B}C+\overline{A}B\overline{C}+A\overline{B}C+AB\overline{C}$$
$$=B\overline{C}+\overline{B}C$$

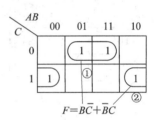

$$F=B\overline{C}+\overline{B}C$$

图 2.3.8　卡诺图化简举例

函数 F 利用卡诺图的化简过程如图 2.3.8 所示。图中，相邻最小项 $\overline{A}\ \overline{B}C$ 和 $A\overline{B}C$、$\overline{A}B\overline{C}$ 和 $AB\overline{C}$ 分别被圈在一起，每个圈内的两个最小项合并后形成了一个乘积项，且能消去一个变量。

观察图 2.3.8 中每个圈内的最小项以及合并后的乘积项可以发现，合并后的乘积项中保留下来的变量就是圈内最小项之间取值没有变化的变量，而取值变化了的变量则被消去。如在圈①中，BC 在两个最小项中的取值都是 10，没有变化，A 的取值发生了变化，由 0→1，因此合并后的乘积项 $B\overline{C}$ 是关于变量 B、C 的乘积项，A 被消去。另外，若圈内取值没有变化的变量，在圈内各个最小项中的取值都为 0，则在合并后的乘积项中以反变量的形式表示；否则，以原变量的形式表示。例如，在图 2.3.8 中，变量 B 在圈①内的两个最小项中都取值为 1，变量 C 在两个最小项中都取值为 0，所以在合并后的乘积项 $B\overline{C}$ 中，B 以原变量的形式表示，而 C 以反变量的形式表示。

总结前面的分析，利用卡诺图化简逻辑函数为最简与-或式的过程是：首先画出逻辑函数的卡诺图，然后对卡诺图中的相邻 1 格进行圈组合并（消去圈中取值变化了的变量），写出每个圈组合并后的乘积项（变量取值为 0，用反变量表示；取值为 1，用原变量表示），表示为与-或式，即得到函数的最简与-或形式。

2）利用卡诺图合并最小项的规律

下面，将利用卡诺图合并最小项的一些规律总结如下：

（1）两个相邻最小项合并，消去一个变量，形成一个乘积项。

（2）四个相邻最小项合并，消去两个变量，形成一个乘积项。

如图 2.3.9(a)所示,四个相互相邻的乘积项如果两两圈组合并($\overline{A}\,\overline{B}\,\overline{C}$ 和 $\overline{A}B\overline{C}$ 合并,$AB\overline{C}$ 和 $A\overline{B}\,\overline{C}$ 合并),那么所得的两个乘积项($\overline{A}\,\overline{C}$ 和 $A\overline{C}$)仍然逻辑相邻,可以继续合并成为一个乘积项($\overline{C}$),从而消去了在圈中取值变化的两个变量 A、B,保留了取值没有变化的变量 C。由于 C 在四个相邻最小项中都取值为 0,因此合并后表示为 $\overline{C}$。图 2.3.9 给出了三变量和四变量卡诺图中四个相邻项合并的一些例子。

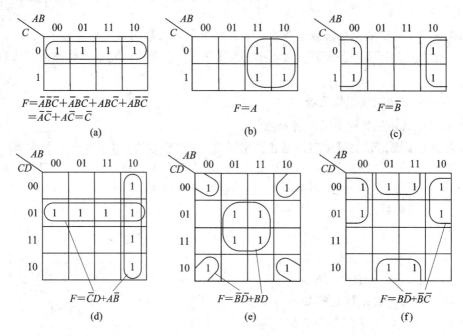

图 2.3.9 四个相邻项合并举例

(3)八个相邻最小项合并,消去三个变量,形成一个乘积项。

图 2.3.10 给出了四变量卡诺图中八个相邻项合并的一些例子。

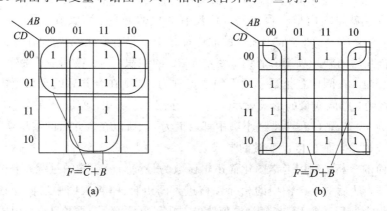

图 2.3.10 八个相邻项合并举例

3)用卡诺图化简逻辑函数

从上面的分析可以看出,用卡诺图化简逻辑函数的关键就是正确的圈组。

利用卡诺图圈"1"化简时,应遵循如下的圈组原则:

(1)卡诺图中所有的 1 格都被至少圈过一次(可以圈多次)。

(2)每个圈只能圈 1,2,4,…,2^i,…个 1 格。

（3）圈要尽可能大，圈的个数尽可能少。圈越
大，就能将越多的最小项合并，且合并后的乘积项包
含的变量越少；圈的个数越少，合并后的乘积项个数
就越少。圈尽可能大就是指：如果再扩大圈，圈内将
包含 0 格。尽可能大的圈合并出的乘积项称为主要
项。例如，图 2.3.11 所示的卡诺图，合并出乘积项
$\overline{A}\,\overline{B}$ 的圈不满足尽可能大的要求，因此不是一个主要
项，只有将图中的四个 1 格都圈组合并，形成的乘积
项才是一个主要项。

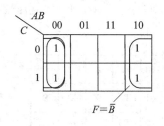

图 2.3.11　主要项举例

（4）主要项圈中至少要有一个 1 格没有被其他圈圈过。满足这一要求的圈合并出的乘
积项称为必要项，逻辑函数的最简表达式必须都由必要项组成。如果某个圈中所有的 1 格
都曾被其他圈圈过，那么，由这个圈合并后的乘积项将是一个多余项。例如，对逻辑函数
$F(A, B, C) = \sum m(0, 2, 3, 7)$ 按图 2.3.12(a)、(b)、(c) 所示的过程圈组合并，合并出
乘积项 $\overline{A}B$ 的圈中，两个 1 格都被其他圈圈过，因此合并出的乘积项 $\overline{A}B$ 是一个多余项。

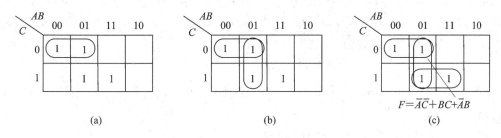

图 2.3.12　多余项举例

为避免上述问题，利用卡诺图化简逻辑函数为最简与－或式时一般采用如下的步骤：

（1）画出逻辑函数的卡诺图。

（2）先圈孤立（没有相邻项）的 1 格。

（3）然后圈只有 1 种圈法的 1 格。

（4）余下的 1 格都有多种圈法，选择其中的一种方法进行圈组，直至所有的 1 格都被
圈过。

（5）由圈组写出最简与－或式。

【例 2.3.11】　用卡诺图化简逻辑函数 $F(A, B, C, D) = \sum m(1, 3, 4, 5, 7, 9, 10,$
$13, 15)$ 为最简与－或式。

解　第一步，画出 F 的卡诺图，如图 2.3.13(a) 所示。为方便叙述，图 2.3.13 中的 1
格用最小项的编号代替表示。

第二步，圈孤立的 1 格。图 2.3.13(a) 中，只有 m_{10} 是没有相邻项的孤立 1 格，圈组后
如图 2.3.13(b) 所示。

第三步，圈组只有一种圈法的 1 格。图 2.3.13(b) 中，m_4 只有一种圈法，就是 $(m_4,$
$m_5)$ 圈组合并。m_9 只有一种圈法，从 m_9 开始，将 (m_9, m_{13}, m_5, m_1) 圈在一起。余下的 m_3、
m_7、m_{15} 中，m_3 和 m_{15} 都只有一种圈法，从 m_3 开始，将 (m_3, m_7, m_1, m_5) 圈在一起；从 m_{15}

出发，将 $(m_{15}, m_7, m_5, m_{13})$ 圈在一起，如图 2.3.13(c)所示。

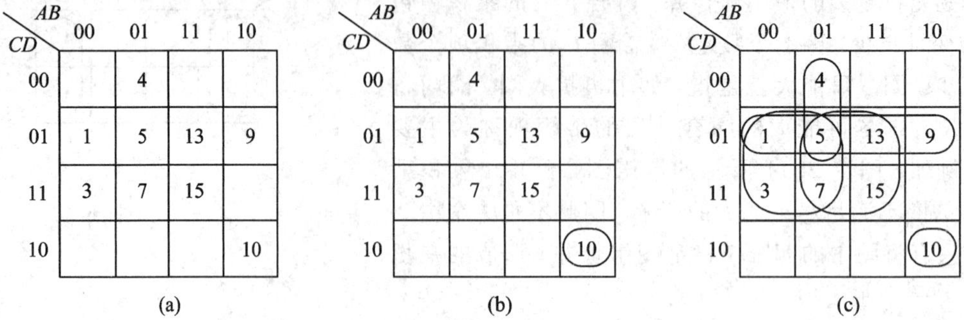

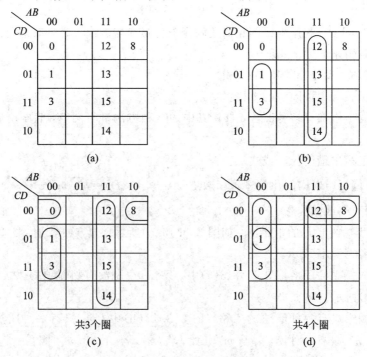

图 2.3.13　例 2.3.11 的卡诺图化简过程

到这里，已将所有的 1 格全部都圈过，每个圈都尽可能大(主要项)，且每个圈中都至少有一个 1 格没被其他圈圈过(必要项)，因此，可以直接进行最后一步。

最后，写出最简与－或式。

由 m_{10} 圈写出乘积项 $A\overline{B}C\overline{D}$；由 (m_4, m_5) 圈合并出乘积项 $\overline{A}B\overline{C}$；由 (m_1, m_5, m_{13}, m_9) 圈合并出 $\overline{C}D$；由 (m_1, m_5, m_3, m_7) 圈合并出 $\overline{A}D$；由 $(m_5, m_{13}, m_7, m_{15})$ 圈合并出 BD，所以，函数 F 的最简与－或式为

$$F = A\overline{B}C\overline{D} + \overline{A}B\overline{C} + \overline{C}D + \overline{A}D + BD$$

【例 2.3.12】 用卡诺图化简逻辑函数 $F(A, B, C, D) = \sum m(0, 1, 3, 8, 12, 13, 14, 15)$ 为最简与－或式。

解　首先，画出函数 F 的卡诺图，如图 2.3.14(a)所示。

图 2.3.14　例 2.3.12 的卡诺图化简过程

由于卡诺图中没有孤立的最小项，因此接下来找出只有一种圈法的最小项。图中，从 m_3 或 m_{14} 开始，都只有一种圈法，即将 $(m_3，m_1)$ 圈在一起；$(m_{14}，m_{15}，m_{13}，m_{12})$ 圈在一起，如图 2.3.14(b) 所示。

余下的两个最小项 m_0 和 m_8 都各有两种圈法：对 m_0 可以是 m_0 和 m_1，或 m_0 和 m_8。对 m_8，则可以是 m_8 和 m_0，或 m_8 和 m_{12}。合理的圈法应该是将 $(m_0，m_8)$ 圈在一起，这样，共用三个圈就可以覆盖所有的 1 格，如图 2.3.14(c) 所示。如果选择将 m_0 和 m_1 圈在一起，m_8 和 m_{12} 圈在一起，如图 2.3.14(d) 所示，那么虽然也保证了圈尽可能大，每个圈中都至少有 1 个 1 格没有被其他圈圈过，但是需要四个圈才能覆盖所有的 1 格，不能满足圈个数最少的原则。

所以，由图 2.3.14(c) 得出函数 F 的最简与一或式为

$$F = \overline{B}\,\overline{C}\,\overline{D} + \overline{A}\,\overline{B}D + AB$$

【例 2.3.13】　用卡诺图化简逻辑函数 $F(A，B，C，D) = \sum m(0，2，5，7，8，10，12，13，14，15)$ 为最简与一或式。

解　画出 F 的卡诺图如图 2.3.15(a) 所示。

从 m_0 开始，只有一种圈法，即将 $(m_0，m_2，m_8，m_{10})$ 圈在一起。从 m_5 开始，也只有一种圈法，即将 $(m_5，m_7，m_{13}，m_{15})$ 圈在一起。圈组后如图 2.3.15(b) 所示。

余下的 m_{12} 和 m_{14} 有两种圈法：一种是将 $(m_{12}，m_{13}，m_{15}，m_{14})$ 圈在一起，如图 2.3.15(c) 所示；另一种是将 $(m_{12}，m_8，m_{14}，m_{10})$ 圈在一起，如图 2.3.15(d) 所示。两种圈组的方法都用了三个圈来覆盖所有的 1 格，且消去的变量个数也相同，因此都是合理的圈组方法。虽然会形成不同的最简表达式，但两个表达式是逻辑相等的。

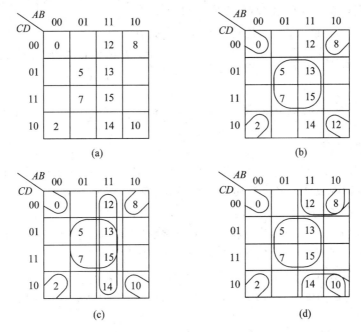

图 2.3.15　例 2.3.13 的卡诺图化简过程

由图 2.3.15(c) 得出的最简与一或式是：

$$F = \overline{B}\,\overline{D} + BD + AB$$

由图 2.3.15(d)得出的最简与－或式是：

$$F = \overline{B}\,\overline{D} + BD + A\overline{D}$$

【例 2.3.14】 用卡诺图化简逻辑函数 $F(A, B, C, D) = \prod M(1,3,5,6,7,8,10,12)$ 为最简或 － 与式。

分析　函数 F 是用标准或－与式表示的逻辑函数，且要求化简为最简或－与式，因此不能进行圈 1 合并。卡诺图中，1 格代表的是使函数值为 1 的变量取值组合，0 格代表的是使函数值为 0 的变量取值组合。而逻辑函数标准或－与式中出现的最大项表示的就是使函数值为 0 的变量取值组合。因此，在用标准或－与式表示的函数填卡诺图时，可以对函数表达式中出现的每一个最大项，找到卡诺图中与最大项代表的变量取值组合相同的小方格，填为 0，其余小方格填为 1，就能够表示出逻辑函数。由此看出，卡诺图的 0 格相当于一个最大项。由于相邻的 0 格(最大项)之间只有一个变量取值不同，因此可以利用公式 $(A+B)(A+\overline{B})=A$ 进行圈 0 合并，从而获得最简或－与式。圈 0 合并的方法与圈 1 合并的方法相同，且都能够消去取值变化了的变量，保留取值没有变化的变量；所不同的是，圈 0 合并后形成的是一个或项，且当变量取值为 0 时，在合并后的或项中用原变量表示，取值为 1 时用反变量表示。

解　首先画出四变量的卡诺图，然后在变量 A、B、C、D 取值为 1、3、5、6、7、8、10、12(十进制表示)的小方格中填入 0，其余小方格中填入 1，即得到函数 F 的卡诺图，再进行圈 0 合并，如图 2.3.16 所示。

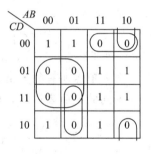

逐个写出圈组合并后的或项(0 用原变量表示，1 用反变量表示)，将各或项相与，即得到函数 F 的最简或 － 与式：

图 2.3.16　例 2.3.14 的卡诺图化简

$$F = (A+\overline{D})(A+\overline{B}+\overline{C})(\overline{A}+C+D)(\overline{A}+B+D)$$

2.3.3　含有任意项的逻辑函数化简

1. 任意项的概念

前面讨论的逻辑函数，对于输入变量的每一种取值组合，都有唯一确定的函数值与其对应，这样的逻辑函数称为完全描述的逻辑函数。有一些逻辑问题，在实际应用时，它的输入变量的某些取值组合不会出现，因此这些变量组合所对应的函数值可以是任意的 0 或 1，而不论取哪种值，都不会影响逻辑问题的正常输出结果。这样的变量取值组合(最小项)就称为任意项或无关项。含有任意项的逻辑函数称为非完全描述的逻辑函数。

例如，一个判断输入的四位 8421BCD 码能否被 3 整除的逻辑电路，当输入的四位 8421BCD 码(从高到低依次为 A、B、C、D)表示的十进制数能被 3 整除时，输出 $F=1$，否则 $F=0$。

这个电路有四个输入变量 A、B、C、D，总共能形成 16 种变量取值组合。但电路面向的只是输入为 8421BCD 码的情况，也就是说，非 8421BCD 码的变量取值组合不会出现，也不会作为电路的输入。电路的输入输出逻辑关系可以用一个四变量的逻辑函数 $F(A, B,$

C，D)来描述，那么非 8421BCD 码的变量取值组合就是函数 F 的任意项，包括 1010、

1011、1100、1101、1110、1111。F 是一个非完

全描述的逻辑函数。

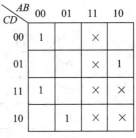

　　对非完全描述的逻辑函数，使用真值表或
卡诺图表示时，任意项对应的函数值通常以
"×"表示。当使用标准与一或式表示非完全描
述的逻辑函数时，代表任意项的最小项通常用

$\sum d(m_i)$ 表示。例如，在上面判断 8421BCD 码

能否被 3 整除的例子中，函数 $F(A，B，C，D)$

图 2.3.17　带有任意项的逻辑函数卡诺图

的卡诺图如图 2.3.17 所示，其标准与一或式可表示为

$$F(A，B，C，D) = \sum m(0，3，6，9) + \sum d(10，11，12，13，14，15)$$

其中，$\sum d(10，11，12，13，14，15)$ 表示 m_{10}、m_{11}、m_{12}、m_{13}、m_{14}、m_{15} 是任意项。

2. 带有任意项的逻辑函数的化简方法

　　利用任意项的特点，可以在逻辑函数化简过程中根据需要，将任意项对应的函数值取
为 0 或 1，很多时候都能达到进一步简化函数的目的。

　　例如，要将图 2.3.17 所示的逻辑函数 F 化简为最简与一或式，如果不利用任意项，即
将全部任意项都看做 0 格，那么图中的四个 1 格都没有相邻项，无法进一步化简，如图
2.3.18(a)所示。但若将图中与 1 格相邻的那些任意项看做 1 格，与 1 格圈组合并，就可以
进行进一步的化简。对函数 $F(A，B，C，D)$ 利用任意项圈组合并的方法如图 2.3.18(b)所
示，可得到函数 F 的最简与一或式：

$$F = \overline{A}\,\overline{B}\,\overline{C}\,\overline{D} + \overline{B}CD + AD + BC\overline{D}$$

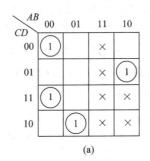
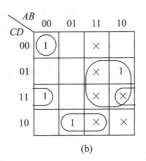

(a)　　　　　　　　　　　　　　(b)

图 2.3.18　图 2.3.17 函数的卡诺图化简

(a) 不利用任意项；(b) 利用任意项

　　需要说明的是，在用卡诺图化简含有任意项的逻辑函数时，必须将全部 1 格进行圈组
合并，而任意项则可以根据需要，选择圈或不圈。但一旦圈组合并后，任意项也就赋予了
具体的含义，圈在 1 格圈中的任意项代表 1，没有圈在 1 格圈中的任意项代表 0。

　　【例 2.3.15】　化简逻辑函数 $F(A，B，C，D) = \sum m(4，5，6，8，9，10) + \sum d(0，$
$1，2，14，15)$ 为最简与一或式。

　　解　首先画出四变量卡诺图，然后将与 $\sum m(4，5，6，8，9，10)$ 式中最小项对应的小

方格填入 1，将与 $\sum d(0,1,2,14,15)$ 式中最小项对应的小方格填入 ×，即得到函数 F 的卡诺图，如图 2.3.19(a) 所示。

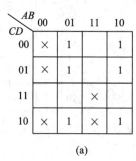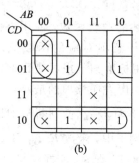

图 2.3.19　例 2.3.15 的卡诺图化简

根据需要，选择任意项作为 1 格或 0 格，进行圈 1 合并，如图 2.3.19(b) 所示。

写出 F 的最简与一或式：

$$F = \overline{A}\,\overline{C} + \overline{B}\,\overline{C} + C\overline{D}$$

2.4　逻辑门电路

前面几节的讨论中，介绍了逻辑门电路的外部逻辑功能以及如何利用逻辑门电路实现逻辑函数。那么，逻辑门电路是如何实现其逻辑运算功能的呢？实际应用时又该如何合理并正确地选用门电路呢？这是本节要讨论的主要内容。

2.4.1　逻辑门电路概述

逻辑门电路是构成数字逻辑电路的基础器件，早期由分立的晶体管、电阻等元件通过导线或印刷电路连接而成，称为分立元件门电路。后来随着半导体技术的发展，构成门电路的各种元件可以被集成制造在一块半导体芯片上，就形成了集成逻辑门电路。集成逻辑门电路在功耗、速度、可靠性等方面都有了明显的提高，已完全取代了分立元件门电路。

集成逻辑门电路在发展过程中形成了多种电路形式，如二极管—晶体管电路 DTL(Diode-Transistor Logic)、晶体管—晶体管电路 TTL(Transistor-Transistor Logic)、发射极耦合电路 ECL(Emitter-Coupled Logic)、金属—氧化物—半导体 MOS(Metal-Oxide Semiconductor)电路、互补的金属—氧化物—半导体 CMOS(Complementary Metal-Oxide Semiconductor)电路等。TTL 电路在长期的使用过程中逐渐演化为一种电路标准。CMOS 电路的高集成度、低功耗等特性对 VLSI 集成电路的设计非常必要，是过去几十年主流的电路形式。两类电路都有为数众多的集成电路产品可供选用。

TTL 电路的主要构成器件是双极型晶体管，CMOS 电路的主要构成器件是金属—氧化物—半导体场效应晶体管 MOSFET(Metal-Oxide Semiconductor Field-Effect Transistor)，也简称为 MOS 管。鳍式场效应晶体管 FinFET 以立体方式构建，突破 MOSFET 在集成度、热功耗等方面的瓶颈，成为一种广受关注的新型电子器件。不论哪种晶体管，在数字逻辑电路中通常都被用作开关元件。下面对双极型晶体管和 MOS 管的开关特性进行简单分析。

1) 二极管的开关特性

二极管(硅管)电路及其简化的伏安特性曲线分别如图 2.4.1(a)、(b)所示。

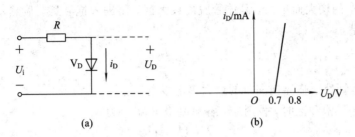

(a)　　　　　　　　　(b)

图 2.4.1　二极管伏安特性

(a) 二极管电路；(b) 简化的二极管伏安特性

从图 2.4.1(b)可以看出，当二极管 V_D 上所加电压 U_D 小于 0.7 V 时，二极管截止，二极管电流 i_D 近似为 0，相当于开关断开。当二极管上所加正向电压大于 0.7 V 时，二极管导通，正向电流迅速增加，相当于开关闭合。正向导通时，二极管上压降 U_D 约为 0.7 V，一般不超出 0.8 V。

2) 三极管的开关特性

三极管有截止、饱和和放大三个工作区，作为开关元件使用时，工作于截止区或饱和区。三极管(NPN 硅管)单管共射开关电路及其带负载线的输出特性如图 2.4.2 所示。

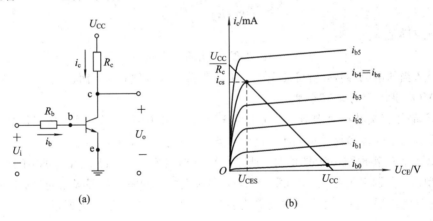

(a)　　　　　　　　　(b)

图 2.4.2　晶体三极管开关特性

(a) 三极管单管共射开关电路；(b) 输出特性

当 $U_i < U_{be}$ 时，晶体管发射结和集电结均反偏，晶体管工作于截止区。此时有：

$$i_b \approx 0 , \; i_c \approx 0$$

因为 i_c 近似为 0，降落在电阻 R_c 上的电压也近似为 0，因此输出 U_o 被上拉至电源电压 U_{CC}，即

$$U_o = U_{CC}$$

晶体管 c、e 间相当于开关断开。

增大 U_i，使发射结正偏，集电结反偏，则晶体管工作于放大区，此时有 $i_c = \beta i_b$，即基极电流 i_b 决定集电极电流 i_c 的大小，其中，β 是三极管的放大倍数，一般为 20～50。在图

2.4.2(a)所示电路中,基极电流 i_b 可以随着输入电压 U_i 的增大而增大,但集电极电流的最大值却受限于电路的外部参数,即 $i_c \leqslant U_{CC}/R_c$。结果,当 $\beta i_b \geqslant i_{cs}$ 时,集电极电流 i_c 不能随着基极电流 i_b 的增大而增大,晶体管脱离放大区,而进入饱和区。显然,晶体管工作于饱和区的条件是:

$$i_b \geqslant \frac{I_{cs}}{\beta}$$

其中,I_{cs} 是晶体管处于临界饱和时的最大集电极电流。

晶体管工作于饱和区时,发射结正偏,基极电流 i_b 为

$$i_b = \frac{U_i - U_{be}}{R_b}$$

集电极电流 i_c 为

$$i_c = I_{cs} = \frac{U_{CC} - U_{CES}}{R_c} \approx \frac{U_{CC}}{R_c}$$

其中,U_{CES} 是晶体管饱和时集电极和发射极间的压降,约为 0.3 V。因此,集电结也呈现正向偏置。输出电压 U_o 为

$$U_o = U_{CES} \approx 0 \text{ V}$$

晶体管 c、e 间相当于开关闭合。

显然,为满足三极管饱和条件:

$$i_b = \frac{U_i - U_{be}}{R_b} > \frac{I_{cs}}{\beta}$$

输入电压应满足

$$U_i > U_{be} + I_{cs}R_b/\beta$$

只要选择适当的电路参数,就可使三极管工作于截止区或饱和区,而被应用为开关元件。

3) MOS 晶体管的开关原理

MOS 晶体管按其导通沟道类型可分为 PMOS 管和 NMOS 管两类,按工作特性,每种类型又可分为增强型和耗尽型两类。这里主要介绍增强型 NMOS 管。

NMOS 管的物理结构如图 2.4.3 所示。NMOS 管在 P 型衬底上,生成两个高掺杂浓度的 N 型区,分别引出源极(S)和漏极(D),在衬底之上的源极和漏极之间,制作一层极薄的二氧化硅绝缘层,在它之上再用金属或多晶硅制作一层导电层作为栅极(G)。

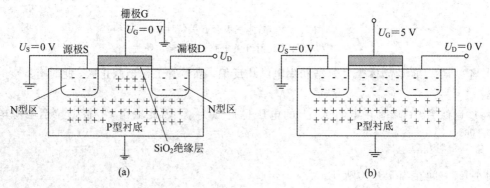

图 2.4.3　NMOS 晶体管的物理结构

(a) $U_{GS} = 0$ V 时晶体管截止;(b) $U_{GS} = 5$ V 时晶体管导通

如图 2.4.3(a)所示，当 NMOS 管的衬底、源极 S、栅极 G 上所加电压都为 0 V，也即 $U_{GS}=0$ V 时，漏极 D 和源极 S 之间形成两个背靠背的 PN 结，晶体管截止；忽略极小的漏电流，D、S 间阻抗约为 10^{12} Ω，电流 i_D 近似为 0 V，MOS 管漏极 D 和源极 S 之间相当于开关断开。

当 $U_{GS}=5$ V 时，如图 2.4.3(b)所示，栅极电压通过二氧化硅绝缘层形成电场，吸引 N 型区和衬底的自由电子集聚在栅极下，形成电子型导电沟道。此时，D、S 间可以有电流通过，晶体管导通，MOS 管漏极 D 和源极 S 之间相当于开关闭合。

使 MOS 管漏极、源极之间处于临界导通的栅、源间电压称为 MOS 管的开启电压，记为 U_T。由以上分析可知，对 NMOS 管，$U_T>0$ V。当 $U_{GS}<U_T$ 时，NMOS 管截止；当 $U_{GS}\geqslant U_T$ 时，NMOS 管导通。U_T 的典型值是 $0.2U_{DD}$（U_{DD} 为电源电压）。

NMOS 管导通（$U_{GS}\geqslant U_T$）时，由漏极流向源极的电流 i_D 与漏极、源极间电压 U_{DS} 之间的关系如图 2.4.4 所示。从图 2.4.4 可以看出，在 $U_{DS}=U_{GS}-U_T$ 的位置处，电流 i_D 的变化发生了转折。这是因为，当 $U_{DS}<U_{GS}-U_T$ 时，栅极和漏极之间的电压 $U_{GD}=U_{GS}-U_{DS}>U_T$，所以 i_D 能够随着 U_{DS} 的增加而近似线性变化，这一区域称为线性区；当 $U_{DS}>U_{GS}-U_T$ 时，

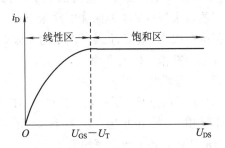

图 2.4.4　NMOS 管中的电流—电压关系

$U_{GD}=U_{GS}-U_{DS}<U_T$，导电沟道在漏极处被夹断，U_{DS} 大部分降落在这个位置，因此 i_D 不能随着 U_{DS} 的增大而增大，这一区域称为饱和区。

依据导通时的电压值 U_{DS} 和 i_D 可以计算出 MOS 管的导通阻抗，它是一个与 MOS 管导电沟道长、宽等有关的值，在线性区，一般小于 10^3 Ω，在饱和区则电阻值较大。

PMOS 管的构造是在 N 型衬底上生成 P 型区，通过栅极、源极间外加的负电压来形成空穴型导电沟道，因此其开启电压 $U_T<0$ V，电流方向与 NMOS 管相反，其余情况类似。

MOS 管的电路符号如图 2.4.5 所示。

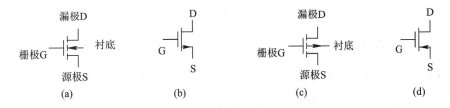

<table>
<tr><td>漏极D
栅极G ── 衬底
源极S</td><td>D
G
S</td><td>漏极D
栅极G ── 衬底
源极S</td><td>D
G
S</td></tr>
<tr><td>(a)</td><td>(b)</td><td>(c)</td><td>(d)</td></tr>
</table>

图 2.4.5　MOS 晶体管符号

(a) NMOS 管符号；(b) NMOS 管简化符号；(c) PMOS 管符号；(d) PMOS 管简化符号

利用晶体管的开关特性，可以很容易地建立逻辑门电路。例如，图 2.4.2(a)所示的三极管单管共射开关电路其实就是一个非门（反相器），三极管非门的功能表如图 2.4.6(a)所示。如果将高电平用 1 表示，低电平用 0 表示，就可以得到如图 2.4.6(b)所示的非运算真值表，即 $U_o=\overline{U_i}$，其逻辑符号如图 2.4.6(c)所示。

输入电压U_i	输入电平	输出电压U_o	输出电平
0.3 V	L	U_{CC}	H
3 V	H	0.3 V	L

(a)

U_i	U_o
0	1
1	0

(b)

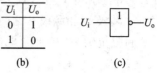

(c)

图 2.4.6　非门功能表、真值表与逻辑符号

(a) 图 2.4.2(a)电路功能表；(b) 真值表；(c) 逻辑符号

这里需要说明两个问题：

(1) 逻辑门电路的高、低电平。逻辑电路的高、低电平通常表示一个电压范围。按输入输出的高、低电平分别称为输入高电平 U_{iH}、输入低电平 U_{iL}、输出高电平 U_{oH} 和输出低电平 U_{oL}。输出高电平 U_{oH} 和输出低电平 U_{oL} 允许的电压范围及典型值与电源电压 U_{CC} 及电路所采用的技术等有关。为保证电路输出有效的高电平或低电平，集成电路对输入的高、低电平范围有限制，包括输入低电平的上限 U_{iLmax} 和输入高电平的下限 U_{iHmin}。0 V 到 U_{iLmax} 间的输入电压都作为低电平输入；U_{iHmin} 到 U_{CC} 间的输入电压都作为高电平输入。

(2) 正逻辑与负逻辑。将图 2.4.6(a)所示的功能表转化为图 2.4.6(b)所示的真值表时，用 1 表示高电平，用 0 表示低电平，这样的逻辑系统称为正逻辑系统。如果用 0 表示高电平，而用 1 表示低电平，则称为负逻辑系统。例如，一个逻辑门的功能表如图 2.4.7(a)所示，若采用正逻辑系统，则对应的真值表如图 2.4.7(b)所示；若采用负逻辑系统，则对应的真值表如图 2.4.7(c)所示。比较图 2.4.7(b)与图 2.4.7(c)，可以看出，正逻辑的与门相当于负逻辑的或门。如无特殊说明，本书一律采用正逻辑系统。

输入		输出	输入		输出	输入		输出
A	B	Y	A	B	Y	A	B	Y
L	L	L	0	0	0	1	1	1
L	H	L	0	1	0	1	0	1
H	L	L	1	0	0	0	1	1
H	H	H	1	1	1	0	0	0

(a)　　　　　　　(b)　　　　　　　(c)

图 2.4.7　正逻辑与负逻辑

(a) 功能表；(b) 正逻辑真值表；(c) 负逻辑真值表

2.4.2　TTL 集成逻辑门

最早的 TTL 集成逻辑门电路是 74 系列，也称为标准系列。后来随着 TTL 技术的发展，在 74 系列的基础上对功耗、速度、传输延迟等特性进行了若干改进，从而形成了74L、74H、74S、74LS、74AS、74ALS 等多个系列。虽然各系列电路在外特性上有所不同，但同一种编号的集成电路器件在实现的逻辑功能方面是相同的。下面以 74 系列 TTL 与非门为例介绍 TTL 集成逻辑门电路的基本工作原理。

1. TTL 与非门

1) TTL 与非门的电路结构

74 系列 TTL 与非门电路结构如图 2.4.8 所示，由输入级、中间级和输出级三部分组成。

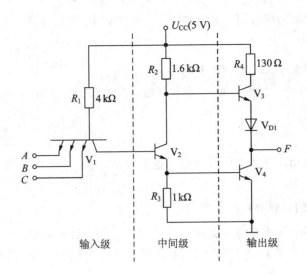

图 2.4.8　TTL 与非门

　　输入级由多发射极三极管 V_1 和电阻 R_1 构成。多发射极三极管的每一个发射极都能和基极组成一个独立的发射结，并能促使三极管进入截止区或饱和区。同时，各个发射极之间又构成一种逻辑与关系。当 A、B、C 三个输入端有一个为低电平时，晶体管 V_1 的基极就为低电平，只有当 A、B、C 都为高电平时，V_1 的基极才为高电平。

　　中间级由晶体管 V_2 和电阻 R_2、R_3 构成。V_2 的作用就是将基极输入电平反向后从集电极输出，形成输出级的控制信号。

　　输出级由晶体管 V_3、V_4、V_{D1} 和电阻 R_4 构成，称为推拉式输出。在中间级的控制下，V_3、V_{D1} 与 V_4 之间只会有一组导通，而另一组截止。

　　2) TTL 与非门的基本工作原理

　　当 A、B、C 三个输入端中有一个或多个为低电平(0.3 V)时，V_1 发射结正偏导通，V_1 基极电位 u_{b1} 为

$$u_{b1} = 0.3 \text{ V} + U_{be1} \approx 0.3 \text{ V} + 0.7 \text{ V} = 1 \text{ V}$$

U_{CC} 作用下产生的 V_1 基极电流 i_b 经发射极流向基极，大小为

$$i_b = \frac{U_{CC} - U_{be1}}{R_1} \approx \frac{5 \text{ V} - 1 \text{ V}}{4 \text{ k}\Omega} = 1 \text{ mA}$$

这样一个大电流足以使 V_1 深度饱和导通，使 $U_{ce1} \approx 0.1$ V。因此晶体管 V_2 的基极电位 $U_{b2} = 0.3 \text{ V} + U_{ce1} \approx 0.3 \text{ V} + 0.1 \text{ V} = 0.4$ V，不能驱动 V_2 和 V_4 导通，V_2 和 V_4 截止。由于 V_2 截止，所以 V_2 集电极电位 U_{c2} 为高电平，驱动 V_3 和 V_{D1} 导通。因此输出电压 U_o 为

$$U_o = U_{CC} - i_{b3}R_2 - U_{be3} - U_{D1} \approx 5 \text{ V} - 0.7 \text{ V} - 0.7 \text{ V} = 3.6 \text{ V}$$

即 F 输出高电平 U_{oH}。

　　当 A、B、C 都输入高电平(3.6 V)时，在 U_{CC} 作用下，V_1 集电结、V_2 发射结、V_4 发射结都能够正偏导通，则 V_2 基极电位，也就是 V_1 集电极电位被钳位于 1.4 V，V_1 基极电位 U_{b1} 被钳位于 2.1 V。此时有电流经 R_1 和 V_1 集电极注入 V_2 基区，因此 V_2 基极电流 i_{b2} 为

$$i_{b2} \approx \frac{U_{CC} - U_{b1}}{R_1} = \frac{5 \text{ V} - 2.1 \text{ V}}{4 \text{ k}\Omega} \approx 0.725 \text{ mA}$$

这样的电流足以使 V_2 饱和导通，也能够使 V_4 饱和导通，因此有 $U_{ce2} \approx 0.3$ V，则

$$U_{c2} = U_{be4} + U_{ce2} \approx 0.7 \text{ V} + 0.3 \text{ V} = 1 \text{ V} = U_{b3}$$

不能驱动 V_3 和 V_{D1} 导通，V_3 和 V_{D1} 截止。

在输出级，V_3 和 V_{D1} 截止，而 V_4 饱和导通，因此输出电压为

$$U_o = U_{ce4} \approx 0.3 \text{ V}$$

即 F 输出低电平 U_{oL}。

由此可得出，输出和输入之间具有与非逻辑关系，即：

$$F = \overline{A \cdot B \cdot C}$$

2. TTL 门电路的主要外特性及参数

集成电路的应用，除了要考虑其逻辑功能之外，还需要考虑功耗、传输延迟、负载能力、抗干扰能力等一些外特性。下面以 74 系列与非门为例来讨论 TTL 门电路的主要外特性。

1) 抗干扰能力

在实际应用中，由于外界干扰、电源波动等原因，可能使门电路的输入电平偏离规定值而在输出端产生不可预期的改变。在集成电路中，经常以噪声容限来说明门电路的抗干扰能力。

当门电路输入低电平 U_{iL} 时，电路能允许的噪声干扰应以 U_{iL} 加上瞬态的噪声干扰不超过输入低电平的上限 U_{iLmax} 为原则，也即允许的噪声干扰为

$$U_{NL} = U_{iLmax} - U_{iL}$$

其中，U_{NL} 称为低电平噪声容限。

当门电路输入高电平 U_{iH} 时，电路能允许的噪声干扰应以 U_{iH} 加上瞬态的噪声干扰(负向)不低于输入高电平的下限 U_{iHmin} 为原则，也即允许的噪声干扰为

$$U_{NH} = U_{iH} - U_{iHmin}$$

其中，U_{NH} 称为高电平噪声容限。

由于很多情况下，门电路的输入都来自于其他门电路的输出，因此噪声容限也可以表示为

$$U_{NL} = U_{iLmax} - U_{oL}$$
$$U_{NH} = U_{oH} - U_{iHmin}$$

由此可见，噪声容限与门电路输入、输出的高、低电平等参数相关。对 TTL 与非门，将其输入端连在一起，加以电压 u_i，然后测量输出电压 u_o，可以得到输出电压随输入电压变化的关系曲线，即电压传输特性，如图 2.4.9 所示。由图可见，TTL 与非门输出高电平 U_{oH} 的典型值是 3.6 V(一般要求不小于 2.4 V)，输出低电平 U_{oL} 的典型值是 0.3 V(一般要求不大于 0.4 V)，U_{iHmin} 约为 2.0 V(输出为额定低电平 0.35 V 时对应的输入电压)，U_{iLmax} 约为 0.8 V(输出为额定高电平 3 V 的 70% 时对应的输入电压)。由此可计算出与非门的噪声容限：

$$U_{NL} = U_{iLmax} - U_{oL} \approx 0.8 \text{ V} - 0.4 \text{ V} = 0.4 \text{ V}$$
$$U_{NH} = U_{oH} - U_{iHmin} \approx 2.4 \text{ V} - 2.0 \text{ V} = 0.4 \text{ V}$$

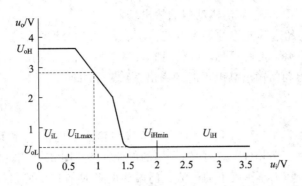

图 2.4.9　TTL 与非门电压传输特性

2）驱动负载能力（扇出系数）

逻辑门电路的输出端提供的电流是有限的，这一电流的大小决定了门电路的驱动负载能力。一种常见的负载形式就是将门电路的输出连接到其他门电路的输入，一个门电路所能连接的最大同类门的个数称为该门电路的扇出系数。

以 TTL 与非门为例，如图 2.4.10（输出高电平）和图 2.4.11（输出低电平）所示，门 G_1 的输出连接到一个或多个其他逻辑门 G_2、G_3、…，门 G_1 称为驱动门，门 G_2、G_3、…称为负载门。门电路的扇出系数由门 G_2、G_3、…的输入端电流和门 G_1 的输出端电流等参数决定。

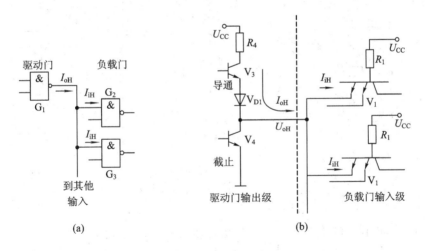

图 2.4.10　高电平输出扇出系数计算
（a）驱动与负载示意；（b）电流参数

（1）高电平扇出系数。图 2.4.10（a）中，负载门输入端电流 I_{iH} 称为输入高电平电流，也称输入漏电流，是门输入端接高电平时，流入输入端的电流。参照图 2.4.10（b）和图 2.4.8，负载门输入高电平时，G_2、G_3 门的 V_1、V_2、V_4 都正偏导通，V_1 基极电位被钳定在 2.1 V，集电极电位被钳定在 1.4 V，而发射极电位为输入高电平（3.6 V），因此发射结反偏、集电结正偏，V_1 处于倒置放大状态，电流由发射极流向集电极。但倒置应用时放大倍数 β（约为0.01）很小，所以 I_{iH} 很小，约 20～40 μA。

驱动门输出端电流 I_{oH} 称为输出高电平电流，也称拉电流，是门 G_1 输出高电平时，流出输出端的电流。参照图 2.4.10（b），当驱动门输出高电平时，V_3、V_{D1} 导通，V_4 截止，

U_{CC} 作用下的电流经 V_3、V_{D1} 流出驱动门的输出端。

对拉电流，不能超过其允许的最大电流值 I_{oHmax}，否则会增大输出端电阻上的压降，从而导致输出高电平下降。由此可见，负载门输入高电平电流 I_{iH} 的大小和驱动门拉电流 I_{oH} 的大小限制决定了驱动门输出高电平时的扇出系数 N_H，即

$$N_H = \frac{I_{oHmax}}{I_{iH}}$$

(2) 低电平扇出系数。图 2.4.11(a)中，负载门输入端电流 I_{iL} 称为输入低电平电流，是输入端接低电平时，流出 G_2、G_3 门输入端的电流。参照图 2.4.11(b)，负载门输入低电平时，其 V_1 饱和导通，U_{CC} 作用下的电流经门内部电阻 R_1 和 V_1 发射极流出输入端。I_{iL} 电流值较大，在图示电路参数中，约为 1 mA。

驱动门输出端电流 I_{oL} 称为输出低电平电流，也称灌电流，是门输出低电平时，流入门 G_1 输出端的电流。参照图 2.4.11(b)，当驱动门输出低电平时，其 V_3、V_{D1} 截止，V_4 导通，电流经 V_4 灌入驱动门。

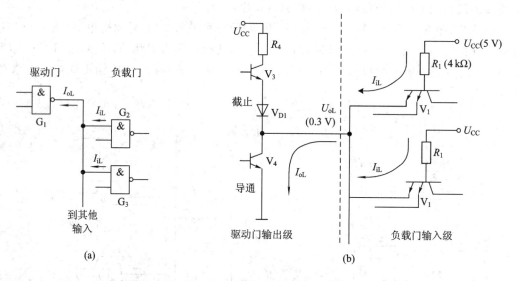

图 2.4.11　低电平输出扇出系数计算
(a) 驱动与负载示意；(b) 电流参数

对灌电流，也不能超过其允许的最大电流值 I_{oLmax}，否则，会使 V_4 脱离饱和状态，抬高输出的低电平。由此可见，负载门输入低电平电流 I_{iL} 的大小和驱动门灌电流 I_{oL} 的大小限制决定了驱动门输出高电平时的扇出系数 N_L，即

$$N_L = \frac{I_{oLmax}}{I_{iL}}$$

门电路扇出系数 N_o 应取 N_H 和 N_L 两者中的较小者。

例如，标准 TTL 电路的参数为：$I_{oHmax} = 400\ \mu A$，$I_{iH} = 40\ \mu A$，$I_{oLmax} = 16\ mA$，$I_{iL} = 1.6\ mA$，则

$$\frac{400\ \mu A}{40\ \mu A} = \frac{16\ mA}{1.6\ mA} = 10$$

即该 TTL 电路的扇出系数是 10，意味着门输出端最多可连接到同类门的 10 个输入端。

3）传输延迟

传输延迟是门电路从输入信号变化到引起输出信号变化所经历的时间。传输延迟时间可用如图 2.4.12 所示的门电路输入与输出信号波形来计算，其中，t_{PHL} 是门电路输入信号上升沿中点到输出信号下降沿中点间的延迟时间，t_{PLH} 则是输入信号下降沿中点到输出信号上升沿中点间的延迟时间。门电路的平均延迟时间为它们的平均值：

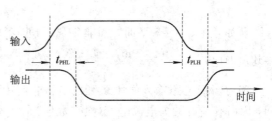

图 2.4.12　传输延迟

$$t_{pd} = \frac{1}{2}(t_{PLH} + t_{PHL})$$

平均延迟时间反映了逻辑门电路的开关速度。

TTL 门电路的传输延迟主要来自以下两个方面：

（1）晶体管作为开关应用时，当输入信号跳变时，由于内部载流子的运动，输出信号需要经历一定的过渡时间才能随输入信号变化而变化，这使得以晶体管为主要构成器件的门电路输出与输入之间存在一定的延迟。

（2）由于集成电路的构造特点，门电路的输出晶体管、负载门输入端、连接到输出端的金属导线都可能形成寄生电容，这些电容构成了门电路的输出负载电容。由于负载电容的存在，使得输出信号不能立即跳变，而需要经历负载电容的充放电之后才能跳变。

图 2.4.13 给出了 TTL 与非门输入信号变化时，输出负载电容的充放电过程示意图，其中，电容 C 是与非门输出端负载电容的等效表示。当与非门输出由高变低时，V_3、V_{D1} 截止，V_4 导通，负载电容 C 经 V_4 放电；当输出由低变高时，V_3、V_{D1} 导通，V_4 截止，电源电流经 V_3、V_{D1} 对 C 充

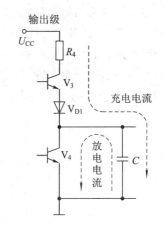

图 2.4.13　TTL 与非门对负载电容充放电

电。对推拉式输出结构的 TTL 与非门，高电平输出电阻是 R_4 加 V_3、V_{D1} 的导通等效电阻，近似为 150 Ω；低电平输出电阻是 V_4 的导通等效电阻，只有约 10～20 Ω，因此负载电容的充放电较快，相应的传输延迟较小。标准 TTL 与非门在负载电阻为 400 Ω、负载电容为 15 pF 的条件下，平均延迟时间为 9 ns。

4）功耗

逻辑门电路的功耗由电源电压 U_{CC} 引发的电流 I_{CC} 产生，用 $U_{CC} \times I_{CC}$ 计算，单位为 mW。门电路在不同输出情况下时，电源电流 I_{CC} 也是不同的。

当门电路处于相对稳定工作状态时，将逻辑门输出高电平时的电源电流记为 I_{CCH}，输出低电平时的电源电流记为 I_{CCL}，其平均电源电流计算如下：

$$I_{CC(avg)} = \frac{1}{2}(I_{CCH} + I_{CCL})$$

平均功耗为

$$P_{(avg)} = U_{CC} \times I_{CC(avg)}$$

　　例如，在 $U_{CC} = 5$ V 时，标准 TTL 与非门 I_{CCH} 和 I_{CCL} 的典型数值是 1 mA 和 3 mA，其平均电源电流 $I_{CC(avg)} = \dfrac{1 \text{ mA} + 3 \text{ mA}}{2} = 2$ mA，平均功耗为 $P_{(avg)} = 5 \text{ V} \times 2 \text{ mA} = 10$ mW。

　　当逻辑门电路输入发生跳变时，与非门中存在 V_1、V_2、V_3、V_{D1}、V_4 同时导通的瞬间，因而有瞬时的大电源电流(典型数值为 32 mA)，称为动态尖峰电流，使得电源电流在一个工作周期中的平均电流变大。当功耗是一个数字电路系统的主要性能指标时，不可忽略动态尖峰电流的影响。

　　由前面对 TTL 门电路主要外特性的分析可以看出，在输入低电平时，TTL 门电路会形成较大的输入低电平电流。如图 2.4.14 所示，若 TTL 与非门输入端通过一电阻 R_i 接地，则 $u_i = R_i i_i$，输入电压 u_i 会随着电阻 R_i 的增大而增大。当 R_i 增大到一定程度时(按图 2.4.8 所示参数，约为 3.2 kΩ)，就会使与非门转为输出低电平。考虑一种极限情况：输入端悬空，电阻为 ∞，则相当于输入高电平；但输入端极小的干扰都可能导致与非门输出发生改变。因此，对于 TTL 门电路的多余输入端，建议采用以下的两种方式处理：

　　(1) 多余输入端接不影响逻辑功能的电平值。

　　(2) 多余输入端与有用输入端并接。

　　另外，TTL 门电路的推拉式输出结构使得其输出阻抗不论在哪种输出状态(高/低电平)下都比较小，因此不能将两个 TTL 门电路的输出端直接并接。否则，如图 2.4.15 所示，当一个门输出高电平，另一个门输出低电平时，会有大电流流过两个输出级，这个大电流远远超过了正常的工作电流，甚至会造成门电路的损坏。

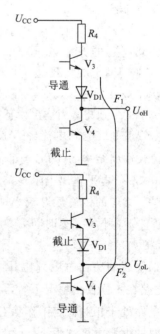

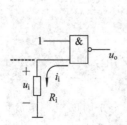

图 2.4.14　TTL 与非门输入端电阻接地　　　　图 2.4.15　推拉式输出端并接

3. 其他 TTL 门电路

1）集电极开路门

集电极开路门简称 OC(Open Collector)门，能够实现门电路输出端的并接。下面以集电极开路的 TTL 与非门为例说明集电极开路门的工作原理。

集电极开路的 TTL 与非门电路结构如图 2.4.16 所示，与典型 TTL 与非门电路结构的差别仅在于取消了 V_3、V_{D1}。

由于集电极开路，因此在使用时需要在输出端外接电阻 R_L 和电源 U_{CC}。一方面，当门电路输入低电平时，V_4 截止，使输出端能够输出高电平；另一方面，当门电路输入高电平时，V_4 饱和导通，R_L 的限流作用，使灌入门的电流不会过大，以保证输出的低电平符合要求。只要 R_L 和 U_{CC} 的数值选择恰当，其输出与输入即可实现与非逻辑。集电极开路与非门逻辑符号如图 2.4.17 所示。

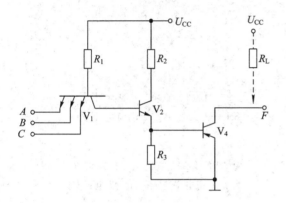

图 2.4.16　集电极开路与非门

图 2.4.17　集电极开路与非门逻辑符号

OC 门的一种主要应用形式就是将其输出端并接，实现线与功能。如图 2.4.18 所示，将两个 OC 与非门的输出端并接在一起，并通过一个公共电阻 R_L 和电源 U_{CC} 相连。当两个 OC 门都输出高电平时，F 输出高电平；只要有一个 OC 门输出低电平(V_4 饱和导通)，输出即被拉至低电平，即：

$$F = \overline{AB} \cdot \overline{CD} = \overline{AB + CD}$$

此式表示的逻辑与运算功能是通过门电路输出端直接并接实现的，所以称为线与。依据此式，也可以称实现了与或非功能。

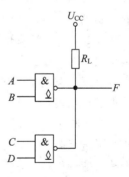

图 2.4.18　OC 门输出端并接实现线与逻辑

2）三态门

前面讨论的门电路输出只有低电平或高电平两种状态，而三态门则是在普通门电路的基础上增加了控制端(使能端)和控制电路，输出可以有低电平、高电平和高阻抗三种状态。

三态与非门电路结构如图 2.4.19 所示，就是在图 2.4.8 所示的典型与非门电路的基础上,设置了控制输入端 EN,并在 EN 和 V_2 集电极间增加了控制二极管 V_{DC}。由于 EN 是 V_1 的一个输入端,因此当 EN＝0 时,V_2 和 V_4 截止,同时,由于二极管 V_{DC} 的作用,V_2 集电极电位被钳位在 1 V$(U_{EN}+U_D)$左右,因此 V_3、V_{D1} 也截止。这样,在输出级,当 EN＝0 时,V_3、V_{D1}、V_4 都截止,输出端呈现高阻抗状态;当 EN＝1 时,二极管 V_{DC} 截止,控制电路不起作用,电路实现正常的与非功能 $F=\overline{A \cdot B}$,输出低电平或高电平。

图 2.4.19 所示三态与非门电路在 EN 为高电平时,实现与非功能,因此称为高电平有效的三态与非门,其逻辑符号如图 2.4.20(a)所示。如果在 EN 输入端增加一个反相器,那么,只有当 EN 为低电平时,才能实现与非功能,则称为低电平有效的三态与非门,其逻辑符号如图 2.4.20(b)所示。

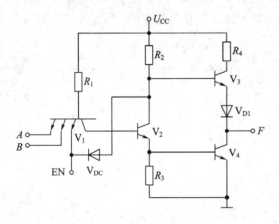

图 2.4.19　三态与非门

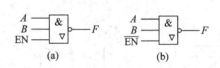

图 2.4.20　三态与非门逻辑符号
(a) 高电平有效;(b) 低电平有效

利用三态门,可以方便地实现公共总线结构,如图2.4.21所示。若在任何时刻只允许一个三态门的控制端 EN 有效,而其他三态门都输出高阻抗,那么,只有使能端有效的三态门可将信号输出到总线。改变各三态门的控制信号,就可以轮流将各个门电路的信号送至总线。

实现其他逻辑功能的 TTL 门电路,如或非门、异或门、与或非门等,这里就不再对其电路结构及工作情况进行分析了,但要说明的是,这些门电路都有对应的推拉式输出、三态输出或集电极开路输出的集成电路产品,应用时可根据需要进行选用。

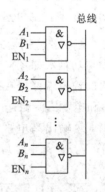

图 2.4.21　三态门实现总线结构

2.4.3　CMOS 电路

CMOS(Complementary MOS)电路将 NMOS 管和 PMOS 管构造在同一个衬底上,利用两种互补的 MOS 管相互连接来实现逻辑功能。其基本门电路包括反相器、与非门、或非门等。

1. CMOS 反相器、与非门和或非门

1) CMOS 反相器(非门)

CMOS 反相器由一个增强型 PMOS 晶体管和一个增强型 NMOS 晶体管相互串联而成，电路结构如图 2.4.22 所示。PMOS 管 T_P 的源极接电源 U_{DD}，漏极与 NMOS 管的漏极相连，引出输出端 F。NMOS 管 T_N 的源极接地。两个 MOS 管的栅极接在一起，作为电路输入端 A。

由 2.4.1 节关于 MOS 管开关原理的介绍可知，增强型 NMOS 管的开启电压 $U_T > 0$，输入电压(栅源间电压)$U_{GS} > U_T$ 时，NMOS 管导通；增强型 PMOS 管的开启电压 $U_T < 0$，输入电压(栅源间电压)$U_{GS} < U_T$ 时，PMOS 管导通。$|U_T|$ 具有典型值：$0.2U_{DD}$。

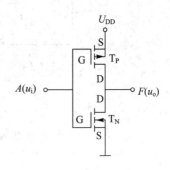

图 2.4.22 CMOS 反相器

对图 2.4.22 所示的反相器电路，当 $u_i = 0$ V 时，PMOS 管的输入电压 $U_{GSP} = u_i - U_{DD} = -U_{DD}$，$T_P$ 导通。NMOS 管的输入电压 $U_{GSN} = u_i = 0$ V，所以 T_N 截止。为计算输出电压，将 MOS 管导通时的等效电阻记为 R_{on}(约为 10^3 Ω)，截止时的等效电阻记为 R_{off}(约为 10^{12} Ω)，则可计算出输出端电压 u_o 为

$$u_o = \frac{U_{DD} \cdot R_{off}}{R_{on} + R_{off}} \approx U_{DD}$$

即输出高电平。

类似地，当 $u_i = U_{DD}$ 时，PMOS 管输入电压 $U_{GSP} = u_i - U_{DD} = 0$ V，T_P 截止；NMOS 管输入电压 $U_{GSN} = U_{DD} - 0$ V $= U_{DD}$，T_N 导通。输出端电压 u_o 为

$$u_o = \frac{U_{DD} \cdot R_{on}}{R_{on} + R_{off}} \approx 0 \text{ V}$$

即输出低电平。

综合以上分析可知，图 2.4.22 所示电路输出 F 与输入 A 之间实现了反相功能，即 $F = \overline{A}$。

2) CMOS 与非门和或非门

两输入的 CMOS 与非门电路结构如图 2.4.23(a)所示，它由两个并联的 PMOS 管和两个串联的 NMOS 管所组成。

当 A、B 中任一个输入为低电平时，与其相连的 PMOS 管导通，NMOS 管截止。由于两个 PMOS 管并联，而两个 NMOS 管串联，因此输出端 F 对地电阻很大，而对电源电阻很小，F 输出高电平。当输入 A、B 都为高电平时，PMOS 管都截止，NMOS 管都导通，输出端 F 对地电阻很小，而对电源电阻很大，F 输出低电平。由此可以看出，电路实现了与非功能，其真值表如图 2.4.23(b)所示。

两输入的 CMOS 或非门电路结构如图 2.4.24(a)所示，它由两个并联的 NMOS 管和两个串联的 PMOS 管组成。当 A、B 中任一个输入高电平时，与其相连的 PMOS 管截止，NMOS 管导通，输出端被近似连接到地而输出低电平；当 A、B 都输入低电平时，NMOS 管都截止，PMOS 管都导通，输出被拉至高电平，即实现了或非功能。其真值表如图

2.4.24(b)所示。

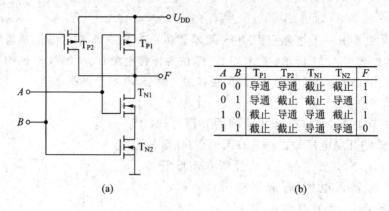

(a)　　　　　　　　　　　　　　　(b)

图 2.4.23　CMOS 与非门
（a）两输入的 CMOS 与非门电路图；（b）真值表

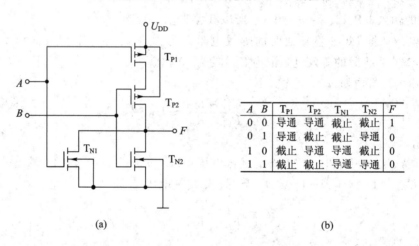

(a)　　　　　　　　　　　　　　　(b)

图 2.4.24　CMOS 或非门
（a）两输入的 CMOS 或非门电路图；（b）真值表

2. CMOS 门电路的特点与产品

1) 抗干扰能力

CMOS 电路的抗干扰能力优于 TTL 电路。

以 CMOS 反相器为例，其电压传输特性如图 2.4.25 所示。由图 2.4.25 及前面 CMOS 反相器基本工作情况的分析可知，CMOS 反相器输出高电平 $U_{oH} \approx U_{DD}$，输出低电平 $U_{oL} \approx 0$ V。在输入电压为 $\frac{1}{2}U_{DD}$ 的位置，输出发生急剧变化，转折曲线陡峭，因此输入低电平的上限 U_{iLmax}

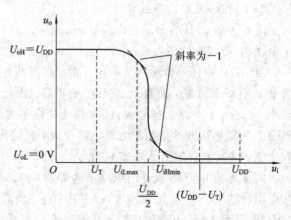

图 2.4.25　CMOS 反相器电压传输特性

和输入高电平的下限 U_{iHmin}(分别对应于电压传输曲线两个斜率为 -1 的点)接近 $\frac{1}{2}U_{DD}$，所以噪声容限大，高电平噪声容限 U_{NH} 和低电平噪声容限 U_{NL} 相等。例如，在 $U_{DD}=5$ V 时，取典型值 $U_T=0.2U_{DD}$，则 U_{iLmax} 约为 2.1 V，U_{iHmin} 约为 2.9 V，高电平噪声容限 $U_{NH}=U_{oH}-U_{iHmin}\approx5$ V -2.9 V $=2.1$ V；低电平噪声容限 $U_{NL}=U_{iLmax}-U_{oL}\approx2.1$ V -0 V $=2.1$ V。

一般情况下，CMOS 门电路的噪声容限 U_{NH} 和 U_{NL} 约为电源电压 U_{DD} 的 40%。另外，CMOS 电路通常采用单一电源供电，并且允许电源电压在一个较大的范围内变化，通常允许的范围是 $+3\sim+18$ V，典型值是 $+5$ V。CMOS 电路的输出电压会随着电源电压的变化而变化，电源电压增大，抗干扰能力也随之增强。

2）传输延迟

CMOS 门电路的传输延迟主要来自于负载电容充放电时间。门电路中的晶体管、输出端的金属线所形成的寄生电容以及负载门的栅极电容构成了 CMOS 电路的负载电容。图 2.4.26 给出了 CMOS 反相器开关过程中负载电容的充放电示意图，其中，C 是反相器输出负载电容的等效表示。当 PMOS 管导通时，负载电容 C 被充电至 U_{DD}；当 NMOS 管导通时，负载电容 C 被

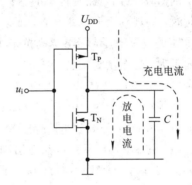

图 2.4.26 CMOS 反相器对负载电容充放电示意

放电至 0 V，充放电时间取决于电容的大小以及流过电容的电流大小。CMOS 反相器的输出电阻是 NMOS 管或 PMOS 管的导通等效电阻，约为 10^3 Ω，因此拉电流和灌电流都比较小，而其负载门的输入栅极电容又比较大，因此负载电容充放电时间较长，相应的传输延迟较大。

改进 CMOS 门电路的传输延迟可以通过减小负载电容的大小，或增大负载电容的充放电电流来实现。这包括改进 MOS 管制造工艺来减小 MOS 管的输入电容，减小制造过程中各反向 PN 结形成的寄生电容；或者增大导电沟道的宽度来增大负载电容的充放电电流，从而减少传输延迟时间。早期的 CMOS 电路平均传输延迟时间约为 $90\sim250$ ns，目前已逐步向 TTL 电路靠拢。

3）驱动负载能力

由前面的分析可知，CMOS 门电路的输出电阻较大，拉电流和灌电流较小，负载能力较差。

CMOS 门电路的输入端是 MOS 管的栅极，由于栅极和衬底之间存在 SiO_2 绝缘层，门电路输入电阻很大（大于 10^{10} Ω），因此输入电流 I_{iL} 和 I_{iH} 都很小（约为 0.1 μA）。

类似于 TTL 门电路驱动负载能力的分析，在 CMOS 门电路级联使用时，虽然 CMOS 门电路允许的拉电流和灌电流都较小，但是，由于负载门输入端从驱动门拉出的电流或者灌入驱动门的电流都可忽略，因此 CMOS 门电路的扇出系数可以很大，远高于 TTL 电路。但随着负载门数量的增加，会增大驱动门输出端的负载电容，产生较大的传输延迟，因此，对其扇出系数一般限制为 20。

4）功耗

极低的静态功耗是 CMOS 电路的显著优点。CMOS 电路的功耗主要表现为动态功耗，

即电路处于瞬变状态时的功耗。

以 CMOS 反相器为例,在静态时,即反相器输入为稳定的低电平或高电平时,由于 CMOS 反相器电源到地之间的通路总有一个晶体管是截止的,因此只有极小的漏电流,可以忽略不计,所以静态功耗极低。当反相器输入电压 u_i 变化至 $U_T < u_i < U_{DD} - U_T$ 范围(参见图 2.4.25)时,CMOS 反相器的两个晶体管都导通,这时会形成较大的电源电流,使得功耗增大。另外,从图 2.4.26 可以看出,由于输出端负载电容的存在,输入电压跳变会引起负载电容 C 的充、放电过程,负载电容的充放电电流是造成 CMOS 电路动态功耗较大的主要因素。

典型的 CMOS 门电路在静态时只有大约 0.01 mW 的功耗,当门电路状态以 1 MHz 的频率变化时,功耗约上升到 1 mW,而以 10 MHz 频率变化时,功耗约上升到 5 mW。增加 CMOS 电路的电源电压,能够提高抗干扰能力,也能够增加负载电容的充放电电流,从而降低传输延迟,这会增大功耗。

综合以上分析可以看出,CMOS 电路具有功耗低、抗干扰能力强、电源电压范围宽、扇出能力强等特点。同时,由于 CMOS 构造方法比 TTL 电路简单,因此具有更高的集成度,目前已成为应用最广泛的集成电路,有种类繁多的 SSI、MSI、LSI/VLSI 集成电路产品可以选用。其中,74C 系列产品在引脚和功能方面与相同编号的 TTL 器件兼容,如 6 非门的 CMOS 集成电路器件 74C04 与 6 非门的 TTL 器件 7404 具有相同的引脚配置;高速 CMOS 74HC 系列是对 74C 系列的改进,在开关速度方面有明显的提高;74HCT 系列与 TTL 集成电路电平兼容,这意味着此系列的集成电路可以直接连接到 TTL 集成电路的输入端或输出端,而不需外加接口电路;最新版本的 CMOS 系列是高速 74VHC 系列以及该系列与 TTL 的兼容系列 74VHCT。

在应用 CMOS 集成电路时,需要注意的是,由于存在输入栅极下的 SiO_2 绝缘层,只要很少的电荷量就可能在氧化层上感应出强电场,造成氧化层的永久性击穿。虽然 CMOS 输入端都有保护电路,但是它所能承受的静电电压和脉冲功率仍然有限,因此在使用 CMOS 器件时应注意:

(1) 输入端的静电防护,多余输入端不应悬空。

(2) 输入端的过流保护,必要时可串入保护电阻。

3. 其他 CMOS 门电路

上面介绍的 CMOS 基本门电路包括反相器、与非门、或非门以及实现其他逻辑功能的门电路,也可以构造为三态输出形式,形成三态门,或将漏极开路,形成漏极开路门,其电路工作原理与应用方式与 TTL 三态门和 TTL 集电极开路门类似,这里就不再讨论。下面介绍另外两种应用广泛的 CMOS 门电路。

1) 缓冲器

由于一般 CMOS 门电路的输出电流(I_{oH}、I_{oL})都很小,负载能力较差,因此,在需要驱动大电容负载的电路中,缓冲器通常被用来提高电路的驱动负载能力。

同相缓冲器只有一个输入 A 和一个输出 F,且输出 $F = A$。同相缓冲器通常由两个反相器构成,其电路结构、逻辑符号和真值表如图 2.4.27 所示;反相缓冲器实际上就是一个非门,输出 F 与输入 A 之间具有的逻辑关系是 $F = \overline{A}$。

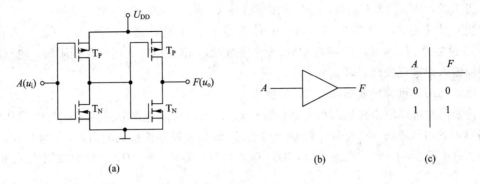

图 2.4.27 同相缓冲器

(a) 电路图；(b) 逻辑符号；(c) 真值表

　　缓冲器在制造过程中采用不同的晶体管制造工艺，能够处理较大的电流，从而提高电路的速度，可以驱动比较大的负载。例如，可以利用缓冲器驱动需要较大电流的发光二极管等。

　　缓冲器也可以具有三态输出形式，称为三态缓冲器，其逻辑符号如图 2.4.28 所示。其中，C 为使能端，若 C 为有效电平，则缓冲器输出高电平或低电平；否则，输入与输出间呈现高阻状态。

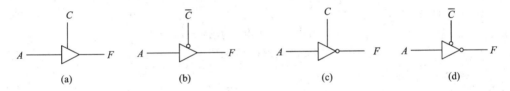

图 2.4.28 三态缓冲器逻辑符号

(a) 高电平有效的三态同相缓冲器；(b) 低电平有效的三态同相缓冲器；
(c) 高电平有效的三态反相缓冲器；(d) 低电平有效的三态反相缓冲器

2）传输门

　　传输门是 CMOS 电路特有的一种门电路，实质上就是一个由输入信号电平控制的电子开关。

　　CMOS 传输门由互补的两种增强型 MOS 管并联构成，电路结构如图 2.4.29(a) 所示。NMOS 管的衬底接地，PMOS 管的衬底接 U_{DD}，栅极分别由两个互补的信号 C 和 $\bar{C}$ 控制，两个晶体管的源极和漏极对应并接在一起，作为输入或输出端。由于 MOS 管的源、漏极构造是对称的，因此输入、输出可以互换，通常将信号输入的一端看做源极。

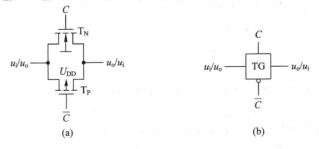

图 2.4.29 传输门

(a) 电路图；(b) 逻辑符号

　　当 C 为 0 V，$\overline{C}$ 为 U_{DD} 时，两个晶体管都截止，输入与输出间呈现高阻抗。

　　当 C 为 U_{DD}，$\overline{C}$ 为 0 V 时，两个晶体管总有一个是导通（0 V$\leqslant u_i < U_{DD} - U_T$ 时，NMOS 管导通；$U_T < u_i \leqslant U_{DD}$ 时，PMOS 管导通）的，输出与输入间呈现低阻抗，输出端电压跟随输入端电压变化，即 $u_o = u_i$。

　　传输门的逻辑符号如图 2.4.29(b)所示。

　　传输门也可以用来构成其他电路，如图 2.4.30(a)所示电路就是用两个传输门和两个反相器构成的异或门，输入端 A 控制传输通路，B 通过通路连接到输出 F。A 为 0 时，TG_1 导通，TG_2 截止，$F = B$；A 为 1 时，TG_1 截止，TG_2 导通，$F = \overline{B}$，真值表如图 2.4.30(b)所示。

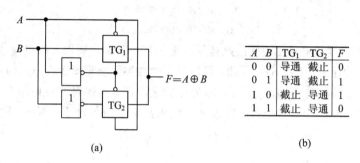

(a)　　　　　　　　　　　　　　　　　　　(b)

图 2.4.30　用传输门构成异或门

(a) 电路图；(b) 真值表

习　　题

1. 将十进制数 202.8125 转换成二进制、八进制和十六进制数。

2. 将十进制数 0.706 转换成二进制数，要求误差不大于 0.1%。

3. 将下列各数转换成等值的十进制数。

(1) $(101.1)_2$　　　　　(2) $(101.1)_8$　　　　　(3) $(101.1)_{16}$

(4) $(101101.101)_2$　　(5) $(1731)_8$　　　　　(6) $(1B.8)_{16}$

4. 将十六进制数 $(A45D.0BC)_{16}$ 转换为等值的二进制数和八进制数。

5. 将二进制数 $(1101011.1101)_2$ 转换为等值的八进制数和十六进制数。

6. 完成下列数值与代码的转换。

(1) $(0001100101101000.01110111)_{8421BCD} = ($　　　　$)_{10}$

(2) $(001100000001)_{8421BCD} = ($　　　　$)_{16}$

(3) $(236.85)_{10} = ($　　　　$)_{8421BCD} = ($　　　　$)_{余3码} = ($　　　　$)_{5421BCD}$

(4) $(1100000001)_2 = ($　　　　$)_{8421BCD}$

7. 请将下列各数按从大到小的顺序依次排列：

$(353)_8$；$(001000110111)_{8421BCD}$；$(11101100)_2$；$(EA)_{16}$

8. 若规定校验位为最高位，写出下列各数的奇校验码(8 位)。

(1) 1011010　　　(2) 1100100　　　(3) 0010010　　　(4) 1000111

9. 一个三变量非一致判断电路，当输入的 3 个变量 A、B、C 不完全相同时，输出 $F = 1$，

否则 $F=0$。试列出该逻辑问题的真值表，并写出函数表达式。

10. 直接写出下列各函数的反函数和对偶式。

(1) $F=AB+\overline{C}D+\overline{\overline{BC}+\overline{D}+\overline{C}E+\overline{D+E}}$

(2) $F=\overline{\overline{\overline{A+\overline{C}}(\overline{BC}+D)(B+C)}+AD}$

(3) $F=A\cdot\overline{\overline{B}+\overline{D}}+(AC+BD)E$

11. 写出逻辑函数 F 的标准与一或式。

(1) $F=\overline{B}\,\overline{C}+BC+A$

(2) $F=BD+ACD+AB\overline{D}+A\overline{C}\,\overline{D}$

(3) $F(A, B, C, D) = \prod M(0, 2, 3, 4, 7, 8, 10)$

(4) $F=\overline{A}B+A\overline{B}(AC+CD)$

(5) $\overline{F}(A, B, C) = \sum m(0, 2, 7)$

(6) $F=A\oplus\overline{B\oplus C}$

12. 证明。

(1) 用真值表证明：
$$AB+\overline{A}C+BC=AB+\overline{A}C$$

(2) 用真值表证明：
$$\overline{A}\,\overline{B}C+\overline{A}B\overline{C}+A\overline{B}\,\overline{C}+ABC=A\oplus B\oplus C$$

(3) 用代数法证明：
$$A\oplus B\oplus C=A\odot B\odot C$$

(4) 用代数法证明：
$$\overline{B}\,\overline{D}+BD+AB=\overline{B}\,\overline{D}+BD+A\overline{D}$$

(5) 用代数法证明：
$$\overline{\overline{\overline{A+B+\overline{C}}\cdot\overline{C}D}+(B+\overline{C})(A\overline{B}D+\overline{B}\,\overline{C})}=1$$

(6) 用代数法证明：
$$(A+B+C)(B+C+\overline{D})(C+D+\overline{E})(C+D+E)(A+B+C+D+F)=(B+C)(C+D)$$

13. 判定下列命题是否正确，如果不正确，请举出反例。

(1) 已知 $A+B=A+C$，则 $B=C$。

(2) 已知 $A+B=AB$，则 $A=B$。

(3) 如果 $A\overline{B}+\overline{A}B=C$，则 $A\overline{C}+\overline{A}C=B$。

(4) 如果 $\overline{A}\,\overline{B}+AB=0$，则 $A\oplus\overline{B}=0$。

14. 用代数法化简逻辑函数。

(1) $F=(\overline{A}\,\overline{B}+\overline{A}B+A\overline{B})(\overline{A}C+\overline{B}C+AB)$

(2) $F=A\overline{B}C+BCD+B\overline{D}+A\overline{C}+BCDE$

(3) $F=AC+\overline{B}C+B\overline{D}+A(B+\overline{C})+\overline{A}C\overline{D}+A\overline{B}DE$

(4) $F=\overline{\overline{A}\,\overline{C}\,\overline{D}+BC+A\overline{C}\,\overline{D}}$

15. 用图解法化简逻辑函数。

(1) $F=A\overline{C}D+\overline{A}B\overline{C}+BCD+\overline{A}CD$

(2) $F = BD + \overline{A}B\overline{C} + A\overline{C}D + \overline{A}CD + \overline{A}\,\overline{B}$

(3) $F = \overline{A}\,\overline{C} + \overline{A}BC + A\overline{B}\,\overline{C} + A\overline{B}CD$

(4) $F(A, B, C) = \sum m(1, 3, 5, 6)$

(5) $F(A, B, C) = \sum m(0, 1, 2, 4, 6)$

(6) $F(A, B, C, D) = \sum m(0, 1, 2, 4, 5, 8, 9, 10, 12, 13)$

(7) $F(A, B, C, D) = \sum m(1, 2, 6, 7, 8, 9, 10, 13, 14, 15)$

(8) $F(A, B, C, D) = \prod M(5, 7, 13, 15)$

(9) $F(A, B, C, D) = \prod M(1, 3, 9, 10, 11, 14, 15)$

(10) $F(A, B, C, D) = \sum m(0, 1, 3, 4, 6, 7, 14, 15) + \sum d(8, 9, 10, 11, 12, 13)$

(11) $F(A, B, C, D) = \sum m(0, 1, 2, 9, 12) + \sum d(4, 6, 10, 11)$

(12) $F(A, B, C, D, E) = \sum m(2, 3, 6, 7, 8, 9, 10, 11, 12, 13, 18, 19, 22, 23,$
$$24, 25, 26, 27, 28, 29)$$

16. 已知逻辑函数 F_1 和 F_2：
$$F_1 = A\overline{C}D + \overline{A}B\overline{D} + BCD + \overline{A}CD$$
$$F_2 = B\overline{C} + A\overline{D} + ABCD$$
求函数 $F_1 \cdot F_2$、$F_1 + F_2$、$F_1 \oplus F_2$ 的最简与一或式。

17. 分别化简函数 $F(A, B, C, D) = \sum m(2, 3, 5, 6, 7, 10, 11, 13, 14, 15)$ 为最简与一或式和最简或一与式，并写出最简与非一与非式、或非一或非式和与或非式。

18. 什么是门电路的扇出系数? CMOS 门电路的输出高电平电流 I_{oH} 和输出低电平电流 I_{oL} 都比 TTL 门电路小，为什么扇出系数却要比 TTL 门电路大?

19. 什么是门电路的传输延迟? 门电路的传输延迟主要由哪些因素决定? 分别以 TTL 与非门和 CMOS 反相器为例说明。

20. 同相缓冲器输出具有与输入相同的逻辑电平，那么，在电路中使用缓冲器的主要目的是什么?

21. 写出习题图 2-1 电路的输出函数 F_1、F_2 和 F_3 的表达式，并根据图中所示的电路输入波形画出输出波形。

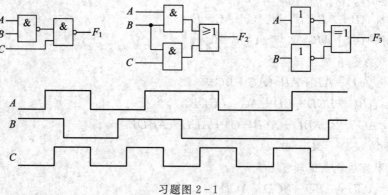

习题图 2-1

22. 为了实现 $F=\overline{AB}\cdot\overline{CD}$，应选用习题图 2-2 中的哪个电路？为什么？

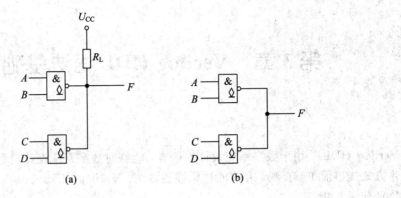

(a)　　　　　　　　　(b)

习题图 2-2

23. 用三态门实现双向数据传输的电路如习题图 2-3 所示，解释其工作原理。

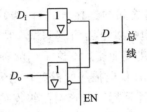

习题图 2-3

24. 分析习题图 2-4 所示电路，列出输出函数 F 的真值表，并写出 F 的表达式。

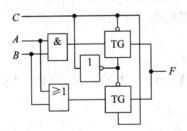

习题图 2-4

第 3 章　Verilog HDL 语法基础

　　Verilog HDL 是用于数字系统设计的语言,能够对数字系统设计过程的各个阶段以标准文本方式提供简单、直观、有效的抽象描述方法。Verilog HDL 于 1995 年成为 IEEE 标准,2004 年补充更新。

　　Verilog HDL 提供了丰富的语言集,支持多个级别上的数字系统建模:描述整个数字系统的外部性能(系统级),描述算法的运行模型(算法级),描述部件间的数据流动与数据处理方法(RTL 级),描述门和门之间的连接方式(门级),描述器件中三极管的连接方式(开关级)。同时,Verilog HDL 也提供电路仿真测试、时序分析等过程中信号建模、时序检测等所需的语言集。单就电路建模而言,不论采用哪种方式,要生成实际的电路,就必须通过专门的工具将 Verilog HDL 代码描述的模型转化为由与门、或门、非门等基本逻辑单元组成的门级连接,并根据设计目标和要求对门级连接进行优化,生成优化的门级网表文件,这一过程称为综合。Verilog HDL 支持以外部性能、算法、电路行为、电路结构等多种方式描述电路,但综合工具支持的可综合模型通常只是 Verilog HDL 的一个子集。如何设计可综合的硬件逻辑电路是 Verilog HDL 学习的首要内容。本章主要介绍使用 Verilog HDL 描述可综合硬件逻辑电路时的基本语法及其基本思路,其他知识读者可在掌握基本语法的基础上参阅相关书籍。

3.1　Verilog HDL 程序的基本结构

3.1.1　Verilog HDL 设计风格

1. Verilog HDL 功能描述方式

　　Verilog HDL 可综合硬件逻辑电路的功能描述通常有三种方式:结构描述方式、数据流描述方式和行为描述方式。

　　(1)结构描述方式也称为门级描述方式,是通过调用 Verilog HDL 语言预定义的基础元件(也称为原语,即 Primitive),比如逻辑门元件,并定义各元件间的连接关系来构建电路。这种方式构建的电路模型综合和执行效率高,但描述效率低,难于设计复杂数字系统。

　　(2)数据流描述方式描述组件间的数据流,主要使用连续赋值语句 assign(参见 3.4.2节)将表达式所得结果赋值给(连续驱动)表达式左边的线网(信号输出),多用于组合逻辑电路的建模。因为能用表达式方便地表示比较复杂的逻辑运算,因此描述效率高于门级描述方式。

　　(3)行为描述方式类似于计算机语言中的高级语言,使用过程块语句 always、initial

（包含 if…else…、case…等高级抽象描述语句）描述逻辑电路的逻辑功能（行为），无须设计者熟知硬件电路结构即可进行，是一种多见且常用的建模方式。行为描述方式既可用于组合逻辑也可用于时序逻辑电路的建模。

对一个硬件逻辑电路建模，可根据需要任意选用其中的一种方法，或者混合几种方法。下面给出三种功能描述方式的例子。

2. 硬件逻辑电路功能描述示例

表 3.1.1 给出一个半加器电路的真值表，图 3.1.1 给出了用与非门实现该半加器的逻辑电路图。我们分别使用上述三种描述方式对这个半加器进行建模，从 Verilog 示例代码认识 Verilog HDL 的设计风格。

表 3.1.1　半加器真值表

A	B	S	C
0	0	0	0
0	1	1	0
1	0	1	0
1	1	0	1

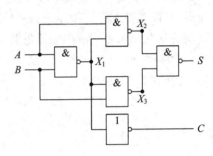

图 3.1.1　半加器电路图

【例 3.1.1】　试描述表 3.1.1 所示半加器的数据流模型。

解　表 3.1.1 所示半加器的数据流模型如下：

```
module half_adder(A，B，S，C)；      半加器模块定义，A、B、S、C 为端口
    input A，B；                    //定义输入变量
    output S，C；                   //定义输出变量
    assign S＝A^B；                 //将 A⊕B 赋值给 S
    assign C＝A&B；                 //将 A·B 赋值给 C
endmodule
```

本例中使用连续赋值语句"assign S＝A^B"实现将 A、B 的异或运算结果赋值给 S，只要 A、B 变化就会驱动 S 变化，这也是连续赋值的含义，可看做实现了一个两输入的异或门。"assign C＝A&B"语句功能与"assign S＝A^B"类似，实现将 A、B 的与运算结果赋值给 C。这个例子是表 3.1.1 所对应的逻辑表达式的直接描述，模块功能描述部分说明电路要用什么样的部件，以及部件之间数据的流动关系。

程序中，"//"符号是 Verilog HDL 规定的单行注释的开始，表示后续内容是注释，注释部分到回车符结束。注释只为方便设计人员阅读，综合程序不会处理注释部分。

【例 3.1.2】　试描述图 3.1.1 所示半加器电路的门级模型。

解　图 3.1.1 所示半加器电路的门级模型如下：

```
module half_adder(A，B，S，C)；
    input A，B；
    output S，C；
    wire X1，X2，X3；              //定义中间节点
    /* 下面引用(实例化)u₀、u₁、u₂、u₃ 四个与非门，括号中第一个变量为与非门输出，其余
```

变量为与非门输入 * /

```
        nand u0 (X1, A, B),
             u1 (X2, A, X1),
             u2 (X3, B, X1),
             u3 (S, X2, X3);
        not u4 (C, X1);            //实例化非门 u4
    endmodule
```

程序中出现的 nand 和 not 都是 Verilog HDL 的保留字，表示引用 Verilog HDL 预定义的与非门和非门。引用预定义元件的过程称为实例化，Verilog 语言规定预定义元件的输出都在第一个端口，引用时需要按顺序给出。引用时还可以给出实例化的名称。本例用两条语句(以";"分隔)实例化了 4 个与非门和 1 个非门，分别命名为 u_0、u_1、u_2、u_3 和 u_4，所建模型与图 3.1.1 所示半加器电路相同，是一个文本化的"电路图"。

程序中，"/ * …… * /"标志 Verilog 多行注释的开始和结束。

【例 3.1.3】 试描述表 3.1.1 所示半加器的行为级模型。

解　表 3.1.1 所示半加器的行为级模型如下：

```
module half_adder(A, B, S, C);
    input A, B;
    output S, C;
    reg S, C;                  //将输出信号定义为 reg 类型
    always @(A or B)           //过程块语句，A、B 是敏感信号
    begin
        case ({A, B})          //将 A、B 拼接为一个两位二进制数，作为 case 选项
            2'b00: begin S=0; C=0; end
            2'b01: begin S=1; C=0; end
            2'b10: begin S=1; C=1; end
            2'b11: begin S=0; C=1; end
        endcase
    end
endmodule
```

本例中"always @(A or B)"语句表示只要 A 或 B 信号发生变化就执行 always 语句块，即 begin…end 块中的 case 语句，所以 case 语句可多次执行。Verilog 拼接运算符"{}"将 A、B 两个一位二进制数拼接为一个两位二进制数。当 AB 取值为二进制 00 时，执行"S=0, C=0"，将 S、C 都赋值为 0；当 AB 取值为 01 时，S 赋值为 1，C 赋值为 0；当 AB 取值为 10 时，S 赋值为 1，C 赋值为 1；当 AB 取值为 11 时，S 赋值为 0，C 赋值为 1。所以 case 语句实际上是半加器真值表的描述，即按半加器行为进行建模，并不描述电路的具体结构。

3. Verilog HDL 设计风格

综合例 3.1.1、例 3.1.2、例 3.1.3 的代码可以看出，Verilog HDL 程序与一般计算机程序类似，其源文件由关键字、标识符、表达式等组成的语句构成。其主要设计风格表现为以下几个方面。

（1）程序由模块构成。在源代码中，模块以关键字 module 标识，以关键字 endmodule 结束。Verilog HDL 程序位于 module 和 endmodule 之间。

（2）模块逻辑功能描述，可以使用实例化已有元件的方法，或者使用连续赋值语句 assign，或者使用过程块语句 always（包含 if…else…、case…等高级抽象描述语句）来描述电路行为，或者混合使用这几种方法。always 过程块语句是行为建模最主要和常见的结构。

（3）Verilog 代码以空格分隔关键字、标识符等。除 endmodule 语句外，其余语句都要以";"结束。一行可以写多条语句，每条语句用";"结束。一条语句也可以写在多行，直到遇到";"结束。

（4）可以使用"//…"和"/ ∗ … ∗ /"对程序进行注释。"//…"用于单行注释，从"//"开始，到回车结束，都被看作注释部分。"/ ∗ … ∗ /"用于多行注释。多行注释不能嵌套。

3.1.2　Verilog HDL 模块结构

如例 3.1.1～例 3.1.3 所示，Verilog 模块由 4 个主要部分组成：端口定义、端口说明、内部信号说明和功能定义，模块结构如图 3.1.2 所示。

```
module 模块名(端口1，端口2，…);
    端口说明(input，output，inout);                ⎫
    端口reg类型说明(可选);                          ⎬  说明部分
    内部信号说明(wire，reg);                        ⎭

    实例化元件或模块;                               ⎫
    连续赋值语句assign;                             ⎬  功能描述部分，可使用一种或
    过程块语句(always，initial)                     ⎭  几种混合描述，出现顺序任意
        行为描述语句;
endmodule
```

图 3.1.2　Verilog HDL 模块的一般结构

1. 端口定义

端口是外部电路调用/引用模块时需要的输入/输出连接，是模块与外界沟通的桥梁。端口定义包括定义模块的名称，给出端口（输入/输出连接）的名称列表。其格式如下：

　　　module 模块名(端口名 1，端口名 2，端口名 3，…);

模块名是用户定义的标识符，要符合 Verilog HDL 对标识符的命名要求（参见 3.2.1 节）。端口列表用逗号分隔，列出模块所有的输入输出信号。

例如：

　　　module half_adder(A，B，S，C)　　　　//例 3.1.1～例 3.1.3 中的端口定义语句

以上语句说明模块名称为 half_adder，模块有 A、B、S 和 C 四个端口。

2. 端口说明

端口说明用于说明端口列表中每个端口的位宽和输入/输出方向。输入/输出方向可用 input、output 或 inout 进行说明。

input 输入端口说明格式为

　　　input [msb1：lsb1] 端口名 11，端口名 12，…;

　　　　input [msb2：lsb2] 端口名 21，端口名 22，…；

output 输出端口说明格式为

　　　　output [msb1：lsb1] 端口名 11，端口名 12，…；

　　　　output [msb2：lsb2] 端口名 21，端口名 22，…；

inout 双向端口说明格式为

　　　　inout [msb1：lsb1] 端口名 11，端口名 12，…；

　　　　inout [msb2：lsb2] 端口名 21，端口名 22，…；

　　相同位宽的端口可在一条语句中说明，不同位宽的端口要在不同的语句中说明。
[msb：lsb]指定端口位宽，多位宽端口可看做总线。其中，msb 说明总线高位；lsb 说明总
线低位。[msb：lsb]也可以省略，省略时默认端口位宽为 1 位。

　　例如：

　　　　input a;　　　　　　　//1 位宽的输入端口

　　　　　　input [3：0] b;　//4 位总线 b

　　　　　　output c, d;　　//2 个 1 位宽的输出端口

　　用 output 说明的输出端口默认为 wire 型。当输出端口在过程块语句中赋值时(比如
always 块)，需要将其定义为 reg 型(关于 wire 型和 reg 型变量的说明参见 3.2.3 节)，格
式为

　　　　output reg [msb：lsb] 端口名 1，端口名 2，…；

或

　　　　output 端口名 1，端口名 2，…；

　　　　reg [msb：lsb] 端口名 1，端口名 2，…；

端口说明举例如下：

　　　　output S, C;　　　　　//说明 S、C 为 1 位宽输出端口

　　　　reg S, C;　　　　　　 //说明 S、C 为 reg 型

　　　　input a, b;　　　　　 //说明两个 1 位宽的输入端口 a、b

　　　　input [7：0] abus;　　//说明 8 位宽的输入总线 abus，最高位为 abus[7]，最低位为 abus[0]

　　　　output s;　　　　　　 //说明 1 位宽的输出端口 s

　　　　output [16：1] oBus;　//说明 16 位宽的输出总线 oBus，最高位为 oBus[16]，最低位为 oBus[1]

　　　　inout dcx;　　　　　　//说明 1 位宽的双向端口 dcx

端口说明也可以写在端口声明语句中，格式如下：

　　　　module 模块名(input [msb：lsb] 输入端口名 1，output [msb：lsb] 输出端口名 1，…)；

3. 内部信号说明

　　在模块功能描述时若需要使用命名的信号线或者存储单元，就需要定义模块的内部信
号。内部信号最常见的是 wire 型和 reg 型，wire 型用于声明线网信号，reg 型用于声明存
储单元。

wire 型信号和 reg 型信号说明语句格式如下：

　　　　wire [msb：lsb] 变量 1，变量 2，…；

　　　　reg [msb：lsb] 变量 1，变量 2，…；

　　　　[msb：lsb]说明信号位宽，可省略，省略时默认为 1 位宽。

　　例如：

```
wire X1, X2, X3;              //例 3.1.2 的内部信号说明语句，1 位宽
reg [8：1] bBus;              //8 位宽的 reg 型变量，可在 always 语句块中赋值
```

4. 模块功能描述

如前所述，模块功能描述可用以下的一种或几种方法。

1）门级描述

Verilog HDL 内置了与、或、异或、非、与非、缓冲器、反相器等 12 个基本门级元件模型，可通过实例引用构建电路结构。

2）数据流描述

数据流描述是使用连续赋值语句 assign 构建表达式，描述电路使用的部件及部件间的数据流动。

3）行为描述

行为描述是使用 if…else…、case… 等高级抽象描述语句描述电路的行为。高级抽象描述语句必须写在过程块语句中，不可独立存在于模块中。最常用的过程块语句是 always，另一种是 initial。

综合起来，Verilog 模块功能定义部分的格式可用图 3.1.2 说明。需要注意的是，除了连续赋值语句 assign 和实例引用语句外，其他语句都不可以独立于过程块而存在。

5. 并行执行

作为电路建模语言，在学习 Verilog HDL 时必须注意的是，模块中的实例化语句、连续赋值语句与过程块之间是并行执行的。这是 Verilog HDL 与一般高级语言最为不同的地方。

若 Verilog 模块用到了多个实例引用语句，或者多个 assign 语句，或者多个 always 块，或者将这些语句混合使用，那么它们的书写顺序是任意的，因为它们对仿真程序和综合程序的执行来说是并行的。也就是说，当它们被综合器综合成实际电路时，会形成不同的电路块，当输入信号变化时，这些电路块在满足延时的条件下同时动作，是并行执行的。

但是，需要明确的是，always 块内部的高级抽象描述语句是按顺序执行的。因为"if…else…"这样的语句若不按顺序执行，其功能就没有任何意义。

6. 模块的实例化

一个 Verilog 模块通常只实现一个功能相对独立的电路，一个大的电路往往由很多个模块构成。对成熟 Verilog 模块的引用可像引用 Verilog 语言预定义的元件一样进行，也称为实例化。

实例化模块的格式有两种。一种是按模块端口的顺序列出对应连接的外部信号，格式如下：

　　　模块名 实例名(连接端口 1 的信号名，连接端口 2 的信号名，…)；

另一种格式可以不按端口顺序给出外部信号，但必须说明每个外部信号对应连接的端口信号，格式如下：

　　　模块名 实例名(.端口名 i(连接端口 i 的信号名)，.端口名 k(连接端口 k 的信号名)，…)；

【例 3.1.4】　调用例 3.1.1～例 3.1.3 描述的半加器模块"half_adder"，实现两个 1 位二进制数 myA 与 myB 的相加，产生和 myS 和进位 myC。

解 例 3.1.1～例 3.1.3 描述的半加器模块"half_adder"的端口如图 3.1.3 所示。定义模块 myAdder 完成对半加器模块的调用，形成如图 3.1.4 所示的输入/输出。半加器模块"half_adder"的调用程序如下：

```
module myAdder(myA, myB, myS, myC);
    input myA, myB;
    output myS, myC;
    half_adder myhalf_adder(myA, myB, myS, myC);      //按顺序连接模块的端口
endmodule
```

或

```
module myAdder(myA, myB, myS, myC);
    input myA, myB;
    output myS, myC;
    half_adder myhalf_adder(.C(myC), .B(myB), .S(myS), .A(myA)); //不按顺序，要列出
模块端口名
endmodule
```

图 3.1.3　half_adder 端口图

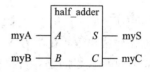

图 3.1.4　half_adder 引用图

3.2　Verilog HDL 基本语法

3.2.1　分隔符、标识符和关键字

1. 分隔符

Verilog HDL 的分隔符包括空格、tab 键、换行符和换页符。除了分隔字符的空格及字符串中的分隔符外，其他分隔符都被综合器所忽略。所以 Verilog 语句可以写在一行，也可以跨行跨页书写。正确合理使用分隔符能够使程序代码排列整齐有序，便于阅读和修改。

2. 标识符

标识符是用户定义的表示对象名称的字符串。Verilog HDL 标识符可由英文字母、数字、下划线"_"和美元符号"＄"组成，但要求第一个字母必须是英文字母或下划线，如"half_adder"、"A"、"X1"等。"4bus"、"－adder"是不合法的标识符。Verilog 标识符区分大小写，如"A"和"a"是两个不同的标识符。

Verilog HDL 允许使用转义标识符，目的是允许不同综合、仿真工具间语法的转换，其作用是标识符中可以包含任意可打印字符。转义标识符以"\"开始，到空格结束，但不包含"\"本身。

例如，下面都是合法的转义标识符：

\a+3 * b

\{A，B}&

3. 关键字

关键字也称保留字，是语言定义的用来组织程序架构的字符串。本书涉及的 Verilog HDL 关键字包括：

always	and	assign	begin	buf	bufif0
bufif1	case	casex	casez	default	edge
else	end	endcase	endmodule	for	if
inout	input	integer	nand	negedge	nor
not	notif0	notif1	or	output	parameter
posedge	reg	repeat	supply0	supply1	time
ri	while	wire	wor	xnor	xor

Verilog HDL 所有关键字都必须小写。标识符命名应避免与关键字相同。

3.2.2　常量

在程序运行过程中，其值不能改变的量称为常量。在 Verilog HDL 中有三类常量：

1. 逻辑值常量

除了逻辑值 0 和 1，Verilog HDL 增加了 x(或 X)和 z(或 Z)值。x 代表不定态，即未知值；z 代表高阻态。Verilog HDL 常量主要由这 4 种逻辑值构成，其含义如表 3.2.1 所示。

表 3.2.1　逻辑值集合

逻辑值	逻辑含义
0	逻辑 0
1	逻辑 1
x 或 X	不确定状态(任意值)
z 或 Z	高阻态

但在实际电路中，只有 0、1 和 z 三种状态，不存在 x，x 主要用于仿真模拟环境。

2. 数值型常量

1) 整数

(1) 整数表示。

Verilog HDL 整数可使用十进制(d 或 D)、二进制(b 或 B)、十六进制(h 或 H)或八进制(o 或 O)表示，默认为十进制。在不指定位宽的情况下，一个十进制数至少映射为一个 32 位(决定于机器字长)的二进制值。

指定整数型常量位宽、进制和数值的格式为

<位宽><'进制><数值>

位宽用来说明数值对应的二进制数的位数。若指定位宽多于实际数值的位数，则高位部分用 0 补齐；若指定位宽少于实际数值的位数，则数值多出的高位部分被舍弃。进制类

型用′d、′b、′h 或′o 表示,大小写均可;数值按指定进制格式给出。

例如:

8′b10001101	//位宽为 8 位的二进制数,值为 10001101
8′haf	//位宽为 8 位的十六进制数,对应的二进制值为 10101111
5′d29	//位宽为 5 位的十进制数,对应的二进制值为 11101
6′o41	//位宽为 6 位的八进制数,对应的二进制值为 100001
8′b1	//位宽为 8 位的二进制数,值为 00000001
8′h11	//位宽为 8 位的十六进制数,对应的二进制值为 00010001

若省略<位宽>说明部分,则默认位宽至少为 32 位。若省略<位宽><′进制>两个说明部分,则默认为十进制,且位宽至少为 32 位。

例如:

′hf1	//十六进制数 f1,至少对应为一个 32 位的二进制数
5648	//十进制数 5648,至少对应为一个 32 位的二进制数

数值位数较多时,为增加程序的可读性,可在数位间增加下划线“_”,但要注意,下划线不能放置于数字开始处。

例如:

16′b1001_0001_0010_1110	//16 位二进制数 1001000100101110
8′b_1001_1101	//非法表示

Verilog HDL 语法要求<位宽>与<′进制>间不可以有空格,<位宽>也不可以用表达式表示。

例如:

4 ′b1001	//非法表示,<位宽>与<′进制>间不可以有空格
(2 * 4)′b1001_1101	//非法表示,<位宽>不可以用表达式表示

(2) 带 x 和 z 值的数值表示。

在<位宽><′进制><数值>的定义格式中,通常情况下,数值部分出现的每个 x 或 z 的含义如下:

二进制表示中,每个 x 或 z 代表 1 位逻辑 x 或 z;

八进制表示中,每个 x 或 z 代表 3 位逻辑 x 或 z;

十六进制表示中,每个 x 或 z 代表 4 位逻辑 x 或 z。

例如:

4′b10zx	//位宽为 4 的二进制数,最低位为未知状态 x,次低位为高阻态 z
4′o1z	//位宽为 4,低 3 位为高阻态,最高位为 1
8′hdx	//位宽为 8,低 4 位为任意值

但若 x 或 z 位于数值的最左边,则综合工具会将 x 或 z 补满该数值左边的所有位。

例如:

8′bx	//位宽为 8,x 扩展为 8 位,等价于 8′bxxxxxxxx

(3) 负数的数值表示。

Verilog HDL 负数定义格式为

<->＜位宽＞＜′进制＞＜数值＞

首先把数值转换为负数补码形式进行存储,之后就将其看做无符号数。减号"一"必须置于位宽左边,否则非法。

例如:

$-8'd2$	//合法格式,以补码存储,对应的二进制值为 $8'b11111110$
$8'd-2$	//非法格式

若省略<位宽><'进制>,则默认为带符号十进制数,对应至少 32 位二进制数,以补码形式存储,但之后作为带符号数使用。

例如:

-2	//合法格式,以补码存储,对应为至少 32 位的二进制数
	//与上面$-8'd2$不同,$-8'd2$ 以 $8'b11111110$ 存储,看做无符号数

2）字符串

字符串是用双引号括起来的字符序列,通常用在 initial 块中给寄存器赋初值或用在仿真测试文件中。综合工具或仿真工具将字符转换为 8 位 ASCII 码存储。

例如:

"AB"	//合法格式,以 ASCII 码存储,对应的二进制值为 $16'b01000001\_01000010$

因为每个字符都以 8 位 ASCII 码存储,所以对于字符串存储需要定义足够大的存储器件。

要在字符串中表示特殊字符,如非打印字符等,可以使用转义字符表示。Verilog HDL 字符串中的转义字符及其含义如表 3.2.2 所示。

表 3.2.2　字符串中的转义字符

转义字符	含　　义
\n	换行符
\t	制表符 Tab
\\	字符\
*	字符 *
\ooo	3 位 8 进制数表示的 ASCII 码
%%	字符%
\"	字符"

3. 参数常量

parameter 用于定义参数常量,以提高程序的可读性和可维护性。

参数常量定义格式如下:

parameter 常量名 1=表达式,常量名 2=表达式,…;

例如:

parameter SIZE=8, LONG=16;

parmeter r=5;

parameter f=2 * r;

下面通过代码 3.2.1 说明参数常量的典型用法。

代码 3.2.1　简易运算器模块。

module half_adder(op, a, b, c);

```
parameter SIZE＝8;              //定义输入/输出信号位宽常量
input [SIZE－1：0] a, b;         //输入信号 a、b 定义为 8 位宽
input [1：0] op;                 //输入信号 op 定义为 2 位宽
output reg [SIZE－1：0] c;        //输出信号 c 定义为 8 位宽
//定义操作码参数常量
parameter addop＝2′b00, subop＝2′b01, andop＝2′b10, notop＝2′b11;
always @(a or b or op)
case (op)
    addop：c＝a＋b;             //op 为 2′b00 时做加法运算
    subop：c＝a－b;             //op 为 2′b01 时做减法运算
    andop：c＝a&b;             //op 为 2′b10 时做与运算
    notop：c＝～b;              //op 为 2′b11 时做非运算
endcase
endmodule
```

代码 3.2.1 可实现简易运算器,根据输入的 op,完成两个 8 位二进制数 a、b 的加、减、与运算及 b 的取非运算。代码首先定义了参数常量 SIZE,用 SIZE 定义 a、b 和 c 的位宽。语句"input [SIZE－1：0] a, b"声明 a、b 是两个 8 位宽的输入信号。语句"output reg [SIZE－1：0] c"的功能类似,但将 c 声明为 reg 型输出。代码又定义操作码参数常量 addop、subop、andop、notop 作为运算操作选项,由 case 选择实现不同的运算。

使用参数常量的优点是,若要修改位宽或操作码取值,只需重新设置 parameter 常数,而不用修改代码本身,便于程序维护。例如,代码 3.2.2 引用代码 3.2.1 所示简易运算器模块,在引用模块时,通过参数设置模块定义的 parameter 值,可方便地重定义输入/输出信号位宽,实现 16 位运算。

代码 3.2.2 引用代码 3.2.1 所示模块,实现 16 位运算。

```
module my_alu(op, a, b, c);
    input [15：0] a, b;
    input [1：0] op;
    output[15：0] c;
    simple_alu ♯16 u1(op, a, b, c);
endmodule
```

语句"simple_alu ♯16 u1(op, a, b, c)"引用模块 simple_alu,用参数♯16 将 SIZE 修改为 16,即将运算器位宽设置为 16 位,然后将 my_alu 模块的变量 op、a、b、c 依次与 simple_alu 模块的变量 op、a、b、c 连接。通过只修改参数,将 8 位运算器变为 16 位运算器。

若将代码 3.2.2 中的实例引用语句改为如下的语句:

```
simple_alu ♯(16, 2′b11, 2′b10, 2′b01, 2′b00) u1(op, a, b, c);
```

则除了将实例的 SIZE 修改为 16 外,还依次使实例的 addop＝2′b11, subop＝2′b10, andop＝2′b01, notop＝2′b00。这使得 16 位的简易运算器在 op＝2′b11 时做加法运算,op＝2′b10 时做减法运算,op＝2′b01 时做与运算,op＝2′b00 时对 b 取非,改变了操作代码。

3.2.3　变量

在程序运行过程中,其值可以改变的量称为变量。在 Verilog HDL 中,变量有多种类

型，这里主要介绍几种常见的变量类型。

1. wire 型

wire 型属于线网(Net)类型，主要用来表示结构实体(逻辑门和实例化的模块等)之间的物理连接。wire 型变量不能存储值，所以必须受驱动器驱动。若没有驱动器连接到 wire 型的变量上，变量值即为高阻 z。驱动 wire 型变量的方法通常有两种：一种是将它连接到实例化元件或模块的输出；另一种是用 assign 语句对其赋值。

如图 3.2.1 所示电路结构采用原理图建模，输出 L 隐含定义为 wire 型，由 a、b 驱动。

图 3.2.1 所示电路结构也可以用实例化元件方式或 assign 语句建模，程序如下：

图 3.2.1　wire 型变量

```
    wire L；
    reg a，b；
    or u1(L, a, b)；
或    wire L；
    reg a，b；
    assign L＝a ｜ b；
```

wire 型变量的说明格式如下：

```
    wire [msb：lsb] 变量名 1，变量名 2，…；
```

其中，msb 表示位宽的最高位；lsb 表示位宽的最低位。相同位宽的变量可在一条语句中声明，使用逗号","分隔。wire 型变量被说明时，若未指定位宽则省略"[msb：lsb]"，默认为 1 位宽。模块输入/输出端口若未说明为 reg 型，则隐含为 wire 型。

例如：

```
    wire a，b；          //定义了位宽为 1 的 wire 型变量 a、b
    wire [7:0] abus；    //定义了位宽为 8 的 wire 型变量 abus，通常用作总线
    wire [31:2] b1，b2；
    //定义了位宽为 30 的 wire 型变量 b₁、b₂，最高位为第 31 位，最低位为第 2 位
```

多位宽的 wire 型变量中每一位都可作为单独的 wire 型变量被访问。

例如：

```
    assign b＝b1[31] & b2[31]
```

通常，wire 型变量会被综合成电路的线路连接，但也有可能在综合器优化连接时被删除。

2. reg 型

reg 型变量是数据存储单元的抽象，但并不与触发器对应。reg 型变量只能在 initial 语句块或 always 语句块中被赋值，且赋值可被保存下来，直到下次改变。reg 型变量没有被赋值前，其值为 x。

reg 型变量说明的格式与 wire 型变量说明类似，为

```
    reg [msb:lsb] 变量名 1，变量名 2，…；
```

其中，msb 表示位宽的高位；lsb 表示位宽的低位。相同位宽的变量可在一条语句中声明，使用逗号","分隔。

例如：

　　reg a, b;

　　reg [7:0] ra;　　　　　//定义了位宽为 8 的 reg 型变量 ra

　　reg [31:2] b1, b2;　　//定义了位宽为 30 的 reg 型变量，最高位为第 31 位，最低位为第 2 位

reg 型变量与 wire 型类似，也是向量型变量，因此可以按下标访问其中的元素，例如：ra[7] ^ ra[6]。

3. memory 型

在 Verilog HDL 中，可以通过定义 reg 型的数组来说明 memory 型变量，构建存储器，用于对 ROM、RAM 等的建模。

memory 型数据定义格式如下：

　　reg [msb:lsb] memory 型变量名[m−1:0];

或

　　　　reg [msb:lsb] memory 型变量名[m:1];

这里每个 memory 型变量都是一个 reg 型数组，每个数组元素称为一个存储单元。[msb:lsb]说明每个存储单元的位宽，"memory 型变量名[m−1:0]"或"memory 型变量名[m:1]"说明数组名称以及数组元素的下标范围，也说明该存储器中有多少个这样的寄存器。

例如：

　　reg [7:0] memA[255:0];　　// 定义了一个有 256 个存储单元的存储器 memA，

　　　　　　　　　　　　　　　　// 每个存储单元是一个 8 位寄存器

上面格式中[msb:lsb]部分也可以省略，即默认为 1 位存储器。此时要注意与 reg 型变量的定义区分。

例如：

　　reg [3:0] regB;　　　　//定义了一个 4 位寄存器

　　reg memB[3:0];　　　　//定义了一个有 4 个存储单元的存储器，每个存储单元是

　　　　　　　　　　　　　　//一个 1 位寄存器

reg 型变量可以直接被赋值，但对 memory 型变量的访问，只能针对其中的一个存储单元，不能对整个存储器进行。

例如：

　　regB=4'b1011;　　　　//合法，给寄存器赋值为二进制 1011

　　memB[3:0]=4'b1011;　　//非法使用，不能对整个 memory 型变量进行读写操作

如果要对 memB 赋值，必须指定存储单元的下标，也就是这个单元在存储器中的地址。

例如：

　　memB[0]=1'b1;

需要说明的是，上述赋值语句不能单独出现在模块中，需要写在过程块语句中。memory 单元的赋值通常在 initial 块中完成。

例如：

　　initial

　　begin

```
        memB[0]=1′b1;
        memB[1]=1′b1;
        memB[2]=1′b0;
        memB[3]=1′b1;
    end
```

使用 reg 数组定义的 memory 型变量并不是完全意义上的存储器，且比较耗费 PLD 器件资源，因此，在复杂电路系统设计时，建议使用 PLD 器件内部嵌入的存储器资源。

4. 数字型

在 Verilog HDL 中，整数(integer)、实数(real)和时间(time)型变量都是数字型寄存器变量。但 real 和 time 型变量不可综合，主要用于仿真测试环境，因此，下面介绍 integer 型变量。

integer 型变量说明格式如下：

　　integer 变量名 1，变量名 2，…；

integer 型变量与 reg 型变量都是寄存器型变量，不同之处在于：① integer 型变量不允许说明位宽，因此综合时至少综合为 32 位二进制数，具体位数取决于机器字长；② integer 型变量将存储的数据看做带符号数，用补码表示，而 reg 型变量将存储的数据看做无符号数。

例如：

```
    reg [7:0] a, b;
    reg [3:0] c;
    integer i;
    initial
        begin
            c=−1;       //c 赋值为 4′b1111，即−1 的补码表示
            i=−1;       //i 赋值为 32′hffff，即−1 的补码表示
            b=c;        //b 赋值为 8′h0f，c 作为无符号数
            a=i;        //a 赋值为 8′hff
        end
```

这个例子只为说明 integer 型与 reg 型变量的不同，但给 c 赋值为−1(32 位)，将 i 赋值给 a、c 赋值给 b 在位宽方面都是不匹配的，在实际应用时应尽量避免。由于 reg 型和 integer 型都是寄存器变量，要在过程块语句中赋值，所以使用了 initial 块。

虽然 integer 型变量也属于寄存器变量，可以进行与 reg 型类似的操作，但通常用 reg 型来描述寄存器逻辑，而将 integer 型用于循环变量和计数。

3.3　Verilog HDL 运算符

Verilog HDL 有丰富的运算符集合，按照运算操作的对象，可划分为算术运算符、逻辑运算符、关系运算符、位运算符、等值运算符、移位运算符、缩减运算符、拼接运算符、条件运算符和赋值运算符等。Verilog HDL 中许多运算符与 C 语言相似。

1. 算术运算符

算术运算符也称为二进制运算符，包括：

　　＋（单目运算中表示正值运算，双目运算表示加法运算）

　　－（单目运算中表示求负运算，双目运算表示减法运算）

　　＊（乘法运算）

　　/（除法运算，整数除法结果非整数时，截去小数部分）

　　％（取模运算）

例如：

```
reg [3:0] a, b, c;
reg [7:0] d, e, f;
initial
    begin
        a=4'b1111+4'b1;        //结果为 4'b0000，溢出位舍弃不计
        b=4'b0000-4'b1;        //结果为 4'b1111
        c=4'b0111 * 4'b11;     //结果为 4'b0101，溢出位舍弃不计
        e=8'd9%2;              //结果为 4'b0001
        d=-8'd9;               //求 -9 的 8 位补码运算，结果为 8'b11110111，
                               //赋给 d 作无符号数
        e=d/2                  //结果保留整数，值为 8'b01111011
    end
```

在双目运算中，对于加法、减法、乘法运算，当运算的数据位宽确定时，溢出位舍弃不计；对于取模运算，若被除数和除数符号不同，则结果的符号与被除数相同，比如：-9%2 值为-1；运算符"/"和"％"一般是不可综合的，只有当能用移位寄存器表示运算时才是可综合的，但常量表达式中的"/"和"％"是可综合的，结果只能用二进制数表示。

2. 逻辑运算符

逻辑运算符把它的操作数当做布尔量，非零的操作数看做真(1'b1)，零操作数看做假(1'b0)，进行逻辑运算，运算返回逻辑假(1'b0)或真(1'b1)。

逻辑运算符包括：

　　&&（逻辑与运算）

　　||（逻辑或运算）

　　!　（逻辑非运算）

设 $a=4'b1001$，$b=4'b0000$，$c=2'b1x$，在逻辑运算中，a 被看做真，值为 1'b1；b 被看做假，值为 1'b0；c 因为不能判断真假，所以值为不确定的 1'bx。当一个操作数为 x 时，逻辑运算的结果也是 x，所以

```
a && b=1'b0
a || b=1'b1
! b=1'b1
! a=1'b0
a && c=1'bx
! c=1'bx
```

3. 关系运算符

关系运算符对两个操作数进行大小比较，运算结果为布尔值真($1'b1$)或假($1'b0$)。关系运算符包括：

$$>　　　　　（大于）$$
$$>=　　　（大于或等于）$$
$$<　　　　　（小于）$$
$$<=　　　（小于或等于）$$

若比较判断的结果为真，则返回 $1'b1$；否则返回 $1'b0$。设 $a=4'b1111$，$b=4'b0101$，则 $a>=b$ 返回 $1'b1$，$a<b$ 返回 $1'b0$。若两个操作数中有未知值 x，则返回结果也为 x。关系运算符通常和逻辑运算符一起构成多条件判断的表达式。

例如：

```
parameter Length=4'b0101;
(a>b) || (a<c)                  //a>b 或 a<c 时返回 1'b1
(a>=4'b0) && (a<=Length-1)      //0≤a≤4 时返回 1'b1
```

关系运算优先级别小于逻辑运算，也小于算术运算，必要时需要使用括号。

4. 位运算符

位运算是将操作数按对应位逐位操作的运算符，包括：

&　　　（按位与运算）
|　　　（按位或运算）
~　　　（按位取反运算，单目运算符）
^　　　（按位异或运算）
^~　　　（按位同或运算）

位运算符的运算规则如图 3.3.1 所示。

&	0	1	x
0	0	0	0
1	0	1	x
x	0	x	x

|	0	1	x
0	0	1	x
1	1	1	1
x	x	1	x

~	结果
0	1
1	0
x	x

^	0	1	x
0	0	1	x
1	1	0	x
x	x	x	x

^~	0	1	x
0	1	0	x
1	0	1	x
x	x	x	x

(a)　　　　　　(b)　　　　　　(c)　　　　　　(d)　　　　　　(e)

图 3.3.1　位运算符的运算规则

(a) 按位与运算；(b) 按位或运算；(c) 按位取反非运算；(d) 按位异或运算；(e) 按位同或运算

例如：

```
ra=4'b1101;
rb=8'b10110011;
ra=~ra;        //ra 的值按位取反，赋值为 4'b0010
rb=ra^rb;      //rb=0000_0010 ^ 1011_0011，结果为 1011_0001
```

若参加运算的两个数位数不同，则系统会将两个数右端对齐，位数少的数高位用 0 补齐，然后进行运算。

5. 等值运算符

等值运算符对两个操作数是否相等进行判断，返回逻辑值真或假。

等值运算符包括：

| == | | （相等判断） |
| === | | |

　　==　　　　（相等判断）

　　!=　　　　（不等判断）

　　===　　　（全等判断）

　　!==　　　（不全等判断）

　　"=="和"===","!="和"!==="的区别在于，前者只对两个数是否相等或不等进行判断，若待判断的数含有 x 或 z，判断结果不能确定时，则返回 x；后者按两个操作数的对应位进行逐位判断，对对应位是否同为 x 或同为 z 也进行判断。"=="和"==="的运算规则如表 3.3.1 所示。

表 3.3.1　"=="和"==="运算符的运算规则

==	0	1	x	z	===	0	1	x	z
0	0	0	x	x	0	1	0	0	0
1	0	1	x	x	1	0	1	0	0
x	x	x	x	x	x	0	0	1	0
z	x	x	x	x	z	0	0	0	1

　　设 $a=3$，$b=5$，都为十进制数，$c=4'b110$，$d=4'b11x$，$e=4'bx110$，$f=4'bxx11$；则 $a==b$ 返回 $1'b0$，$c!=d$ 返回 $1'bx$，$c!=f$ 返回 $1'b1$，$d===f$ 返回 $1'b0$，$c!==d$ 返回 $1'b1$。

　　"=="和"!="运算符可综合，能被综合为比较器；"==="和"!=="运算符不可综合。

6. 移位运算符

　　移位运算符有"≪"和"≫"两种，分别对操作数进行左移或右移操作，使用格式如下：

```
a≪n                    //将操作数 a 左移 n 位
a≫n                    //将操作数 a 右移 n 位
```

两种移位方式都是将移空的位用 0 补齐，移出范围的位舍弃。

例如：

```
reg [7:0] a, b, c;
initial
    begin
        a=8'b11011;
        b=(a≪2);        //a 左移两位后等于 8'b01101100，赋值给 b
        c=(a≫2);        //a 右移两位后等于 8'b00000110，赋值给 c
    end
```

7. 缩减运算符

　　缩减运算符是 Verilog HDL 特有的运算符，它能将多位二进制操作数按一定规则缩减为 1 位二进制数，即能将向量缩减为标量。缩减运算是单目运算，其运算过程是将向量最低位(第 0 位)与次低位(第 1 位)进行运算，得到的结果再与第 2 位进行运算，运算结果再与第 3 位进行运算，直到得到 1 位二进制结果。

　　例如，假设：

```
reg [3:0] a;
reg b;
```

则 b= &a 就是对 a 的各位按与运算进行缩减，运算过程等价于：

```
b=((a[0] & a[1]) & a[2]) & a[3];
```

缩减运算符包括：

    &   （按与运算缩减）

    | （按或运算缩减）

    ^   （按异或运算缩减）

    ~&   （按与非运算缩减）

    ~| （按或非运算缩减）

    ~^   （按异或非（同或）运算缩减）

例如：

```
//判断 a 值是否为全 1，若是，给 b 赋值为 1；否则给 b 赋值为 0
reg [15:0] a;
reg b;
always @(a)
    if (&a==1'b1)        //若"&a==1'b1"为真，则 a 值为 16 位全 1
        b=1'b1;
    else
        b=1'b0;
```

8. 拼接运算符

拼接运算符能够将不同信号的指定位或一个信号的指定位拼接为一个二进制数。

拼接运算符格式如下：

{信号 1 的某些位，信号 2 的某些位，…，信号 n 的某些位}

若信号 i 指定的某些位位置连续，可用[msb:lsb]说明 msb~lsb 间连续的若干位。

例如，假设：

```
a=4'b0010, b=8'b11110110, c=1'b1;
```

那么：

{a[1:0], b[2], c, b[3:0]}=8'b10110110;

位拼接表达式中不允许存在没有指明位数的信号，因为运算过程不能判定需要拼接几位。若某些位需要连续拼接几次，可以使用下面的格式说明重复次数：

{[重复次数]{信号 1 的某些位，信号 2 的某些位，…}}

{信号 1 的某些位，信号 2 的某些位，…}内的信号将被重复"[重复次数]"次。

例如：

{{3{a[1:0]}}, {2{1'b0}}, {2{b[1], b[3]}}}=12'b101010001010;

上面格式中，"[重复次数]"必须是常数表达式。

9. 条件运算符

条件运算符"?："是一个三目运算符，格式如下：

<条件表达式>? <表达式 1>：<表达式 2>

若条件表达式为真，则结果为表达式 1 的值；否则结果为表达式 2 的值。

例如：

　　assign y=sel? a:b;　//若 sel 值为 0，则 y=a；否则 y=b

　　　　　　　　//下例中条件表达式(2′b10<2′b11)为假，所以 k 被赋值为 3′b000

　　assign k=(2′b10<2′b11)? 3′b111:3′b000;

10. 运算符的优先级

当上述运算符出现在同一个表达式中时，按照表 3.3.2 所示的优先级进行运算。若要改变运算顺序，则需要用括号。

表 3.3.2　运算符优先级

运算符	优先级别
! ~	高
* / %	
+ −	
≪ ≫	
< <= > >=	
== != === !==	
&	
^ ^~	
|	
&&	
||	
?:	低

3.4　Verilog HDL 常用建模方式

本节对使用门级描述、数据流描述和行为描述进行硬件逻辑电路建模的方法进行较深入的介绍与讨论。

3.4.1　Verilog HDL 门级建模

门级建模是指通过引用 Verilog HDL 预定义的基本门级元件(原语)，并定义元件之间的连接关系来构建电路的方式，可使用的基本门级元件如表 3.4.1 所示。

门级元件的输入/输出连接必须是线网类型的变量，当输入为 x 或 z 时，依据其逻辑运算产生相应的 0、1、x 或 z。

表 3.4.1　Verilog HDL 基本门级元件

and	多输入与门	nand	多输入与非门
or	多输入或门	nor	多输入或非门
xor	多输入异或门	xnor	多输入同或门
buf	多输出缓冲器	not	多输出反相器
bufif1	高电平有效的三态缓冲器	notif1	高电平有效的三态反相缓冲器
bufif0	低电平有效的三态缓冲器	notif0	低电平有效的三态反相缓冲器

1. 多输入门

and、or、xor、nand、nor 和 xnor 门都是多输入/输出的门电路，引用时需要将输出端连接至第一个端口，其他连接至输入端口。引用时可以给出实例名称，也可以省略。

例如：

```
nor Gnor1(out,in1,in2,in3);        //生成一个三输入的或非门，实例名称为 Gnor1
xor (out,in1,in2);                 //生成一个二输入的异或门，没有定义实例名称
```

and、or 和 xor 门的功能如表 3.4.2 所示；nand、nor 和 xnor 的功能如表 3.4.3 所示。

表 3.4.2　and、or 和 xor 门功能表

and 输出		输入1				or 输出		输入1				xor 输出		输入1			
		0	1	x	z			0	1	x	z			0	1	x	z
输入2	0	0	0	0	0	输入2	0	0	1	x	x	输入2	0	0	1	x	x
	1	0	1	x	x		1	1	1	1	1		1	1	0	x	x
	x	0	x	x	x		x	x	1	x	x		x	x	x	x	x
	z	0	x	x	x		z	x	1	x	x		z	x	x	x	x

表 3.4.3　nand、nor 和 xnor 门功能表

nand 输出		输入1				nor 输出		输入1				xnor 输出		输入1			
		0	1	x	z			0	1	x	z			0	1	x	z
输入2	0	1	1	1	1	输入2	0	1	0	x	x	输入2	0	1	0	x	x
	1	1	0	x	x		1	0	0	0	0		1	0	1	x	x
	x	1	x	x	x		x	x	0	x	x		x	x	x	x	x
	z	1	x	x	x		z	x	0	x	x		z	x	x	x	x

2. 多输出门 buf 和 not

buf 和 not 是一输入多输出的缓冲器和反相器（非门），其逻辑符号如图 3.4.1 所示，功能如表 3.4.4 所示。

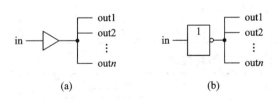

图 3.4.1　buf 和 not 门逻辑符号

（a）缓冲器 buf；（b）反相器 not

表 3.4.4　buf 和 not 门功能表

输入	buf 输出	not 输出
0	0	1
1	1	0
x	x	x
z	x	x

多输出门实例化时，输出端依次连接到前边的端口，之后再连接到输入端口。

例如：

```
not G1(out,in);                 //单输出非门
not G2(out1,out2,out3,in);      //三输出非门
buf G3(out1,out2,in);           //二输出缓冲器
```

3. 三态门

三态门由控制端决定输出是高阻还是正常逻辑状态。三态门的逻辑符号如图 3.4.2 所示。其中，bufif1 和 notif1 在控制端为高电平时按正常逻辑态工作，称为高电平有效的三态缓冲器和三态反相缓冲器；bufif0 和 notif0 在控制端为低电平时按正常逻辑态工作，称为低电平有效的三态缓冲器和三态反相缓冲器。三态缓冲器功能如表 3.4.5 所示；三态反相缓冲器功能如表 3.4.6 所示。

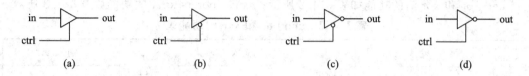

图 3.4.2　三态门逻辑符号

(a) bufif1；(b) bufif0；(c) notif1；(d) notif0

功能表中，0/z 表明三态门的输出可能是 0，也可能是高阻态，由输入的数据信号和控制信号强度决定。有兴趣的读者可参考有关文献。

三态门实例化时，第一个端口连接至输出，第二个端口连接至输入，第三个端口连接至控制信号。

例如：

```
bufif1 G1(out1，in1，ctrl1)；        //实例化高电平有效的三态缓冲器 G1，输出端为 out1，
                                    //输入端为 in1，控制端为 ctrl1
notfif0 (out2，in2，ctrl2)；         //实例化低电平有效的三态反相缓冲器，输出端为 out2，
                                    //输入端为 in2，控制端为 ctrl2
```

表 3.4.5　三态缓冲器功能表

bufif1		控制端输入				bufif0		控制端输入			
		0	1	x	z			0	1	x	z
数据输入	0	z	0	0/z	0/z	数据输入	0	0	z	0/z	0/z
	1	z	1	1/z	1/z		1	1	z	1/z	1/z
	x	z	x	x	x		x	x	z	x	x
	z	z	x	x	x		z	x	z	x	x

表 3.4.6　三态反相缓冲器功能表

notfif1		控制端输入				notfif0		控制端输入			
		0	1	x	z			0	1	x	z
数据输入	0	z	0	1/z	1/z	数据输入	0	1	z	1/z	1/z
	1	z	1	0/z	0/z		1	0	z	0/z	0/z
	x	z	x	x	x		x	x	z	x	x
	z	z	x	x	x		z	x	z	x	x

4. 门级建模示例

【例 3.4.1】 试对表 3.4.7 描述的逻辑电路进行门级建模。

解　依据真值表，写出函数逻辑表达式：

$$\begin{cases} eq = ab + \overline{a}\overline{b} \\ gt = a\overline{b} \\ lt = \overline{a}b \end{cases}$$

逻辑电路图如图 3.4.3 所示，门级建模如代码 3.4.1 所示。

表 3.4.7　例 3.4.1 逻辑电路真值表

输　　入		输　　出		
a	b	eq	gt	lt
0	0	1	0	0
0	1	0	0	1
1	0	0	1	0
1	1	1	0	0

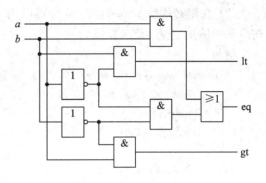

图 3.4.3　例 3.4.1 的逻辑电路图

代码 3.4.1　例 3.4.1 逻辑电路 Verilog HDL 建模。

```
module half_adder(a, b, eq, lt, gt);
    input a, b;
    output eq, lt, gt;
    wire na, nb, ab, nanb;        //分别表示 ā、b̄、ab 和 āb̄
    not (na, a);
    not (nb, b);
    and (lt, na, b);              //it=āb
    and (gt, nb, a);              //gt=ab̄
    and (ab, a, b);
    and (nanb, na, nb);
    or (eq, nanb, ab);            //eq=ab+āb̄
endmodule
```

3.4.2　Verilog HDL 数据流建模

门级建模使用基本的门级元件直接描述电路的逻辑结构，设计出的电路准确、精简、效能高。其缺点是难以构成复杂的电路系统，代码描述效率低。数据流建模使用连续赋值语句指定表达式驱动线网，描述电路使用的部件以及每个部件中数据的处理方法。相比较而言，数据流建模方法比门级建模方法更为方便，描述效率高，但实际电路的构建需要使用综合工具综合为门级描述。

1. 连续赋值语句 assign

连续赋值语句指定驱动的线网变量以及驱动该线网变量的表达式。连续赋值语句有两种描述格式。

格式 1：

　　assign 变量名 1＝表达式 1，变量名 2＝表达式 2，…；

格式 2：

　　wire [msg:lsb] 变量名 1＝表达式 1，变量名 2＝表达式 2，…；

说明：

（1）assign 语句完整的说明格式包括指定变量的驱动强度和延迟时间等，但综合工具不能处理，所以此处不予列出。

（2）变量必须是 wire 类型。变量可以用 wire 语句显式声明，也可以是通过 output 语句声明的输出变量，此时默认为 wire 型。

例如：

```
module assignTest(a, b, c);
    input [3:0] a, b;
    output [3:0] c;
    wire [3:0] m;
    assign m＝～a;
    assign c＝m & ～b;
endmodule
```

（3）格式 2 将变量声明与赋值过程在一条语句中完成，可以不使用关键字 assign。两种格式效果相同。

例如：

```
wire [3:0] m;
assign m＝～a;
```

可替换成下面语句：

```
wire [3:0] m＝～a;
```

（4）连续赋值语句可以位于模块内任意位置处，但不可以位于 initial 和 always 过程块内部。

（5）连续赋值语句可以综合成组合逻辑电路。

2. 数据流建模举例

【例 3.4.2】　试对表 3.4.8 描述的逻辑电路进行数据流建模。

表 3.4.8　例 3.4.2 的逻辑电路真值表

输		入	输				出			
A	B	C	Y_0	Y_1	Y_2	Y_3	Y_4	Y_5	Y_6	Y_7
0	0	0	1	0	0	0	0	0	0	0
0	0	1	0	1	0	0	0	0	0	0
0	1	0	0	0	1	0	0	0	0	0
0	1	1	0	0	0	1	0	0	0	0
1	0	0	0	0	0	0	1	0	0	0
1	0	1	0	0	0	0	0	1	0	0
1	1	0	0	0	0	0	0	0	1	0
1	1	1	0	0	0	0	0	0	0	1

解　表 3.4.8 所示真值表描述的是一个高电平有效的 3－8 译码器，数据流模型如下：

```
module decoder3_8(A, B, C, Y);
    input A, B, C;
    output [7:0] Y;
    assign Y[0]=~A & ~B & ~C;
    assign Y[1]=~A & ~B & C;
    assign Y[2]=~A & B & ~C;
    assign Y[3]=~A & B & C;
    assign Y[4]=A & ~B & ~C;
    assign Y[5]=A & ~B & C;
    assign Y[6]=A & B & ~C;
    assign Y[7]=A & B & C;
endmodule
```

需要说明的是，通常用连续赋值语句描述简洁表达式构成的组合逻辑电路，在描述复杂组合逻辑电路方面，使用 always 块比用多个分开的连续赋值语句执行效率更高。

3.4.3　Verilog HDL 行为建模

行为建模通过描述电路的行为来实现电路建模。行为描述可以使用 if…else…、case、for、while 等高级抽象描述语句，但要求将它们置于过程块语句内。

1. 过程块语句

过程块语句可包含一条或多条过程语句构成过程块，当包含多条语句时，需要使用 begin…end 关键字。过程块内部各语句按顺序执行，过程块之间以及与连续赋值语句之间并行执行。always 语句是最常用的过程块语句之一。

1）always 语句

always 语句格式如下：

```
always <@(敏感事件列表)>
    <begin：块名>
        <块内局部变量定义；>
        过程赋值语句；
    <end>
```

说明：

（1）敏感事件列表允许有多个变量，使用关键字"or"或逗号","分隔，意思是等待确定的事件发生或某一特定条件变为"真"，就执行后边的过程块。所以过程块的执行是多次重复的过程，若不列出敏感事件，always 块就会无限循环执行。

（2）敏感事件可以是信号的电平发生变化，这时可用信号名作为敏感事件列表，例如"@(A or B)"；也可以是信号的上升沿或下降沿到来，上升沿使用 posedge 信号名，下降沿使用 negedge 信号名，例如"@(posedge clk or negedge reset)"。

（3）过程块内有多条语句时，必须写在 begin…end 块中。begin…end 块可以命名，取了名字的块称为有名块。

（4）begin…end 块内的语句顺序执行，称为顺序块。

（5）过程块内的赋值语句称为过程赋值语句，使用符号"="或"<="实现。过程赋值

语句左边的变量必须为 reg 型。

(6) 一个模块中可以有多个 always 块,它们都并行执行。对同一变量的赋值修改应放在一个 always 块中完成。

虽然 always 语句可综合,但并不针对所有的书写方式。为确保其综合性,建议按下面的 always 电路块建模方式书写。

(1) 方式 1。

```
always @(in1 or in2 or…)          //所有的输入信号必须都列出
    begin
        ⋮
    end
```

输入信号只要有变化就会引起输出变化。这种结构通常用于组合逻辑电路建模。

(2) 方式 2。

```
always @(enable or in1 or in2 or …)      //所有的输入信号都必须列出
    if (enable)                          //使能信号决定电路是否动作
    begin
        ⋮
    end
```

敏感事件(输入信号变化)发生时,要判断使能信号,使能信号有效时才执行 always 块改变相应的输出,否则保持不变。通常用于带使能的组合逻辑电路建模。

(3) 方式 3。

```
always @(posedge clock)          //仅列出时钟信号
    begin
        ⋮
    end
```

该方式通常用于时序逻辑电路建模,always 块中所有的动作都在 clock 时钟上升沿发生,所建模型是同步时序逻辑电路。

(4) 方式 4。

```
always @(posedge clock or negedge reset)  //列出时钟信号和异步信号
    if (! reset)
        ⋮                                 //异步动作
    else
        begin
            ⋮                             //同步动作
        end
```

敏感事件包括异步信号 reset 和时钟信号 clock,reset 下降沿引发的电路动作并不受 clock 约束,所以是异步动作。在非 reset 状态下,所有的电路动作都在 clock 时钟上升沿发生,是同步动作。

always 语句使用举例如下:

```
module half_adder(a, b, en, c);
    input a, b, en;
```

```
        output reg [1:0] c;
        always @(a or b or en)          //列出所有输入信号
            if (en)                     //使能信号有效时,执行顺序块
                begin
                    c[1]=a ^ b;
                    c[0]=a ^~ b;
                end
    endmodule
```

2）initial 语句

initial 语句也是过程块语句,它所包含的过程块不能综合为实际的电路块,但是可用于给电路中的 reg 型变量或 memory 单元赋初值,只执行一遍。initial 块常用于测试文件的编写,用来产生仿真测试信号的仿真环境。对仿真程序来说,initial 块只在仿真一开始执行一次。

initial 语句格式如下:

```
    initial
        <begin>
            一条或多条过程赋值语句;
        <end>
```

说明:

（1）initial 块中有多条语句时,必须写在 begin…end 块中。

（2）initial 块中使用过程赋值语句,赋值语句左边的变量必须是 reg 型。

（3）一个模块中可以有多个 initial 块,它们都并行运行。

2. 过程赋值语句

过程赋值语句是只能在过程块中赋值的语句,可分为阻塞赋值语句(赋值符为"=")和非阻塞赋值语句(赋值符为"<=")。

过程赋值语句使用格式如下:

```
    变量名=表达式;               //例如 a=b;
    变量名<=表达式;              //例如 a<=b;
```

说明:

（1）过程赋值语句必须书写在 always 或 initial 过程块中,赋值的变量必须是 reg 型。

（2）当过程块包含多个阻塞赋值语句时,这些语句按顺序执行,且前边的语句会阻塞后边语句的执行。也就是说,只有前边语句执行结束,后边的语句才开始执行。

例如:

```
    begin
        a=b;
        c=a;
    end
```

若执行前 a 值为 5, b 值为 8,则执行"a=b"会使得 a 值为 8,之后执行"c=a"会使得 c 值也变为 8。

（3）当过程块包含多个非阻塞赋值语句时,这些语句在过程块结束时同时执行,不会

相互阻塞。

例如：

```
begin
    a<=b;
    c<=a;
end
```

若执行前 a 值为 5，b 值为 8，则过程块结束时，"a<=b"和"c<=a"同时执行，会使得 a 值为 8，同时使得 c 值为 5。

(4) 说明(2)中描述的例子，只会综合出一个存储部件，存储值为 8，但是会有两个输出的名字，分别是 a 和 c。说明(3)中描述的例子，会综合出两个存储部件，分别存储 a 和 c，值分别是 8 和 5。

(5) 在可综合电路的设计中，一个语句块内部不允许同时出现阻塞赋值和非阻塞赋值语句。

(6) 组合逻辑电路设计中一般采用阻塞赋值，时序逻辑电路设计中一般采用非阻塞赋值。

3. 条件语句

条件语句包括 if 语句和多路选择 case 语句，用于在过程块内描述电路行为。

1) if 语句

if 语句用来判断给定的条件是否满足，根据判定的结果为真或假决定执行的操作。Verilog HDL 提供了三种形式的 if 语句。

if 语句描述格式 1：

```
if(条件表达式)
    语句;
```

if 语句描述格式 2：

```
if(条件表达式)
    语句;
else
    语句;
```

if 语句描述格式 3：

```
if(条件表达式1)
    语句;
else if(条件表达式2)
    语句;
else if(条件表达式3)
    语句;
    ⋮
else
    语句;
```

例如：

```
if(a && b)
```

```
        d=2′b11；
    else if（a）
        d=2′b10；
    else if（b）
        d=2′b01；
    else
        d=2′b00；
```

说明：

(1) if 语句必须写在过程块内。若每个部分语句有多条，则必须写在 begin…end 块中。

(2) 在格式 3 中，else 和最近的 if 语句配对。

2）多路选择 case 语句

嵌套的 if 语句有时会被综合成多层逻辑，case 语句则可避免这类问题发生。

case 语句格式如下：

```
    case（case 表达式）
        分支项表达式 1：语句 1；
        分支项表达式 2：语句 2；
            ⋮
        default：default 语句；
    endcase
```

例如：

```
    case（addrin）
        2′b00:dataout<=din1；
        2′b01，2′b10:dataout<=din2；
        default:dataout<=din0；
    endcase
```

说明：

(1) case 语句要写在过程块内。每个分支项中语句多于一条时，必须写在 begin…end 块中。

(2) 一条 case 语句只允许有一个 default 分支，覆盖所有没有列出的分支项。若 case 表达式没有任何匹配的分支项，case 语句又没有 default 选项，则该 case 语句没有作用。

(3) 分支项表达式不进行重复检查，执行时会找到第一个匹配的分支项执行。所以若两个分支项被错误地写成了相同的，综合程序不会报错。

(4) 若几个分支项执行相同的语句，则可以将它们用逗号分隔，共用执行语句，如上例中的第二个 case 选项。

4. 循环语句

Verilog HDL 有四种循环语句，分别是 forever 循环语句，for 循环语句，repeat 循环语句和 while 循环语句。

forever 循环语句会以无条件方式执行语句区块，不能综合，只能写在 initial 过程块中，通常用来描述仿真时序波形。下面主要介绍 for 循环语句、repeat 循环语句和 while 循环语句。

1) for 循环语句

for 循环语句的语法格式如下：

　　for（表达式 1；条件表达式 2；表达式 3）

　　　　语句；

执行时，首先使用表达式 1 给循环变量赋初值；然后判断条件表达式 2 是否成立，若条件表达式 2 的值为真，则执行后边的语句块，否则退出循环；语句块执行结束后，执行表达式 3 修改循环变量。若语句块多于一条语句，则必须写在 begin…end 块中。

例如，使用 for 循环给存储器单元赋初值：

```
integer i;
reg [7:0] memA[63:0];
initial
for (i=0; i<64; i=i+1)
    memA[i]=8'b0;
```

【例 3.4.3】　使用 for 循环语句通过移位相加的方法对 8 位二进制乘法器建模。

解　以两个 4 位二进制数 opA=4，b0110、opB=4'b1101 的乘法运算为例，乘法过程如图 3.4.4(a)所示。二进制乘法规则简单：$0 \times 0 = 0$，$0 \times 1 = 0$，$1 \times 1 = 1$，所以乘法的关键在于累积相加的部分。竖式中累积相加的部分就是将被乘数或 0(取决于乘数的当前位为 1 还是 0)错位相加，最终结果会是一个 8 位二进制数。这个过程可用图 3.4.4(b)中的加法表示或代替。图 3.4.4(b)中的加法首先设置一个全 0 的部分积 result=8'b00000000，然后加上被乘数左移 0 次得到的 00000110，左移 2 次得到的 00011000 以及左移 3 次得到的 00110000，累加结果即为乘积。因为乘数第 1 位为 0，所以部分积不加被乘数左移 1 次的结果。

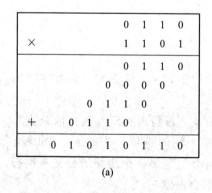

(a)　　　　　　　　　　　　　　(b)

图 3.4.4　例 3.4.3 的乘法过程描述

(a) 手工乘法过程；(b) 移位相加实现乘法

按照这一思路，8 位二进制数乘法电路的 Verilog 描述代码如下：

```
module multiplier(result, opA, opB);
    parameter size=8, longsize=16;
    input [size-1:0] opA, opB;
    output reg[longsize-1:0] result;
    always @(opA or opB)
    begin
```

```
        integer index;
        result=0;
        for (index=0; index<size; index=index+1)
            if (opB[index]==1)
                result=result+(opA≪index);
    end
endmodule
```

2）while 循环语句

while 语句的语法格式如下：

```
while (条件表达式)
    语句;
```

条件表达式值为真时，执行语句；否则不执行。条件表达式值为 x 或 z 时，也看做假。若语句多于一条，则需要写在 begin…end 块中。

例如，例 3.4.3 中二进制乘法器改用 while 循环语句，其 always 块可写为：

```
always @(opA or opB)
begin
    integer index;
    index=0;
    result=0;
    while (index<size)
    begin
        if (opB[index]==1)
            result=result+(opA≪index);
        index=index+1;        //index 作为循环变量，需要自增
    end
end
```

3）repeat 循环语句

repeat 循环语句预先指定循环次数，语法格式如下：

```
repeat(循环次数表达式)
        语句;
```

当循环次数表达式值为 0、x 或 z 时，都不执行语句；否则按指定次数循环执行语句。若语句块不止一条语句，需要写在 begin…end 块中。

例如，例 3.4.3 中二进制乘法器改用 repeat 循环语句，其 always 块可写为：

```
always @(opA or opB)
begin
    integer index;
    index=0;
    result=0;
    repeat (8)
    begin
        if (opB[index]==1)
            result=result+(opA≪index);
```

```
        index＝index＋1;      //index 作为循环变量，需要自增
    end
end
```

3.5 模块化的电路设计

使用 Verilog HDL 对电路建模，通常将相对独立的功能单元各自定义为模块。一个大的数字电路系统往往划分为多个电路模块，由顶层模块调用，每个电路模块又可划分子模块，由其父模块调用，构成一种层次化的电路设计方式。

3.5.1 分层次电路设计

采用层次化设计方法，能将复杂的电路系统分层简化实现，具有便于多人协作、故障调试、模块重用的优点，是目前复杂电路系统设计广泛采用的方法。层次化的电路设计分为自顶向下和自底向上两种方法。自顶向下的方法是先设计顶层模块，然后依据顶层模块划分功能，定义顶层模块用到的各个子模块。自底向上的方法是先设计各个子模块，然后由子模块组合起来构成顶层模块。Verilog 层次化建模结构如图 3.5.1 所示。

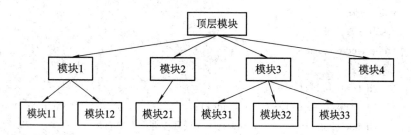

图 3.5.1 Verilog HDL 层次化建模示意图

在多个模块构成的 Verilog 程序中，顶层模块由综合程序或仿真程序调用，其他模块都由顶层模块所引用。顶层模块引用子模块时，并不发生程序跳转，而是在顶层模块中将子模块复制一遍，综合后形成具体的电路块。

【例 3.5.1】 引用半加器模块构成 1 位全加器。

解 半加器不考虑低位来的进位，是两个 1 位二进制数相加。全加器考虑低位来的进位，是三个 1 位二进制数相加。引用半加器构成全加器，需要引用半加器两次，即将 A、B 半加的结果与 Cin 再进行半加，电路结构如图 3.5.2 所示。Verilog 代码如代码 3.5.1 所示。

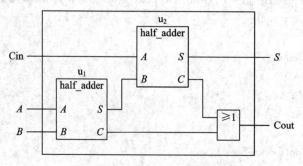

图 3.5.2 例 3.5.1 的电路结构图

代码 3.5.1　引用半加器模块构成 1 位全加器。

```
module half_adder(A, B, S, C);
    input A, B;            //半加器模块
    output S, C;
    assign S=A^B;
    assign C=A&B;
endmodule
module full_adder(A, B, Cin, S, Co);           //全加器模块
    input A, B, Cin;
    ouput S, Co;
    wire C1, C2, S1;
    half_adder u1(A, B, S1, C1);
    half_adder u2(Cin,S1, S, C2);
    assign Co=C1 | C2;
endmodule
```

本例中，full_adder 是顶层模块。full_adder 实例化 half_adder 形成 u_1，完成外界输入 A 与 B 的半加生成半加和 S_1 和半加进位 C_1，再实例化 half_adder 为 u_2，将 u_1 输出的 S_1 和外界输入的 Cin 半加，生成全加和 S_2 和 u_2 的半加进位 C_2。assign 语句用于将 C_1 和 C_2 进行或运算驱动进位输出 Co。

【例 3.5.2】　引用 1 位十进制计数器构成 2 位十进制计数器。

解　引用 1 位十进制计数器构成 2 位十进制计数器的代码如下：

```
module bcd2Counter(en, clk, rst, one_q, ten_q, zout);
    input en, clk, rst;
    output zout;
    output [3:0] one_q, ten_q;
    wire one_out;
    bcd_counter one(. en(1'b1), . clk(clk), . rst(rst), . zout(one_out), . qout(one_q));
    bcd_counter ten(. en(one_out), . clk(clk), . rst(rst), . zout(), . qout(ten_q));
    assign zout=(one_q==4'h9 && ten_q==4'h9);
endmodule
module bcd_counter(en, clk, rst, zout, qout);
    input en, clk, rst;
    output zout;
    output reg [3:0] qout;
    always @(posedge clk or negedge rst)
      if (~rst)
        qout<=4'b0;
      else
        if (en)
          if (qout==4'h9)
            qout<=4'b0;
      else
```

```
                    qout<=qout+1'b1;
            assign zout=(qout==4'h9);
        endmodule
```

3.5.2　任务和函数的使用

Verilog HDL 允许用户自己定义任务和函数,通过将输入、输出和总线信号的值传入、传出任务和函数,完成一定的功能,类似于一般计算机的子程序。把大的程序模块分解成较小的任务或函数,或把需要重复使用的程序代码写成任务或函数多次调用,会使程序明白易读、便于修改和维护。

1. 函数(function)声明语句

函数 function 的使用包括函数定义和函数调用两部分。函数定义使用 function 声明语句,从关键字 function 开始,至 endfunction 结束。函数声明必须出现在模块内部,可以在模块的任意位置。

function 声明语句语法格式如下:

```
function <类型或位宽> <函数名>;
        <参数声明>;
        ⋮
        语句区;
        ⋮
endfunction
```

函数可接受多个输入参数,由函数名返回结果,可看做表达式计算。类型或位宽用于说明返回值的类型,可声明为 integer、real、time 或 reg 型,real 和 time 型不可综合。若为 reg 型,则可通过[msb:lsb]指定位宽,缺省时默认为 1 位。参数声明部分用于说明传递给函数的输入变量,或函数内部使用的变量。每个函数至少要有一个输入变量。输入变量用 input 说明,不可以是 output 或 inout 型。语句区使用行为描述语句实现函数功能,可以是 if…else…、case、过程块赋值语句等。函数语句区中必须要有一条语句用来给函数名赋值。若语句区有多于一条的语句,则需使用 begin…end 块。

函数的调用是将函数作为表达式中的操作数实现的。函数调用的语法格式如下:

```
        函数名(表达式 1,表达式 2,…)
```

表达式作为传入函数的参数,按顺序依次连接到函数的输入变量。

【例 3.5.3】　用 8 位二进制高低位交换电路构成 16 位二进制高低位交换电路。

解　定义函数完成 8 位二进制高低位交换电路,两次调用函数。第一次调用给函数传入低 8 位,返回值到高 8 位;第二次调用给函数传入高 8 位,返回值到低 8 位,完成完全的交换。代码如下:

```
module functionTest(word16, rsword16);
    input [15:0] word16;
    output reg [15:0] rsword16;
    always @(word16)
        begin
            rsword16[15:8]=rsword8(word16[7:0]);    //调用函数
```

```
            rsword16[7:0]=rsword8(word16[15:8]);
        end
    function [7:0] rsword8;                     //函数定义，返回值为 8 位
        input [7:0] word8;                      //输入变量
        integer i;                              //函数内部变量
        for (i=0; i<8; i=i+1)
            rsword8[i]=word8[7-i]               //高低位交换
    endfunction
endmodule
```

对函数的定义和使用需要说明的是，函数的每一次调用都将被综合成一个独立的组合逻辑电路块。函数的定义不能包含任何的时间控制语句，如用 ♯、@标识的语句。

2. 任务(task)声明语句

函数只能通过函数名返回 1 个值，任务 task 可以不返回值，或者通过输出端口返回多个值。Verilog HDL 任务的概念类似于其他高级编程语言中"过程"(Procedure)的概念。

任务的使用包括 task 定义和 task 调用两个部分。task 定义语法规则如下：

```
task <任务名>;
    <端口和内部变量声明>;
        ⋮
    语句区;
        ⋮
endtask
```

任务定义从关键字 task 开始，至 endtask 结束，必须出现在模块中，但可以在模块的任意位置。端口说明用于说明传入、传出任务的变量，用 input、output 或 inout 声明。语句区使用行为描述语句实现任务功能，可以是 if…else…、case、过程块赋值语句等。若语句区有多于一条的语句，则需使用 begin…end 块。

【例 3.5.4】 使用任务完成 1 到 2 数据分配器的建模。

解　定义任务传入输入数据，返回分配的数据，然后调用任务。代码如下：

```
module taskTest2(in, out1, out2, s);
    input in, s;
    output out1, out2;
    always @(in or s)
        asgn1to2(in, s, out1, out2);     //调用任务，依次传入输入，接收返回值
    task asgn1to2;                       //任务定义
        input din, s;                    //输入变量声明
        output reg d0, d1;               //返回变量声明
        begin
            d0=1'b0;
            d1=1'b0;
            if (~s)
                d0=din;
            else
```

```
                    d1＝din；
                end
            endtask
        endmodule
```

对任务的定义和使用需要说明的是，包含定时控制语句如 always 的任务是不可综合的。启动的任务往往被综合成组合逻辑电路。

在使用时，任务和函数除了在返回值的方式、个数方面有所不同外，函数要求至少有一个输入变量，而任务可以没有或有一个或多个任意类型的输入变量。另外，函数不能调用任务，而任务可以调用其他任务和函数。

3.5.3　编译预处理命令

Verilog HDL 同 C 语言一样提供编译预处理功能，目的是使 Verilog 程序有更好的可维护性。Verilog HDL 编译预处理命令以"\"号(键盘左上角"～"符号按键处)开始，可以出现在程序的任意位置。编译预处理命令从定义之处开始有效，直到文本结束或被其他命令代替为止。Verilog HDL 提供了丰富的编译预处理命令，下面介绍常用的 \include、\ifdef 和 \define 的使用。

1. \define 与 \undef

\define 用来定义一个宏，即用指定的标识符(宏名)来代替一个字符串。在编译时，所有出现宏名的地方都会替换成该字符串。宏可以减少程序中重复书写某些字符串的工作量，提高 Verilog 源代码的可读性和可维护性。

\define 的语法格式如下：

　　\define ＜宏名＞ 表达式

例如：

```
    \define WORD 16              //定义宏 WORD，用 WORD 代替 16
      ⋮
    reg ［WORD－1：0］a，b；       //定义 a、b 为 16 位总线
```

说明：

(1) 宏名可以自己定义，大小写均可，但一般都采用大写。

(2) 宏定义可以出现在程序的任意位置，通常写在一开始处。

(3) 宏的引用必须使用"\"号连接宏名。

(4) 宏定义不是 Verilog HDL 语句，所以宏定义后边不用加"；"，若加了，会将"；"一同置换。例如：

```
    \define EXPRESS a＋b；
      ⋮
    assign d＝\EXPRESS＋c；       //被置换成 d＝a＋b；＋c
```

(5) 用 \define 定义的宏一直有效，可以用 \undef 取消宏定义。

\undef 语法规则如下：

　　\undef ＜宏名＞

例如：

```
    \define bytesize 8
```

⋮

reg [`bytesize−1:0] busa;

⋮

\undef bytesize

2.\include

\include 命令可以将内含数据类型声明或函数定义的 Verilog 程序文件内容复制插入到另一个 Verilog 模块文件 \include 命令出现的位置，以增加程序设计的方便性与可维护性。与 C 语言中的 #include 用法类似。

\include 命令的语法规则如下：

　　\include "文件名"

例如下边的例子中，若用文件 count10.v 定义十进制计数器模块，在 7_seg.v 文件中定义七段数码管显示模块，在文件 param_def.v 中定义相关参数、宏等，则可通过 \include 包含命令把这些文件定义的模块、参数、宏等包含进当前文件，即复制写在 my_counter 模块的前边，直接使用。

```
\include "count10.v"
\include "7_seg.v"
\include "param_def.v"
module my_counter…;
    ⋮
endmodule
```

3.\ifdef，\else 与 \endif

\ifdef、\else 与 \endif 称为条件编译命令，允许编译综合器根据已知条件选择部分语句进行编译综合。语法规则如下：

```
\ifdef <宏名>
    语句组 1；
\else
    语句组 2；
\endif
```

编译综合器会首先检查是否定义了宏，如果已经定义了宏，则编译综合语句组 1；否则编译综合语句组 2。

例如：

```
module ifdefTest(a, b, c, d);
    input a, b, c;
    output d;
    \ifdef GATE
        nand G1(d, a, b, c);
    \else
        assign d=a~b~c;
    \endif
endmodule
```

上例中，若程序事先定义了 GATE 宏，则编译综合产生与非门；否则编译综合产生三输入的异或门。

\ifdef 命令的 \else 分支可省略，省略后就只在满足条件时编译综合语句组 1。

习　题

1. 在 Verilog HDL 中，下列哪些是合法的标识符？

　　hmd　\{abc}　begin　str_1　4test　notif　exec　MTTe

2. Verilog HDL 模块通常由哪几部分组成？

3. 模块的端口默认为什么类型？如果想对输出端口用 assign 语句赋值，需要定义为什么类型？如果用非阻塞赋值语句赋值呢？

4. 设已经定义"reg [3:0] a, b"，且 a 被赋值为 $4'b1001$，b 被赋值为 $4'b0011$，则下列表达式的值分别是多少？

(1) (a<b) && (a>0)　　　　　　(2) a? (a−1'b1):b

(3) {b, 2{a[0]}}　　　　　　　(4) &b

5. 若 case 语句的分支没有覆盖所有可能的选项，那么有 default 语句和没有 default 语句有什么不同？

6. 设已有宏定义如下：

　　\define LOCALSIZE 16

则下边用于定义 16 位总线正确的语句是？

(1) wire [LOCALSIZE]　　　　(2) wire [LOCALSIZE−1]

(3) wire [\LOCALSIZE:0]　　　(4) wire [\LOCALSIZE−1:0]

7. 根据下面的 Verilog HDL 代码画出逻辑电路图，说明电路的逻辑功能。

```
module xiti1(a, b, c);
    input a, b;
    output c;
    wire n1, n2, n3;
    nor g1(n1, a, b),
    g2(n2, a, n1),
    g3(n3, b, n1),
    g4(c, n2, n3);
endmodule
```

8. 分析如习题图 3−1 所示逻辑电路图，试用 Verilog 门级元件描述该电路。

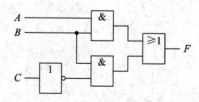

习题图 3−1

9. 分析下面 Verilog 代码的逻辑功能。

```
module xiti2_9(data, out, cltr);
    parameter size=8;
    input [size-1:0] data;
    input cltr;
    output [size-1:0] out;
    reg [size-1] regq;
    always @(data or cltr)
    begin
        regq=data;
        if (cltr)
            regq={regq[size-2:0], 1'b0};
        else
            regq={1'b0, regq[size-1:1]};
    end
    assign out=regq;
endmodule
```

10. 模块的实例化有哪两种形式？通过引用习题 9 的模块，完成 16 位数据的操作。

11. 试用 Verilog HDL 描述具有使能端 en 的 2-4 译码器。

12. 在 Verilog HDL 中，如何描述异步置/复位和同步置/复位？

第 4 章　组合逻辑电路

逻辑电路分为两大类,一类是组合逻辑电路,一类是时序逻辑电路。本章讲述组合逻辑电路的特点及其分析、设计的方法。

4.1　组合逻辑电路概述

组合逻辑电路在逻辑功能上的特点是:电路在任何时刻的输出状态只取决于该时刻的输入状态,而与电路原来的状态无关。因此,组合电路在电路构成上具有以下基本特征:

(1) 电路由逻辑门电路组成。

(2) 输出、输入之间没有反馈延迟电路。

(3) 不包含记忆性元件。

组合逻辑电路可以用图 4.1.1 所示的框图进行描述。图中,I_0,I_1,…,I_{n-1}是电路的输入信号;Y_0,Y_1,…,Y_{m-1}是电路的输出信号。输出信号与输入信号间的关系可以表示为

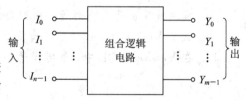

图 4.1.1　组合逻辑电路框图

$$Y_0 = f_0(I_0, I_1, …, I_{n-1})$$
$$Y_1 = f_1(I_0, I_1, …, I_{n-1})$$
$$\vdots$$
$$Y_{m-1} = f_{m-1}(I_0, I_1, …, I_{n-1}) \qquad (4.1.1)$$

组合逻辑电路的应用非常广泛,常用的单元电路有运算器、编码器、译码器、数值比较器、数据选择器、奇偶检测电路等,组合逻辑电路也是时序逻辑电路的组成部分。

本章主要讲述组合逻辑电路的一般分析方法和设计方法,还将详细介绍典型组合单元电路的功能、应用以及采用小规模(SSI)器件、中规模(MSI)器件和 Verilog HDL 设计这些单元电路模块的方法,并对组合逻辑电路中的险象问题进行讨论。

4.2　组合逻辑电路分析

4.2.1　组合逻辑电路分析方法

组合逻辑电路分析的目的就是根据给定电路,确定该电路输出与输入之间的逻辑关系,得出电路的逻辑功能描述;如果有必要还可以对电路做进一步改进。

组合逻辑电路的分析过程通常分为以下几个步骤:

（1）根据给定逻辑电路图，从电路的输入端开始逐级分析，写出输出端的逻辑函数表达式。

（2）对写出的输出逻辑函数进行化简。

（3）列出真值表。

（4）分析真值表，确定电路的逻辑功能。

组合逻辑电路的分析过程可以用图 4.2.1 描述。

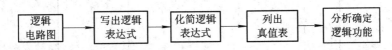

图 4.2.1　组合逻辑电路的分析过程

4.2.2　简单组合逻辑电路分析举例

组合逻辑电路在实现上可以采用小规模、中规模和大（超大）规模集成电路。这里通过几个由门电路组成的组合逻辑电路的例子，说明简单组合逻辑电路的分析方法，由中规模集成电路构成的组合逻辑电路的分析会在 4.4 节中进行叙述。

【例 4.2.1】　试分析图 4.2.2 所示逻辑电路的功能。

解　图 4.2.2 所示的逻辑电路是由 4 个与非门组成的"两级"组合逻辑电路。所谓的"级"数，是指从输入信号到输出信号所经历的逻辑门的最大数目。图 4.2.2 中从输入信号到输出信号所经历的逻辑门都是两个，所以该电路是一个"两级"组合逻辑电路，图中所标出的 x、y、z 是一级门电路的输出。

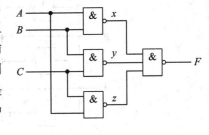

图 4.2.2　例 4.2.1 的逻辑电路图

（1）写出输出函数的逻辑表达式。

逐级写出逻辑表达式，第一级表达式是

$$\begin{cases} x = \overline{AB} \\ y = \overline{BC} \\ z = \overline{AC} \end{cases} \qquad (4.2.1)$$

第二级表达式是

$$F = \overline{xyz} = \overline{\overline{AB} \cdot \overline{BC} \cdot \overline{AC}} \qquad (4.2.2)$$

对于那些简单的逻辑电路，在分析时可以直接写出输出函数的逻辑表达式。

（2）化简。

$$F = \overline{\overline{AB} \cdot \overline{BC} \cdot \overline{AC}} = AB + BC + AC \qquad (4.2.3)$$

（3）列出真值表。

根据式（4.2.3）列出其真值表，如表 4.2.1 所示。

（4）确定电路逻辑功能。

对真值表进行分析可知该电路的功能是，当三个输入信号 A、B 和 C 中有两个或两个以上为高电平时，输出为 1；否则输出为 0。所以该电路可以看做是一个三人投票表决电路，输出为 1 表示表决通过，输出为 0 表示未通过。

表 4.2.1　例 4.2.1 的真值表

A	B	C	F
0	0	0	0
0	0	1	0
0	1	0	0
0	1	1	1
1	0	0	0
1	0	1	1
1	1	0	1
1	1	1	1

【例 4.2.2】　试分析图 4.2.3 所示逻辑电路的功能。

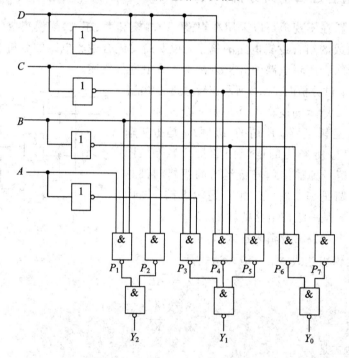

图 4.2.3　例 4.2.2 逻辑电路图

解　图 4.2.3 所示电路是一个三级组合逻辑电路, 为了便于电路分析, 图中标出了第二级电路的输出 $P_1 \sim P_7$。

(1) 写出输出函数的逻辑表达式。

$$P_1 = \overline{DBA}, \quad P_2 = \overline{DC}, \quad P_3 = \overline{\overline{DC}\,\overline{A}}, \quad P_4 = \overline{\overline{DC}\,\overline{B}}$$

$$P_5 = \overline{\overline{DC}B}, \quad P_6 = \overline{\overline{D}\,\overline{B}}, \quad P_7 = \overline{\overline{D}\,\overline{C}}$$

$$
\begin{cases}
Y_2 = \overline{P_1 \cdot P_2} = \overline{\overline{DBA} \cdot \overline{DC}} \\[4pt]
Y_1 = \overline{P_3 \cdot P_4 \cdot P_5} = \overline{\overline{\overline{DC}\,\overline{A}} \cdot \overline{\overline{DC}\,\overline{B}} \cdot \overline{\overline{DC}B}} \\[4pt]
Y_0 = \overline{P_6 \cdot P_7} = \overline{\overline{\overline{D}\,\overline{B}} \cdot \overline{\overline{D}\,\overline{C}}}
\end{cases}
\tag{4.2.4}
$$

(2) 化简。

对式(4.2.4)进行化简,得到输出逻辑函数:

$$
\begin{cases}
Y_2 = \overline{\overline{DC} \cdot \overline{DBA}} = DC + DBA \\
Y_1 = \overline{\overline{DCB} \cdot \overline{D\overline{C}\,\overline{B}} \cdot \overline{D\overline{C}\,\overline{A}}} = \overline{D}CB + D\overline{C}\,\overline{B} + D\overline{C}\,\overline{A} \\
Y_0 = \overline{\overline{\overline{D}\,\overline{B}} \cdot \overline{\overline{D}\,\overline{C}}} = \overline{D}\,\overline{C} + \overline{D}\,\overline{B}
\end{cases} \tag{4.2.5}
$$

(3) 列出真值表。

根据式(4.2.5)列出表 4.2.2 所示的真值表。

表 4.2.2　例 4.2.2 的真值表

D	C	B	A	Y_2	Y_1	Y_0
0	0	0	0	0	0	1
0	0	0	1	0	0	1
0	0	1	0	0	0	1
0	0	1	1	0	0	1
0	1	0	0	0	0	1
0	1	0	1	0	0	1
0	1	1	0	0	1	0
0	1	1	1	0	1	0
1	0	0	0	0	1	0
1	0	0	1	0	1	0
1	0	1	0	0	1	0
1	0	1	1	1	0	0
1	1	0	0	1	0	0
1	1	0	1	1	0	0
1	1	1	0	1	0	0
1	1	1	1	1	0	0

(4) 确定电路逻辑功能。

对表 4.2.2 的输入、输出进行分析,该电路的逻辑功能是:当 $DCBA$ 表示的输入二进制数小于或等于 5 时,Y_0 为 1;当输入二进制数在 6 和 10 之间时,Y_1 等于 1;当输入二进制数大于或等于 11 时,Y_2 等于 1。由此可知该逻辑电路是对输入 4 位二进制数范围进行判别的电路。

4.3　组合逻辑电路设计

前面提到过,组合逻辑电路可以采用小规模、中规模、大(超大)规模集成电路实现,这里先叙述采用小、中规模电路实现组合逻辑电路的方法,然后说明在 FPGA 或 CPLD 等大规模集成电路上基于 Verilog HDL 实现组合逻辑电路模块的方法。

4.3.1　用中小规模集成电路设计组合逻辑电路

组合逻辑电路设计的任务是根据给定的逻辑问题,设计出能实现其逻辑功能的组合逻辑电路,最后画出实现逻辑功能的电路图。当采用小规模和中规模电路设计实现组合逻辑电路时,要求使用的芯片最少和连接线数目最少。实际上,组合逻辑电路的设计与分析是相反的工作。

1. 用小规模集成电路设计组合逻辑电路的方法

用小规模集成电路设计组合逻辑电路的一般步骤如下:

(1)进行逻辑抽象。逻辑抽象的任务是通过分析设计任务,确定输入变量、输出变量及其逻辑状态的含义,找到输出与输入之间的因果关系。确定逻辑状态的含义,就是用 0、1 分别表示变量的两种不同状态。

(2)列出真值表。在上一步的基础上,分析在每一种确定输入组合下对应输出的取值。

(3)写出输出的逻辑表达式。

(4)化简。对输出逻辑函数根据需要进行化简,或变换成适当的逻辑形式。化简和变换的形式应根据所选门电路而定。

(5)画出逻辑电路图。

用小规模集成电路设计组合逻辑电路的过程可用图 4.3.1 描述。

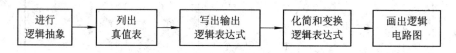

图 4.3.1　组合逻辑电路设计步骤

2. 用中规模集成电路设计组合逻辑电路的方法

采用中规模集成电路实现组合逻辑电路时,由于中规模器件大多数都是专用的功能器件,每一种器件的输入和输出之间都有确定的逻辑关系,因此需要了解各种典型中规模器件的功能,根据电路的特点适当选择中规模集成电路,这样就可以方便地实现组合逻辑电路。用典型中规模器件实现组合逻辑电路的方法见 4.4 节。

以上讲述的是组合逻辑电路原理性设计方法,实际设计工作还包括集成电路芯片的选择、电路板工艺设计、安装及调试等内容。

4.3.2　用 Verilog HDL 设计组合逻辑电路的方法

使用 Verilog HDL 设计电路时,可以采用不同抽象级别建立 Verilog 模块,即指同一个物理电路可以在不同的层次上用 Verilog 语言来描述。常用于描述组合逻辑电路的 Verilog 模块有行为描述模块和结构描述模块。行为描述模块是指从行为和功能的角度来描述某电路的模块;结构描述模块是指从电路结构的角度来描述该电路。

1. 门级结构描述模块

门级结构描述模块就是将逻辑电路图用 Verilog HDL 规定的文本语言表示出来,即调用 Verilog HDL 语言中内置的基本门元件来描述逻辑图中的元件及各元件之间的连接关系。

2. 行为描述模块

行为描述模块就是对组合逻辑电路的功能和算法进行描述，在 Verilog 模块中常用 assign 语句、always 语句生成所需的逻辑电路。

1）用 assign 语句

assign 只能对 wire 型变量进行赋值。

例如：

  assign f = x>y? a :b ;

该语句通过比较 x 和 y 的大小，决定 f 的取值，当 x>y 时，f 取 a 的值，否则 f 取 b 的值；

2）用 always 语句

always 是 Verilog 模块设计过程中使用最多的关键字之一，它的含义和用法已经在前面章节中做过详细的介绍，这里主要介绍如何使用 always 描述组合逻辑电路。

always 既可以用于描述组合逻辑电路，也可以用于描述时序逻辑电路。在描述组合逻辑电路时，always 在使用上有以下几个特点或规则：

（1）在敏感列表中使用电平敏感事件，不要使用边沿敏感事件。

（2）为变量赋值时使用阻塞赋值，不要使用非阻塞赋值。

（3）不要在一个以上的 always 块中为同一个变量赋值。

另外，若变量需要在 always 块内被赋值，就必须定义为寄存器型，但这并不表示所描述的数字电路系统中包含有记忆元件。

在采用 Verilog DHL 设计组合电路时，在 always 块中两个最常用的语句是 if 语句和 case 语句，这两种语句在使用时应注意的问题会在以后进行说明。

4.3.3　组合逻辑电路设计举例

下面通过几个具体的逻辑问题，分别对采用集成门电路和 Verilog HDL 进行组合逻辑电路设计的方法做进一步的叙述。

【例 4.3.1】　在举重比赛中，有两名副裁判，一名主裁判。当两名以上裁判（必须包括主裁判在内）认为运动员上举杠铃合格，按动电钮，裁决合格信号灯亮，则该运动员成绩有效。试设计该电路。

解　在这个例子中分别讲述采用基本门电路、Verilog 的结构描述模块、Verilog 的功能描述模块的方法实现该电路。

方法一：使用基本门电路实现。

（1）逻辑抽象，确定输入输出变量和逻辑含义。

输入变量有 3 个，分别代表 3 名裁判，设主裁判为变量 A，副裁判分别为变量 B 和 C，若同意则按下电钮，用 1 表示，不按电钮用 0 表示。

输出变量有 1 个，用来表示合格信号灯，记作 Y。灯亮为 1，表示合格，否则为 0。

（2）根据逻辑要求列出真值表，如表 4.3.1 所示。

（3）由真值表写出表达式：

$$Y = A\overline{B}C + AB\overline{C} + ABC \qquad (4.3.1)$$

(4) 化简，得到最简与或式：

$$Y = AB + AC \tag{4.3.2}$$

(5) 画出逻辑电路图。用与或门实现的电路如图 4.3.2 所示。

表 4.3.1　例 4.3.1 的真值表

A	B	C	Y
0	0	0	0
0	0	1	0
0	1	0	0
0	1	1	0
1	0	0	0
1	0	1	1
1	1	0	1
1	1	1	1

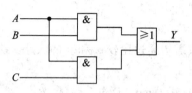

图 4.3.2　用基本逻辑门实现例 4.3.1

逻辑函数的化简和变换的形式取决于所采用的器件，下面分别采用与非门、或非门、与或非门实现例 4.3.1 的逻辑功能。

若采用与非门，则对式(4.3.2)可以采用两次取反变换，得到与非－与非表达式：

$$Y = \overline{\overline{AB + AC}} = \overline{\overline{AB} \cdot \overline{AC}} \tag{4.3.3}$$

由式(4.3.3)可以画出如图 4.3.3 所示的采用与非门实现的逻辑电路图。

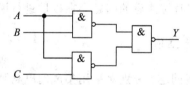

图 4.3.3　用与非门实现例 4.3.1

若采用或非门，则需要将输出函数表达式转换为或非－或非表达式。画出卡诺图如图 4.3.4 所示，对其中取值为 0 的项进行化简，求出逻辑函数的或－与表达式，然后进行两次取反，得到或非－或非表达式：

$$Y = \overline{\overline{(B+C)A}} = \overline{\overline{B+C} + \overline{A}} \tag{4.3.4}$$

由式(4.3.4)画出的逻辑电路如图 4.3.5 所示。

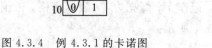

图 4.3.4　例 4.3.1 的卡诺图

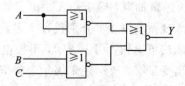

图 4.3.5　用或非门实现例 4.3.1

若采用与或非门，则可对式(4.3.4)再进行变换，得到式(4.3.5)：

$$Y = \overline{\overline{B + C} + \overline{A}} = \overline{\overline{B}\,\overline{C} + \overline{A}} \tag{4.3.5}$$

由此可画出图 4.3.6 所示的电路。

方法二：使用 Verilog HDL 结构描述实现。

结构描述其实就是逻辑电路门级结构的一种文本描述。通过实例化 Verilog 的基本门元件并定义门之间的连接关系，实现如图 4.3.2 中用与门和或门实现的电路，其 Verilog 代码见代码 4.3.1。为了描述方便，对图 4.3.2 中逻辑门和中间信号进行了标注，如图 4.3.7 所示。

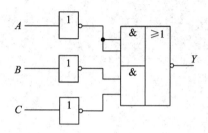

图 4.3.6　用与或非门实现例 4.3.1

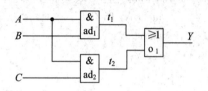

图 4.3.7　用结构描述模块实现例 4.3.1

代码 4.3.1　用门级结构（与门和或门）实现例 4.3.1。

```
1    module samp4_3_1(A, B, C, Y);      //模块定义
2    input A, B, C;                     //输入信号定义
3    output Y;                          //输出信号定义
4    and #10 ad1(t1, A, B),             //结束用逗号，表示 ad1、ad2 都是与门
5         ad2(t2, A, C);                //用分号，表示与门定义结束
6    or #10 o1(Y, t1, t2);
     endmodule
```

在这个 Verilog HDL 结构描述模块中，行 1 定义了模块，该模块的名称是 samp4_3_1，上层模块可以通过模块名 samp4_3_1 调用该模块。行 2、3 对模块的端口进行了说明，说明 A、B、C 是输入信号，Y 是输出信号。行 4 表示电路中使用了一个与门，名为 ad_1，输入是 A 和 B，输出是 t_1，"#10"表示输入与输出之间的延迟为 10 个时间单位，时间单位是由时间尺度 timescale 定义的；行 4 后面是逗号，表示行 5 使用的元件类型与行 4 是相同的，也是一个与门，名为 ad_2，输入是 A 和 C，输出是 t_2，t_1 和 t_2 在整个模块中没有出现其定义语句，则适应默认类型 wire。行 6 是对电路中使用的或门 o_1 的定义，o_1 的输入是 t_1 和 t_2，输出是 Y。

另采用与非门结构描述模块的代码见代码 4.3.2，电路标注如图 4.3.8 所示。

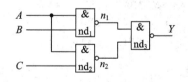

图 4.3.8　用结构描述模块（与非门）实现例 4.3.1

代码 4.3.2　用门级结构（与非门）实现例 4.3.1。

```
module samp4_3_2(A, B, C, Y);
     input A, B, C;
     output Y;
```

```
        nand #10 nd1(n1, A, B),
             nd2(n2, A, C),
             nd3(Y, n1, n2);
    endmodule
```

方法三：使用 Verilog HDL 行为描述实现。

在进行复杂数字系统设计时，如果只使用门级结构描述电路，那么设计起来将非常麻烦。可以使用行为描述来说明数字电路的行为或功能。在进行行为描述时，常用 always 语句和 if 语句。实现例 4.3.1 的模块见代码 4.3.3。

代码 4.3.3　用行为描述 if 语句实现例 4.3.1。

```
    module samp4_3_3(A, B, C, Y);
        input A, B, C;
        output Y;
        reg Y;

        always@(A or B or C)
            if(A&B|A&C|A&B&C)              //当输入变量中有两个或三个 1 时
                Y=1;
            else
                Y=0;
    endmodule
```

在 always 触发事件列表中使用"(A，B，C)"表示只要三个输入信号电平发生变化时，就执行该模块。需要注意的是，在组合电路中不要使用信号边沿作为触发条件。

在 always 块中也可以使用 case 语句实现该功能，模块描述见代码 4.3.4。

代码 4.3.4　用行为描述 case 语句实现例 4.3.1。

```
    module samp4_3_4(A, B, C, Y);
        input A, B, C;
        output Y;
        reg Y;

        always@(A or B or C)
            case ({A, B, C})
                3'B101:Y=1;
                3'B110:Y=1;
                3'B111:Y=1;
                default:Y=0;
            endcase
    endmodule
```

在使用 if 和 case 语句实现组合逻辑电路时，要注意对所有可能出现的状态都要进行判断，如果在条件判断中只出现了对部分状态的处理，则一定要使用 else 或 default 语句实现对其余状态的处理，否则综合后电路中会出现时序电路中的锁存器电路。在代码 4.3.3 和代码 4.3.4 中虽然没有定义所有可能的选择，但对没有定义的情况用 else 和

default 进行了缺省行为的处理，因此，它们都是纯组合逻辑电路，不会产生额外的锁存器。

【例 4.3.2】　设计一个可以实现 4 位格雷码和 4 位二进制编码的相互转换电路，有一个控制端 S：当 $S=1$ 时，可以将输入的 4 位格雷码转换成 4 位二进制编码；当 $S=0$ 时，实现将输入的 4 位二进制编码转换成 4 位格雷码。

解　方法一：使用基本门电路实现。

（1）逻辑抽象，确定输入输出变量和逻辑含义。

根据题意，输入变量有 5 个，其中 4 个是输入的格雷码或二进制编码，用 $B_3B_2B_1B_0$ 表示，1 个变量用于控制编码转换的方向，用 S 表示。当 $S=1$ 时实现将格雷码转换成二进制码；当 $S=0$ 时实现将二进制码转换成格雷码。输出变量有 4 个，用于表示代码转换后的结果，用 $G_3G_2G_1G_0$ 表示。

（2）根据题目要求列出真值表，如表 4.3.2 所示。

表 4.3.2　例 4.3.2 的真值表

S	B_3	B_2	B_1	B_0	G_3	G_2	G_1	G_0	S	B_3	B_2	B_1	B_0	G_3	G_2	G_1	G_0
0	0	0	0	0	0	0	0	0	1	0	0	0	0	0	0	0	0
0	0	0	0	1	0	0	0	1	1	0	0	0	1	0	0	0	1
0	0	0	1	0	0	0	1	1	1	0	0	1	0	0	0	1	1
0	0	0	1	1	0	0	1	0	1	0	0	1	1	0	0	1	0
0	0	1	0	0	0	1	1	0	1	0	1	0	0	0	1	1	1
0	0	1	0	1	0	1	1	1	1	0	1	0	1	0	1	1	0
0	0	1	1	0	0	1	0	1	1	0	1	1	0	0	1	0	0
0	0	1	1	1	0	1	0	0	1	0	1	1	1	0	1	0	1
0	1	0	0	0	1	1	0	0	1	1	0	0	0	1	1	1	1
0	1	0	0	1	1	1	0	1	1	1	0	0	1	1	1	1	0
0	1	0	1	0	1	1	1	1	1	1	0	1	0	1	1	0	0
0	1	0	1	1	1	1	1	0	1	1	0	1	1	1	1	0	1
0	1	1	0	0	1	0	1	0	1	1	1	0	0	1	0	0	0
0	1	1	0	1	1	0	1	1	1	1	1	0	1	1	0	0	1
0	1	1	1	0	1	0	0	1	1	1	1	1	0	1	0	1	1
0	1	1	1	1	1	0	0	0	1	1	1	1	1	1	0	1	0

（3）写出输出逻辑表达式。

由于此题有 5 个输入变量，直接采用卡诺图化简比较麻烦，因此分 $S=0$ 和 $S=1$ 两种情况分别写出输出 $G_3G_2G_1G_0$ 的表达式。

情况一：当 $S=0$ 时，二进制码转换为格雷码的卡诺图如图 4.3.9 所示。

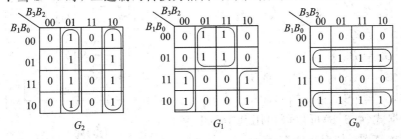

图 4.3.9　例 4.3.2 中当 $S=0$ 时的卡诺图

由真值表得：

$$G_3 = B_3$$

由图 4.3.9 得：

$$G_2 = B_3 \oplus B_2$$
$$G_1 = B_2 \oplus B_1$$
$$G_0 = B_1 \oplus B_0$$

情况二：当 $S=1$ 时，格雷码转换为二进制码的卡诺图如图 4.3.10 所示。

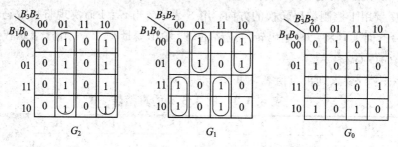

图 4.3.10　例 4.3.2 中当 $S=1$ 时的卡诺图

由真值表得 $G_3 = B_3$，$G_2 \sim G_0$ 根据卡诺图可得：

$$G_2 = B_3 \oplus B_2$$
$$G_1 = B_3 \oplus B_2 \oplus B_1$$
$$G_0 = B_3 \oplus B_2 \oplus B_1 \oplus B_0$$

综合上述两种情况，可以得到式(4.3.6)和式(4.3.7)。

当 $S=0$ 时：

$$\begin{cases} G_3 = B_3 \\ G_2 = B_3 \oplus B_2 \\ G_1 = B_2 \oplus B_1 \\ G_0 = B_1 \oplus B_0 \end{cases} \tag{4.3.6}$$

当 $S=1$ 时：

$$\begin{cases} G_3 = B_3 \\ G_2 = B_3 \oplus B_2 \\ G_1 = B_3 \oplus B_2 \oplus B_1 = G_2 \oplus B_1 \\ G_0 = B_3 \oplus B_2 \oplus B_1 \oplus B_0 = G_1 \oplus B_0 \end{cases} \tag{4.3.7}$$

综合式(4.3.6)和式(4.3.7)可得各输出的逻辑表达式：

$$\begin{cases} G_3 = B_3 \\ G_2 = B_3 \oplus B_2 \\ G_1 = (SG_2 + \overline{S}B_2) \oplus B_1 \\ G_0 = (SG_1 + \overline{S}B_1) \oplus B_0 \end{cases} \tag{4.3.8}$$

(4) 根据式(4.3.8)可以画出用基本门电路实现的逻辑电路图，如图 4.3.11 所示。

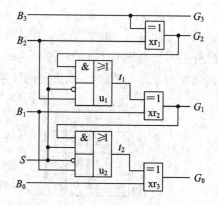

图 4.3.11　例 4.3.2 的逻辑电路图

方法二：使用 Verilog 结构描述实现。

在图 4.3.11 中使用了一个与或门，该与或门的输入端中，有一个是低电平有效，这个门在 Verilog 的基本门类型中并没有提供，所以，这里先要定义一个模块实现该复合门电路的功能。实现图 4.3.11 电路完整的结构描述模块见代码 4.3.5，代码中逻辑门实例 u_1、u_2、xr_1、xr_2 和 xr_3 在图 4.3.11 中进行了标注。代码 4.3.5 中的 u_gate1 和 u_gate2 模块都可以实现与或门的功能，但是 u_gate2 模块的可读性更好一些。

代码 4.3.5　用门级结构模块实现例 4.3.2。

```
module samp4_3_5(B, S, G);
    input [3:0] B;
    input S;
    output [3:0] G;

    assign G[3]=B[3];

    u_gate1 u1(.A(G[2]), .B(S), .C(S), .D(B[2]), .Y(t1)),
            u2(.Y(t2), .A(G[1]), .B(S), .C(S), .D(B[1]));

    xor xr1(G[2], B[3], B[2]),
        xr2(G[1], t1, B[1]),
        xr3(G[0], t2, B[0]);
endmodule

module u_gate1(A, B, C, D, Y);        //自定义复合门
    input A, B, C, D;
    output Y;

    not u1(w1, C);
    and ad1(n1, A, B),
        ad2(n2, w1, D);
    or  o1(Y, n1, n2);
endmodule

module u_gate2(A, B, C, D, Y);
    input A, B, C, D;
    output Y;

    assign Y=A&B|(~C)&D;
endmodule
```

方法三：使用 Verilog 行为描述实现。

采用 Verilog 进行行为描述的代码见代码 4.3.6。该代码采用 if 和 case 语句描述了在 S 的控制下，实现格雷码和二进制编码的转换。

代码 4.3.6　用行为描述的方法实现例 4.3.2。

```verilog
module samp4_3_6(B, S, G);
    input [3:0] B;
    input S;
    output reg [3:0] G;

    always@(S or B)
    if(S)
        begin               //实现格雷码到二进制码的转换
            case(B)
                4'b0000:G=4'b0000;
                4'b0001:G=4'b0001;
                4'b0011:G=4'b0010;
                4'b0010:G=4'b0011;
                4'b0110:G=4'b0100;
                4'b0111:G=4'b0101;
                4'b0101:G=4'b0110;
                4'b0100:G=4'b0111;
                4'b1100:G=4'b1000;
                4'b1101:G=4'b1001;
                4'b1111:G=4'b1010;
                4'b1110:G=4'b1011;
                4'b1010:G=4'b1100;
                4'b1011:G=4'b1101;
                4'b1001:G=4'b1110;
                4'b1000:G=4'b1111;
            endcase
        end
    else                    //实现二进制码到格雷码的转换
        begin
            case(B)
                4'b0000:G=4'b0000;
                4'b0001:G=4'b0001;
                4'b0010:G=4'b0011;
                4'b0011:G=4'b0010;
                4'b0100:G=4'b0110;
                4'b0101:G=4'b0111;
                4'b0110:G=4'b0101;
                4'b0111:G=4'b0100;
                4'b1000:G=4'b1100;
                4'b1001:G=4'b1101;
                4'b1010:G=4'b1111;
                4'b1011:G=4'b1110;
                4'b1100:G=4'b1010;
```

$$4'b1101:G=4'b1011;$$
$$4'b1110:G=4'b1001;$$
$$4'b1111:G=4'b1000;$$
　　　　endcase
　　end
endmodule

代码 4.3.5 和代码 4.3.6 所描述的电路功能仿真结果如图 4.3.12 所示,图中的(a)和(b)分别是 $S=0$、$S=1$ 时输出 $G(G_3 G_2 G_1 G_0)$ 与输入 $B(B_3 B_2 B_1 B_0)$ 的关系。

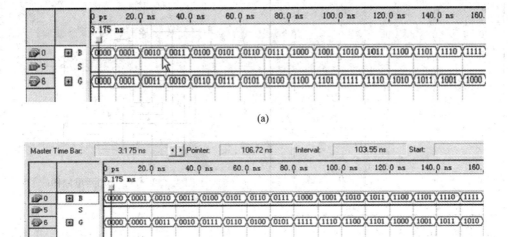

(a)

(b)

图 4.3.12　代码 4.3.5 和代码 4.3.6 的功能仿真图
(a) $S=0$;(b) $S=1$

4.4　常用组合逻辑电路

4.4.1　加法器

加法器是进行算术运算的基本单元电路,在计算机中加、减、乘、除运算都是转换为若干步加法运算实现的。

1. 加法器工作原理及实现

1) 1 位全加器

1 位全加器是实现两个 1 位二进制数加法运算的电路,是构成算术运算电路的基本单元。"全加"的含义是在计算时考虑来自低位的进位信号。还有一种半加器,它只对本位的数据进行运算,而不考虑低位的进位信号。图 4.4.1 是 1 位全加器的逻辑符号,输入信号分别是二进制数据 A_n、B_n 以及一个来自低位的进位信号 C_{n-1};输出信号是本位的数据和 F 以及本位数据向高位的进位 C_n。1 位全加器的真值表如表 4.4.1 所示。

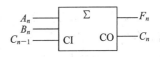

图 4.4.1　全加器的逻辑符号

由真值表可得：

$$\begin{cases} F_n = A_n \oplus B_n \oplus C_{n-1} \\ C_n = (A_n + B_n)C_{n-1} + A_n B_n \\ \quad = (A_n \oplus B_n)C_{n-1} + A_n B_n \\ \quad = \overline{\overline{(A_n \oplus B_n)C_{n-1}} \cdot \overline{A_n B_n}} \end{cases} \tag{4.4.1}$$

根据式(4.4.1)，1 位全加器可以采用异或门和与非门实现，逻辑电路如图 4.4.2 所示。

表 4.4.1　1 位全加器真值表

A_n	B_n	C_{n-1}	F_n	C_n
0	0	0	0	0
0	0	1	1	0
0	1	0	1	0
0	1	1	0	1
1	0	0	1	0
1	0	1	0	1
1	1	0	0	1
1	1	1	1	1

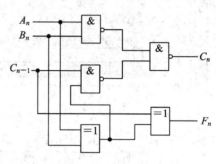

图 4.4.2　1 位全加器电路图

2) 4 位加法器

4 位加法器可以用四个 1 位全加器构成。图 4.4.3 是用四个 1 位全加器构成的 4 位加法器。该电路结构简单，是由四个 1 位全加器以串行进位的方式连接组成的，低位全加器的进位输出端与高位全加器的进位输入端连接。这种连接方式电路的主要缺点是运算速度慢，这是因为进位信号在四个 1 位加法器之间是由低位到高位串行传输的，高位的运算必须等相邻低位的运算完成后，才能正确进行，所以最高位的运算结果需要较长时间才能得到。

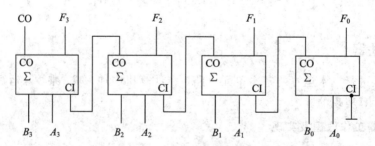

图 4.4.3　4 位串行进位加法器

为了提高运算速度，就必须消除由于进位信号串行传递所需的时间，下面对各位进位信号的产生过程进行分析。

以四位加法器为例，现定义从低位到高位四个 1 位全加器的进位输入信号依次是 C_{-1}、C_0、C_1 及 C_2，对应的进位输出信号依次是 C_0、C_1、C_2 和 C_3，由式(4.4.1)可以得到各进位信号的逻辑表达式：

$$\begin{cases} C_0 = (A_0 + B_0)C_{-1} + A_0B_0 \\ C_1 = (A_1 + B_1)C_0 + A_1B_1 \\ C_2 = (A_2 + B_2)C_1 + A_2B_2 \\ C_3 = (A_3 + B_3)C_2 + A_3B_3 \end{cases} \tag{4.4.2}$$

设 $P_i = A_i + B_i$，$G_i = A_iB_i$，则有：

$$\begin{cases} C_{-1} = 0 \\ C_0 = P_0C_{-1} + G_0 \\ C_1 = P_1C_0 + G_1 = P_1P_0C_{-1} + P_1G_0 + G_1 \\ C_2 = P_2C_1 + G_2 = P_2P_1P_0C_{-1} + P_2P_1G_0 + P_2G_1 + G_2 \\ C_3 = P_3C_2 + G_3 = P_3P_2P_1P_0C_{-1} + P_3P_2P_1G_0 + P_3P_2G_1 + P_3G_2 + G_3 \end{cases} \tag{4.4.3}$$

由式(4.4.3)可以看出，每一位的进位信号 C_i 可以表示为输入加数、被加数和最低位进位信号 C_{-1} 的逻辑函数，因此每个进位信号 $C_0 \sim C_3$ 都可以根据式(4.4.3)采用与或门并行产生，而不必采用串行进位方式，这样就提高了运算速度，但这是以增加电路的复杂程度为代价换取的，当加法器的位数增加时，电路的复杂程度也随之急剧上升。

图 4.4.4 是一个 4 位超前进位加法器的电路结构图，请读者分析电路的工作过程。为了便于分析，图中对 $C_0 \sim C_3$ 信号进行了标注。4 位全加器的逻辑符号如图 4.4.5 所示。

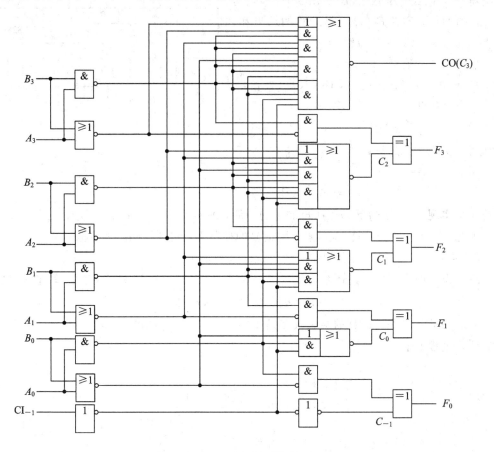

图 4.4.4 4 位超前进位加法器

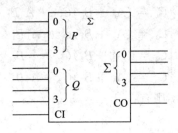

图 4.4.5　4 位全加器的逻辑符号

常用的加法器及相关的集成电路有：4 位二进制超前进位加法器 CT54283/CT74283、CT54S283/CT74S283、CT54LS283/CT74LS283、CC4008；4 位算术逻辑运算单元 74LS181；超前进位产生器 CT54182/CT74182、CT54S182/CT74S182 等。

2. 加法器的应用举例

加法器除了进行二进制加法外，还可以用来构成代码转换、减法器、十进制加法器等电路。

【例 4.4.1】 分析图 4.4.6 所示电路，说明其逻辑功能。

解　图 4.4.6 中，74LS283 是 4 位超前进位加法器，$A(A_3 A_2 A_1 A_0)$、$B(B_3 B_2 B_1 B_0)$分别是两个 4 位的加数，$F(F_3 F_2 F_1 F_0)$是运算的结果和，CI 是进位输入，CO 是进位输出。

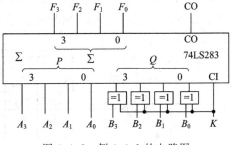

图 4.4.6　例 4.4.1 的电路图

由图 4.4.6 有：

$$F_i = A_i \oplus (B_i \oplus K), \text{CI} = K \quad (4.4.4)$$

当 $K=0$ 时：

$$F_i = A_i \oplus (B_i \oplus 0) = A_i + B_i, \text{CI} = 0$$

其功能是实现 4 位加法运算。

当 $K=1$ 时：

$$F_i = A_i + (B_i \oplus 1) = A_i + \bar{B}_i, \text{CI} = 1$$

其功能是实现 A 与 B 的反码相加再加 1 的功能，即实现 4 位二进制补码减法运算。

因此，图 4.4.6 的功能是在输入 K 信号的控制下，实现补码的加或减运算。

【例 4.4.2】 试用 1 位全加器实现 2 位二进制乘法器。

解　设有两个 2 位二进制数分别为 $A=A_1 A_0$，$B=B_1 B_0$，P 是其乘法运算结果，则有：

$$P = A \times B = A_1 A_0 \times B_1 B_0$$

由于 2 位二进制的乘法运算的结果最多是 4 位二进制数，因此设 $P = P_3 P_2 P_1 P_0$，其各位产生的计算过程如下：

$$
\begin{array}{ccccc}
 & & A_1 & A_0 \\
\times & & B_1 & B_0 \\
\hline
 & & A_1 B_0 & A_0 B_0 \\
+ & A_1 B_1 & A_0 B_1 & \\
\hline
P_3 & P_2 & P_1 & P_0
\end{array}
$$

其中：

$$\begin{cases} P_0 = A_0 B_0 \\ P_1 = A_1 B_0 + A_0 B_1 \\ P_2 = A_1 B_1 + C_1 \\ P_3 = C_2 \end{cases} \tag{4.4.5}$$

其中，C_1 是 $A_1 B_0 + A_0 B_1$ 的进位输出，C_2 是 $A_1 B_1 + C_1$ 的进位输出。

用 1 位加法器和与门实现的 2 位二进制乘法器的电路如图 4.4.7 所示。

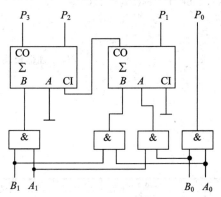

图 4.4.7 2 位乘法器电路

3. 加法器的 Verilog 设计与仿真

1）1 位全加器

1 位全加器的 Verilog 模块及调用见代码 4.4.1，其功能仿真结果见图 4.4.8。

代码 4.4.1 1 位全加器模块及调用。

```
module samp4_4_1(A, B, C0, S, C1);        //调用 1 位全加器的顶层模块
    input A, B, C0;
    output S, C1;
    adder_full u1(.ia(A), .ib(B), .ic(C0), .os(S), .oc(C1));
endmodule

module adder_full(ia, ib, ic, os, oc);        // 1 位全加器模块
    input ia, ib, ic;
    output os, oc;
    assign {oc, os} = ia + ib + ic;
endmodule
```

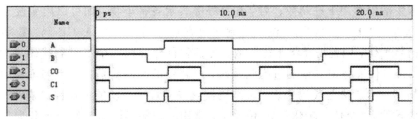

图 4.4.8 1 位加法器功能仿真图

2) 4 位全加器

4 位全加器的 Verilog 模块及调用见代码 4.4.2，其功能仿真结果见图 4.4.9。

代码 4.4.2　4 位全加器模块及调用。

```
module samp4_4_2(A, B, S, C);              //调用 4 位加法器的顶层模块
    input [3:0] A, B;
    output [3:0] S;
    output C;
    adder_4 u1(.ia(A), .ib(B), .os(S), .oc(C));
endmodule

module adder_4(ia, ib, os, oc);            //4 位全加器模块
    input[3:0] ia, ib;
    output[3:0] os;
    output oc;
    assign {oc, os}=ia+ib;
endmodule
```

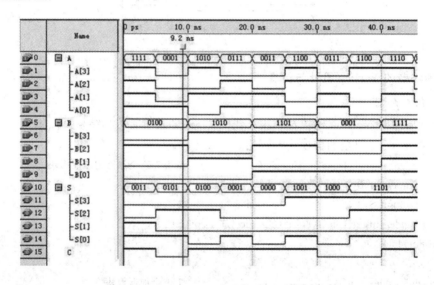

图 4.4.9　4 位加法器功能仿真图

16 位的加法器只需要将 4 位全加器代码中的数据位宽度设置为 16 位即可。

4.4.2　编码器

在日常生活中常用十进制数、文字和符号等表示各种事物，如可以用 4 位二进制数表示十进制数的 8421BCD 码，用 7 位二进制代码表示常用符号的 ASCII 码。数字电路只能以二进制信号工作，因此需要将十进制数、文字和符号等用一个二进制代码来表示。用文字、数字或符号代表特定对象的过程叫编码，电路中的编码就是在一系列事物中将其中的每一个事物用一组二进制代码来表示，编码器就是实现这种功能的电路。编码器的逻辑功能就是把输入的 2^N 个信号转化为 N 位输出。常用的编码器根据工作特点分为普通编码器和优先编码器两种。

1. 编码器的工作原理及实现

1）普通编码器

图 4.4.10 是一个普通的 8 线－3 线编码器电路，其中，$\bar{I}_0 \sim \bar{I}_7$ 是 8 个输入信号，$Y_2 Y_1 Y_0$ 是 3 位二进制代码输出信号。

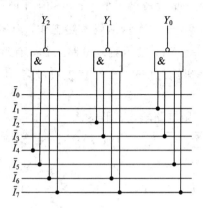

图 4.4.10　普通的 8 线－3 线编码器

根据图 4.4.10 写出输出的逻辑表达式为

$$\begin{cases} Y_2 = \overline{\overline{I}_4 \overline{I}_5 \overline{I}_6 \overline{I}_7} \\ Y_1 = \overline{\overline{I}_2 \overline{I}_3 \overline{I}_6 \overline{I}_7} \\ Y_0 = \overline{\overline{I}_1 \overline{I}_3 \overline{I}_5 \overline{I}_7} \end{cases} \tag{4.4.6}$$

其输入与输出关系如表 4.4.2 所示。

表 4.4.2　普通 8 线—3 线编码器输入输出关系表

输　　　　入								输　　出		
$\bar{I}_0$	$\bar{I}_1$	$\bar{I}_2$	$\bar{I}_3$	$\bar{I}_4$	$\bar{I}_5$	$\bar{I}_6$	$\bar{I}_7$	Y_2	Y_1	Y_0
0	1	1	1	1	1	1	1	0	0	0
1	0	1	1	1	1	1	1	0	0	1
1	1	0	1	1	1	1	1	0	1	0
1	1	1	0	1	1	1	1	0	1	1
1	1	1	1	0	1	1	1	1	0	0
1	1	1	1	1	0	1	1	1	0	1
1	1	1	1	1	1	0	1	1	1	0
1	1	1	1	1	1	1	0	1	1	1

从表 4.4.2 可以看出，当输入信号 $\bar{I}_0 = 0$，其他输入信号均为 1 时，输出 $Y_2 Y_1 Y_0 = 000$；当输入信号 $\bar{I}_1 = 0$，其他输入信号均为 1 时，$Y_2 Y_1 Y_0 = 001$；其余情况以此类推。由此可以看出输出 $Y_2 Y_1 Y_0$ 的 3 位二进制代码表示 8 个输入信号的某一个输入有效，因此称为 8 线—3 线编码器。

普通编码器在任何时刻只允许所有输入中有一个输入为有效(如为低电平)，否则将会出现输出混乱的情况，下面要介绍的优先编码器则能够克服这种情况。

2) 优先编码器

优先编码器允许在同一时刻有两个或两个以上的输入信号有效。当多个输入信号同时有效时,只对其中优先权最高的一个进行编码,输入信号的优先级别是由设计者根据需要确定的。

图 4.4.11 所示为常用优先编码器 74LS148 的逻辑电路图。图中,$\overline{ST}$ 是选通控制输入端,当 $\overline{ST}=0$ 时,编码器的输出取决于输入信号,当 $\overline{ST}=1$ 时,所有输出均被封锁为 1;Y_S 为选通输出端,当 $\overline{ST}=0$,$Y_S=0$ 时,表示编码电路工作,但所有输入信号均为无效状态;$\overline{Y_{EX}}$ 是扩展端,当 $\overline{ST}=0$,$\overline{Y_{EX}}=0$ 时,表示编码电路工作,有编码信号输入。Y_S 和 $\overline{Y_{EX}}$ 常用于编码器的扩展连接;8 个编码输入信号中 $\overline{IN_7}$ 优先权最高,$\overline{IN_0}$ 优先权最低。74LS148 的逻辑符号见图 4.4.12。

若不考虑 $\overline{ST}$、Y_S 和 $\overline{Y_{EX}}$,则电路输出方程为

$$
\begin{cases}
\overline{Y_2} = \overline{\overline{\overline{IN_7} + \overline{IN_6} + \overline{IN_5} + \overline{IN_4}}} = \overline{IN_7} \cdot \overline{IN_6} \cdot \overline{IN_5} \cdot \overline{IN_4} \\
\overline{Y_1} = \overline{IN_7} \cdot \overline{IN_6} \cdot (IN_5 + IN_4 + \overline{IN_3}) \cdot (IN_5 + IN_4 + \overline{IN_2}) \\
\overline{Y_0} = \overline{IN_7} \cdot (IN_6 + \overline{IN_5}) \cdot (IN_6 + IN_4 + \overline{IN_3}) \cdot (IN_6 + IN_4 + IN_2 + \overline{IN_1})
\end{cases}
\tag{4.4.7}
$$

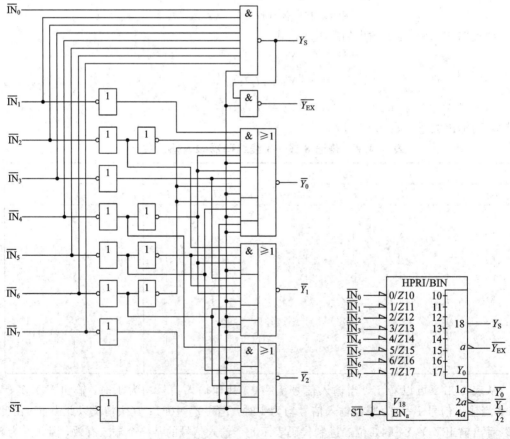

图 4.4.11　74LS148 逻辑电路图　　　　图 4.4.12　74LS148 逻辑符号

表 4.4.3 列出了图 4.4.11 所示优先编码器的真值表。图 4.4.12 是 8 线－3 线优先编码器的逻辑符号。

表 4.4.3 优先编码器真值表

输　入									输　出				
$\overline{ST}$	$\overline{IN_0}$	$\overline{IN_1}$	$\overline{IN_2}$	$\overline{IN_3}$	$\overline{IN_4}$	$\overline{IN_5}$	$\overline{IN_6}$	$\overline{IN_7}$	$\overline{Y_2}$	$\overline{Y_1}$	$\overline{Y_0}$	$\overline{Y_{EX}}$	Y_S
1	×	×	×	×	×	×	×	×	1	1	1	1	1
0	1	1	1	1	1	1	1	1	1	1	1	1	0
0	×	×	×	×	×	×	×	0	0	0	0	0	1
0	×	×	×	×	×	×	0	1	0	0	1	0	1
0	×	×	×	×	×	0	1	1	0	1	0	0	1
0	×	×	×	×	0	1	1	1	0	1	1	0	1
0	×	×	×	0	1	1	1	1	1	0	0	0	1
0	×	×	0	1	1	1	1	1	1	0	1	0	1
0	×	0	1	1	1	1	1	1	1	1	0	0	1
0	0	1	1	1	1	1	1	1	1	1	1	0	1

常用的优先编码器有 8 线—3 线优先编码器 CT54148/CT74148、CT54LS148/CT74LS148、CC4532；BCD 优先编码器 CT54147/CT74147、CT54LS147/CT74LS147、CC40147 等。

2. 编码器的应用举例

可以用两片 8 线—3 线优先编码器连接成为一个 16 线—4 线优先编码器，如图 4.4.13 所示。

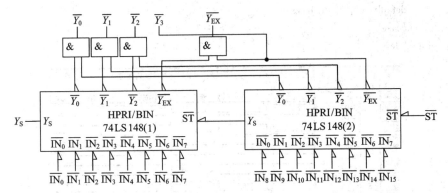

图 4.4.13　用 8 线—3 线优先编码器构成 16 线—4 线优先编码器

在图 4.4.13 中，74LS148(1)是低位芯片，74LS148(2)是高位芯片，低位芯片的工作控制信号$\overline{ST}$受高位芯片输出 Y_S 控制。若 74LS148(2)片的编码输入($\overline{IN_8}\sim\overline{IN_{15}}$)中有低电平信号，则 74LS148(2)的输出 $Y_S=1$，使得 74LS148(1)片的输出全部为 1，因此 $\overline{Y_2}\,\overline{Y_1}\,\overline{Y_0}$ 取决于 74LS148(2)片的编码结果，$\overline{Y_3}=\overline{Y_{EX}}=0$。若 74LS148(2)片没有低电平输入编码信号，即 $\overline{IN_8}\sim\overline{IN_{15}}$ 均为 1，则 74LS148(2)片的输出信号除 $Y_S=0$ 外，其余均为 1，这使得 74LS148(1)片的$\overline{ST}$有效，因此$\overline{Y_3}=\overline{Y_{EX}}=1$，$\overline{Y_2}\,\overline{Y_1}\,\overline{Y_0}$ 取决于 74LS148(1)片输入 $\overline{IN_0}\sim\overline{IN_7}$ 的编码结果。

3. 编码器的 Verilog 设计与仿真

1) 基本功能普通编码器

实现基本功能普通编码器的 Verilog 程序见代码 4.4.3，其功能仿真结果见图 4.4.14。

代码 4.4.3 基本功能普通编码器模块。

```verilog
module samp4_4_3(IN, Y);                //调用基本功能普通编码器的顶层模块
    input[7:0] IN;
    output [2:0] Y;
    encoder1 u1(.iIN_N(IN), .oY_N(Y));
endmodule

module encoder1(iIN_N, oY_N);           //基本功能普通编码器模块定义
    input[7:0] iIN_N;
    output reg [2:0] oY_N;

    always@(iIN_N)
      case(iIN_N)
          8'b01111111:oY_N=3'b000;
          8'b10111111:oY_N=3'b001;
          8'b11011111:oY_N=3'b010;
          8'b11101111:oY_N=3'b011;
          8'b11110111:oY_N=3'b100;
          8'b11111011:oY_N=3'b101;
          8'b11111101:oY_N=3'b110;
          8'b11111110:oY_N=3'b111;
          default:oY_N=3'bxxx;
      endcase
endmodule
```

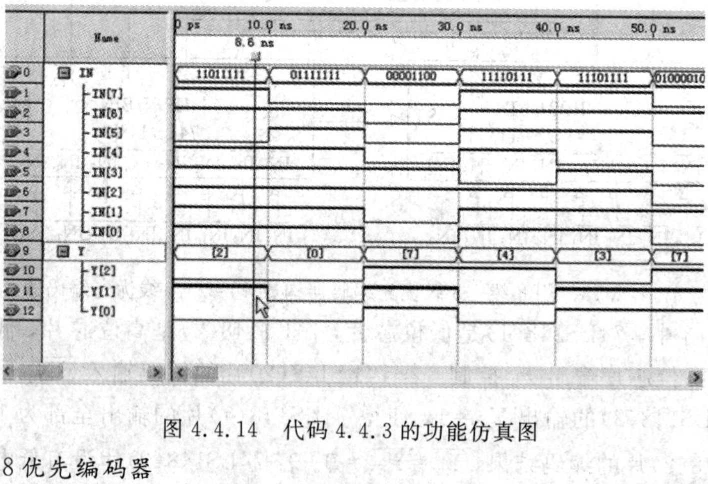

图 4.4.14　代码 4.4.3 的功能仿真图

2) 74LS148 优先编码器

实现 74LS148 优先编码器功能的 Verilog 模块见代码 4.4.4，其功能仿真结果见图 4.4.15。

代码 4.4.4 74LS148 优先编码器模块。

```verilog
module samp4_4(ST, IN, Y, YEX, YS);     //调用 74LS148 优先编码器的顶层模块
    input ST;
    input[7:0] IN;
    output [2:0] Y;
```

```
      output YEX, YS;
      encoder_74148 u1(.iST_N(ST),.iIN_N(IN),.oY_N(Y),.oYEX_N(YEX),.oYS(YS));
endmodule

module encoder_74148(iST_N, iIN_N, oY_N, oYEX_N, oYS);    //74LS148 优先编码器模块
                                                          //定义

      input iST_N;
      input [7:0] iIN_N;
      output reg [2:0] oY_N;
      output reg oYEX_N, oYS;
      always@(iST_N, iIN_N)
      if(! iST_N)
        begin
          oYEX_N=0;
          oYS=1;
          if(iIN_N[7]==0)
              oY_N=3'h0;
          else if(iIN_N[6]==0)
              oY_N=3'h1;
          else if(iIN_N[5]==0)
              oY_N=3'h2;
          else if(iIN_N[4]==0)
              oY_N=3'h3;
          else if(iIN_N[3]==0)
              oY_N=3'h4;
          else if(iIN_N[2]==0)
              oY_N=3'h5;
          else if(iIN_N[1]==0)
              oY_N=3'h6;
          else if(iIN_N[0]==0)
              oY_N=3'h7;
          else
            begin
                  oY_N=3'h7;
                  oYEX_N=1;
                    oYS=0;
            end
        end
      else
      begin
          oY_N=3'h7;
          oYEX_N=1;
          oYS=1;
      end
endmodule
```

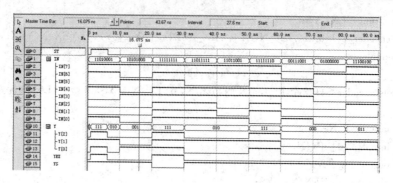

图 4.4.15　代码 4.4.4 的功能仿真图

4.4.3　译码器

译码是编码的逆过程，是将编码时赋予代码的特定含义"翻译"成一个对应的状态信号，通常是把输入的 N 个二进制信号转换成 2^N 个代表原意的状态信号。译码器就是实现译码功能的电路。常用的译码器有二进制译码器、二—十进制译码器和显示译码器等。

1. 二进制译码器

1) 二进制译码器的工作原理

二进制译码器的逻辑功能是把输入二进制代码表示的所有状态翻译成对应的输出信号。若输入是 3 位二进制代码，则 3 位二进制代码可以表示 8 种状态，因此就有 8 个输出端，每个输出端分别表示一种输入状态。因此，又把 3 位二进制译码器称为 3 线—8 线译码器，简称 3-8 译码器，与此类似的还有 2-4 译码器和 4-16 译码器等。

图 4.4.16 所示是常用 3-8 译码器 74LS138 的逻辑电路图，其逻辑符号见图 4.4.17。

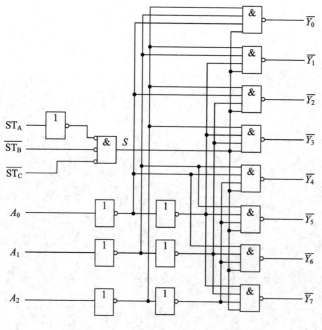

图 4.4.16　74LS138 的逻辑电路图

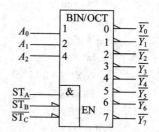

图 4.4.17　74LS138 的逻辑符号

图 4.4.16 中，$A_2 A_1 A_0$ 是译码器输入端，也称为地址输入端；$\overline{Y}_0 \sim \overline{Y}_7$ 是输出端；此外还有 $\mathrm{ST_A}$、$\overline{\mathrm{ST_B}}$ 和 $\overline{\mathrm{ST_C}}$ 三个控制端。若设 $S = \mathrm{ST_A} \cdot \overline{\mathrm{ST_B}} \cdot \overline{\mathrm{ST_C}}$，则当 $S = 1$ 时译码器工作；当 $S = 0$ 时禁止译码器译码，输出全为 1。

输出信号的逻辑表达式为

$$\overline{Y}_i(A_2,\ A_1,\ A_0) = \overline{S \cdot m_i} \quad (i = 0,\ 1,\ 2,\ \cdots,\ 7) \tag{4.4.8}$$

其中，m_i 是 A_2、A_1、A_0 对应的最小项，由此可以看出 3-8 译码器的输出是 A_2、A_1、A_0 三个变量的全部最小项，所以把这种译码器又叫做最小项译码器。74LS138 的真值表见表 4.4.4。

表 4.4.4　74LS138 的真值表

输	入				输	出						
$\mathrm{ST_A}$	$\overline{\mathrm{ST_B}} + \overline{\mathrm{ST_C}}$	A_2	A_1	A_0	$\overline{Y}_0$	$\overline{Y}_1$	$\overline{Y}_2$	$\overline{Y}_3$	$\overline{Y}_4$	$\overline{Y}_5$	$\overline{Y}_6$	$\overline{Y}_7$
×	1	×	×	×	1	1	1	1	1	1	1	1
0	×	×	×	×	1	1	1	1	1	1	1	1
1	0	0	0	0	0	1	1	1	1	1	1	1
1	0	0	0	1	1	0	1	1	1	1	1	1
1	0	0	1	0	1	1	0	1	1	1	1	1
1	0	0	1	1	1	1	1	0	1	1	1	1
1	0	1	0	0	1	1	1	1	0	1	1	1
1	0	1	0	1	1	1	1	1	1	0	1	1
1	0	1	1	0	1	1	1	1	1	1	0	1
1	0	1	1	1	1	1	1	1	1	1	1	0

常用的中规模译码器集成电路有：双 2-4 译码器 CT54S139/CT74S139、CT54LS139/CT74LS139、CT54LS155/CT74LS155、CT54LS156/CT74LS156、CC4556；3-8 译码器 CT54S138/CT74S138、CT54LS138/CT74LS138；4-16 译码器 CT54S139/CT74S139、CT54154/CT74154 等。

2）二进制译码器的应用

（1）译码器的扩展。

【例 4.4.3】　将两片 74LS138 扩展成 4-16 译码器。

解　设 4-16 译码器输入为 $A_3 A_2 A_1 A_0$，译码器的输出为 $Y_0 \sim Y_{15}$，电路由两片 74LS138 组成，分别实现高 8 位和低 8 位译码输出。当 $A_3 = 1$ 时，使高位芯片工作，输出 $\overline{Y}_8 \sim \overline{Y}_{15}$ 有效，低位芯片禁止工作，$\overline{Y}_0 \sim \overline{Y}_7$ 输出均为 1；当 $A_3 = 0$ 时，高位芯片禁止工作，输出 $\overline{Y}_8 \sim \overline{Y}_{15}$ 均为 1，低位芯片允许译码，$\overline{Y}_0 \sim \overline{Y}_7$ 输出有效。

74LS138 工作的条件是：$\mathrm{ST_A} = 1$ 且 $\overline{\mathrm{ST_B}} + \overline{\mathrm{ST_C}} = 0$，因此可利用 A_3 控制两个芯片的 $\mathrm{ST_A}$ 控制信号。电路图连接如图 4.4.18 所示，其中，74LS138（1）是低位芯片，74LS138（2）是高位芯片。

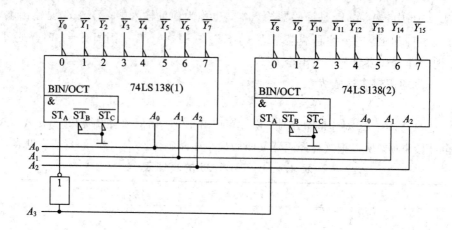

图 4.4.18　例 4.4.3 的电路图

当 $A_3 = 0$ 时，74LS138(1)芯片的 $ST_A = 1$，$\overline{Y}_0 \sim \overline{Y}_7$ 输出有效；74LS138(2)芯片的 $ST_A = 0$，禁止译码，$\overline{Y}_8 \sim \overline{Y}_{15}$ 输出均为 1。

当 $A_3 = 1$ 时，74LS138(1)芯片的 $ST_A = 0$，禁止译码，$\overline{Y}_0 \sim \overline{Y}_7$ 均输出 1；74LS138(2)芯片的 $ST_A = 1$，$\overline{Y}_8 \sim \overline{Y}_{15}$ 输出有效。

也可用 A_3 对 $\overline{ST_B}$ 和 $\overline{ST_C}$ 信号进行控制实现扩展。

【例 4.4.4】　用 74LS138 扩展实现 5 - 32 译码器。

解　构成 5 - 32 译码器需要四个 74LS138 芯片，各芯片的控制信号可以通过门电路产生，更简单的方法是通过一个 2 - 4 译码器 74LS139 产生，实现的电路如图 4.4.19 所示。

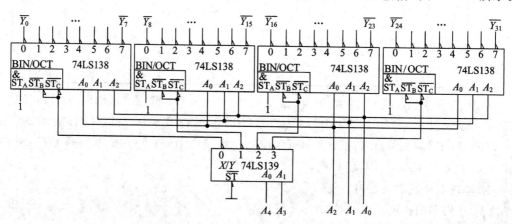

图 4.4.19　用 74LS138 扩展成 5 - 32 译码器

(2) 利用译码器实现逻辑函数。

【例 4.4.5】　分析图 4.4.20 所示电路，写出输出函数 F 的逻辑表达式。

解　由图 4.4.20 可知三个使能输入端均为有效，译码器正常工作。此时，有

$$F(C, B, A) = \overline{\overline{Y}_1 \cdot \overline{Y}_3 \cdot \overline{Y}_6}$$

$$= \overline{\overline{m}_1 \cdot \overline{m}_3 \cdot \overline{m}_6}$$

$$= m_1 + m_3 + m_6 \qquad\qquad (4.4.9)$$

所以有

$$F = \overline{C}BA + \overline{C}B A + CB\overline{A}$$

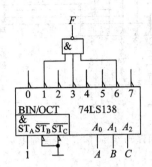

图 4.4.20 例 4.4.5 的电路图

一个 n 变量输入的译码器,其输出包含了 n 个输入变量的全部最小项(或最小项的非)。因此,利用 n 变量译码器和门电路就能实现任何形式的输入变量不大于 n 的组合逻辑函数。

【例 4.4.6】 用译码器实现下面两个函数。

$$F_1 = A\overline{B} + \overline{B}C + AC$$
$$F_2 = \overline{A}\,\overline{B} + B\overline{C} + ABC$$

解 这两个输出函数均为三输入变量函数,下面分别用 3-8 译码器、与非门和 3-8 译码器、与门实现 F_1、F_2。

方法一:选用 3-8 译码器和与非门实现。

将输出函数写成最小项之和的形式,并变换为译码器反码输出形式,用与非门作为 F_1、F_2 的输出门。

$$
\begin{aligned}
F_1(A, B, C) &= A\overline{B} + \overline{B}C + AC \\
&= A\overline{B}(C + \overline{C}) + \overline{B}C(A + \overline{A}) + AC(B + \overline{B}) \\
&= A\overline{B}C + A\overline{B}\,\overline{C} + \overline{A}\,\overline{B}C + ABC \\
&= m_1 + m_4 + m_5 + m_7 \\
&= \overline{\overline{m_1 + m_4 + m_5 + m_7}} \\
&= \overline{\overline{m_1} \cdot \overline{m_4} \cdot \overline{m_5} \cdot \overline{m_7}} \\
&= \overline{\overline{Y}_1 \cdot \overline{Y}_4 \cdot \overline{Y}_5 \cdot \overline{Y}_7} \qquad\qquad (4.4.10)
\end{aligned}
$$

$$
\begin{aligned}
F_2(A, B, C) &= \overline{A}\,\overline{B} + B\overline{C} + ABC \\
&= m_0 + m_1 + m_2 + m_6 + m_7 \\
&= \overline{\overline{m_0} \cdot \overline{m_1} \cdot \overline{m_2} \cdot \overline{m_6} \cdot \overline{m_7}} \\
&= \overline{\overline{Y}_0 \cdot \overline{Y}_1 \cdot \overline{Y}_2 \cdot \overline{Y}_6 \cdot \overline{Y}_7} \qquad\qquad (4.4.11)
\end{aligned}
$$

当然,也可以通过填卡诺图方法,将输出函数写成最小项之和的形式。

连接电路时只要将输入变量 A、B、C 分别加到译码器地址输入端 A_2、A_1、A_0,然后用相关的译码输出信号作与非门的输入信号即可实现指定逻辑函数,实现电路如图 4.4.21 所示。

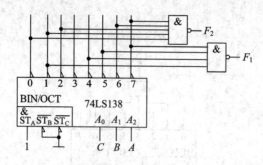

图 4.4.21　用译码器和与非门实现例 4.4.6 的逻辑函数

方法二：选用 3 - 8 译码器和与门实现。

将输出函数写成最大项之积的形式，然后进行如下变换：

$$
\begin{aligned}
F_1(A, B, C) &= A\bar{B} + \bar{B}C + AC \\
&= m_1 + m_4 + m_5 + m_7 \\
&= \sum m(1, 4, 5, 7) \\
&= \prod M(0, 2, 3, 6) \\
&= M_0 \cdot M_2 \cdot M_3 \cdot M_6 \\
&= \bar{Y}_0 \cdot \bar{Y}_2 \cdot \bar{Y}_3 \cdot \bar{Y}_6
\end{aligned}
\tag{4.4.12}
$$

$$
\begin{aligned}
F_2(A, B, C) &= \bar{A}\,\bar{B} + B\bar{C} + ABC \\
&= m_0 + m_1 + m_2 + m_6 + m_7 \\
&= \sum m(0, 1, 2, 6, 7) \\
&= \prod M(3, 4, 5) \\
&= M_3 \cdot M_4 \cdot M_5 \\
&= \bar{Y}_3 \cdot \bar{Y}_4 \cdot \bar{Y}_5
\end{aligned}
\tag{4.4.13}
$$

用译码器和与门实现 F_1、F_2 的电路如图 4.4.22 所示。

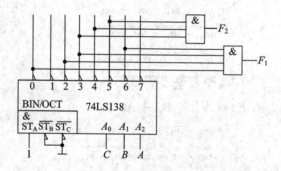

图 4.4.22　用译码器和与门实现例 4.4.6 的逻辑函数

综上所述，用 n 地址二进制译码器可以方便地实现 n 变量的逻辑函数。若变量个数多于译码器地址个数，则需要先进行扩展。例如，若要求用 2 - 4 译码器实现 3 变量函数，需要先将 2 - 4 译码器扩展为 3 - 8 译码器，然后再实现 3 变量函数。

3) 二进制译码器的 Verilog 设计与仿真

代码 4.4.5 给出了 3 - 8 译码器 Verilog 模块的实现, 其功能仿真结果见图 4.4.23。

代码 4.4.5　3 - 8 译码器模块。

```
module samp4_4_5(STA, STB, STC, A, Y);    //调用 3 - 8 译码器模块的顶层模块
  input STA, STB, STC;
  input [2:0] A;
  input [7:0] Y;
  decoder u1(.iSTA(STA), .iSTB_N(STB), .iSTC_N(STC), .iA(A), .oY_N(Y));
endmodule

module decoder(iSTA, iSTB_N, iSTC_N, iA, oY_N);
  input iSTA, iSTB_N, iSTC_N;
  input [2:0] iA;
  output [7:0] oY_N;

  reg [7:0] m_y;
  assign oY_N=m_y;

  always@(iSTA, iSTB_N, iSTC_N, iA)
  if(iSTA&&!(iSTB_N||iSTC_N))
        case(iA)
            3'b000:m_y=8'b11111110;
            3'b001:m_y=8'b11111101;
            3'b010:m_y=8'b11111011;
            3'b011:m_y=8'b11110111;
            3'b100:m_y=8'b11101111;
            3'b101:m_y=8'b11011111;
            3'b110:m_y=8'b10111111;
            3'b111:m_y=8'b01111111;
        endcase
      else
        m_y=8'hff;
endmodule
```

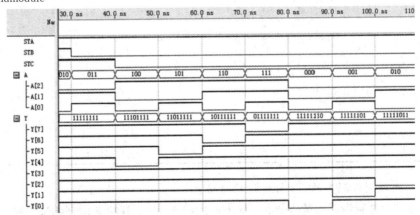

图 4.4.23　代码 4.4.5 的功能仿真图

2. 二一十进制译码器

1) 集成二一十进制译码器

二一十进制译码器的逻辑功能是将输入的 BCD 码译成十个输出信号。

常用的中规模二一十进制译码芯片有 74LS42，图 4.4.24 是其逻辑符号，$A_3 A_2 A_1 A_0$ 是 BCD 编码输入端；$\overline{Y}_9 \sim \overline{Y}_0$ 是输出端，低电平有效。当 $A_3 A_2 A_1 A_0$ 为冗余码输入时，$\overline{Y}_9 \sim \overline{Y}_0$ 输出均为高电平。这种译码器也称为 4 线－10 线译码器。表 4.4.5 是 74LS42 的逻辑真值表。

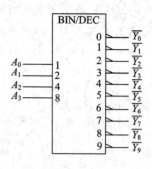

图 4.4.24　74LS42 的逻辑符号

表 4.4.5　74LS42 的真值表

输	入			输			出						
A_3	A_2	A_1	A_0	$\overline{Y}_0$	$\overline{Y}_1$	$\overline{Y}_2$	$\overline{Y}_3$	$\overline{Y}_4$	$\overline{Y}_5$	$\overline{Y}_6$	$\overline{Y}_7$	$\overline{Y}_8$	$\overline{Y}_9$
0	0	0	0	0	1	1	1	1	1	1	1	1	1
0	0	0	1	1	0	1	1	1	1	1	1	1	1
0	0	1	0	1	1	0	1	1	1	1	1	1	1
0	0	1	1	1	1	1	0	1	1	1	1	1	1
0	1	0	0	1	1	1	1	0	1	1	1	1	1
0	1	0	1	1	1	1	1	1	0	1	1	1	1
0	1	1	0	1	1	1	1	1	1	0	1	1	1
0	1	1	1	1	1	1	1	1	1	1	0	1	1
1	0	0	0	1	1	1	1	1	1	1	1	0	1
1	0	0	1	1	1	1	1	1	1	1	1	1	0
1	0	1	0	1	1	1	1	1	1	1	1	1	1
1	0	1	1	1	1	1	1	1	1	1	1	1	1
1	1	0	0	1	1	1	1	1	1	1	1	1	1
1	1	0	1	1	1	1	1	1	1	1	1	1	1
1	1	1	0	1	1	1	1	1	1	1	1	1	1
1	1	1	1	1	1	1	1	1	1	1	1	1	1

2) 二一十进制译码器的 Verilog 设计与仿真

实现二一十进制译码器的 Verilog 程序见代码 4.4.6，其功能仿真结果见图 4.4.25。

代码 4.4.6　二—十进制译码器模块。

```
module samp4_4_6(A，Y)；
   input [3:0] A；
   output reg [9:0] Y；
      Decoder_BtoD u1(. iA(A)，. oY(Y))；
endmodule

module Decoder_BtoD(iA，oY)；
   input [3:0] iA；
   output reg [9:0] oY；
   always@(iA)
      case (iA)
      4'b0000:oY=10'h001；
      4'b0001:oY=10'h002；
      4'b0010:oY=10'h004；
      4'b0011:oY=10'h008；
      4'b0100:oY=10'h010；
      4'b0101:oY=10'h020；
      4'b0110:oY=10'h040；
      4'b0111:oY=10'h080；
      4'b1000:oY=10'h100；
      4'b1001:oY=10'h200；
      default:oY=10'h000；
      endcase
endmodule
```

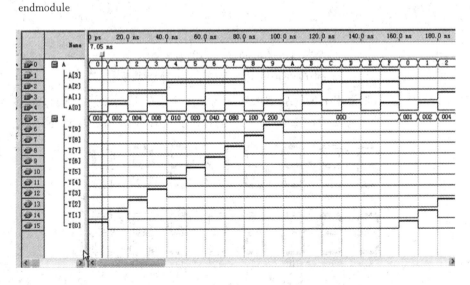

图 4.4.25　代码 4.4.6 的功能仿真图

3. 显示译码器

在数字测量仪表和各种数字系统中，都需要将数字量直观地显示出来，一方面供人们直接读取测量和运算的结果,另一方面用于监视数字系统的工作情况,数字显示电路是数字系统不可缺少的部分。

1) 显示译码器的工作原理

数字显示电路通常由显示译码器、驱动器和显示器等部分组成,如图 4.4.26 所示。

图 4.4.26　数字显示电路的组成

由于显示器件和显示方式的多样性,其译码电路也不相同,最简单和最常用的是七段数码显示电路,它由多个发光二极管 LED 按分段式封装制成。LED 数码管有共阴型和共阳型两种形式,图 4.4.27 分别给出了七段数码显示器件的外形图、共阴极和共阳极 LED 电路连接图。图中,8 个 LED 分别用于显示数字和小数点,每个 LED 灯的亮灭由其对应的 a~g、DP 段位信号控制。在图 4.4.27(b)所示的共阴极连接的数码管中,当段位信号为高电平时,对应的 LED 亮,当段位控制信号为低电平时,对应的 LED 灯灭。例如,当 abcdefg=1111110 时,只有 g 段位对应的 LED 灯灭,其余 LED 灯都亮,因此显示数字 "0"。在图 4.4.27(c)所示的共阳极连接的数码管中,当段位信号为低电平时,对应的 LED 灯亮,当段位信号为高电平时,对应的 LED 灯灭,因此,当段位控制信号 abcdefg=0000001 时,显示"0"。

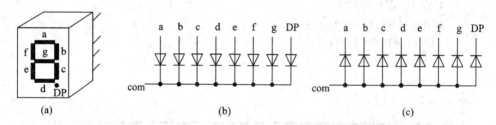

图 4.4.27　七段显示 LED 数码管

(a) 外形图；(b) 共阴极连接；(c) 共阳极连接

图 4.4.28 所示的是常用七段译码器的输出与显示字形的对应关系。例如,当显示数字 "0"时,a~g 七个段中只有 g 段的 LED 灯是灭的,其余段的 LED 灯都应点亮。

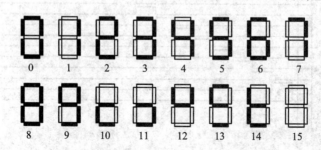

图 4.4.28　常用七段译码器字形

中规模数字译码器件很多,常用的有：4 线—七段共阴极译码器 CT5448/CT7448、CT54LS48/CT74LS48、 CT5449/CT7449、 CT54LS49/CT74LS49、 CT54248/CT74248、

CT54LS248/CT74LS248、CT54249/CT74249、CT54LS249/CT74LS249；4 线—七段共阳极译码器 CT54246/CT74246、CT54247/CT74247、CT54LS247/CT74LS247 等。其中，48 与 248、49 与 249 的引脚排列、功能和电器特性相同，差别仅在"6"和"9"的字形显示不同。

　　图 4.4.29(a)、(b)分别是共阴极七段译码器 74LS48 的电路图和逻辑符号。

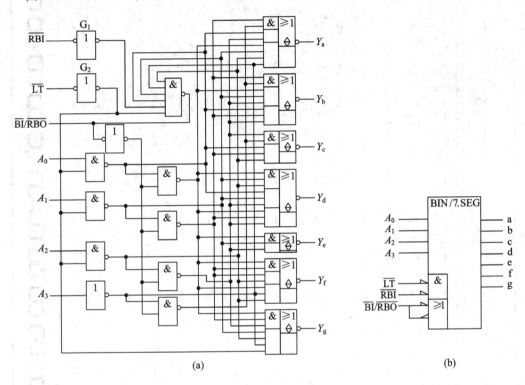

(a)　　　　　　　　　　　　　　(b)

图 4.4.29　七段译码器 74LS48 电路图和逻辑符号

(a) 74LS48 电路图；(b) 74LS48 逻辑符号

　　74LS48 为有内部上拉电阻的 BCD 七段译码器/驱动器。图 4.4.29 中各信号功能分别如下：

 - $A_3 \sim A_0$：8421BCD 输入端。
 - $Y_a \sim Y_g$：七段输出端，为高电平有效，可驱动共阴极七段。
 - $\overline{LT}$：灯光测试输入端。当 $\overline{LT}=0$ 且 $\overline{BI}=1$ 时，与 $A_3 \sim A_0$ 状态无关，$Y_a \sim Y_g$ 输出均为高电平，使七段数码管各段全部点亮。
 - $\overline{RBI}$：串行灭零输入端。对不希望显示的数码"0"，可以通过控制 $\overline{RBI}=0$ 实现。即当 $\overline{LT}=1$ 且 $\overline{RBI}=0$ 时，若 $A_3 \sim A_0=0000$，则不显示"0"。
 - $\overline{BI}/\overline{RBO}$：熄灭输入/串行灭零输出端。具有双重功能的端口，既可以作为输入信号 $\overline{BI}$ 端，又可作为输出信号 $\overline{RBO}$ 端口。$\overline{BI}$ 为消隐输入，当 $\overline{BI}=0$ 时，与其他输入信号无关，$Y_a \sim Y_g$ 输出均为低电平，使七段 LED 灯处于熄灭状态。$\overline{RBO}$ 为灭零输出端口。

　　74LS48 的真值表见表 4.4.6。

表 4.4.6　七段译码器 74LS48 的功能表

十进制或功能	输入							输出							字形
	$\overline{LT}$	$\overline{RBI}$	A_3	A_2	A_1	A_0	$\overline{BI}/\overline{RBO}$	Y_a	Y_b	Y_c	Y_d	Y_e	Y_f	Y_g	
0	1	1	0	0	0	0	1	1	1	1	1	1	1	0	
1	1	×	0	0	0	1	1	0	1	1	0	0	0	0	
2	1	×	0	0	1	0	1	1	1	0	1	1	0	1	
3	1	×	0	0	1	1	1	1	1	1	1	0	0	1	
4	1	×	0	1	0	0	1	0	1	1	0	0	1	1	
5	1	×	0	1	0	1	1	1	0	1	1	0	1	1	
6	1	×	0	1	1	0	1	0	0	1	1	1	1	1	
7	1	×	0	1	1	1	1	1	1	1	0	0	0	0	
8	1	×	1	0	0	0	1	1	1	1	1	1	1	1	
9	1	×	1	0	0	1	1	1	1	1	0	0	1	1	
10	1	×	1	0	1	0	1	0	0	0	1	1	0	1	
11	1	×	1	0	1	1	1	0	0	1	1	0	0	1	
12	1	×	1	1	0	0	1	0	1	0	0	0	1	1	
13	1	×	1	1	0	1	1	1	0	0	1	0	1	1	
14	1	×	1	1	1	0	1	0	0	0	1	1	1	1	
15	1	×	1	1	1	1	1	0	0	0	0	0	0	0	
消隐	×	×	×	×	×	×	0	0	0	0	0	0	0	0	
脉冲消隐	1	0	0	0	0	0	0	0	0	0	0	0	0	0	
灯测试	0	×	×	×	×	×	1	1	1	1	1	1	1	1	

2）数码显示器的应用

图 4.4.30 所示是用多片 74LS48 组成的一个数码显示系统。

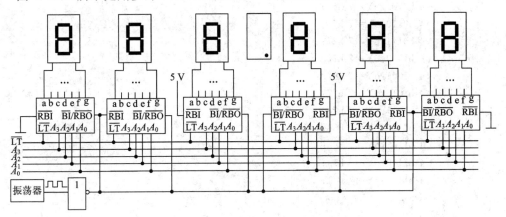

图 4.4.30 七段译码器显示系统

对于整数部分最高位灭零输入$\overline{RBI}$接地，表示灭掉最高位无意义的 0。$\overline{RBI}=0$，且 $A_3 \sim A_0 = 0$，则灭零输出$\overline{RBO}$一定等于 0，可以连续灭掉高位的多个 0。对于小数部分，与整数部分相反，最低位灭零输入$\overline{RBI}$接地，这样可以灭掉连续的多个低位 0。小数部分最高位和整数最低位$\overline{RBI}$接 5 V，表示不灭零。当振荡器输入高电平时，经非门后使$\overline{BI}=0$，LED 不显示。图 4.4.30 中振荡器输出脉冲的占空比可以调整数码管的显示亮度，当输出脉冲为低电平时，经倒相使灭零输入为 1，LED 显示；当输出脉冲为高电平时，LED 灯熄灭。图中多个七段数码管的数据信号 $A_3 A_2 A_1 A_0$ 连接在一起，可以通过控制各数码管的共阴（或共阳）极信号来选择用于数据显示的数码管，这是七段数码扫描显示的连接方式。

3）七段数字译码器的 Verilog 设计与仿真

具有共阴共阳输出控制功能的七段数字译码器 Verilog 程序见代码 4.4.7，其功能仿真结果见图 4.4.31。

代码 4.4.7 具有共阴共阳输出可选控制的七段译码模块。

```
module samp4_4_7(flag, A, Y);
  input flag;
  input[3:0] A;
  output reg [6:0] Y;
  seg_decoder u1 (.iflag(flag), .iA(A), .oY(Y));
endmodule

module seg_decoder (iflag, iA, oY);      //七段译码模块定义
  input iflag;                           //共阴、共阳输出控制端
  input[3:0] iA;                         //四位二进制输入
  output reg [6:0] oY;
  always@(iflag, iA)
  begin
    case(iA)
      4'b0000:oY=7'h3f;                  //iflag=1共阴极输出
      4'b0001:oY=7'h06;
      4'b0010:oY=7'h5b;
```

```
                4′b0011:oY=7′h4f;
                4′b0100:oY=7′h66;
                4′b0101:oY=7′h6d;
                4′b0110:oY=7′h7d;
                4′b0111:oY=7′h27;
                4′b1000:oY=7′h7f;
                4′b1001:oY=7′h6f;
                4′b1010:oY=7′h77;
                4′b1011:oY=7′h7c;
                4′b1100:oY=7′h58;
                4′b1101:oY=7′h5e;
                4′b1110:oY=7′h79;
                4′b1111:oY=7′h71;
            endcase
            if(! iflag)
                oY=~oY;                        //iflag=1 共阳极输出
            else
                oY=oY;
        end
    endmodule
```

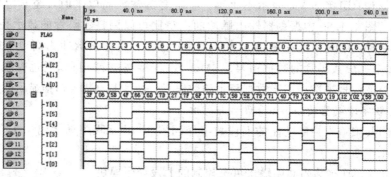

图 4.4.31　代码 4.4.7 的功能仿真图

4.4.4　数据选择器和数据分配器

在实际应用中,往往需要在多路输入数据中根据需要选择一路,完成这样功能的电路,称做数据选择器或多路选择器。数据分配器实现的是数据选择器的相反的功能,是将某一路数据分配到不同的数据通道上,数据分配器也称为多路分配器。

1. 数据选择器

数据选择器电路的作用相当于图 4.4.32 所示的多路开关。根据输入信号 A_1A_0 的状态,从输入的四路数据 $D_3 \sim D_0$ 中选择一个作为输出,因为图中 $A_1A_0=11$,所以输出的数据是 D_3。

常见的数据选择器有四选一、八选一、十六选一电路。

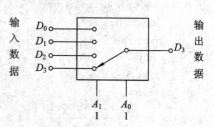

图 4.4.32　数据选择器工作原理示意图

1) 数据选择器的工作原理

先以四选一数据选择器为例，说明数据选择器的设计和工作过程。四选一数据选择器是在选择控制信号 $A_1 A_0$（又称为地址码）的控制下，从 $D_0 \sim D_3$ 四个输入信号中选择一个送到公共输出端 Y，其对应的真值表如表 4.4.7 所示。

根据真值表可以写出输出 Y 的逻辑表达式：

$$Y = \overline{A_1}\,\overline{A_0} D_0 + \overline{A_1} A_0 D_1 + A_1 \overline{A_0} D_2 + A_1 A_0 D_3 \qquad (4.4.14)$$

由此，可以画出逻辑电路如图 4.4.33 所示。

表 4.4.7　四选一数据选择器的真值表

A_1	A_0	Y
0	0	D_0
0	1	D_1
1	0	D_2
1	1	D_3

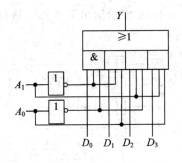

图 4.4.33　四选一数据选择器的电路图

图 4.4.34 和图 4.4.35 所示分别是中规模集成电路双四选一器件 74LS153 的电路图和逻辑符号。

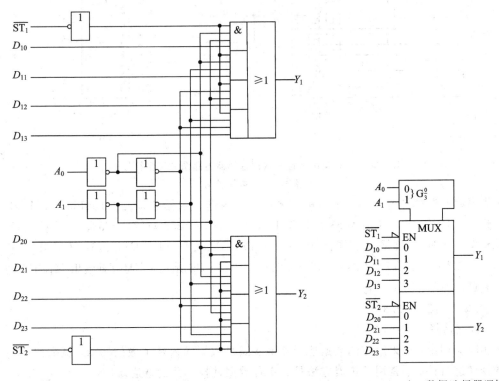

图 4.4.34　74LS153 双四选一数据选择器　　　　图 4.4.35　双四选一数据选择器逻辑符号

74LS153 是一个双四选一数据选择器，其中 $D_{10} \sim D_{13}$、$D_{20} \sim D_{23}$ 分别是第 1、2 组的数据输入端，Y_1 和 Y_2 分别是第 1、2 组的输出端，$A_1 A_0$ 是两组公用的地址控制信号，$\overline{ST_1}$ 和

$\overline{ST_2}$ 分别是第 1、2 组的选通信号。当 $\overline{ST_1}$(或 $\overline{ST_2}$)=1 时,电路不工作,Y_1(或 Y_2)输出为 0;当 $\overline{ST_1}$(或 $\overline{ST_2}$)=0 时,Y_1(或 Y_2)在 A_1A_0 的控制下,从 $D_{10} \sim D_{13}$(或 $D_{20} \sim D_{23}$)中选择 1 路数据。输出的逻辑函数如下:

$$Y_1(A_1, A_0) = ST_1(\overline{A_1}\,\overline{A_0}D_{10} + \overline{A_1}A_0D_{11} + A_1\overline{A_0}D_{12} + A_1A_0D_{13})$$

$$= ST_1(m_0D_{10} + m_1D_{11} + m_2D_{12} + m_3D_{13})$$

$$= ST_1 \cdot \sum_{i=0}^{3} m_iD_{1i} \tag{4.4.15}$$

图 4.4.36 所示给出了八选一数据选择器的电路图和逻辑符号,请读者自己分析其工作原理。

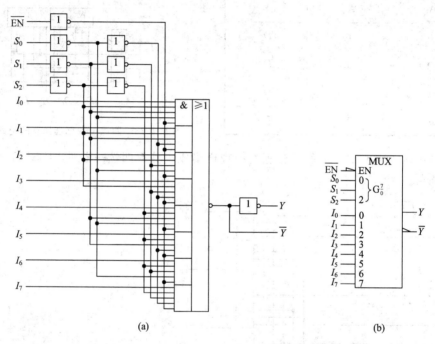

图 4.4.36　互补输出八选一数据选择器电路图和逻辑符号
(a) 电路图;(b) 逻辑符号

中规模数据选择器件很多,常用的型号有:双四选一数据选择器 CT54153/CT74153、CT54LS153/CT74LS153、CT54LS352/CT74LS352、CT54LS253/CT74LS253、CT54LS353/CT74LS353;八选一数据选择器 CT54151/CT74151、CT54S151/CT74S151、CT54LS151/CT74LS151、CT54152/CT74152、CC4512 等。图4.4.36(a)、(b)所示分别是互补输出 74LS151 的电路图和逻辑符号。

2) 数据选择器的应用

(1) 数据选择器的级联。

在实际应用中,如果给定的数据选择器不能满足数据输入端个数的要求,就需要利用已有的器件进行扩展。常用的扩展方法是利用各数据选择芯片的选通端 $\overline{EN}$。

【例 4.4.7】 用 4 片八选一数据选择器构成三十二选一数据选择器。

解 由于 $2^5 = 32$,因此三十二选一就需要 5 位地址,用 $A_4A_3A_2A_1A_0$ 来表示地址码。进行芯片扩展的方法很多,这里介绍使用译码器和选择器产生数据选择器控制信号的方法。

方法一：采用 2-4 译码器实现扩展。

可以采用 1 片 2-4 译码器实现 4 个八选一芯片的选通控制，高位地址信号 A_4A_3 作 2-4 译码器的地址输入，译码器输出分别接 4 片八选一数据选择器的选通端 $\overline{EN}$。A_4A_3 对 4 片八选一的控制如表 4.4.8 所示。未选中的芯片输出 $Y=0$，所以 4 个八选一芯片中只有选中的芯片输出有效。4 个八选一芯片的输出 Y 通过或门输出，电路如图 4.4.37 所示。

表 4.4.8　A_4A_3 对八选一芯片的控制情况

A_4	A_3	说　明
0	0	MUX(1)工作
0	1	MUX(2)工作
1	0	MUX(3)工作
1	1	MUX(4)工作

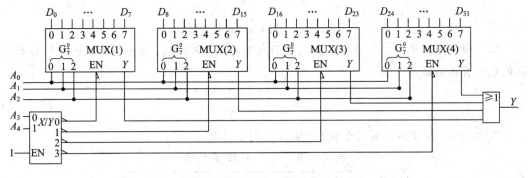

图 4.4.37　用译码器实现八选一扩展成三十二选一的电路

当 $A_4A_3A_2A_1A_0=11101$ 时，$A_4A_3=11$，2-4 译码器的输出中 $\overline{Y}_3=0$，其他输出为 1，因此 MUX(1)～MUX(3)选通端无效，输出 Y 均为 0；只有 MUX(4)工作时，由于 $A_2A_1A_0=101$，因此 MUX(4)的输出是该片的输入 D_5 端连接的输入数据，即 D_{29}。

方法二：采用四选一数据选择器实现。

用 1 片四选一数据选择器和 4 个八选一芯片，4 个数据选择器始终处于选通状态，每个数据选择器在 $A_2A_1A_0$ 的控制下实现输入数据的八选一。4 个数据选择器的输出又由 1 片四选一数据选择器在 A_4A_3 的控制下选择输出。实现电路如图 4.4.38 所示。

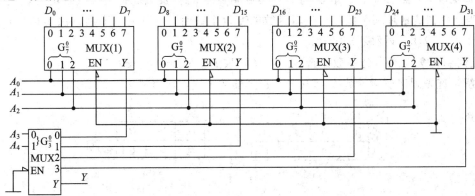

图 4.4.38　用数据选择器实现八选一扩展成三十二选一的电路

在图 4.4.38 中，当 $A_4A_3A_2A_1A_0=11101$ 时，由于 $A_2A_1A_0=101$，因此 4 个八选一电路输出 Y 为各自 D_5 端的数据信号，即 MUX(1)~MUX(4)分别输出 D_5、D_{13}、D_{21}、D_{29}。这 4 个信号又经过 1 片四选一电路进行输出，因为 $A_4A_3=11$，所以选中 MUX(4)的数据 D_{29} 作为输出，即 $Y=D_{29}$。

(2) 利用数据选择器实现逻辑函数。

【例 4.4.8】 分析图 4.4.39 所示电路，写出输出端 X、Y 的真值表，说明电路的逻辑功能。

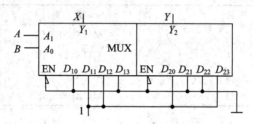

图 4.4.39 例 4.4.8 的电路图

解 根据图 4.4.39，可列出电路的真值表如表 4.4.9 所示。再根据真值表可以得到电路的输出逻辑函数：

$$\begin{cases} X = \overline{A}B + A\overline{B} \\ Y = \overline{A}\,\overline{B} + AB \end{cases} \tag{4.4.16}$$

该电路中，X 实现了异或逻辑；Y 实现了同或逻辑。

表 4.4.9 图 4.4.39 真值表

A	B	X	Y
0	0	0	1
0	1	1	0
1	0	1	0
1	1	0	1

从例 4.4.8 中可以看出，数据选择器可以方便地实现逻辑函数。在利用数据选择器实现逻辑函数时，当选择器的地址端个数与逻辑函数的变量数相同时，实现的方法比较简单；当选择器的地址端个数小于逻辑函数的变量个数时，可以采用降维方法实现。下面通过两个例子说明这两种不同的情况。

【例 4.4.9】 用八选一数据选择器实现函数 $F=A\overline{C}+A\overline{B}+\overline{B}C$。

解 首先画出逻辑函数 F 和八选一选择器的卡诺图，如图 4.4.40(a)、(b)所示。

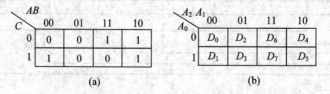

图 4.4.40 逻辑函数和八选一选择器卡诺图

通过对两个卡诺图进行比较发现，当 A、B、C 变量分别连接数据选择器的地址输入端 $A_2A_1A_0$ 时，数据选择器的数据输入端应分别为：$D_0=D_2=D_3=D_7=0$，$D_1=D_4=D_5=D_6=1$，即可实现逻辑函数 F。用八选一数据选择器实现函数 F 的逻辑电路如图 4.4.41 所示。

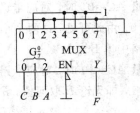

图 4.4.41 例 4.4.9 的逻辑电路图

具有 N 个地址输入的数据选择器，可以实现 N 个变量的函数：只需要将输入变量加到选择器的地址端，选择器的数据输入端按卡诺图小方格中最小项的取值对应相连即可。

【例 4.4.10】 用四选一数据选择器实现 $F=A\overline{C}+A\overline{B}+\overline{B}C$。

解 用两地址端的数据选择器实现三变量逻辑函数，即地址个数＜变量个数时，可以采用两种方法：扩展法和降维法。

扩展法实现函数 F 的方法是先将四选一数据选择器扩展为八选一，然后再实现逻辑函数，其电路如图 4.4.42 所示。

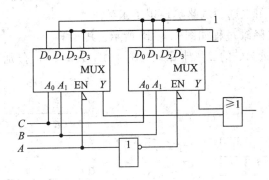

图 4.4.42 扩展法实现 3 变量逻辑函数

降维法的实质是将输入变量的数量减少，即将三输入变量卡诺图转换为两变量表示。卡诺图的变量数称为该图的维数。所谓降维，就是减少输入变量个数，将被减掉的变量填入相应的小方格中，称做记图变量。图 4.4.43(a)、(b)所示是将函数 F 的三变量卡诺图变换为两变量卡诺图的过程。图 4.4.43(b)中，B 是记图变量。为了描述方便，图 4.4.43(a)中对每个小方格进行了编号。

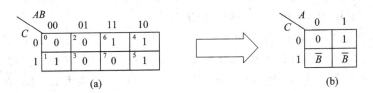

图 4.4.43 例 4.4.10 的卡诺图及降维后的卡诺图

(a) 三变量卡诺图；(b) 降维后的两变量卡诺图

变量 $AC=00$ 时，对应卡诺图中编号为 0、2 的小方格。为了去掉 B 变量就要将这两个小方格合并成一个小方格。当 $B=0$ 时，$F=0$；当 $B=1$ 时，$F=0$。由此可见，这两个小方格取值始终为 0。因此，在两变量降维图中对应 $AC=00$ 的小方格中填 0。

变量 $AC=01$ 时,对应卡诺图中编号为 1、3 的小方格。当 $B=0$ 时,$F=1$;当 $B=1$ 时,$F=0$。由此可见,这两个小方格的取值与 B 相反。因此,在两变量降维图对应 $AC=01$ 的小方格中填 $\bar{B}$。

变量 $AC=10$ 时,对应卡诺图中编号为 6、4 的小方格。当 $B=0$ 时,$F=1$;当 $B=1$ 时,$F=1$,即无论 B 取何值,F 均为 1。因此,在两变量降维图对应 $AC=10$ 的小方格中填 1。

变量 $AC=11$ 时,对应卡诺图中编号为 7、3 的小方格。当 $B=0$ 时,$F=1$;当 $B=1$ 时,$F=0$,F 的取值与 B 相反,合并后的小方格为 $\bar{B}$。因此,在两变量降维图对应 $AC=11$ 的小方格中填 $\bar{B}$。

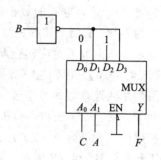

将降维后的卡诺图与四选一电路的卡诺图进行对比,四选一数据选择器的 A_1A_0 分别接变量 AC,数据输入端分别为 $D_0=0$,$D_1=\bar{B}$,$D_2=1$,$D_3=\bar{B}$,即可实现逻辑函数 F,逻辑电路如图 4.4.44 所示。

还可以继续降维,用二选一电路实现逻辑函数 F。由二维到一维卡诺图的降维过程如图 4.4.45 所示。其

图 4.4.44　用四选一电路实现
例 4.4.10 的逻辑函数

中,图 4.4.45(a)是变量 AC 的二维卡诺图,图 4.4.45(b)、(c)分别是采用 C、A 作为记图变量的降维图。

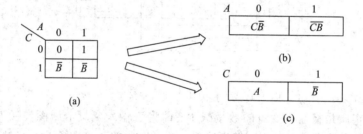

图 4.4.45　两变量卡诺图的降维

当采用 C 作记图变量时,分析图 4.4.45(a),若 $A=0$,则当 $C=0$ 时,$F=0$;当 $C=1$ 时,$F=\bar{B}$。F 与 C 的关系为 $F=\bar{C}0+C\bar{B}=C\bar{B}$,在图 4.4.45(b)中,$A=0$ 的小方格内填 $C\bar{B}$。若 $A=1$,则当 $C=0$ 时,$F=1$;当 $C=1$ 时,$F=\bar{B}$。F 与 C 的关系为 $F=\bar{C}\cdot 1+C\bar{B}=\overline{C}\overline{B}$,在图 4.4.45(b)中 $A=1$ 的小方格内填 $\overline{CB}$。

当采用 A 作记图变量时,分析图 4.4.45(a),若 $C=0$,则当 $A=0$ 时,$F=0$;当 $A=1$ 时,$F=1$。F 与 C 的关系为 $F=\bar{A}0+A1=A$,在图 4.4.45(c)中 $C=0$ 的小方格内填 A。若 $C=1$,则当 $A=0$ 时,$F=\bar{B}$;当 $A=1$ 时,$F=\bar{B}$。F 与 C 的关系为 $F=\bar{B}$,在图 4.4.45(c)中 $C=1$ 的小方格内填 $\bar{B}$。

当采用二选一电路实现例 4.4.10 的逻辑函数时,若采用 A、B 作记图变量,则只需令 $D_0=A$,$D_1=\bar{B}$,用 C 控制选通端即可。

从上述分析可以得出结论,设记图变量为 x,若在降维前卡诺图中,当 $x=0$ 时,卡诺图中小方格的值为 F;当 $x=1$ 时,卡诺图中小方格的值为 G,则在新降维后的卡诺图中,对应的小方格内填入函数为 $\bar{x}\cdot F+x\cdot G$。

3）数据选择器的 Verilog 设计与仿真

代码 4.4.8 是实现一个四选一数据选择器功能的 Verilog 模块，其功能仿真结果如图 4.4.46 所示。

代码 4.4.8　四选一数据选择器模块。

```
module samp4_4_8(S, D, Q);            //调用四选一数据选择器的顶层模块
    input [3:0] D;
    input [1:0] S;
    output Q;
    mux4 u1(.iD(D), .iS(S), .oQ(Q));
endmodule
module mux4(iD, iS, oQ);              //四选一数据选择器模块定义
    input [3:0] iD;                   //数据输入信号
    input [1:0] iS;                   //数据选择控制信号
    output reg oQ;                    //输出信号

    always@(iD, iS)
      case(iS)
        2'b00:oQ=iD[0];
        2'b01:oQ=iD[1];
        2'b10:oQ=iD[2];
        2'b11:oQ=iD[3];
      endcase
endmodule
```

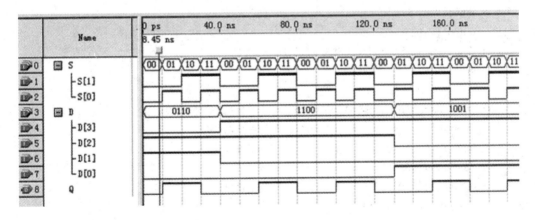

图 4.4.46　代码 4.4.8 的功能仿真图

2. 数据分配器

1）数据分配器的工作原理

在数据传送中，有时需要将某一路数据分配到不同的数据通道上，实现这种功能的电路称为数据分配器，也称多路分配器。图 4.4.47 是一个四路数据分配器的功能示意图。图中，S 相当于一个由信号 A_1A_0 控制的单刀多掷输出开关，输入数据 D 在地址输入 A_1A_0 的控制下，传送到输出 $Y_0 \sim Y_3$ 的不同数据通道上。

市场上并没有专用的数据分配器器件，实际使用中，通常用译码器来实现数据分配的功能。例如，用 3-8 译码器 74LS138 实现八路数据分配的功能，其逻辑电路如图 4.4.48 所示。图中，将数据输入端 D 与芯片的低电平控制端相连，在地址控制信号的作用下，输入数据被送到指定的输出端。当 $A_2A_1A_0=010$ 时，若 $D=0$，则 $\overline{ST_A}=0$，$\overline{ST_B}=0$，译码器正常工作，输出 $\overline{Y}_2=0$；若 $D=1$，则 $\overline{ST_A}=0$，$\overline{ST_B}=1$，此时译码器译码所有输出均为 1。因此，$\overline{Y}_2$ 与 D 状态一致，即将 D 输入分配到 $\overline{Y}_2$ 的输出。改变地址输入 $A_2A_1A_0$ 的状态，就能将 D 输入分配到不同输出端。

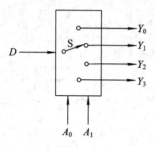
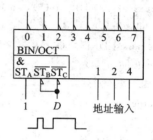

图 4.4.47　四路数据分配器功能示意图　　　　图 4.4.48　用 3-8 译码器实现数据分配器

2) 数据分配器的 Verilog 设计与仿真

代码 4.4.9 是实现一个八路数据分配的 Verilog 模块，其功能仿真结果见图 4.4.49。

代码 4.4.9　八路数据分配器模块。

```
module samp4_4_9(EN, S, D, Y);          //调用八路数据分配器顶层模块
  input EN;
  input D;
  input [2:0] S;
  output [7:0] Y;
  dmux_8 u1(.iEN(EN), .iS(S), .iD(D), .oY(Y));
endmodule

module dmux_8(iEN, iS, iD, oY);          //八路数据分配器模块定义
  input iEN;                             //使能控制信号
  input iD;                              //数据输入信号
  input [2:0] iS;                        //地址信号
  output reg [7:0] oY;                   //数据输出信号
  always@(iD, iEN, iS)
    begin
      oY=8'b11111111;
      if(iEN)
        case(iS)
          3'b000:oY[0]=iD;
          3'b001:oY[1]=iD;
          3'b010:oY[2]=iD;
          3'b011:oY[3]=iD;
```

```
            3′b100:oY[4]=iD;
            3′b101:oY[5]=iD;
            3′b110:oY[6]=iD;
            3′b111:oY[7]=iD;
        endcase
    end
endmodule
```

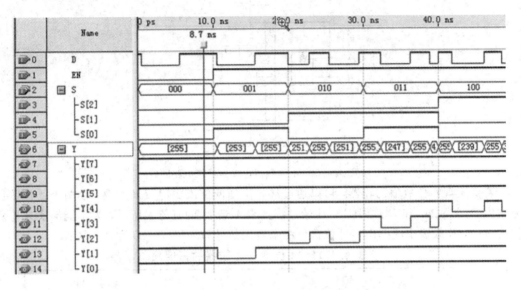

图 4.4.49　代码 4.4.9 的功能仿真图

4.4.5　数值比较器

数值比较器是能够对两个数字的大小进行比较，并给出结果的逻辑电路。

1. 数值比较器工作原理

对数值比较器，从设计的角度更容易理解其工作原理。

首先，设计一个 1 位数值比较器电路，该电路能够对两个 1 位的二进制数据进行比较，并给出比较的结果。比较器有两个 1 位输入变量，分别设为 A、B，比较结果可能出现大于、等于、小于三种情况，分别用变量 $F_{A>B}$、$F_{A=B}$、$F_{A<B}$ 表示比较的结果。若 $A>B$，则 $F_{A>B}=1$；若 $A=B$，则 $F_{A=B}=1$；若 $A<B$，则 $F_{A<B}=1$。1 位数值比较器的真值表如表 4.4.10 所示。

表 4.4.10　1 位数值比较器的真值表

A	B	$F_{A>B}$	$F_{A=B}$	$F_{A<B}$
0	0	0	1	0
0	1	0	0	1
1	0	1	0	0
1	1	0	1	0

由真值表写出逻辑表达式:

$$\begin{cases} F_{A>B} = A\overline{B} = A \cdot \overline{AB} \\ F_{A=B} = \overline{A}\,\overline{B} + AB = \overline{\overline{AB} + A\overline{B}} = \overline{B\,\overline{AB} + A\,\overline{AB}} \\ F_{A<B} = \overline{A}B = B\,\overline{AB} \end{cases} \tag{4.4.17}$$

根据逻辑表达式画出逻辑电路如图 4.4.50 所示。

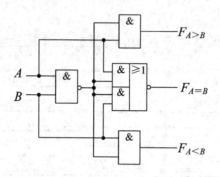

图 4.4.50　1 位数值比较器逻辑电路图

若要实现 4 位数值比较器,可以通过从高位到低位依次比较来实现。设两个 4 位数据分别为 $A_3A_2A_1A_0$ 和 $B_3B_2B_1B_0$,比较过程如表 4.4.11 的真值表所示,为了能够实现更多位的级联,比较表中还列出了低位比较结果输入信号 $A>B$、$A<B$ 和 $A=B$。

表 4.4.11　4 位数值比较器的真值表

输　　　入							输　　出		
A_3B_3	A_2B_2	A_1B_1	A_0B_0	$A>B$	$A<B$	$A=B$	$F_{A>B}$	$F_{A<B}$	$F_{A=B}$
$A_3>B_3$	$\times\times$	$\times\times$	$\times\times$	$\times\times$	$\times\times$	$\times\times$	1	0	0
$A_3<B_3$	$\times\times$	$\times\times$	$\times\times$	$\times\times$	$\times\times$	$\times\times$	0	1	0
$A_3=B_3$	$A_2>B_2$	$\times\times$	$\times\times$	$\times\times$	$\times\times$	$\times\times$	1	0	0
$A_3=B_3$	$A_2<B_2$	$\times\times$	$\times\times$	$\times\times$	$\times\times$	$\times\times$	0	1	0
$A_3=B_3$	$A_2=B_2$	$A_1>B_1$	$\times\times$	$\times\times$	$\times\times$	$\times\times$	1	0	0
$A_3=B_3$	$A_2=B_2$	$A_1<B_1$	$\times\times$	$\times\times$	$\times\times$	$\times\times$	0	1	0
$A_3=B_3$	$A_2=B_2$	$A_1=B_1$	$A_0>B_0$	$\times\times$	$\times\times$	$\times\times$	1	0	0
$A_3=B_3$	$A_2=B_2$	$A_1=B_1$	$A_0<B_0$	$\times\times$	$\times\times$	$\times\times$	0	1	0
$A_3=B_3$	$A_2=B_2$	$A_1=B_1$	$A_0=B_0$	1	0	0	1	0	0
$A_3=B_3$	$A_2=B_2$	$A_1=B_1$	$A_0=B_0$	0	1	0	0	1	0
$A_3=B_3$	$A_2=B_2$	$A_1=B_1$	$A_0=B_0$	0	0	1	0	0	1

比较的过程是由高位到低位依次进行的,只有在高位相同的情况下,才需要对下一位进行比较。若出现下列一种情况之一时,则 $F_{A>B}=1$。

(1) $A_3>B_3$。

(2) 当 $A_3=B_3$ 时,$A_2>B_2$。

(3) 当 $A_3=B_3$、$A_2=B_2$ 时,$A_1>B_1$。

(4) 当 $A_3=B_3$、$A_2=B_2$、$A_1=B_1$ 时，$A_0>B_0$。

(5) 当 $A_3=B_3$、$A_2=B_2$、$A_1=B_1$、$A_0=B_0$ 时，输入信号 $(A>B)=1$。

由此可得到 $F_{A>B}$ 的逻辑表达式：

$$F_{A>B} = A_3\bar{B}_3 + (A_3\odot B_3)A_2\bar{B}_2 + (A_3\odot B_3)(A_2\odot B_2)A_1\bar{B}_1$$
$$+ (A_3\odot B_3)(A_2\odot B_2)(A_1\odot B_1)A_0\bar{B}_0$$
$$+ (A_3\odot B_3)(A_2\odot B_2)(A_1\odot B_1)(A_0\odot B_0)A>B \qquad (4.4.18)$$

类似地，可以得出 $F_{A<B}$ 和 $F_{A=B}$ 的逻辑表达式：

$$F_{A<B} = \bar{A}_3B_3 + (A_3\odot B_3)\bar{A}_2B_2 + (A_3\odot B_3)(A_2\odot B_2)\bar{A}_1B_1$$
$$+ (A_3\odot B_3)(A_2\odot B_2)(A_1\odot B_1)\bar{A}_0B_0$$
$$+ (A_3\odot B_3)(A_2\odot B_2)(A_1\odot B_1)(A_0\odot B_0)A<B \qquad (4.4.19)$$

$$F_{A=B} = (A_3\odot B_3)(A_2\odot B_2)(A_1\odot B_1)(A_0\odot B_0)A=B \qquad (4.4.20)$$

4 位比较器的电路和逻辑符号如图 4.4.51 所示。图 4.4.51(a)中与或非门 P_3、P_2、P_1 和 P_0 的输出分别表示 $A_3\odot B_3$、$A_2\odot B_2$、$A_1\odot B_1$ 和 $A_0\odot B_0$。

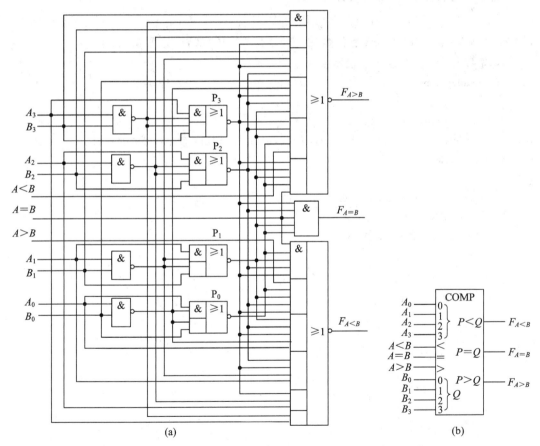

图 4.4.51 4 位比较器的电路图和逻辑符号

(a) 电路图；(b) 逻辑符号

常用的中规模比较器电路有 4 位数值比较器 CT5485/CT7485、CT54S85/CT74S85 和 CT54LS85/CT74LS85。

2. 数值比较器的应用

两片 4 位数值比较器扩展为 8 位数值比较器的电路如图 4.4.52 所示,在连接时,应将低位片的比较结果送入高位片的级联输入端,使之参与高位片的比较。

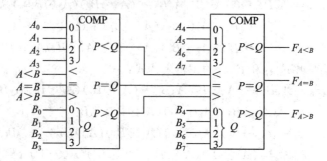

图 4.4.52　8 位数值比较器扩展

3. 数值比较器的 Verilog 设计与仿真

代码 4.4.10 给出了一个比较器模块及其调用模块的 Verilog 程序。该模块将比较数据的位数作为参数,可以实现任意位数的比较。其功能仿真结果见图 4.4.53。

代码 4.4.10　8 位数值比较器模块。

```
module samp4_4_10(a, b, great, less, equ);       //调用比较器模块的顶层模块
  input [7:0] a, b;
  output great, less, equ;
  compare_n #(8) u1(a, b, great, less, equ);     //调用 8 位比较器模块
endmodule

module compare_n(A, B, AGB, ALB, AEB);      //比较器模块
  input [n-1:0] A, B;
  output reg AGB, ALB, AEB;
  parameter n=4;

  always@(A, B)
    begin
      AGB=0;
      ALB=0;
      AEB=0;
      if(A>B)
        AGB=1;
      else if(A==B)
        AEB=1;
      else
        ALB=1;
    end
endmodule
```

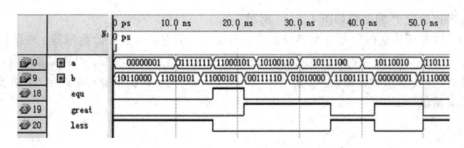

图 4.4.53　代码 4.4.10 的功能仿真图

4.4.6　奇偶产生/校验电路

数据在计算和传送的过程中，由于电路故障或外部干扰等原因会使数据出现某些位发生翻转的现象。由电路故障产生的错误可以通过更换故障器件得以解决；对于外部干扰产生的错误，由于其不确定性，因此必须采用相应的数据检错或纠错方法。常用的方法是在数据发送端和数据接收端对数据进行相应的处理。在发送端，发送的信息除了原数据信息外，还要增加若干位的编码，这些新增的编码位称为校验位，有效的数据位和校验位组合成数据校验码；在接收端，根据接收的数据校验码判断数据的正确性。常用的数据校验码有奇偶校验码、汉明校验码和循环冗余校验码，本节只介绍奇偶校验码。

1. 奇偶产生/校验电路工作原理

奇（或偶）校验码具有 1 位检错能力，其基本思想是通过在原数据信息后增加 1 位奇校验位（或偶校验码），形成奇（或偶）校验码。发送端发送奇（或偶）校验码，接收端对收到的奇（或偶）校验码中的数据位采用同样的方法产生新的校验位，并将该校验位与收到的校验位进行比较，若一致则判定数据正确，否则判定数据错误。具有产生检验码和奇偶检验功能的电路称为奇偶产生/校验器。

奇偶校验码包含 n 位数据位和 1 位校验位，对于奇校验码而言，其数据位加校验位后"1"的个数是奇数；对于偶校验码而言，数据位加校验位后"1"的个数是偶数。

下面设计一个采用偶校验的 4 位二进制偶产生/校验器。表 4.4.12 列出了偶校验的真值表。由此可写出校验位 P 的逻辑表达式：

$$P = D_3 \oplus D_2 \oplus D_1 \oplus D_0$$

表 4.4.12　偶校验真值表

数据位				校验位	数据位				校验位
D_3	D_2	D_1	D_0	P	D_3	D_2	D_1	D_0	P
0	0	0	0	0	1	0	0	0	1
0	0	0	1	1	1	0	0	1	0
0	0	1	0	1	1	0	1	0	0
0	0	1	1	0	1	0	1	1	1
0	1	0	0	1	1	1	0	0	0
0	1	0	1	0	1	1	0	1	1
0	1	1	0	0	1	1	1	0	1
0	1	1	1	1	1	1	1	1	0

实现校验位 P 的电路如图 4.4.54 所示。

为了检验所传送的数据位及偶校验位是否正确，还应设计偶校验检测器。根据接收的数据位产生校验位 P' 与收到的校验位 P 进行比较就实现了校验功能，电路如图 4.4.55 所示。图中，E 是输出的校验结果，若 $P'=P$，则 $E=0$，表示校验正确；若 $P'\neq P$，则 $E=1$，表示校验错误。

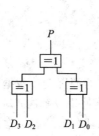
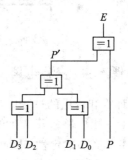

图 4.4.54　校验位产生电路　　　　图 4.4.55　偶校验电路

奇偶校验电路的逻辑符号如图 4.4.56 所示。

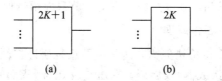

图 4.4.56　奇偶校验单元逻辑符号

(a) 奇校验单元；(b) 偶校验单元

常用的中规模集成奇偶产生/校验器有：CT54180/CT74180、CT54S280/CT74S280、CT54LS280/CT74LS280 等。

2. 奇偶产生/校验电路的应用

这里以 CT74180 器件为例，说明奇偶电路的应用。首先介绍 CT74180，该器件具有奇偶校验位产生和校验两种功能。图 4.4.57 所示是 CT74180 的逻辑符号，其真值表见表 4.4.13。

表 4.4.13　CT74180 的功能表

输　入			输　出	
$A\sim H$ 中 1 的个数	EVEN	ODD	F_{EV}	F_{OD}
偶数	1	0	1	0
	0	1	0	1
奇数	1	0	0	1
	0	1	1	0
×	1	1	0	0
	0	0	1	1

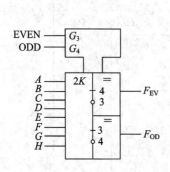

图 4.4.57　CT74180 的逻辑符号

各输入信号的含义如下：
- $A\sim H$：数据输入端。
- ODD：奇校验控制输入端。
- EVEN：偶校验控制输入端。
- ODD 和 EVEN 是一对互补输入端，不可以同时为 0 或 1。

各输出信号的含义如下：
- F_{OD}：奇校验输出端。
- F_{EV}：偶校验输出端。

F_{OD} 和 F_{EV} 是一对互补输出端，不可以同时为 0 或 1。

当 $A\sim H$ 中输入 1 的个数为偶数时，有：

$$F_{EV} = \overline{ODD}$$
$$F_{OD} = \overline{EVEN} \tag{4.4.21}$$

当 $A\sim H$ 中输入 1 的个数为奇数时，有：

$$F_{EV} = \overline{EVEN}$$
$$F_{OD} = \overline{ODD} \tag{4.4.22}$$

这里通过一个 8 位的数据传送系统说明奇偶校验器的工作原理。用于 8 位数据传输的数据的奇偶校验系统如图 4.4.58 所示。

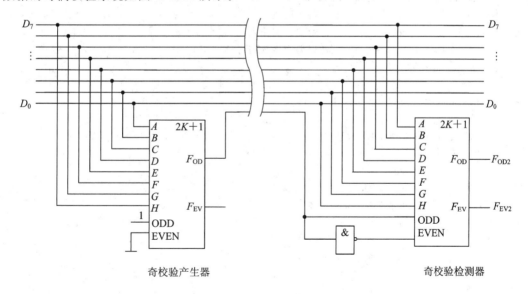

图 4.4.58 奇偶校验在数据传输系统的应用

图中发送端的奇校验产生器用于产生校验码。奇数控制端 ODD＝1，EVEN＝0，说明系统采用奇校验。设第一次传送的数据一是 $D_7\sim D_0 = 10010010$，含有奇数个 1，则发送端 $F_{OD} = \overline{ODD} = 0$，这样，8 位数据和 1 位校验位 F_{OD} 构成共 9 位校验码 100100100 进行传输，其中 1 的个数为奇数。若第二次传送的数据二是 $D_7\sim D_0 = 10011100$，含有偶数个 1，则发送端 $F_{OD} = \overline{EVEN} = 1$，这样，构成的 9 位校验码 100111001 中 1 的个数仍为奇数，因此，无论 $D_7\sim D_0$ 数据如何，$D_7\sim D_0$ 和 F_{OD} 构成的校验码 1 的个数总是奇数。

在接收端对传输的数据进行校验，以判断数据的正确与否，用收到的 F_{OD} 分别作为校验电路的 ODD 和 EVEN 的控制信号，如图 4.4.58 所示。若收到上面发送的数据一(9 位校验码 100100100)，即 $D_7 \sim D_0 = 10010010$，$F_{OD} = 0$，则 $F_{OD2} = 1$，$F_{EV2} = 0$；若收到上面发送的数据二(100111001)，即 $D_7 \sim D_0 = 10011100$，$F_{OD} = 1$，则 $F_{OD2} = 1$，$F_{EV2} = 0$。接收端的奇校验检测器的输出若为 $F_{OD2} = 1$、$F_{EV2} = 0$，则表示数据传输正确。如果在传输的过程中有一位发生了变化，则会出现 $F_{OD2} = 0$、$F_{EV2} = 1$ 的情况。若发送的数据一变为 100101100，即有一位数据发生错误，也即 $D_7 \sim D_0$ 由 10010010 变成了 10010110，则校验器会输出 $F_{OD2} = 1$、$F_{EV2} = 0$。

3. 奇偶产生/校验电路的 Verilog 设计与仿真

代码 4.4.11 是一个奇偶产生/校验模块的 Verilog 程序，该模块可以实现 CT74180 器件的功能，其数据位的宽度可以用参数 n 进行设置。代码 4.4.11 的功能仿真结果见图 4.4.59。

代码 4.4.11　奇偶产生/校验模块。

```verilog
module samp4_4_11(data, even, odd, Fod, Fev);  //调用奇偶产生/校验器的顶层模块
    input [7:0] data;
    input even, odd;
    output Fod, Fev;
    odd_even_check #(8) u1(data, even, odd, Fod, Fev);
endmodule
module odd_even_check(data, even, odd, Fod, Fev);  //奇偶产生/校验器模块定义
    input [n-1:0] data;          //待传送数据
    input even, odd;             //奇偶控制输入
    output reg Fod, Fev;         //奇偶产生/校验位输出
    reg temp;

    parameter n=8;

    always@(data, even, odd)
    begin
        temp=^data;
        case({even, odd})
            2'b00:{Fev, Fod}=2'b11;
            2'b01:
                if(temp)
                    {Fev, Fod}=2'b10;
                else
                    {Fev, Fod}=2'b01;
            2'b10:
                if(temp)
                    {Fev, Fod}=2'b01;
                else
                    {Fev, Fod}=2'b10;
            2'b11:{Fev, Fod}=2'b00;
        endcase
    end
endmodule
```

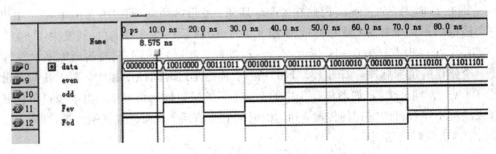

图 4.4.59　代码 4.4.11 的功能仿真图

4.5　组合电路中的竞争与险象

通过前面组合逻辑电路分析和设计理论的学习，我们知道组合电路的输出由当前输入决定，但在实际电路中，电路的输出状态还要受到输入信号变化情况、信号传输距离及器件延时等因素的影响，这些因素可能会使电路输出端出现不可预期的状态。

4.5.1　竞争与险象的概念

在实际逻辑电路中，信号到达某一点经过的路径不同，产生的时延也就不同。各路径时延的长短与所经过门的级数、具体门电路的时延大小及导线长短有关。因此，同一信号或同时变化的某些信号，经过不同路径到达某一点时有时差。这种现象与赛跑运动员到达终点的情况类似，称为竞争现象。

如图 4.5.1 所示，若不考虑门 G_1、G_2 输入信号的延迟时间，图 4.5.1(a)、(c)所示电路的输出分别为

$$F_1 = \overline{A}A = 0$$
$$F_2 = \overline{A} + A = 1$$

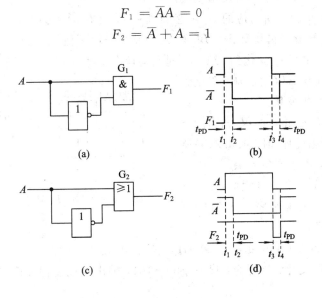

图 4.5.1　输出受延迟时间的影响

若考虑电路中反相器的传输延迟时间，则当 A 在 t_1 时刻发生 0→1 变化时，波形 $\overline{A}$ 延

迟 t_{PD}，即在 t_2 时刻，从 $1 \rightarrow 0$，因此在 $t_1 \sim t_2$ 期间，波形 $\overline{A}$ 和 A 同时为高电平，F_1 中出现了一个错误的正向窄脉冲(即毛刺)，如图 4.5.1(b)所示；当 A 在 t_3 时刻发生 $1 \rightarrow 0$ 变化时，波形 $\overline{A}$ 在 t_4 时刻，从 $0 \rightarrow 1$，因此在 $t_3 \sim t_4$ 期间，波形 $\overline{A}$ 和 A 同时为低电平，F_2 中出现了一个错误的负向脉冲，如图 4.5.1(d)所示。传播延迟时间(t_{PD})越大，则 F 出现的脉冲越宽。可见，在同一个门(如图 4.5.1 中的 G_1、G_2)的一组输入信号中，由于经过不同长度导线或经过不同数目的"门"的传输，到达的时间有先有后，从而造成其输出端(图 4.5.1 中的 F_1、F_2)出现瞬间错误。

4.5.2 险象分类

由于竞争现象的存在，使得输入信号的变化可能引起输出信号在稳定前出现不可预期的错误输出，这种现象称做险象。对于有错误输出的竞争称之为临界竞争，未产生错误输出的竞争称之为非临界竞争。险象一定是竞争的结果。通常根据输入信号变化前后输出信号的变化情况将险象分为静态险象和动态险象两种类型。

1. 静态险象

在输入发生变化时，理论上输出不应发生变化，但实际上输出端在稳定之前产生短暂的错误输出，即产生了险象，这种险象称为静态险象。静态险象又分为"1"险象和"0"险象。若输入信号变化前后，输出应为"0"不变，但是出现了短暂的"1"态，这种险象称为静态"1"险象；若输入信号变化前后，输出应为"1"不变，但是出现了短暂的"0"态，这种险象称为静态"0"险象。静态险象可进一步分为功能险象和逻辑险象。

1) 功能险象

当两个或两个以上的变量同时发生变化时，可能产生功能险象。产生功能险象的条件是：

(1) 有 $K(K>1)$ 个信号同时发生变化。

(2) 变化的 K 个变量所对应的 m_i 中必须既有 1，又有 0。

【例 4.5.1】 分析逻辑函数 $F = B\overline{C} + AC$，说明当输入信号 ABC 由 010 变化到 111、由 110 变化到 101、由 000 变化到 011 时，是否有险象发生。

解 当输入信号 ABC 从 010 变化到 111 时，信号 AC 发生变化。

① 若 A 先于 C 变化，过程为：$010 \rightarrow 110 \rightarrow 111$，输出变化过程如图 4.5.2(a)所示，输出始终为 1，不会产生险象。

② 若 C 先于 A 变化，过程为：$010 \rightarrow 011 \rightarrow 111$，输出变化过程如图 4.5.2(b)所示，输出会产生"0"险象。

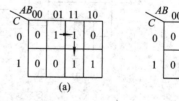

图 4.5.2 ABC 从 010 变化到 111 的过程

当输入信号 ABC 从 110 变化到 101 时，信号 BC 发生变化。

① 若 B 先于 C 变化，过程为：$110 \rightarrow 100 \rightarrow 101$，输出变化过程如图 4.5.3(a)所示，输出会产生"0"险象。

② 若 C 先于 B 变化，过程为：$110 \rightarrow 111 \rightarrow 101$，输出变化过程如图 4.5.3(b)所示，输出始终为 1，不会产生险象。

当输入信号 ABC 从 000 变化到 011 时，信号 BC 发生变化。

① 若 B 先于 C 变化，过程为：000→010→011，输出变化过程如图 4.5.4(a)所示，输出会产生短暂的"1"状态，即出现"1"险象。

② 若 C 先于 B 变化，过程为：000→001→011，输出变化过程如图 4.5.4(b)所示，输出始终为 0，不会产生险象。

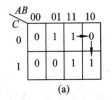
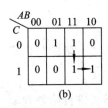
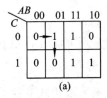
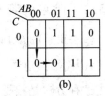

図 4.5.3　ABC 从 110 变化到 101 的过程　　　　図 4.5.4　ABC 从 000 变化到 011 的过程

功能险象是逻辑函数所固有的，它无法用改进设计方案的方法消除，只能通过控制输入信号的变化次序来避免。

2) 逻辑险象

逻辑险象出现在只有一个变量变化的情况，若输出逻辑表达式为 $F=A+\overline{A}$ 或 $F=A \cdot \overline{A}$，则会出现险象。

在例 4.5.1 中，当 $A=1$，$B=1$ 时，$F=B\overline{C}+AC=\overline{C}+C$，由于门的传输延迟，会产生静态"0"险象。

2. 动态险象

在输入发生变化时，理论上输出应当发生变化，但实际上输出端在稳定之前发生了 3 次变化，如输出端本应产生"0→1"的变化，但却出现了"0→1→0→1"的情况，即出现了不应有的短暂的"1→0"的错误输出，这种险象称为动态险象。

输入变化的第一次会合只可能产生静态险象，只有在产生了静态险象，输入变化的再一次会合，才有可能产生动态险象，因此动态险象是由静态险象引起的，消除了静态险象，则动态险象也不会出现。

【**例 4.5.2**】　分析如图 4.5.5(a)电路存在的险象。

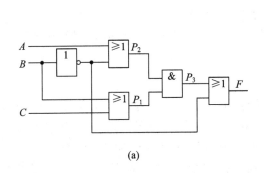
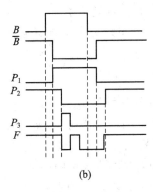

(a)　　　　　　　　　　　　　　　　(b)

图 4.5.5　例 4.5.2 的电路图和动态险象的产生

解　电路的逻辑函数为

$$F = (A + \overline{B})(B + C) + \overline{B}$$

当 $A = C = 0$ 时，$F = B\overline{B} + \overline{B}$。当 B 从 0→1 变化时，理论上输出应从 1→0，但是由于竞争的存在，输出端 F 在稳定输出 0 之前，出现 1→0→1→0 的变化，信号 B、$\overline{B}$、$P_1 \sim P_3$ 的变化过程如图 4.5.5(b)所示。图中假设各门电路的时延相等。

4.5.3　险象的判别

组合电路险象判别的常用方法是代数判别法和卡诺图判别法。

1. 代数判别法

这种方法是根据逻辑函数表达式变换后的形式进行险象判断。具体做法是先写出电路的逻辑表达式，当表达式中的某些逻辑变量取特定值(0 或 1)时，若某一变量同时以原变量和反变量的形式出现在逻辑表达式中，则该变量就具备了竞争的条件。若表达式能够转换为下列形式，则可以判断存在险象：

① 若 $F = A + \overline{A}$，则存在静态 0 险象。

② 若 $F = A\overline{A}$，则存在静态 1 险象。

③ 若 $F = A(A + \overline{A})$，$F = \overline{A}(A + \overline{A})$，$F = A + A\overline{A}$，$F = \overline{A} + A\overline{A}$，则存在动态险象。

【例 4.5.3】　分析逻辑函数 $F = AB + \overline{A}C$ 是否存在险象。

解　当 $B = 1$、$C = 1$ 时，$F = A + \overline{A}$，当 A 从 1→0 变化时，产生静态 0 险象。

若将函数表达式增加冗余项 BC，改写为 $F = AB + \overline{A}C + BC$，则当 $B = 1$、$C = 1$ 时，$F = A + \overline{A} + BC \equiv 1$，因此不存在险象。

【例 4.5.4】　分析逻辑函数 $F = (A + B)(\overline{A} + C)$ 是否存在险象。

解　当 $B = 0$、$C = 0$ 时，$F = A\overline{A}$，当 A 从 0→1 变化时，产生静态 1 险象。

若将函数表达式增加冗余项 $B + C$，改写为 $F = (A + B)(\overline{A} + C)(B + C)$，则当 $B = 0$、$C = 0$ 时，$F \equiv 0$，因此不会产生险象。

【例 4.5.5】　分析逻辑函数 $F = (A + B + D)(\overline{A} + C)(\overline{B} + \overline{C})$ 可能产生的险象。

解　变量 A 具备竞争条件，当 $BCD = 000$ 时，$F = A\overline{A}$，存在静态 1 险象。

变量 B 具备竞争条件，当 $ACD = 010$ 时，$F = B\overline{B}$，存在静态 1 险象。

变量 C 具备竞争条件，当 $ABD = 110$ 时，$F = C\overline{C}$，存在静态 1 险象。

【例 4.5.6】　分析逻辑函数 $F = (\overline{A} + \overline{B})(B + C) + A\overline{B}$ 可能产生的险象。

解　当 $AC = 10$ 时，$F = \overline{B}B + \overline{B}$，因此 B 从 0→1 变化时，输出 F 出现动态险象；B 从 1→0 变化时，输出 F 不产生险象。

2. 卡诺图判别法

用卡诺图可以判别"与或"电路和"或与"电路是否存在静态险象及其类型。具体做法是：若逻辑函数采用两级"与或"电路或两级"与非—与非"电路，则在卡诺图中，一个圈"1"的卡诺圈对应与或式中的一个与项，若两个卡诺圈存在着部分相切，而相切的部分又没有被另外的卡诺圈包含，则该电路必然存在静态 0 险象；若逻辑函数采用"或与"式或"或非—或非"表达式，则在卡诺图中，若圈 0 单元的卡诺圈存在着部分相切，而这个相切的部分又没有被另外的卡诺圈包含，则该电路必然存在静态 1 险象。

【**例 4.5.7**】　试判断如图 4.5.6 所示的电路是否存在险象。

解　由图 4.5.6 写出输出逻辑函数 $F=A\bar{B}+BC$，其对应的卡诺图如图 4.5.7(a)所示，图中，两个卡诺圈在 B 交界面存在一处相切的情况，所以会出现静态 0 险象。为了消除险象，可增加一个卡诺圈，如图 4.5.7(b)所示，输出函数改进为 $F=A\bar{B}+BC+AC$。

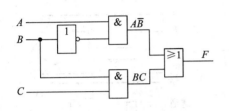

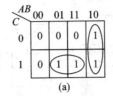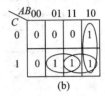

图 4.5.6　例 4.5.7 的电路图　　　　　　　　图 4.5.7　例 4.5.7 的卡诺图

【**例 4.5.8**】　试判断如图 4.5.8 所示的电路是否存在险象。

解　图 4.5.8 所示是一个二级的或与门电路，逻辑函数 $F=(A+\bar{B})(B+\bar{C})$，其对应的卡诺图如图 4.5.9(a)所示。图中，两个卡诺圈在变量 B 交界面存在一处相切的情况，所以会出现静态 1 险象。可增加一个如图 4.5.9(b)所示的卡诺圈，使输出函数改进为 $F=(A+\bar{B})(B+\bar{C})(A+\bar{C})$，消除险象。

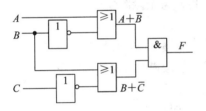

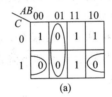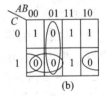

图 4.5.8　例 4.5.8 的电路图　　　　　　　　图 4.5.9　例 4.5.8 的卡诺图

4.5.4　险象的消除

消除组合逻辑电路的险象，主要有四种方法，分别是代数法、卡诺图法、选通脉冲法和输出滤波法。

前面在分析电路险象的过程中，已经介绍了代数法和卡诺图法（即增加冗余项和卡诺圈的方法），下面主要讲述选通脉冲法和输出滤波法。

1. 选通脉冲法

选通脉冲法解决问题的思路是利用选通脉冲避开险象。

电路在稳定状态是没有险象的，险象仅发生在输入信号变化转换的瞬间，并且总是以尖脉冲的形式出现。一般来说，多个输入发生状态改变时，险象是难以完全消除的。如果对输出波形从时间上加以选择和控制，那么可以利用选通脉冲选择输出波形的稳定部分，避开可能出现的尖脉冲。选通脉冲仅在输出处于稳定值期间到来，以此保证输出结果的正确。需要注意的是，在选通脉冲无效期间，输出端信息也是无效的。

在图 4.5.10(a)所示的电路中，输出函数为 $F=A\bar{B}+BC$。当 $AC=11$ 时，若变量 B 从 1→0 变化时，则存在静态 0 险象。可在输出端增加一级与门作为输出控制门，在选通脉冲

的控制下输出 F'。图 4.5.10(b)所示 $AC=1$,当信号 B 发生变化时,利用选通脉冲避免了 F 产生的险象输出。

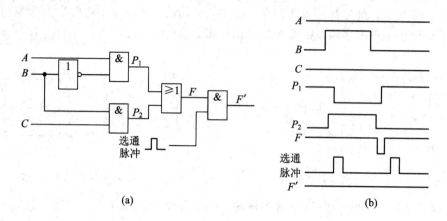

(a)　　　　　　　　　　　　　　　(b)

图 4.5.10　利用选通脉冲消除险象
(a) 选通电路;(b) 选通法原理示意

2. 输出滤波法

输出滤波法是在电路输出端加滤波电容或滤波电路来消除险象的。

1) 在输出端加滤波电容

由于险象产生的干扰脉冲一般很窄,因此在电路的输出端对地接一个 100 pF 以下的小电容,可以使输出波形的上升沿和下降沿都变得比较缓慢,从而消除险象。

2) 在输出端加滤波电路

为了滤除险象产生的毛刺,在电路输出端加一个如图 4.5.11(a)所示的 RC 积分器。RC 积分器是一个低通滤波器,可以滤除其中的高频分量。毛刺是含有丰富高频分量的信号,因此通过低通滤波器后可以基本把毛刺滤掉,使输出信号变为较为平滑的信号,如图 4.5.11(b)所示。图中,U_i 为组合电路的输出;U_o 是滤波后的输出信号。

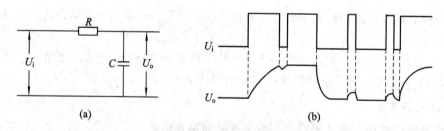

(a)　　　　　　　　　　　　　　　(b)

图 4.5.11　利用滤波电路消除险象
(a) 滤波电路;(b) 滤波法原理示意

在使用滤波电路时要正确选择时常数 $\tau=RC$,它要比毛刺的宽度大,大到足以吸收掉毛刺,但也不能太大,以免使信号形状出现不能允许的畸变。一般都是通过实验确定 RC 值的。

习　题

1. 分析习题图 4－1 所示逻辑电路的逻辑功能。

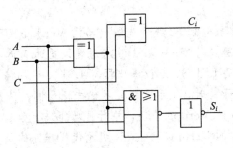

习题图 4－1

2. 试写出习题图 4－2 所示组合逻辑电路的输出逻辑表达式，并画出与之功能相同的简化逻辑电路。

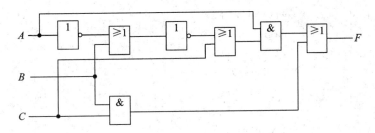

习题图 4－2

3. 试分析习题图 4－3 所示组合逻辑电路的功能，并用数量最少、品种最少的门电路实现。

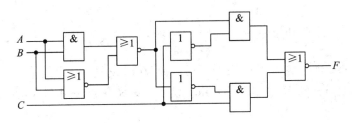

习题图 4－3

4. 写出描述习题图 4－3 所示电路的 Verilog 模块；用 CAD 工具综合该代码，并验证它的正确性。

5. 设 A、B、C 为某保密锁的三个按键，当 A 单独按下时，锁既不打开也不报警，只有当 A、B、C，或者 A、B，或者 A、C 分别同时按下时，锁才能被打开；当不符合上述组合状态时，将发出报警信息，试分别用门电路和 Verilog 模块实现此保密锁电路。

6. 用与非门设计一个四变量表决电路。当变量 A、B、C、D 有三个或三个以上为 1 时，输出为 $Y=1$，输入为其他状态时，输出 $Y=0$。

7. 分别用门级电路描述方法和行为描述方法编写实现习题 6 功能的 Verilog 模块；用 CAD 工具综合该代码，并验证它的正确性。

8. 电话室需对 4 种电话编码控制，优先权由高到低依次是火警电话、急救电话、工作电话、生活电话，分别编码为 11、10、01、00。试分别用门电路和 Verilog 模块设计该编码器。

9. 用 for 循环语句编写 8 线—3 线优先编码器的 Verilog 代码。

10. 某医院有 7 间病房：1、2……7，1 号病房是最重的病员，2、3……7 依次减轻，试用 8 线—3 线优先编码器 74LS148、七段译码器 74LS48、半导体数码管组成一个呼叫显示电路，当有病员按下呼叫开关时，显示电路显示优先级最高的病房号。

11. 编写实现习题 10 的 Verilog 模块，并对其功能进行验证。

12. 分析习题图 4-4 的 Verilog 代码，说明此代码描述的是什么电路。

```
module problem4_11(W, En, y0, y1, y2, y3);
    input [1:0] W;
    input En;
    output reg y0, y1, y2, y3;
    always@(W, En)
        begin
            y0=0;
            y1=0;
            y2=0;
            y3=0;
            if(En)
                if(W==0) y0=1;
                else if(W==1) y1=1;
                else if(W==2) y2=1;
                else y3=1;
        end
endmodule
```

习题图 4-4

13. 用 if…else 语句编写一个 3-8 译码器的 Verilog 模块。

14. 编写描述 6-64 译码器的 Verilog 模块，该模块引用习题 13 中的 3-8 译码器模块。

15. 用 4 位数值比较器和 4 位全加器构成一个 4 位二进制数转换成 8421BCD 码的转化电路。

16. 用 74LS138 和必要的门电路构成一个 6 线—64 线译码器。

17. 试用数据选择器设计一个路灯控制电路，要求在四个不同的地方都能独立地开灯和关灯。

18. 用 74LS138 和必要的门电路实现下列逻辑函数：

(1) $f(A_1, B_2, C_3) = \sum m(0, 2, 3, 4, 5, 7)$。

(2) $f(A_1, B_2, C_3) = \sum m(1, 2, 3, 5, 6)$。

19. 用数据选择器 74LS151 实现习题 18 中的逻辑函数。

20. 编写 Verilog 模块实现习题 18 中的电路。

21. 试用三片 4 位数值比较器 74LS85 组成 10 位数值比较器。

22. 试用一片 3 线－8 线译码器 74LS138 构成 1 位全减器。

23. 用 Verilog HDL 描述一个模块，以实现 4 位全减器。

24. 用 Verilog HDL 对 n 位（n 为参数）比较器模块进行描述。

25. 用 Verilog HDL 描述一个模块，该模块能对输入的 1 位十六进制数输出其对应的七段段码。

26. 分析习题图 4-5 所示逻辑电路的逻辑功能。输入 $a=A_3A_2A_1A_0$，$b=B_3B_2B_1B_0$，$c=C_3C_2C_1C_0$，是三个 4 位二进制数；输出 $y=Y_3Y_2Y_1Y_0$，是 4 位二进制数。图中，74LS157 是四个二选一数据选择器，$\overline{G}$ 是使能端，低电平有效，$\overline{A}/B$ 是数据选择控制端，当 $\overline{A}/B=0$ 时，$Y=A$；当 $\overline{A}/B=1$ 时，$Y=B$。

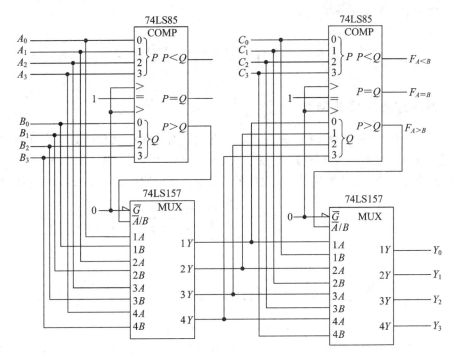

习题图 4-5

27. 试判断逻辑函数 $F=A\overline{B}C+\overline{A}\ \overline{B}\ \overline{C}+BD$ 构成的组合逻辑电路是否存在竞争冒险，若存在，说明是哪种类型，可以采取哪些措施避免险象的发生。

第5章　时序逻辑电路

前面讲过,逻辑电路分为组合逻辑电路和时序逻辑电路。时序逻辑电路的特点是:任何时刻的输出信号不仅取决于当时的输入信号,还与电路历史状态有关。因此,时序逻辑电路必须具有记忆的功能。常见的时序逻辑电路主要包括计数器、移位寄存器、序列信号发生器及存储器等。本章主要介绍时序逻辑电路的组成原理、分析和设计方法,同时也讲述常用时序功能器件的原理和应用方法。

5.1　时序逻辑电路概述

5.1.1　时序逻辑电路的特点

时序逻辑电路在结构上有两个特点:第一,包含组合逻辑电路和存储电路两部分,存储电路是必不可少的;第二,存储电路的状态至少有一个作为组合逻辑电路的输入,与其他输入信号共同决定电路的输出。时序逻辑电路的系统框图可以归结为如图 5.1.1 所示的形式。

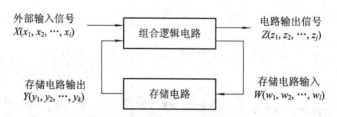

图 5.1.1　时序逻辑电路的构成方框图

图 5.1.1 中,$X(x_1, x_2, \cdots, x_i)$ 为外部输入信号; $Z(z_1, z_2, \cdots, z_j)$ 是组合逻辑电路输出信号; $W(w_1, w_2, \cdots, w_l)$ 为存储电路输入信号; $Y(y_1, y_2, \cdots, y_k)$ 为存储电路输出信号,也是组合逻辑电路部分输入信号。

这些信号之间的逻辑关系可以用电路输出函数:

$$Z(t_n) = f_1[X(t_n), Y(t_n)]$$

存储电路的激励函数:

$$W(t_n) = f_2[X(t_n), Y(t_n)]$$

和存储电路的状态方程:

$$Y(t_{n+1}) = f_3[W(t_n), Y(t_n)]$$

三个逻辑函数表示。其中,$Y(t_n)$ 表示 t_n 时刻存储电路的当前状态; $Y(t_{n+1})$ 为 t_{n+1} 时刻存储电路的状态,即存储电路的下一时刻状态; t_{n+1} 时刻的输出 $Z(t_{n+1})$ 是由 t_{n+1} 时刻的输入

$X(t_{n+1})$ 及存储电路在 t_{n+1} 时刻的状态 $Y(t_{n+1})$ 决定的；$Y(t_{n+1})$ 由 t_n 时刻的存储电路的激励输入 $W(t_n)$ 及在 t_n 时刻存储电路的状态 $Y(t_n)$ 决定。由此可以得出结论，t_{n+1} 时刻电路的输出 $Z(t_{n+1})$ 不仅取决于 t_{n+1} 时刻的输入 $X(t_{n+1})$，而且还取决于 t_n 时刻存储电路的输入 $W(t_n)$ 及存储电路在 t_n 时刻的状态 $Y(t_n)$。

5.1.2　时序逻辑电路的分类

时序逻辑电路按照不同的分类原则可以有多种分类方法，常见的分类原则有根据输入时钟信号分类和根据输出信号分类。

根据输入时钟信号分类可分为同步时序电路和异步时序电路。在同步时序电路中，各触发器的输入时钟脉冲相同，其状态的改变受同一个时钟脉冲控制，即电路在统一时钟控制下，同步改变状态。对于异步时序电路，其特点是各触发器的时钟脉冲不同，即电路中没有统一的时钟脉冲来控制电路状态的变化，因此，电路各触发器的状态更新有先有后。

根据输出信号对时序逻辑电路进行分类，可分为米利（Mealy）型和摩尔（Moore）型两大类。米利型时序逻辑电路的构成如图 5.1.2（a）所示，该类电路的输出不仅与电路现态有关，而且还取决于电路当前的输入。摩尔型时序逻辑电路的构成如图 5.1.2（b）所示，其输出仅取决于电路的现态，与电路当前的输入无关。因此，也可以将摩尔型电路看成是米利型电路的特例。

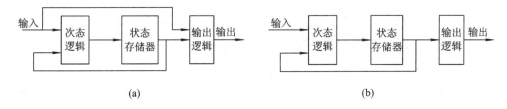

图 5.1.2　时序逻辑电路框图
（a）米利（Mealy）型；（b）摩尔（Moore）型

5.2　集成触发器

存储电路是时序逻辑电路的一个重要组成部分，存储电路通常由触发器构成。本节主要介绍各种常用触发器的逻辑功能和工作特性。

触发器是能够存储或记忆一位二进制信息的基本单元电路。触发器有两个基本特点：第一，有两个能够保持的稳定状态，分别用逻辑 0（称为 0 状态）和逻辑 1（称为 1 状态）表示；第二，在适当输入信号作用下，可从一种稳定状态翻转到另一种稳定状态，并且在输入信号取消后，能将新的状态保存下来。为了明确表示触发器的状态，通常把接收输入信号之前的状态称为现态，记作 Q^n；把接收输入信号之后的状态称为次态，记作 Q^{n+1}。

基本触发器是由门电路构成的，有两个互补的输出端，分别用 Q 和 $\bar{Q}$ 表示。集成触发器把一个或多个触发器集成在一个芯片中，对于使用者来说，一般只要了解其工作原理和逻辑功能就可以正确使用，而不必深究其内部结构及电路。

触发器的种类很多，分类方法也各不相同。按触发器的触发方式可分为电位触发方式、主从触发方式和边沿触发方式；按照逻辑功能可分为 $R-S$ 触发器、D 触发器、$J-K$

触发器和 T 触发器等；按触发器存储数据原理的不同可划分为动态触发器和静态触发器。本节仅对几种常见的触发器进行讨论，重点研究它们的外部特征和逻辑功能。

5.2.1　触发器的工作原理

基本 R-S 触发器是构成各种触发器的基本电路，又称为基本触发器。这里以基本 R-S 触发器为例说明触发器的工作原理。常用的基本 R-S 触发器可以采用与非门或或非门构成。

1. 与非门构成的基本 R-S 触发器

1）电路组成

如图 5.2.1(a)所示，将两个与非门输出端交叉耦合到输入端就可以构成一个基本 R-S 触发器电路。图中，G_1 和 G_2 是两个与非门，$\overline{R}_D$ 和 $\overline{S}_D$ 是与非门的两个输入端，也可称为触发器的激励端或控制端；Q 和 $\overline{Q}$ 是触发器的两个输出端，这两个输出端的状态是互补的。基本 R-S 触发器的逻辑符号如图 5.2.1(b)所示，输入端的小圆圈表示低电平或负脉冲有效。

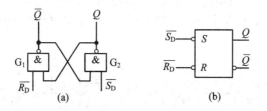

图 5.2.1　与非门构成的基本 R-S 触发器

2）工作原理

设电路的两个稳定状态分别为 1 状态和 0 状态，其定义分别为

1 状态：$Q=1$，$\overline{Q}=0$

0 状态：$Q=0$，$\overline{Q}=1$

在输入信号 $\overline{R}_D$ 和 $\overline{S}_D$ 的控制下，触发器的状态会发生相应的变化，具体情况分析如下。

（1）状态保持功能。分析控制信号 $\overline{R}_D=1$、$\overline{S}_D=1$ 的情况。

假设触发器原来的状态为 1 状态，即 $Q=1$、$\overline{Q}=0$，此时 G_1 门的输出 $\overline{Q}$ 反馈到 G_2 门的输入端，使 G_2 门的输出 Q 为 1 保持不变，Q 反馈到 G_1 门的输入端，G_1 门的两个输入端均为 1，从而保证 G_1 门的输出端 $\overline{Q}=0$。若假设触发器原来的状态为 0 状态，即 $Q=0$、$\overline{Q}=1$，此时 G_2 门的输出 Q 反馈到 G_1 门的输入端，使 $\overline{Q}$ 为 1 保持不变，$\overline{Q}$ 反馈到 G_2 的输入端，G_2 的两个输入端均为 1，从而 G_2 的输出端 $Q=0$。

从以上分析可知：若 $\overline{R}_D=1$、$\overline{S}_D=1$，则触发器保持原来状态不变。

（2）电路的置 1 功能。分析控制信号 $\overline{R}_D=1$、$\overline{S}_D=0$ 的情况。

不论原来电路状态如何，由于 $\overline{S}_D=0$，因此 G_2 门的输出 $Q=1$；由于 $\overline{R}_D=1$ 和 $Q=1$ 使 G_1 的两个输入端均为 1，因此 G_1 的输出端 $\overline{Q}=0$。

（3）电路的置 0 功能。分析控制信号 $\overline{R}_D=0$、$\overline{S}_D=1$ 的情况。

不论原来电路状态如何，由于 $\overline{R}_D=0$，因此 G_1 门输出 $\overline{Q}=1$；由于 $\overline{S}_D=1$ 和 $\overline{Q}=1$ 使 G_2 的两个输入端均为 1，因此 G_2 的输出端 $Q=0$。

（4）不确定状态。

当控制端出现 $\overline{R}_D = 0$，$\overline{S}_D = 0$ 时，理论上会出现 $\overline{Q} = 1$、$Q = 1$ 的情况，而实际中这种情况是不允许出现的，会导致触发器出现不确定状态。触发器的不确定状态有两层含义：第一，$\overline{Q} = 1$、$Q = 1$，触发器既不是 0 状态，也不是 1 状态；第二，当出现 $\overline{R}_D$、$\overline{S}_D$ 同时从 0 变化到 1 的情况时，由于两个与非门的延迟时间不同，触发器的新状态不能预先确定。

若 G_1 延迟时间小于 G_2，则 G_1 门的输出 $\overline{Q}$ 会先变为 0，这就会使得 G_2 门的输出 Q 为 1，即触发器的状态稳定为 1 状态。

若 G_1 延迟时间大于 G_2，则 G_2 门的输出 Q 先变为 0，这就会使得 G_1 门的输出 $\overline{Q}$ 为 1，即触发器的状态稳定为 0 状态。

因此，规定 $\overline{R}_D$、$\overline{S}_D$ 不能同时为 0，用约束条件来表示。即基本 R-S 触发器在工作时必须满足的约束条件为 $\overline{R}_D + \overline{S}_D = 1$。

【例 5.2.1】　用与非门组成的基本 R-S 触发器中，设初始状态为 0，已知 $\overline{R}_D$、$\overline{S}_D$ 的输入波形如图 5.2.2 所示，画出其输出波形。

解　与非门组成的基本 R-S 触发器的输出端 Q、$\overline{Q}$ 的波形如图 5.2.2 所示。图中用阴影表示触发器处于不确定状态。

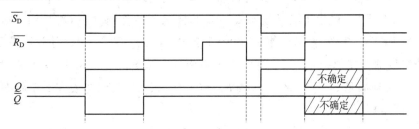

图 5.2.2　例 5.2.1 的基本 R-S 触发器输出波形

3）逻辑功能描述

描述触发器的逻辑功能的常用方法有：状态转移真值表、特征方程、状态转移图和状态激励表等。

（1）状态转移真值表。状态转移真值表是反映触发器的状态变化与输入之间关系的一种表格。根据基本 R-S 触发器的工作原理，对其逻辑功能进行归纳后，可用表 5.2.1 所示的状态转移真值表和表 5.2.2 所示的简化真值表进行表述。

表 5.2.1　基本 R-S 触发器的状态转移真值表

控制端		现态	次态	功能描述
$\overline{R}_D$	$\overline{S}_D$	Q^n	Q^{n+1}	
0	0	0	1	禁止
		1	1	
0	1	0	0	置 0
		1	0	
1	0	0	1	置 1
		1	1	
1	1	0	0	保持
		1	1	

表 5.2.2　基本 R-S 触发器的简化真值表

$\overline{R}_D$	$\overline{S}_D$	Q^{n+1}
0	0	禁止
0	1	0
1	0	1
1	1	Q^n

（2）特征方程。特征方程又称状态方程或次态方程，它用逻辑函数描述触发器的功能。根据表 5.2.1 做出基本 R-S 触发器次态 Q^{n+1} 的卡诺图，如图 5.2.3 所示，通过化简可得

$$\begin{cases} Q^{n+1} = S_D + \bar{R}_D Q^n \\ \bar{S}_D + \bar{R}_D = 1 \end{cases} \tag{5.2.1}$$

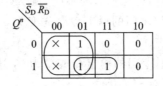

图 5.2.3　基本 R-S 触发器的次态卡诺图

（3）状态转移图和激励表。状态转移图是用图形来描述触发器的功能。图 5.2.4 所示为基本 R-S 触发器的状态转移图。图中的两个圆圈分别代表两个稳态，标"0"的圈表示 0 状态（$Q^n=0$、$\bar{Q}^n=1$）；标"1"的圈表示 1 状态（$Q^n=1$、$\bar{Q}^n=0$）。连接圆圈的有向线段表示状态之间的转移关系，箭头的起始端表示电路的现态，终止端表示电路的次态；箭头旁边标出状态转移时的条件（$\bar{S}_D$ 和 $\bar{R}_D$ 的取值）和现态的输出结果。

由图 5.2.4 可见，触发器若从现态 $Q^n=0$ 的情况下转移到次态 $Q^{n+1}=1$，则必须满足输入 $\bar{S}_D=0$、$\bar{R}_D=1$；触发器若从状态 $Q^n=1$ 转移到次态 $Q^{n+1}=0$，则必须满足 $\bar{S}_D=1$、$\bar{R}_D=0$；若触发器维持现态 $Q^n=1$，则必须满足 $\bar{S}_D=1$（或 $\bar{S}_D=0$）、$\bar{R}_D=1$；若触发器维持状态 $Q^n=0$，则必须满足 $\bar{S}_D=1$、$\bar{R}_D=1$（或 $\bar{R}_D=0$）。图 5.2.4 所示与表 5.2.1 状态转移真值表描述的功能是相同的。

图 5.2.4 也可以用表 5.2.3 所示的触发器激励表来描述，表中描述了触发器由现态 Q^n 转移到次态 Q^{n+1} 时对输入控制信号的要求。

表 5.2.3　基本 R-S 触发器的激励表

状态转移		激励输入	
$Q^n \rightarrow Q^{n+1}$		$\bar{R}_D$	$\bar{S}_D$
0	0	$\times$	1
0	1	1	0
1	0	0	1
1	1	1	$\times$

图 5.2.4　基本 R-S 触发器的状态转移图

2. 或非门构成的基本 R-S 触发器

基本 R-S 触发器也可以用两个或非门交叉构成，其电路如图 5.2.5(a)所示，逻辑符号如图 5.2.5(b)所示。它的工作原理和与非门构成的基本 R-S 触发器非常相似，由于使用的是或非门，因此两个控制端是高电平有效的。这种基本 R-S 触发器的逻辑功能请读者自行分析。

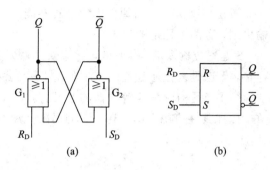

图 5.2.5　由或非门构成的基本 R-S 触发器

(a)电路图；(b)逻辑符号

3. 基本 R-S 触发器的 Verilog 描述与仿真

用与非门实现的基本 R-S 触发器模块的 Verilog 程序见代码 5.2.1，对应的功能仿真图如图 5.2.6 所示。

代码 5.2.1　用与非门实现基本 R-S 触发器模块。

```
module samp5_2_1(Rd_n, Sd_n, Q, Qn);
    input Rd_n, Sd_n;
    output Q, Qn;
    BASIC_RS_FF u1(Rd_n, Sd_n, Q, Qn);
endmodule

module BASIC_RS_FF(Rd_n, Sd_n, Q, Qn);
    input Rd_n, Sd_n;
    output Q, Qn;
    wire Q1, Qn1;
    wire Rd, Sd;
    assign Q=Q1;
    assign Qn=Qn1;
    nand u1(Qn1, Q1, Rd_n);
    nand u2(Q1, Qn1, Sd_n);
endmodule
```

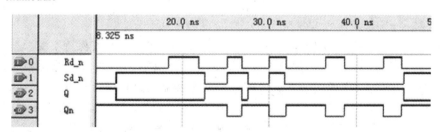

图 5.2.6　代码 5.2.1 的功能仿真图

4. 基本触发器的特点总结

基本 R-S 触发器有如下一些特点：

(1) 只有复位($Q=0$)、置位($Q=1$)、保持原状态等三种功能。

(2) 有两个互补的输出端，有两个稳定的状态。

(3) R 是复位输入端，S 是置位输入端，其有效电平取决于触发器的结构。

(4) 由于反馈线的存在，无论是复位还是置位，有效信号只需要作用很短的一段时间。

基本 R-S 触发器结构简单，是构成其他触发器的基础，但由于其状态由输入端直接控制以及约束条件的存在，因此其在应用方面存在很大的局限性和不便。

5.2.2　常用触发器

基本 R-S 触发器是由输入信号电平直接触发的，因此触发器的状态随输入信号的变化立即发生变化。而在实际工作中，往往要求多个触发器在特定时刻进行状态更新，因此必须引入时钟控制信号 CP。时钟控制信号 CP 一般是矩形脉冲，用来控制时序电路工作的节奏。具有时钟脉冲 CP 控制的触发器称为"时钟控制触发器"或"钟控触发器"。如果触发器的状态转移仅发生在时钟脉冲的上升沿或下降沿，那么这类触发器称为边沿触发器。下面介绍四种最常用的触发器。

1. 钟控 R-S 触发器

1) 钟控 R-S 触发器的电路

钟控 R-S 触发器的逻辑电路图如图 5.2.7(a)所示；逻辑符号如图 5.2.7(b)所示。由图可见，钟控 R-S 触发器是在基本 R-S 触发器电路的基础上又增加了两个与非门 G_3 和 G_4 构成的。

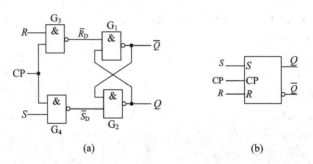

图 5.2.7　钟控 R-S 触发器

(a) 电路图；(b) 逻辑符号

2) 钟控 R-S 触发器的工作原理

在 CP=0 期间，G_3、G_4 门被封锁，$\bar{R}_D=1$，$\bar{S}_D=1$，触发器状态保持不变。

在 CP=1 期间，G_3、G_4 门的输出由 R 和 S 端信号决定，即 $\bar{R}_D$、$\bar{S}_D$ 受 R 和 S 控制，决定触发器的输出状态。下面对触发器状态受 R 和 S 控制的过程进行分析。

(1) 当 $S=0$、$R=0$ 时，$\bar{R}_D=1$、$\bar{S}_D=1$，则有 $Q^{n+1}=Q^n$，触发器状态保持。

(2) 当 $S=1$、$R=0$ 时，$\bar{R}_D=1$、$\bar{S}_D=0$，则有 $Q^{n+1}=1$，触发器置位。

(3) 当 $S=0$、$R=1$ 时，$\bar{R}_D=0$、$\bar{S}_D=1$，则有 $Q^{n+1}=0$，触发器复位。

(4) 当 $S=1$、$R=1$ 时，$\bar{R}_D=0$、$\bar{S}_D=0$，则有 $Q^{n+1}=\times$，触发器状态不确定。

可见触发器状态是受 CP 和 R、S 共同控制的，触发器状态转换的动作时间是由时钟脉冲 CP 控制的，而状态转换的结果由 R 和 S 决定，由于经过了一级反相，因此 S 和 R 对触发器状态的控制是高电平有效的。

钟控 R-S 触发器的状态转移真值表、激励表分别如表 5.2.4 和表 5.2.5 所示，状态转移图如图 5.2.8 所示。表 5.2.4、表 5.2.5 和图 5.2.8 均表示 CP＝1 时的情况。

表 5.2.4 钟控 R-S 触发器的状态转移真值表

S	R	Q^{n+1}
0	0	Q^n
0	1	0
1	0	1
1	1	不确定

表 5.2.5 钟控 R-S 触发器的激励表

状态转移		激励输入	
$Q^n \rightarrow Q^{n+1}$		S	R
0	0	0	$\times$
0	1	1	0
1	0	0	1
1	1	$\times$	0

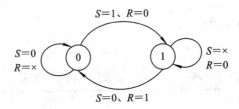

图 5.2.8 钟控 R-S 触发器状态转移图

根据基本 R-S 触发器的状态方程，可以得到当 CP＝1 时，钟控 R-S 触发器的状态方程：

$$\begin{cases} Q^{n+1} = S + \bar{R}Q^n \\ SR = 0 \end{cases} \tag{5.2.2}$$

其中，$SR＝0$ 为约束条件，控制输入端 R、S 不能同时为 1。

根据钟控 R-S 的工作原理可画出其时序图，如图 5.2.9 所示。

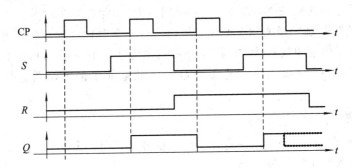

图 5.2.9 钟控 R-S 触发器的时序图

3）钟控 R-S 触发器的 Verilog 描述与仿真

代码 5.2.2 是用四个与非门实现的钟控 R-S 触发器模块，其功能仿真如图 5.2.10 所示。

代码 5.2.2 用四个与非门实现的钟控 R-S 触发器模块。

```
module samp5_2_2(R, S, CP, Q, Qn);
    input R, S, CP;
    output Q, Qn;
    BASIC_RS_CP u1(R, S, CP, Q, Qn);
endmodule

module BASIC_RS_CP(R, S, CP, Q, Qn);
    input R, S, CP;
    output Q, Qn;
    wire Rd, Sd;
    nand u3(Sd, CP, S);
    nand u4(Rd, CP, R);
    nand u1(Q, Qn, Sd);
    nand u2(Qn, Q, Rd);
endmodule
```

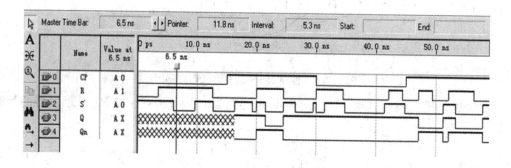

图 5.2.10 代码 5.2.2 的功能仿真图

钟控 R-S 触发器虽然解决了触发器状态转换时刻的控制，但是依旧存在两个问题：第一，输入信号存在约束条件，即 R、S 不能同时为 1；第二，在时钟 CP=1 期间，R、S 信号依然直接控制着触发器的状态变化，从而使得一个时钟脉冲有效期间会引起状态的多次翻转。这种翻转现象又称为"空翻"，空翻可能是由于输入信号的变化或受干扰造成的，会造成系统状态的不确定性。克服空翻现象的最简单的方法就是控制时钟脉冲的宽度。

2. D 触发器

R-S 触发器在正常工作时，总有一组输入信号是不允许出现的，给使用带来不便。D 触发器可以解决这个问题。

1) 钟控 D 触发器

将钟控 R-S 触发器的输入端按照图 5.2.11(a)所示连接就成了钟控 D 触发器的逻辑电路。图 5.2.11(b)所示是钟控 D 触发器的逻辑符号。这样，电路的控制输入端就只有 D，从而保证了后端的基本 R-S 触发器的两个输入 $\bar{R}_D$、$\bar{S}_D$ 始终保持相反的状态，从而解决了电路的输入约束问题。

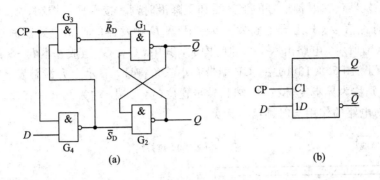

图 5.2.11　钟控 D 触发器

(a) 电路图；(b) 逻辑符号

D 触发器的工作原理是：

(1) 当 CP＝0 时，G_4 和 G_3 门被封锁，$\overline{S}_D=1$，$\overline{R}_D=1$，触发器状态保持不变。

(2) 只有 CP＝1 时(高电平有效)，触发器的状态才由输入信号 D 来决定。

当 $D=1$ 时，G_4 门输出 0，G_3 门输出 1，即 $\overline{S}_D=0$，$\overline{R}_D=1$，触发器的状态为 1。

当 $D=0$ 时，G_4 门输出 1，G_3 门输出 0，即 $\overline{S}_D=1$、$\overline{R}_D=0$，触发器的状态为 0。

由电路图可得：

$$\overline{R}_D = D, \quad \overline{S}_D = \overline{D} \tag{5.2.3}$$

将式(5.2.3)代入基本 $R\text{-}S$ 触发器的状态方程，即得钟控 D 触发器的状态方程：

$$Q^{n+1} = D \tag{5.2.4}$$

可见，$\overline{R}_D+\overline{S}_D=1$ 的约束条件始终满足。

D 触发器的状态转移真值表如表 5.2.6 所示，激励表如表 5.2.7 所示，状态转移图如图 5.2.12 所示。(均为 CP＝1 时的情况。)

表 5.2.6　D 触发器的状态转移真值表

D	Q^{n+1}
0	0
1	1

表 5.2.7　D 触发器的激励表

$Q^n \rightarrow Q^{n+1}$		D
0	0	0
0	1	1
1	0	0
1	1	1

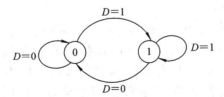

图 5.2.12　钟控 D 触发器的状态转移图

2) 边沿 D 触发器

上述 D 触发器在时钟信号 CP 作用期间仍然存在"空翻"现象，因此要求 D 在时钟信号有效期间(如高电平)不能发生变化。为了解决"空翻"问题，在工程中往往采用维持阻塞触发器，这种触发器仅在时钟信号的上升沿和下降沿时刻才接受输入控制，实现状态转换。

典型的时钟信号 CP 上升沿触发的维持阻塞 D 触发器的逻辑电路图和逻辑符号如图 5.2.13(a)、(b)所示。电路由六个与非门构成，其中，G_1、G_2 组成基本 $R\text{-}S$ 触发器，G_3～ G_6 组成控制门。图 5.2.13(b)中，CP 端带有小三角符号，表示上升沿触发。图 5.2.13(a) 中的 $\overline{R}$、$\overline{S}$ 分别称为异步复位(置 0)端和异步置位(置 1)端，均为低电平有效。所谓"异步"， 是指该信号对电路的作用与时钟信号无关。

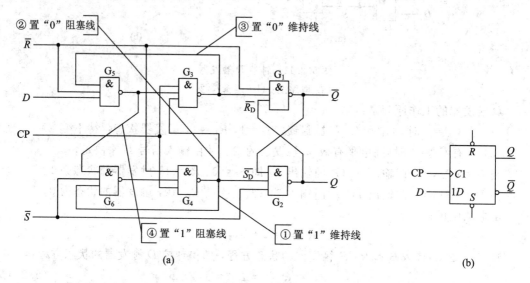

图 5.2.13　维持阻塞 D 触发器

(a) 电路图；(b) 逻辑符号

下面分析维持阻塞 D 触发器的基本工作原理。

(1) 当 $\overline{R}=0$、$\overline{S}=1$ 时，G_5 门输出为 1、G_4 门输出为 1，使 $\overline{S}_D=1$，保证触发器可靠置 0。

(2) 当 $\overline{R}=1$、$\overline{S}=0$ 时，G_6 门输出为 1，在 CP=1 期间 G_4 门输出为 0、G_3 门输出为 1，即 使 $\overline{R}_D=1$、$\overline{S}_D=0$，触发器也可靠置 1，在 CP=0 期间，G_3 门输出为 1、G_4 门输出为 1，也使 触发器可靠置 1。

(3) 当 $\overline{R}=1$、$\overline{S}=1$ 时，触发器的状态变化受时钟信号 CP 控制，具体情况是：

• 在 CP=0 期间，G_3、G_4 门被封锁，其输出都为 1，使基本触发器 G_1、G_2 保持原状 态不变。这时，G_5、G_6 门跟随输入值 D 变化，G_5 门输出为 $\overline{D}$、G_6 门输出为 D。

• 当 CP 正边沿到来时，G_3、G_4 门打开，接收 G_5 门和 G_6 门的输出信号，使 G_3 门和 G_4 门的输出分别为 D 和 $\overline{D}$：

① 若 D=0，使 G_3 门输出为 0，则 $\overline{R}_D=0$，一方面使触发器状态置"0"，另一方面，这 个"0"又经过③线(置"0"维持线)反馈至 G_5 门的输入端，这样就封锁了 G_5 门，使 G_5 门输 出保持为 1，从而克服了空翻，使触发器状态在 CP 高电平期间维持"0"不变。在 CP=1 期 间，G_5 门输出的"1"还通过线④(置"1"阻塞线)反馈至 G_6 门的输入端，使 G_6 门输出为 0， 从而可靠地保证 G_4 输出为"1"，阻止触发器状态向"1"翻转。

② 若 D=1，使 G_4 门输出为 0，则 $\overline{S}_D=0$，这不仅使触发器状态置"1"，而且这个"0"又 经过①线(置"1"维持线)反馈至 G_6 门的输入端，这样又使 G_4 门的输出为 0，从而使触发器 状态维持"1"不变。在 CP=1 期间，G_4 门输出的"0"通过②线(置"0"阻塞线)反馈至 G_3 门

的输入端，从而可靠地保证 G_3 门输出为"1"，阻止触发器状态向"0"翻转。

通过以上分析，我们可以得到结论：维持阻塞 D 触发器在 CP 上升沿到达前，建立输入信号 D，在 CP 上升沿到达时，接收输入改变触发器的状态；CP 上升沿过后，D 信号不起作用，即使 D 发生改变，触发器状态也不变，而保持上升沿到达时的 D 信号状态。因此，维持阻塞 D 触发器是正边沿触发器。

D 触发器的工作波形(设 Q 端初始状态为 0)和脉冲特性如图 5.2.14(a)、(b)所示。从宏观上看，D 触发器的状态变化发生在 CP 脉冲的上升沿。但从微观上看，D 触发器使用时也要满足其脉冲特性的要求，如在 CP 脉冲上升沿到来前，D 端外加信号至少有长度为 t_{set} 的建立时间；在 CP 脉冲上升沿过后，D 端外加信号至少有长度为 t_h 的保持时间。t_{set}、t_h 和触发器延迟时间 t_{pd}、时钟高电平持续时间 T_{WH} 和低电平持续时间 T_{WL} 决定了 D 触发器的最高工作频率。例如，双 D 触发器芯片 SN7474 的 $t_{set}=20$ ns，$t_h=5$ ns，$t_{pd}=40$ ns，$T_{WH}=37$ ns，$T_{WL}=30$ ns，最高工作频率 f_{max} 为 15 MHz。当不满足这些条件时，SN7474 将不能正常工作。

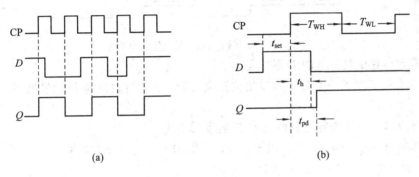

图 5.2.14 维持阻塞 D 触发器的时序图和脉冲特性

(a) 时序图；(b) 脉冲特性

维持阻塞 D 触发器克服了对输入的约束条件和空翻现象，抗干扰能力强，用途广，可实现寄存、计数等功能。但由于它只有一个控制输入端，因此其逻辑功能比较简单，只有置 1 和置 0 的功能。其他常见的维持阻塞触发器还有 R-S 触发器，工作原理与维持阻塞 D 触发器类似，这里不再介绍。

3) D 触发器的 Verilog 描述与仿真

(1) 基本功能 D 触发器。

代码 5.2.3 是实现下降沿触发 D 触发器基本功能的 Verilog 模块代码，其功能仿真如图 5.2.15 所示。

代码 5.2.3 下降沿触发 D 触发器。

```
module samp5_2_3(D, CLK, Q, QN);          //顶层模块
    input CLK, D;
    output Q, QN;

    BASIC_DFF_DN u1(.Q(Q), .QN(QN), .D(D), .CP(CLK));
endmodule
```

```
module BASIC_DFF_DN(D, CP, Q, QN);              //基本功能触发器
    input D, CP;
    output Q, QN;
    reg Q;
    assign QN=～Q;
    always@(negedge CP)
      begin
        Q=D;
      end
endmodule
```

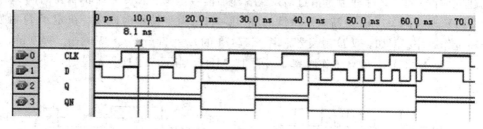

图 5.2.15　代码 5.2.3 的功能仿真图

（2）带异步置位复位端的 D 触发器。

代码 5.2.4 实现了一个具有异步复位置位功能、上升沿触发的 D 触发器模块，其功能仿真如图 5.2.16 所示。

代码 5.2.4 带异步置位复位端的 D 触发器模块。

```
module samp5_2_4(D, CLK, RESET, SET, Q, QN);      //顶层模块
    input D, CLK, RESET, SET;
    output Q, QN;
        ASYNC_RS_D_FF u1(.D(D), .CP(CLK), .(RESET), .S(SET), .Q(Q), .QN
(QN));
    endmodule


module ASYNC_RS_D_FF (D, CP, R, S, Q, QN);
    input D, CP, R, S;
    output Q, QN;
    reg Q;
    assign QN=～Q;
    always@(posedge CP or posedge R or posedge S)
        if(R)
            Q<=1'b0;
        else if(S)
            Q<=1'b1;
        else
            Q<=D;
    endmodule
```

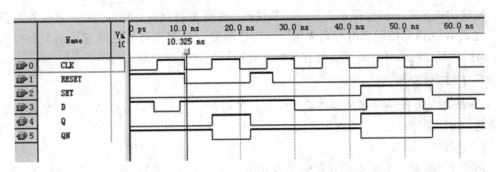

图 5.2.16　代码 5.2.4 的功能仿真图

（3）带同步置位复位端的 D 触发器。

代码 5.2.5 是另一个描述 D 触发器模块的 Verilog 程序，与代码 5.2.4 不同的是，其复位和置位功能是同步的。其功能仿真如图 5.2.17 所示。

代码 5.2.5　同步置位复位端 D 触发器模块。

```
module samp5_2_5(D, CLK, RESET, SET, Q, QN);        //顶层调用模块
    input D, CLK, RESET, SET;
    output Q, QN;
    SYNC_RS_D_FF u1(.D(D), .CP(CLK), .R(RESET), .S(SET), .Q(Q), .QN(QN));
endmodule

module SYNC_RS_D_FF(D, CP, R, S, Q, QN);
    input D, CP, R, S;
    output Q, QN;
    reg Q;

assign QN=~Q;
always@(posedge CP)
    if(R)
        Q<=1'b0;
    else if(S)
        Q<=1'b1;
    else
        Q<=D;
endmodule
```

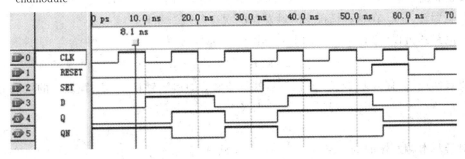

图 5.2.17　代码 5.2.5 的功能仿真图

比较代码 5.2.4 和代码 5.2.5 可以发现，实现异步控制时，要将复位、置位控制信号写入到 always 语句的敏感时间列表中，当置位和复位控制信号有效时直接引发相应的处理，而同步控制时，只有时钟信号有效时才对控制信号进行判断。

3. J-K 触发器

J-K 触发器既能够解决钟控 R-S 触发器对输入信号约束条件的限制，又具有较强的功能，应用非常广泛。

1) 钟控 J-K 触发器

钟控 J-K 触发器的电路和逻辑符号如图 5.2.18(a)、(b)所示。由图可见，G_1 和 G_2 门构成基本触发器，G_3 和 G_4 门构成控制电路。

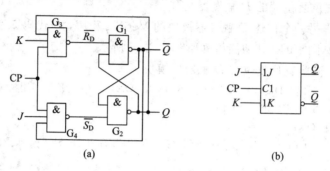

图 5.2.18　钟控 J-K 触发器

(a) 电路图；(b) 逻辑符号

当 CP=0 时，G_3、G_4 门被封锁，输出为 1，使基本触发器保持原来的状态。

当 CP=1 时，分以下四种情况进行讨论：

(1) 当 $J=0$、$K=0$ 时，G_3 门输出为 1，G_4 门输出为 1，基本触发器状态保持不变。

(2) 当 $J=0$、$K=1$ 时，若触发器原来状态为 0，则 G_3 门输出为 1、G_4 门输出为 1，基本触发器状态保持不变；若触发器原来状态为 1，则 G_3 门输出为 0、G_4 门输出为 1，基本触发器状态翻转为 0。在这种情况下，触发器的次态都为 0，与原状态无关。

(3) 当 $J=1$、$K=0$ 时，若触发器原来状态为 0，则 G_3 门输出为 1、G_4 门输出为 0，基本触发器状态翻转为 1；若触发器原来状态为 1，则 G_3 门输出为 1、G_4 门输出为 1，基本触发器状态保持不变。在这种情况下，触发器的次态都为 1，与原状态无关。

(4) 当 $J=1$、$K=1$ 时，若触发器原来状态为 0，则 G_3 门输出为 1、G_4 门输出为 0，基本触发器状态翻转为 1；若触发器原来状态为 1，则 G_3 门输出为 0、G_4 门输出为 1，基本触发器状态翻转为 0。在这种情况下，触发器的次态与现态相反。

由电路图可以看出，G_3、G_4 门的输出 $\overline{R}_D$、$\overline{S}_D$ 分别为

$$\overline{R}_D = \overline{KQ^n}, \qquad \overline{S}_D = \overline{J\overline{Q^n}} \tag{5.2.5}$$

将式(5.2.5)代入基本 R-S 触发器特征方程，即得到钟控 J-K 触发器的状态方程：

$$Q^{n+1} = S_D + \overline{R}_D Q^n = J\overline{Q^n} + \overline{KQ^n}Q^n$$

$$= J\overline{Q^n} + \overline{K}Q^n \qquad (CP = 1 \text{时有效}) \tag{5.2.6}$$

对于基本触发器的约束条件 $\overline{S}_D + \overline{R}_D = 1$，将式(5.2.5)代入有：

$$\overline{S}_D + \overline{R}_D = \overline{J\overline{Q^n}} + \overline{KQ^n} = \overline{J} + Q^n + \overline{K} + \overline{Q^n} \equiv 1 \tag{5.2.7}$$

因此不论 J、K 信号如何变化，约束条件始终满足。钟控 J-K 触发器的状态转移真值表和激励表如表 5.2.8 和表 5.2.9 所示，其状态转移图如图 5.2.19 所示，图 5.2.20 是钟控 J-K 触发器的时序波形图。

表 5.2.8　J-K 触发器的状态转移真值表

J	K	Q^{n+1}	功能
0	0	Q^n	保持
0	1	0	置 0
1	0	1	置 1
1	1	$\overline{Q^n}$	翻转

表 5.2.9　J-K 触发器的激励表

$Q^n \rightarrow Q^{n+1}$		J	K
0	0	0	$\times$
0	1	1	$\times$
1	0	$\times$	1
1	1	$\times$	0

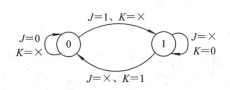

图 5.2.19　钟控 J-K 触发器的状态转移图

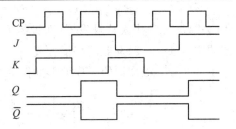

图 5.2.20　钟控 J-K 触发器的时序波形图

2）主从 J-K 触发器

钟控 J-K 触发器的输入信号没有约束条件的限制，而且可以在 J、K 信号的控制下实现保持、置 1、置 0 和翻转的功能，相比 D 触发器功能较强，但同样存在"空翻"问题。为了解决这个问题，一种方法是采用主从结构，这样的触发器又称为主从 J-K 触发器，其逻辑电路图和逻辑符号如图 5.2.21 所示。由图可见，它是由主、从两级触发器构成的，虚线以左部分是由 G_8、G_7、G_6、G_5 门构成的主触发器，虚线以右部分是由 G_4、G_3、G_2 和 G_1 门构成的从触发器。主触发器的输出是从触发器的输入，主、从触发器的时钟信号是反相的。逻辑符号中时钟端的小圆圈和三角表示触发器的状态改变是在时钟信号的下降沿。

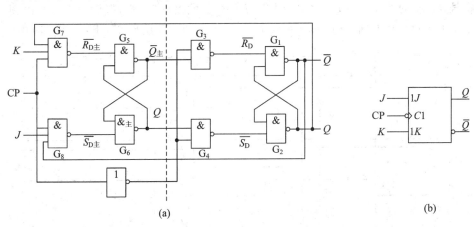

(a)　　　　　　　　　　　　(b)

图 5.2.21　主从 J-K 触发器

（a）电路图；（b）逻辑符号

下面对主从 J-K 触发器的工作原理进行分析。

(1) 在 CP 为上升沿和高电平期间,主触发器受输入信号的控制,并将状态存储在主触发器中,此时从触发器保持不变。

(2) 当 CP 下降沿到来时,主触发器状态传送到从触发器,使从触发器状态跟随主触发器变化,而此时主触发器本身不受输入的控制,保持状态不变。

(3) 在 CP 为低电平期间,由于主触发器的状态不变,因此从触发器的状态也保持不变。

可见,由于整个触发器状态的改变是由 CP 下降沿时刻主触发器的状态决定的,因而克服了"空翻"现象。

从图 5.2.21 可写出主触发器的输出 $\overline{R}_{D主}$、$\overline{S}_{D主}$ 的逻辑表达式为

$$\overline{R}_{D主} = \overline{KQ^n}, \qquad \overline{S}_{D主} = \overline{J\overline{Q}^n} \qquad (\text{CP} = 1 \text{ 时有效}) \qquad (5.2.8)$$

将式(5.2.5)代入从触发器(即钟控 R-S 触发器)的特征方程,即可得到与式(5.2.6)相同的主从 J-K 触发器的特征方程。

主从 J-K 触发器的时序波形如图 5.2.22 所示。

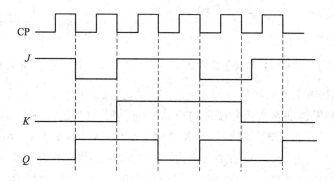

图 5.2.22　主从 J-K 触发器的时序波形图

在应用主从 J-K 触发器中要注意"一次翻转"现象。所谓"一次翻转",是指在 CP＝1 期间,主触发器的状态一旦发生一次状态改变后,就被"锁死",保持不变,不会再受输入激励信号 J、K 的控制。图 5.2.23 为主从 J-K 触发器的"一次翻转"示意图。由图可见,在第二个 CP 的上升沿到来时刻,J＝1、K＝0、$Q_主$＝1;在第二个 CP＝1 期间的 t_1 时刻,

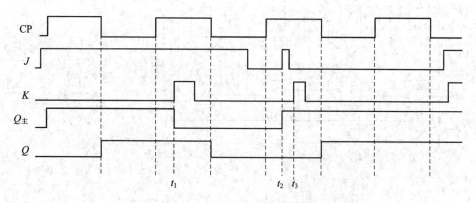

图 5.2.23　主从 J-K 触发器的时序波形图

K 变为 1，主触发器的状态 $Q_{主}=0$，发生了一次翻转，此后就一直保持不变，而不是不断翻转；在第三个 CP 的高电平期间，t_2 时刻主触发器的状态发生一次从 0 到 1 的变化后就一直保持不变，不再受 J、K 的控制，因此 t_3 时刻 $K=1$ 的变化不会改变触发器的状态。

主从 $J-K$ 触发器的"一次翻转"特性要求 CP=1 期间，激励信号 J、K 不发生变化，使主从 $J-K$ 触发器的应用受到了一定限制。

集成 $J-K$ 触发器在制造时，也可利用半导体技术使前后级器件的延迟不同，生产出边沿触发的 $J-K$ 触发器，这种 $J-K$ 触发器具有较强的抗干扰能力和速度，应用较广，这里不再赘述。

3）$J-K$ 触发器的 Verilog HDL 描述

代码 5.2.6 是 $J-K$ 触发器模块的 Verilog 程序，该模块具有异步复位置位控制端，其功能仿真如图 5.2.24 所示。

代码 5.2.6　带异步复位置位端的 $J-K$ 触发器。

```
module samp5_2_6(J, K, CLK, RESET, SET, Q, QN);          //顶层模块
    input J, K, CLK, RESET, SET;
    output Q, QN;
    ASYNC_RS_JKFF u1(.J(J), .K(K), .CP(CLK), .R(RESET), .S(SET), .Q(Q), .QN
(QN));
endmodule

module ASYNC_RS_JK_FF(J, K, CP, R, S, Q, QN);
    input J, K, CP, R, S;
    output Q, QN;
    reg Q;

assign QN=~Q;

always@(posedge CP or posedge R or posedge S)
    if(R)
        Q<=1'b0;
    else if(S)
        Q<=1'b1;
    else
        begin
          if(J==1&&K==1)
              Q<=~Q;
          else if(J==0&&K==1)
              Q<=1'b0;
          else if(J==1&&K==0)
              Q<=1'b1;
        end
    endmodule
```

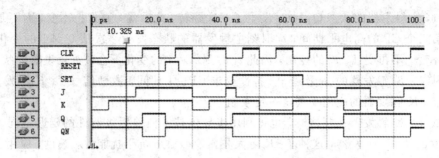

图 5.2.24　代码 5.2.6 的功能仿真图

4. T 触发器

1) 钟控 T 触发器

如果把 J - K 触发器的两个输入端 J、K 连接起来并命名为 T，就得到了如图 5.2.25(a) 所示的 T 触发器逻辑电路，图 5.2.25(b) 是 T 触发器的逻辑符号。

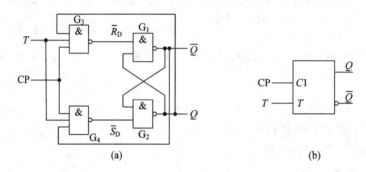

图 5.2.25　T 触发器

(a) 电路图；(b) 逻辑符号

将 $J=K=T$ 代入 J - K 触发器的特征方程，得到 T 触发器的特征方程：

$$Q^{n+1} = T\bar{Q}^n + \bar{T}Q^n \tag{5.2.9}$$

T 触发器的状态转移真值表、激励表分别见表 5.2.10、表 5.2.11；状态转移图如图 5.2.26 所示。T 触发器具有保持和翻转功能。

表 5.2.10　T 触发器的状态转移真值表

T	Q^{n+1}	功能
0	Q^n	保持
1	$\bar{Q}^n$	翻转

表 5.2.11　T 触发器的激励表

$Q^n \rightarrow Q^{n+1}$		T
0	0	0
0	1	1
1	0	1
1	1	0

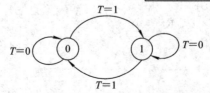

图 5.2.26　T 触发器的状态转移图

若将 T 触发器 T 端始终置 1，其状态方程变为 $Q^{n+1}=\bar{Q}^n$，这样的触发器又称为 T' 触发器，它只有状态翻转功能。

2）钟控 T 触发器的 Verilog HDL 描述

代码 5.2.7 是一个 T 触发器模块的 Verilog 程序，其功能仿真如图 5.2.27 所示。

代码 5.2.7 钟控 T 触发器模块。

```
module samp5_2_7(T, CLK, Q, QN);        //顶层模块
    input T, CLK;
    output Q, QN;
    T_FF u1( .T(T), .CP(CLK), .Q(Q), .QN(QN));
endmodule

module T_FF(T, CP, Q, QN);
    input T, CP;
    output Q, QN;
    reg Q;
    assign QN=~Q;
    always@(posedge CP)
        if(T)
            Q<=~Q;
endmodule
```

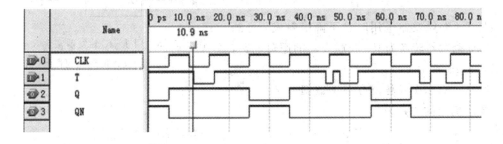

图 5.2.27 代码 5.2.7 的功能仿真图

5.2.3 各种类型触发器的相互转换

各种中规模触发器器件在使用时可根据需要进行逻辑功能转换。在实际应用中，D 触发器和 $J-K$ 触发器使用较多，这里主要讨论 D 触发器和 $J-K$ 触发器转换为其他类型触发器的方法。在转换时，$J-K$ 触发器因为功能最为完善，所以转换为其他触发器时非常方便；D 触发器的功能相对单一，将 D 触发器用作其他类型触发器时，连接电路相对复杂。

触发器逻辑功能转换的基本方法是：将待求触发器的特征方程转换为和已有触发器的特征方程相同的形式，推导出已有触发器的输入激励信号，用待求触发器输入信号和现态表示逻辑函数。转换的具体步骤如下：

（1）写出已有触发器和待求触发器的特征方程。

（2）变换待求触发器的特征方程，使其形式与已有触发器特征方程一致。

（3）比较已有触发器和待求触发器的特征方程，根据两个方程相等的原则求出已有触

发器控制信号的驱动方程。

(4) 根据驱动方程画出逻辑电路图。

1. J-K 触发器转换为其他类型触发器

1) J-K 触发器转换为 R-S 触发器

要求确定的关系为

$$J = f_1(R, S, Q), \quad K = f_2(R, S, Q)$$

J-K 触发器的特征方程为

$$Q^{n+1} = J\bar{Q}^n + \bar{K}Q^n \tag{5.2.10}$$

R-S 触发器的特征方程为

$$Q^{n+1} = S + \bar{R}Q^n \tag{5.2.11}$$

变换 R-S 触发器的特征方程，使其形式与 J-K 触发器的特征方程一致：

$$
\begin{aligned}
Q^{n+1} &= S + \bar{R}Q^n = S(\bar{Q}^n + Q^n) + \bar{R}Q^n = S\bar{Q}^n + SQ^n + \bar{R}Q^n \\
&= S\bar{Q}^n + \bar{R}Q^n + SQ^n(\bar{R} + R) = S\bar{Q}^n + \bar{R}Q^n + \bar{R}SQ^n + RSQ^n \\
&= S\bar{Q}^n + \bar{R}Q^n + \bar{R}SQ^n = S\bar{Q}^n + \bar{R}Q^n
\end{aligned} \tag{5.2.12}
$$

比较式(5.2.10)与式(5.2.12)，得到 J-K 触发器的驱动方程：

$$
\begin{cases}
J = S \\
K = R
\end{cases} \tag{5.2.13}
$$

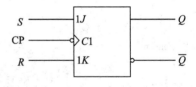

若 J-K 触发器采用时钟下降沿触发，可画出 J-K 触发器转换为 R-S 触发器的逻辑电路，如图 5.2.28 所示。

图 5.2.28　用 J-K 触发器实现 R-S 触发器的逻辑电路图

2) J-K 触发器转换为 D 触发器

要求确定的关系为

$$J = f_1(D, Q), \quad K = f_2(D, Q)$$

D 触发器特征方程为

$$Q^{n+1} = D \tag{5.2.14}$$

变换 D 触发器的特征方程，使其形式与 J-K 触发器的特征方程一致：

$$
\begin{aligned}
Q^{n+1} &= D = D(\bar{Q}^n + Q^n) \\
&= D\bar{Q}^n + DQ^n
\end{aligned} \tag{5.2.15}
$$

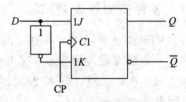

比较式(5.2.10)与式(5.2.15)，得：

$$
\begin{cases}
J = D \\
K = \bar{D}
\end{cases} \tag{5.2.16}
$$

图 5.2.29　用 J-K 触发器实现 D 触发器的逻辑电路图

画出 J-K 触发器转换为 D 触发器的逻辑电路，如图 5.2.29 所示。

3) J-K 触发器转换为 T 触发器

要求确定的关系为

$$J = f_1(T, Q), K = f_2(T, Q)$$

T 触发器特征方程为

$$Q^{n+1} = T\bar{Q}^n + \bar{T}Q^n \qquad (5.2.17)$$

比较式(5.2.10)与式(5.2.17),得:

$$\begin{cases} J = T \\ K = T \end{cases} \qquad (5.2.18)$$

画出 $J-K$ 触发器转换为 T 触发器的逻辑电路,如图 5.2.30 所示。

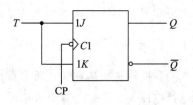

图 5.2.30 用 $J-K$ 触发器实现 T 触发器的逻辑电路图

2. D 触发器转换为其他类型触发器

1) D 触发器转换为 $R-S$ 触发器

要求确定的关系为

$$D = f(R, S, Q)$$

比较 D 触发器和 $J-K$ 触发器的状态方程,有:

$$D = S + \bar{R}Q^n \qquad (5.2.19)$$

画出 D 触发器转换为 $R-S$ 触发器的逻辑电路,如图 5.2.31 所示。

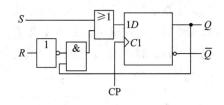

图 5.2.31 用 D 触发器实现 $R-S$ 触发器的逻辑电路图

2) D 触发器转换为 $J-K$ 触发器

要求确定的关系为

$$D = f(J, K, Q)$$

比较 D 触发器和 $J-K$ 触发器的状态方程,有:

$$D = J\bar{Q}^n + \bar{K}Q^n \qquad (5.2.20)$$

画出 D 触发器转换为 $J-K$ 触发器的逻辑电路,如图 5.2.32 所示。

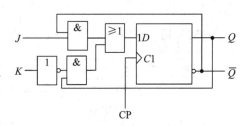

图 5.2.32 用 D 触发器实现 $J-K$ 触发器的逻辑电路图

3) D 触发器转换为 T 触发器

要求确定的关系为

$$D = f(T, Q)$$

比较 D 触发器和 $J-K$ 触发器的状态方程,有:

$$D = T \oplus Q^n \qquad (5.2.21)$$

画出 D 触发器转换为 T 触发器的逻辑电路,如图 5.2.33 所示。

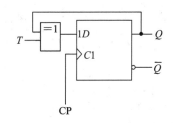

图 5.2.33 用 D 触发器实现 T 触发器的逻辑电路图

5.3 时序逻辑电路分析

时序逻辑电路分析就是根据给定的时序逻辑电路,找出在输入信号和时钟信号作用下,其状态和输出的变化规律,了解该时序逻辑电路的逻辑功能。本节分别介绍同步时序逻辑电路和异步时序电路的分析方法。

5.3.1 同步时序逻辑电路分析

在同步时序逻辑电路中，所有存储电路或触发器电路都采用统一的时钟信号，因此在分析这类电路时，可省略对时钟信号的分析。分析同步时序逻辑电路的步骤是：

(1) 分析给定时序逻辑电路的存储电路或触发器，写出存储器或触发器的驱动方程（即输入端的逻辑表达式）及电路的输出方程。

(2) 将驱动方程代入触发器的特征方程，求出电路的次态方程。

(3) 根据次态方程列出电路的状态转移真值表，并画状态转移图或时序图。

(4) 检查电路是否具有自启动功能。

(5) 说明时序逻辑电路的逻辑功能。

同步时序电路的分析过程可归纳为如图 5.3.1 所示。

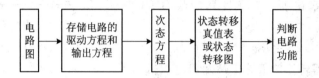

图 5.3.1 同步时序电路分析步骤

【例 5.3.1】 分析图 5.3.2 所示同步时序逻辑电路的功能。

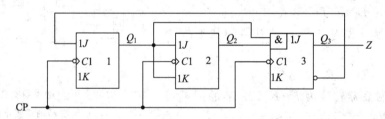

图 5.3.2 例 5.3.1 的电路图

解 ① 根据图 5.3.2 写出触发器的驱动方程和输出方程：

$$\begin{cases} J_1 = \overline{Q}_3^n, \ K_1 = 1 \\ J_2 = Q_1^n, \ K_2 = Q_1 \\ J_3 = Q_1^n Q_2^n, \ K_3 = 1 \end{cases} \tag{5.3.1}$$

$$Z = Q_3^n \tag{5.3.2}$$

② 将驱动方程代入 J-K 触发器的特征方程 $Q_i^{n+1} = J_i \overline{Q}_i^n + \overline{K}_i Q_i^n$，得到各触发器的次态方程：

$$\begin{cases} Q_1^{n+1} = \overline{Q}_3^n \overline{Q}_1^n \\ Q_2^{n+1} = Q_1^n \overline{Q}_2^n + \overline{Q}_1^n Q_2^n = Q_1^n \oplus Q_2^n \\ Q_3^{n+1} = Q_1^n Q_2^n \overline{Q}_3^n \end{cases} \tag{5.3.3}$$

③ 根据次态方程和输出方程列出电路的状态转移真值表，见表 5.3.1。

表 5.3.1　例 5.3.1 电路的状态转移真值表

Q_3^n	Q_2^n	Q_1^n	Q_3^{n+1}	Q_2^{n+1}	Q_1^{n+1}	Z
0	0	0	0	0	1	0
0	0	1	0	1	0	0
0	1	0	0	1	1	0
0	1	1	1	0	0	0
1	0	0	0	0	0	1

根据状态转移真值表画出状态转移图,如图 5.3.3 所示,并画出电路时序图,如图 5.3.4 所示。

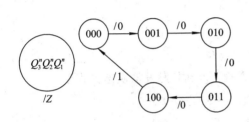

图 5.3.3　例 5.3.1 的状态转移图

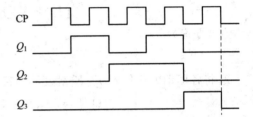

图 5.3.4　例 5.3.1 电路的时序图

④ 检查能否自启动。从电路工作的可靠性来讲,还应当检查电路在非工作状态(即 101、110、111 状态,也称为偏离态)时,能否进入到工作状态,即是否具有自启动功能,因此需要判断该电路能否自启动。

设电路的初态为 101,则次态为 010,$Z=1$。

设电路的初态为 110,则次态为 010,$Z=1$。

设电路的初态为 111,则次态为 000,$Z=1$。

显然,电路能够自启动。故可以画出完整的状态图,如图 5.3.5 所示。

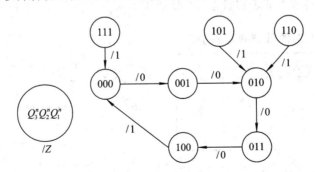

图 5.3.5　例 5.3.1 电路的完整状态转移图

⑤ 判断电路功能。该电路是一个同步的五进制加法计数器,并且能够进行自启动。

【例 5.3.2】　试分析图 5.3.6 所示时序逻辑电路的逻辑功能。

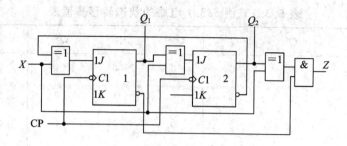

图 5.3.6　例 5.3.2 的电路图

解　该电路是一个同步时序逻辑电路。

① 根据电路图写出触发器驱动方程和电路输出方程。

两个触发器的驱动方程为

$$\begin{cases} J_1 = X \oplus \bar{Q}_2^n, & K_1 = 1 \\ J_2 = X \oplus Q_1^n, & K_2 = 1 \end{cases} \tag{5.3.4}$$

输出方程为

$$Z = (X \oplus Q_2^n) \cdot \bar{Q}_1^n \tag{5.3.5}$$

② 将各驱动方程代入 J - K 触发器的特征方程，得到各触发器次态方程组：

$$\begin{cases} Q_1^{n+1} = J_1 \bar{Q}_1^n + \bar{K}_1 Q_1^n = (X \oplus \bar{Q}_2^n) \bar{Q}_1^n \\ Q_2^{n+1} = J_2 \bar{Q}_2^n + \bar{K}_2 Q_2^n = (X \oplus Q_1^n) \bar{Q}_2^n \end{cases} \tag{5.3.6}$$

③ 列出状态转移真值表，画出状态转移图及时序图。

根据 X 的取值，分 $X=0$ 和 $X=1$ 两种情况进行讨论。

情况一，当 $X=0$ 时。此时，触发器的次态方程简化为

$$\begin{cases} Q_1^{n+1} = \bar{Q}_2^n \bar{Q}_1^n \\ Q_2^{n+1} = Q_1^n \bar{Q}_2^n \end{cases} \tag{5.3.7}$$

输出方程简化为

$$Z = Q_2^n \bar{Q}_1^n \tag{5.3.8}$$

由此作出状态转移真值表和状态图，分别如表 5.3.2 和图 5.3.7 所示。

表 5.3.2　$X=0$ 时的状态转移真值表

Q_2^n	Q_1^n	Q_2^{n+1}	Q_1^{n+1}	Z
0	0	0	1	0
0	1	1	0	0
1	0	0	0	1

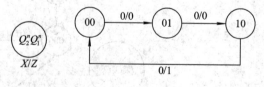

图 5.3.7　$X=0$ 时的状态转移图

情况二，当 $X=1$ 时。此时，触发器的次态方程简化为

$$\begin{cases} Q_1^{n+1} = Q_2^n \bar{Q}_1^n \\ Q_2^{n+1} = \bar{Q}_1^n \bar{Q}_2^n \end{cases} \tag{5.3.9}$$

作出状态转移真值表及状态转移图，分别如表 5.3.3 和图 5.3.8 所示。

表 5.3.3 $X=1$ 时的状态转移真值表

Q_2^n	Q_1^n	Q_2^{n+1}	Q_1^{n+1}	Z
0	0	1	0	0
1	0	0	1	1
0	1	0	0	0

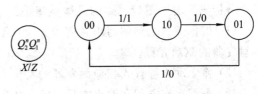

图 5.3.8 $X=1$ 时的状态转移图

综合 $X=0$ 和 $X=1$ 的情况，可得到电路在输入 X 的控制下的状态转换关系，如图 5.3.9 所示。根据状态转移图和状态转移真值表画出的时序如图 5.3.10 所示。

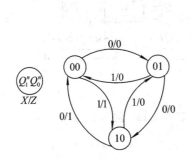

图 5.3.9 在 X 控制下的状态转移图

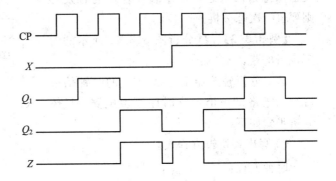

图 5.3.10 例 5.3.2 的时序图

④ 检查电路能否自启动。通过上面的分析可知，该电路的无效态为 11。根据次态方程式(5.3.6)可以得到：当电路现态为 11 时，不论 X 为何值，次态均为 00，输出 $Z=0$。显然，该电路能够自启动。图 5.3.11 给出了电路的完整状态转移图。

⑤ 判断电路功能。该电路一共有三个状态：00、01 和 10。当时钟信号下降沿到来时，受输入 X 的控制进行状态转移。当 $X=0$ 时，按照加 1 规律从 00→01→10→00 循环变化，并每当转换为 10 状态(最大数)时，输出 $Z=$

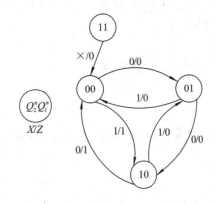

图 5.3.11 例 5.3.2 的完整状态转移图

1；当 $X=1$ 时，按照减 1 规律从 10→01→00→10 循环变化，并每当转换为 00 状态(最小数)时，输出 $Z=1$。因此，该电路是一个加减可控的三进制计数器。

5.3.2 异步时序逻辑电路分析

异步时序逻辑电路与同步时序逻辑电路的主要差异有三个方面：第一，异步时序逻辑电路中无统一的外加时钟脉冲，这是最主要的区别，这就意味着异步时序逻辑电路中各个触发器状态的变化不是同时进行的；第二，异步时序逻辑电路中，通常情况下输入变量 X 为脉冲信号，由输入脉冲直接引起电路状态的改变；第三，由次态逻辑产生各触发器的驱动信号及时钟信号。

分析异步时序逻辑电路的具体步骤是:

(1)根据逻辑电路图写出各逻辑方程:各触发器的时钟方程、时序电路的输出方程和各触发器的驱动方程。

(2)将驱动方程代入相应触发器的特征方程,得到时序逻辑电路的次态方程。

(3)根据次态方程和输出方程,列出电路的状态转移真值表,画出状态图或时序图。

(4)根据电路的状态转移真值表或状态图说明电路的逻辑功能。

分析这类电路,在每次电路状态转移时,都要注意考虑哪些触发器时钟信号有效,哪些触发器时钟信号无效。时钟信号无效的触发器保持原来状态,时钟信号有效的触发器则要进行次态分析。

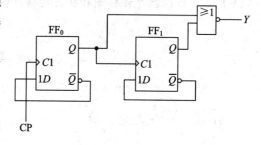

【例 5.3.3】 试分析图 5.3.12 所示的时序逻辑电路。

解 分析触发器 FF_0 和 FF_1 的时钟信号可知该电路是一个异步时序逻辑电路。具体分析步骤如下:

图 5.3.12　例 5.3.3 的电路图

① 写出各逻辑方程式。

时钟方程:

$$\begin{cases} CP_0 = CP\uparrow & \text{(CP 上升沿触发)} \\ CP_1 = Q_0\uparrow & \text{(当 } FF_0 \text{ 的 } Q_0 \text{ 由 } 0 \to 1 \text{ 时,} Q_1 \text{ 才可能改变状态)} \end{cases} \quad (5.3.10)$$

输出方程:

$$Y = \bar{Q}_1^n \bar{Q}_0^n \quad (5.3.11)$$

各触发器的驱动方程:

$$\begin{cases} D_0 = \bar{Q}_0^n \\ D_1 = \bar{Q}_1^n \end{cases} \quad (5.3.12)$$

② 将各驱动方程代入 D 触发器的特征方程,得到各触发器的次态方程:

$$\begin{cases} Q_0^{n+1} = D_0 = \bar{Q}_0^n (CP_0\uparrow) \\ Q_1^{n+1} = D_1 = \bar{Q}_1^n (CP_1\uparrow) \end{cases} \quad (5.3.13)$$

③ 作状态转移真值表,如表 5.3.4 所示。

表 5.3.4　例 5.3.3 电路的状态转移真值表

现　　态		次　　态		输出	时钟脉冲		
Q_1^n	Q_0^n	Q_1^{n+1}	Q_0^{n+1}	Y	CP_1	CP_0	CP
0	0	1	1	1	↑	↑	↑
1	1	1	0	0	↓	↑	↑
1	0	0	1	0	↑	↑	↑
0	1	0	0	0	↓	↑	↑

④ 作出状态转移图和时序图,分别如图 5.3.13 和图 5.3.14 所示。

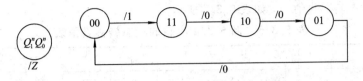

图 5.3.13　例 5.3.3 电路的状态转移图

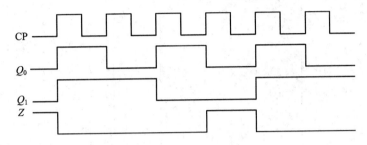

图 5.3.14　例 5.3.3 电路的时序图

⑤ 逻辑功能分析。由状态转移图可知该电路共有四个状态：00、01、10 和 11，在时钟脉冲作用下，按照减 1 规律循环变化，所以是一个四进制减法计数器，Z 是借位信号。

【**例 5.3.4**】　分析图 5.3.15 所示异步时序逻辑电路的功能。

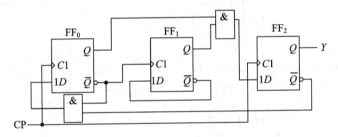

图 5.3.15　例 5.3.4 的电路图

解　① 写出各逻辑方程式。

时钟方程：

$$\begin{cases} CP_0 = CP\uparrow \\ CP_1 = \overline{Q}_0 \\ CP_2 = CP\uparrow \end{cases} \tag{5.3.14}$$

各触发器的驱动方程：

$$\begin{cases} D_0 = \overline{Q}_2^n \overline{Q}_0^n \\ D_1 = \overline{Q}_1^n \\ D_2 = Q_1^n Q_0^n \end{cases} \tag{5.3.15}$$

输出方程：

$$Y = Q_2 \tag{5.3.16}$$

② 将各驱动方程代入 D 触发器的特征方程，得到各触发器的次态方程：

$$\begin{cases} Q_0^{n+1} = \overline{Q}_2^n \overline{Q}_0^n \cdot CP_0\uparrow \\ Q_1^{n+1} = \overline{Q}_1^n \cdot CP_1\uparrow \\ Q_2^{n+1} = Q_1^n Q_0^n \cdot CP_2\uparrow \end{cases} \tag{5.3.17}$$

③ 作出状态转移真值表,如表 5.3.5 所示。

表 5.3.5　例 5.3.4 电路的状态转移真值表

现　　态			次　　态			输出	时钟脉冲			
Q_2^n	Q_1^n	Q_0^n	Q_2^{n+1}	Q_1^{n+1}	Q_0^{n+1}	Y	CP$_2$	CP$_1$	CP$_0$	CP
0	0	0	0	0	1	0	↑	↓	↑	↑
0	0	1	0	1	0	0	↑	↑	↑	↑
0	1	0	0	1	1	0	↑	↓	↑	↑
0	1	1	1	0	0	0	↑	↑	↑	↑
1	0	0	0	0	0	1	↑	1	↑	↑
1	0	1	0	1	0	1	↑	↑	↑	↑
1	1	0	0	1	0	1	↑	0	↑	↑
1	1	1	1	0	0	1	↑	↑	↑	↑

④ 作状态转移图和时序图,分别如图 5.3.16 和图 5.3.17 所示。

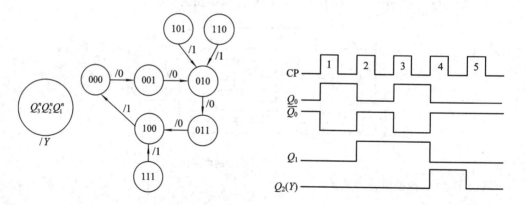

图 5.3.16　例 5.3.4 电路的状态转移图　　　　　图 5.3.17　例 5.3.4 电路的时序图

⑤ 逻辑功能分析。该电路是一个具有自启动功能的五进制异步计数器。

5.4　时序逻辑电路的设计方法

　　时序逻辑电路的设计,就是根据给定的逻辑问题,设计出能够实现该逻辑功能的电路,并力求最简。当选用小规模逻辑电路实现时,最简的标准是所用的触发器和门电路的数量最少;当采用中规模集成电路时,最简的标准是使用的集成电路数目和种类最少,而且相互连线也最少;采用大规模或可编程电路进行设计时,最简的标准通常是占用芯片的资源最少。

　　时序逻辑电路的设计过程与时序逻辑电路的分析过程是相反的。本节主要介绍采用中、小规模器件的传统时序逻辑电路设计方法以及用 Verilog 设计和描述电路时应注意的问题。

5.4.1 同步时序逻辑电路的传统设计方法

在同步时序逻辑电路中,由于采用统一的时钟信号,因此在设计过程中可以不考虑时钟信号,从一个状态到另一个状态是同步的。同步时序逻辑电路设计的一般步骤是:

(1) 逻辑抽象,建立原始状态图和状态表。

(2) 状态化简,得到最简状态表。

(3) 状态分配,确定二进制状态表。

(4) 选择触发器,确定触发器的驱动方程和电路输出方程。

(5) 检查电路的自启动功能。

(6) 画出逻辑电路图。

下面具体介绍设计过程中应遵循的原则和需要注意的问题。

1. 逻辑抽象

进行逻辑抽象的目的是得出逻辑问题的原始状态转移图和状态转移真值表。在这一阶段,对逻辑状态的分析只求正确,不求最简,多余的状态可以在状态化简时消除。

建立原始状态表的关键是确定以下三个问题:

(1) 分析给定逻辑问题,确定输入、输出变量以及电路的状态数。输入变量的个数取决于引起电路状态变化的原因,而输出变量的个数由电路功能决定。

(2) 定义输入、输出逻辑状态和电路状态的含义,并对电路状态进行编号。

(3) 列出原始状态表,画出状态转移图。

【例 5.4.1】 设计一个五进制可逆计数器。当输入 x 为 0 时,进行加 1 计数;当 x 为 1 时,进行减 1 计数。

解 ① 分析输入、输出变量的个数及电路的状态数。

根据要求,有一个输入变量为 x,有一个输出变量为 y,电路的状态数为五个。

② 定义输入、输出逻辑状态和每个电路状态的含义,并对电路状态进行编号。

输入 x 控制电路的功能,其含义与设计要求相同。当 $x=0$ 时,做加 1 计数;当 $x=1$ 时,做减 1 计数。电路的状态数为五个,其编号分别为 $S_0 \sim S_4$。输出 y 表示五进制的计数输出,设定当前状态为 S_0 时,电路输出 $y=1$;电路处于其他状态时,$y=0$。

③ 列出状态转移真值表,画出状态转移图。

根据题意可以画出状态转移图,如图 5.4.1 所示。原始状态表如表 5.4.1 所示。

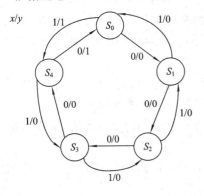

图 5.4.1 例 5.4.1 的状态转移图

表 5.4.1 例 5.4.1 原始状态表

次态/输出 现态	x 0	1
S_0	$S_1/0$	$S_4/1$
S_1	$S_2/0$	$S_0/0$
S_2	$S_3/0$	$S_1/0$
S_3	$S_4/0$	$S_2/0$
S_4	$S_0/1$	$S_3/0$

【例 5.4.2】 设计一个串行数据检测器,在连续输入四个或四个以上的 1 时输出 1,否则输出 0。

解 按题意,要求设计一个"1111"序列检测器。其功能是:对输入 X 逐位进行检测,若输入序列中出现"1111",则最后一个 1 输入时,输出 Z 为 1;若随后的输入仍为 1,则输出继续为 1;其他情况下,输出 Z 为 0。显然,该序列检测器应该记住收到 X 中连续的 1 的个数,因此可以定义以下输入、输出信号和电路状态:

* 输入 X,表示串行输入数据。

* 输出 Z,表示检测结果。

* 电路状态定义:

S_0——未输入 1;

S_1——输入一个 1;

S_2——连续输入两个 1;

S_3——连续输入三个 1;

S_4——连续输入四个或四个以上 1。

画出其原始状态转移图,如图 5.4.2 所示。

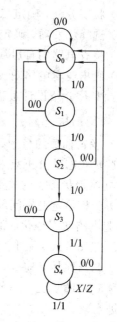

当电路处于状态 S_0 时,表明电路未收到 1。若此时输入 $X=0$,则电路的输出为 0,次态仍为 S_0;若此时输入 $X=1$,则电路收到第一个 1,进入收到一个 1 的状态,输出为 0,次态为 S_1。

当电路处于 S_1 时,表明电路已收到一个 1。若此时输入 $X=0$,则接收 1111 的过程被打断,前面刚收到的 1 作废,电路返回到未收到有效 1 的状态,输出为 0,次态为 S_0;若此时输入 $X=1$,则电路连续收到两个 1,进入连续收到两个 1 的状态,输出为 0,次态为 S_2。

图 5.4.2 例 5.4.2 的状态转移图

当电路处于 S_2 时,表明电路已连续收到两个 1。若此时输入 $X=0$,则接收 1111 的过程被打断,前面刚连续收到的 11 作废,电路返回到未收到有效 1 的状态,输出为 0,次态为 S_0;若此时输入 $X=1$,则电路连续收到三个 1,进入连续收到三个 1 的状态,输出为 0,次态为 S_3。

当电路处于 S_3 时,表明电路已收到三个连续的 1。若此时输入 $X=0$,则接收 1111 的过程被打断,前面刚连续收到的 111 作废,电路返回到未收到有效 1 的状态,输出为 0,次态为 S_0;若此时输入 $X=1$,则电路连续收到四个 1,进入连续收到四个 1 的状态,输出为 1,次态为 S_4。

当电路处于 S_4 时,表明电路已收到四个或四个以上连续的 1。若输入 $X=0$,则接收四个以上 1111 的过程被打断,前面连续收到的多个 1 作废,电路返回到未收到有效 1 的状态,输出为 0,次态为 S_0;若此时输入 $X=1$,则电路已连续收到四个以上的 1,根据题意,输出为 1,次态仍为 S_4,电路停留在状态 S_4。

由原始状态图可以得到如表 5.4.2 所示的原始状态表,表中的 S^n 表示现态,S^{n+1} 表示次态。

表 5.4.2 例 5.4.2 的原始状态表

S^{n+1}/Z $\qquad S^n$ X	S_0	S_1	S_2	S_3	S_4
0	$S_0/0$	$S_0/0$	$S_0/0$	$S_0/0$	$S_0/0$
1	$S_1/0$	$S_2/0$	$S_3/0$	$S_4/1$	$S_4/1$

对于较复杂的序列检测电路还有一种常用的状态分析方法,称为树干分支法。树干分支法的基本思路是:将要检测的序列作为树干,其余输入组合作为分支,即先画树干,然后再画分支,由此得到电路的原始状态图和状态表。树干分支法和前面的状态方法一样,适合所有的序列检测。但对于多序列检测,因需要多个树干而使得原始状态数较多,这是树干分支法的不足之处。

【例 5.4.3】 用树干分支法画出重叠型和非重叠型"1010"序列检测器的原始状态图。

解 所谓重叠型序列检测器,是指在序列检测过程中,前、后序列是可以重叠的,如重叠型"1010"序列在已经收到"1010"后,只要再收到"10"就表示检测到了下一个"1010"序列,因为是用上一个序列的后一个"10"作为下一序列的前两位"10"的。如果是非重叠型序列检测器,因已经检测到了"1010",所以后面的两位"10"不可再用,应从下一位开始重新检测"1010"。

无论是否允许重叠,序列检测器的树干都是"1010",因此可以先画出"1010"这条树干,如图 5.4.3 所示。实际上,采用树干分支法画好原始状态图的树干后,各个状态的含义就已经清楚了,只不过一开始未定义而

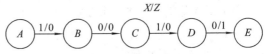

图 5.4.3 "1010"序列检测器的树干

已。例如本例中,状态 A 作为初始状态表示未收到有效的"1";状态 B 表示收到 1 个有效的"1";状态 C 表示收到"10";状态 D 表示收到"101";状态 E 表示收到"1010"。

在树干的基础上,考虑在各状态下次态的转换情况,将各状态的分支补充完整,"1010"序列检测器的原始状态图如图 5.4.4 所示。重叠型和非重叠型"1010"序列检测器的原始状态图仅在电路处于状态 E 时有所不同。状态 E 表示电路已经检测到"1010"序列,如果是重叠型序列检测器,则前一组的后两位"10"可以作为下一组"1010"的前面两位"10",因此再收到 1 时应转向收到"101"的状态 D,如图 5.4.4(a)所示;如果是非重叠型序列检测器,检测到"1010"后,应从下一位开始重新检测"1010",因此再收到 1 时应转向收到第一个"1"的状态 B,如图 5.4.4(b)所示。

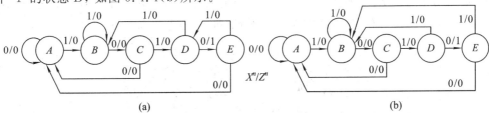

(a) (b)

图 5.4.4 "1010"序列检测器的原始状态图

(a) 重叠型;(b) 非重叠型

2. 状态化简

一般情况下，原始状态图或原始状态表都存在多余状态，因此必须进行状态化简，消除多余状态。状态化简是建立在状态等效概念基础上的。

1) 状态等效的几个基本概念

（1）状态等效。设 S_1 和 S_2 是完全给定时序电路 M_1 和 M_2（M_1 和 M_2 可以是同一个电路）的两个状态，若作为初态同时加入任意输入序列，所产生的输出序列完全一致，并且在所有的输入条件下，两个状态的转移效果完全相同，则状态 S_1 和 S_2 是等效（或等价的），称 S_1 和 S_2 是等效对，记为 $(S_1，S_2)$。等效状态可以合并为一个状态，即

$$(S_1，S_2) \rightarrow S_3$$

S_1 和 S_2 的等价关系如图 5.4.5 所示。

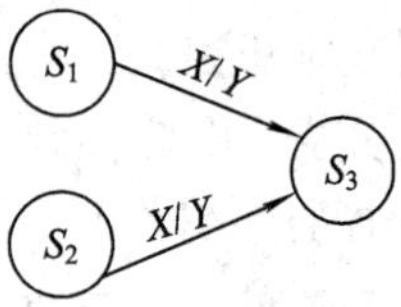

图 5.4.5　S_1 和 S_2 的等价关系

（2）等效的传递性。如果有状态 S_1 和 S_2 等效，状态 S_2 和 S_3 等效，则状态 S_1 和 S_3 也等效，记为：

$$(S_1，S_2)，(S_2，S_3) \rightarrow (S_1，S_3)$$

（3）等效类。所含状态都可以相互构成等效对的等效状态集合，称为等效类，即

$$(S_1，S_2，S_3) \rightarrow (S_1，S_2)(S_2，S_3)(S_1，S_3)$$

$$(S_1，S_2)，(S_2，S_3)，(S_1，S_3) \rightarrow (S_1，S_2，S_3)$$

（4）最大等效类。在一个原始状态表中，不能被其他等效类所包含的等效类称为最大等效类。

2) 等效对的判断标准

在完全描述状态转移真值表中，等效对的判断标准是同时满足以下两个条件：

条件 1：在输入相同的条件下，其输出完全相同。

条件 2：在条件 1 的基础上，每个次态满足下列条件之一。

- 次态相同；
- 次态交错；
- 次态维持；
- 后继状态等效；
- 次态循环。

下面对以上次态情况进行说明。

（1）次态相同。次态相同是指如图 5.4.6 所示的情况。状态 S_1 和 S_2 在输入相同的情况下，输出均相同，且状态转移效果均相同。当输入为 0 时，输出均为 0，且次态均为 S_3；输入为 1 时，输出均为 0，且次态均为 S_4，则 S_1 和 S_2 是等效态。

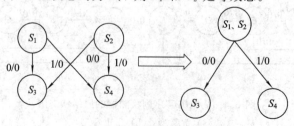

图 5.4.6　次态相同示意图

（2）次态交错。次态交错是指状态 S_i 的次态是 S_j，状态 S_j 的次态是 S_i。如图 5.4.7 所示，S_1 在输入为 0 的情况下，输出为 0，其次态是 S_2。S_2 在输入为 0 的情况下，输出为 0，其次态是 S_1。S_1 和 S_2 在输入为 1 的情况下，其输出均为 1，次态均是 S_3，则 S_1 和 S_2 是等效态。

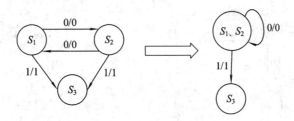

图 5.4.7　次态交错示意图

（3）次态维持。次态维持是指在某些输入相同的情况下，S_i、S_j 的次态维持其本身不变，则 S_i、S_j 是等价态。图 5.4.8 所示的 S_1、S_2 在输入为 0 的情况下，其次态为其本身，因此 S_1、S_2 可合并。

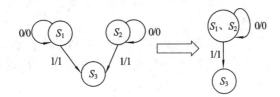

图 5.4.8　次态维持示意图

（4）后继状态等效。后继状态等效是指若两个状态的后继态是等效态，则这两个状态也是等效态。

如图 5.4.9(a)所示，S_3 和 S_4 分别是 S_1 和 S_2 的次态，而根据次态维持原则，S_3 和 S_4 是等效态，如图 5.4.9(b)所示；再根据次态交错原则，说明 S_1 和 S_2 也是等效态，因此该状态图可转化为图 5.4.9(c)所示。

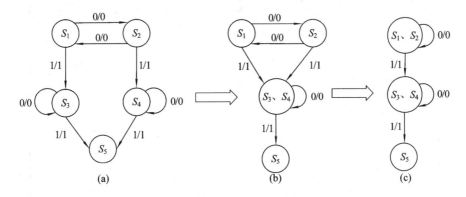

图 5.4.9　后继状态等效示意图

（5）次态循环。次态之间相互循环，是指状态 S_1 和 S_2 等价的前提条件是状态 S_3 和 S_4 等价，而 S_3 和 S_4 等价的前提条件又是状态 S_1 和 S_2 等价，此时，S_1 和 S_2 等价，S_3 和 S_4

也等价。

在图 5.4.10 中，状态 S_1 和 S_2 等价的条件是 S_3 和 S_4 等价；状态 S_3 和 S_4 等价的条件是 S_5 和 S_6 等价；状态 S_5 和 S_6 等价的条件又是状态 S_1 和 S_2 等价。按照次态循环原则，则 S_1 和 S_2 等价，S_3 和 S_4 等价，S_5 和 S_6 也等价。

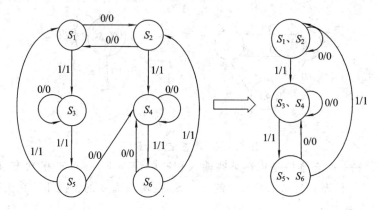

图 5.4.10　次态循环示意图

3) 用隐含表法进行状态化简

对于简单的等价态关系，可以直接通过观察进行判断；对于比较复杂的对等关系，可以采用隐含表法进行状态化简。下面举一个例子说明用隐含表法进行状态化简的方法和步骤。

【例 5.4.4】　化简表 5.4.3 所示的原始状态表。

表 5.4.3　例 5.4.4 的原始状态表

次态/输出　输入　现态	00	01	10	11
A	D/0	D/0	F/0	A/0
B	C/1	D/0	E/1	F/0
C	C/1	D/0	E/1	A/0
D	D/0	B/0	A/0	F/0
E	C/1	F/0	E/1	A/0
F	D/0	D/0	A/0	F/0
G	G/0	G/0	A/0	A/0
H	B/1	D/0	E/1	A/0

解　首先画隐含表。先画一个如表 5.4.4 所示的阶梯表，该表又称为隐含表，表中的每个小方格代表其所对应行列标注的一个状态对。

表 5.4.4　隐　含　表

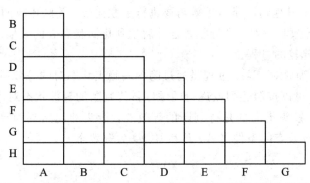

根据表 5.4.3 给出的原始状态表，对各行的各列状态依次进行比较，将结果填入表 5.4.4 对应的小方格中。

首先填写第一列，将状态 A 依次与其余各状态进行比较。

① 比较状态 AB，当输入为 00 和 10 时，其对应输出不同，所以两个状态不可能是等效态，在对应的小方格中填入"×"。

② 比较状态 AC，输入相同情况下对应输出不同，在对应的小方格中填入"×"。

③ 比较状态 AD，对应所有输入其输出均相同，是否为等效态取决于 A、F 和 B、D 是否为等效态。在对应的小方格中填入 AF、BD，以便于后续的判断。

④ 比较状态 AE，输出不同，在对应的小方格中填入"×"。

⑤ 比较状态 AF，输出相同，次态满足对等态条件，即符合次态相同或次态交错原则，在对应的小方格中填入"√"。

⑥ 比较状态 AG，输出相同，是否为等效态取决于 A、F 和 D、G 是否为等效态。在对应的小方格中填入 AF、DG。

⑦ 比较状态 AH，输出不同，在对应的小方格中填入"×"。

隐含表中其他列的填写过程与此类似，即若两个待比较的状态满足等效对的条件，则在相应的小方格内填入"√"；若两个待比较的状态在输入相同的情况下输出不同，则直接在相应的小方格中填入"×"；若输入相同时，输出也相同，则还需进一步比较，将其等效条件填入小方格中。各行列比较后得到如表 5.4.5 所示的结果。

表 5.4.5　隐含表的比较结果

	A	B	C	D	E	F	G
B	×						
C	×	AF					
D	AF BD	×	×				
E	×	AF DF	DF	×			
F	√	×		BD	×		
G	AF DG	×	×	AF BG	×	AF DG	
H	×	AF BC	BC	×	BC DF	×	×

至此,隐含表建立起来。隐含表中有三种比较状态结果,其中,"×"表示状态不等效;"√"表示状态等效;其他情况是否等效需要进行关联比较。关联比较的目的是排除不等效状态对,得到最大等效状态对,进行状态合并后达到化简状态表的效果。

下面讲述关联比较的过程:

① 找出待定的等效对。这个过程是通过隐含表画出状态对的等效树。

根据表 5.4.5,可以按照逐列或逐行的顺序将待判断的等效状态对做成如图 5.4.11 所示的等效树。图中,箭头指向的是待判断的等效态,箭头的起始端为等效态成立的条件。如第一列 AD 成为等效态的条件是 A、F 和 B、D 为等效态。

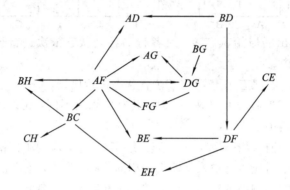

图 5.4.11　待定的等效对

② 确定不等效状态对。这个过程是根据已有的不等效状态对,将待定等效树中的所有不等效状态对依次删除。

· 从表 5.4.5 中可知,BD、BG 不等效,由 BD 不等效可以判断 AD、DF 不等效;由 BG 不等效可以判断 DG 不等效。从图 5.4.11 中去除不等效态 BD、BG、AD、DF、DG,可得到图 5.4.12(a)。

· 由 DG 不等效可知 AG、FG 不等效,由 DF 不等效可知 BE、EH、CE 不等效,从图 5.4.12(a)中去除不等效态 AG、FG、BE、EH、CE,得到图 5.4.12(b)。

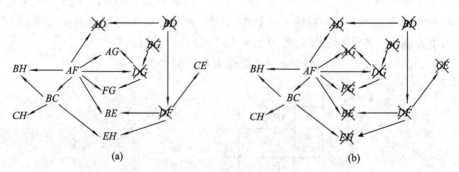

图 5.4.12　确定不等效状态对

③ 确定等效状态对。这个过程是对所有未去除的状态对,根据等效状态对的判断条件进一步进行判断。

· 从表 5.4.5 可知 AF 等效,因此 BC 等效。

· 由 BC 等效可得到 BH 和 CH 等效。

确定的等效状态对如图 5.4.13 所示。

④ 列出最大等效类。这个过程是根据状态等效的原则，找出最大等效类。

由关联比较得到的等效对是：(A, F)、(B, C)、(B, H) 和 (C, H)。按照等效的传递性，由 (B, C)、(B, H) 和 (C, H) 等效可以得到等效对 (B, C, H)。因而得到两个最大等效类：(A, F) 和 (B, C, H)。

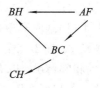

图 5.4.13　确定等效状态对

对原始各状态重新命名：

$$(A, F) \rightarrow A', (B, C, H) \rightarrow B', (D) \rightarrow C', (E) \rightarrow D', (G) \rightarrow E'$$

⑤ 列出化简后的最小化状态表，如表 5.4.6 所示。

表 5.4.6　例 5.4.4 化简后的最小化状态表

现态 \ 次态 \ 输入	00	01	10	11
A'	$C'/0$	$C'/0$	$A'/0$	$A'/0$
B'	$B'/1$	$C'/0$	$D'/1$	$A'/0$
C'	$C'/0$	$B'/0$	$A'/0$	$A'/0$
D'	$B'/1$	$A'/0$	$D'/1$	$A'/0$
E'	$E'/0$	$E'/0$	$A'/0$	$A'/0$

3. 状态分配

状态分配就是给最小化状态表中的每个状态指定一个二进制代码来表示，又称为状态编码。状态分配会影响到所设计的同步时序电路的复杂程度和使用器件的多少。

时序逻辑电路的状态是用触发器的不同输出组合来表示的，因此首先需要确定触发器的数目。设状态个数为 M，触发器个数为 n，则 n、M 之间应满足下列关系：

$$2^{n-1} < M \leqslant 2^n \qquad （已知 M，确定 n） \tag{5.4.1}$$

随后需要选择状态分配方案，即从 2^n 个状态中选 M 个电路状态。在 $M < 2^n$ 个状态中选取 M 个状态的组合方案共有：

$$C_{2^n}^M = \frac{2^n!}{M!(2^n - M)!} \tag{5.4.2}$$

而 M 个状态的排列又有 $M!$ 种，因而状态编码的方案共有：

$$M! C_{2^n}^M = \frac{2^n!}{(2^n - M)!} \tag{5.4.3}$$

为了简化电路，在电路设计上应尽可能使次态方程和输出方程在卡诺图上 "1" 格的分布相邻，以便形成较大的卡诺圈，从而得到最简次态和输出方程表达式。为此可按照下面的方法分配状态：

(1) 找出状态之间的相邻关系。状态相邻是指两个状态的二进制编码中只有一个变量取值不同，其余变量均相同。状态相邻关系的确定可按照如下三个规则进行。

规则 1：在相同输入条件下，次态相同，现态相邻。此规则可以改善次态函数卡诺图上 1 单元（或 0 单元）的相邻情况，有利于驱动方程的化简。

规则 2：在不同输入条件下，同一现态，则使次态相邻。此规则也可以改善次态函数卡诺图上 1 单元(或 0 单元)的相邻情况，有利于驱动方程的化简。

规则 3：输出完全相同，则使现态相邻。此规则可以改善输出方程卡诺图 1 单元(或 0 单元)的相邻情况，以有利于输出方程的化简。

这三条规则在用于实际分配时可能会产生矛盾，此时应按照规则 1、规则 2、规则 3 的顺序进行分配，即首先满足规则 1，然后满足规则 2，最后满足规则 3。

(2) 给各状态分配二进制编码。各状态在进行二进制编码分配时的原则是：

① 找出状态表中出现最多的次态 S_{j+1} 所对应的现态 S_i，并令 S_i 的二进制编码全为 0。

② 按(1)已确定出的状态相邻关系给其他状态分配二进制编码。

【例 5.4.5】 完成如表 5.4.7 所示状态表的状态分配。

表 5.4.7 例 5.4.5 的状态表

次态/输出　　现态	输入 0	1
A	C/0	D/0
B	C/0	A/0
C	B/0	D/0
D	A/0	B/1

解 由规则 1，可知相邻状态有 AB、AC；由规则 2，可知相邻状态有 CD，其相邻效果如图 5.4.14 所示。

按照相邻状态分配原则，可得到各状态的编码表如表 5.4.8 所示。

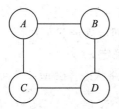

图 5.4.14 例 5.4.5 的状态相邻图

表 5.4.8 例 5.4.5 的各状态编码表

Q_1 ＼ Q_2	0	1
0	A	C
1	B	D

进行状态分配后的状态表如表 5.4.9 所示，表中 x 表示输入，Z 表示输出。

表 5.4.9 例 5.4.5 的状态分配表

现态 $Q_2^n Q_1^n$	$x=0$ $Q_2^{n+1} Q_1^{n+1}/Z$	$x=1$ $Q_2^{n+1} Q_1^{n+1}/Z$
00	10/0	11/0
01	10/0	00/0
11	00/0	01/1
10	01/0	11/0

4. 选定触发器类型，确定电路驱动方程和输出方程

触发器类型不同决定了电路驱动函数的不同，因此，选择触发器类型的重要条件就是能使函数最简。在小规模电路中，大多数情况下最常选用的是 D 触发器，其次是选用 J-K 触发器和 T 触发器。在非计数型的时序电路中，有时可选用 R-S 触发器。在可编程逻辑器件中通常只包含 D 触发器(如 PLD)，或由软件自动根据占用资源的情况进行选择。

当选定触发器后，可以根据状态转移图(表)得到各位触发器的次态和各输出变量的卡诺图，根据卡诺图可求得触发器的次态方程和输出方程。得到触发器驱动方程的方法有两种，第一种是将各触发器的次态方程采用公式法进行变换，使之与所选触发器特征方程形式一致，从而确定触发器的驱动方程；第二种是先得到各触发器输入激励表，然后再求触发器驱动方程。

由状态转移图(表)得到驱动方程和输出方程的过程如图 5.4.15 所示。

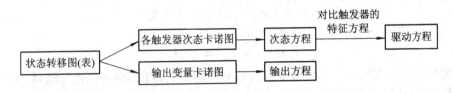

图 5.4.15　驱动方程和输出方程的确定过程

【例 5.4.6】　分别使用 D 触发器、J-K 触发器和 T 触发器实现如表 5.4.9 所示的二进制状态表所要求的驱动方程和输出方程。

解　由表 5.4.9 可知，该电路需要两个触发器，设分别为触发器 2 和触发器 1，根据表 5.4.9 可以分别画出触发器次态 Q_2^{n+1}、Q_1^{n+1} 和输出变量 Z 的卡诺图，如图 5.4.16 所示。

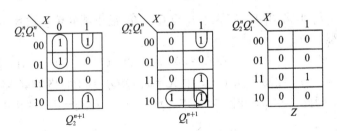

图 5.4.16　例 5.4.6 的次态卡诺图和输出变量卡诺图

由图 5.4.16 可以求出触发器 1 和触发器 2 的次态方程为

$$\begin{cases} Q_2^{n+1} = \overline{X}\,\overline{Q}_2^n + XQ_1^n \\ Q_1^{n+1} = XQ_2^n + X\overline{Q}_1^n + Q_2^n\overline{Q}_1^n \end{cases} \tag{5.4.4}$$

输出方程为

$$Z = XQ_2^nQ_1^n \tag{5.4.5}$$

可根据选择的触发器确定对应的激励函数。

① 选用 D 触发器。D 触发器的状态方程为

$$Q^{n+1}=D$$

则 D 触发器对应的激励函数为

$$\begin{cases} D_2 = \overline{X}\overline{Q}_2^n + X\overline{Q}_1^n \\ D_1 = XQ_2^n + X\overline{Q}_1^n + Q_2^n\overline{Q}_1^n \end{cases} \tag{5.4.6}$$

② 选用 J-K 触发器。J-K 触发器的状态方程为

$$Q^{n+1} = J\overline{Q}^n + \overline{K}Q^n$$

将次态方程进行变换,得到 J-K 触发器的激励函数:

$$Q_2^{n+1} = \overline{X}\overline{Q}_2^n + X\overline{Q}_1^n = \overline{X}\overline{Q}_2^n + X\overline{Q}_1^n(\overline{Q}_2^n + Q_2^n)$$

$$= (\overline{X} + X\overline{Q}_1^n)\overline{Q}_2^n + X\overline{Q}_1^nQ_2^n$$

$$= (\overline{X} + \overline{Q}_1^n)\overline{Q}_2^n + X\overline{Q}_1^nQ_2^n \tag{5.4.7}$$

$$J_2 = \overline{X} + \overline{Q}_1^n, \qquad K_2 = \overline{\overline{X}\overline{Q}_1^n} = \overline{X} + Q_1^n \tag{5.4.8}$$

$$Q_1^{n+1} = XQ_2^n + X\overline{Q}_1^n + Q_2^n\overline{Q}_1^n = (X + Q_2^n + XQ_2^n)\overline{Q}_1^n + XQ_2^nQ_1^n$$

$$= (X + Q_2^n)\overline{Q}_1^n + XQ_2^nQ_1^n \tag{5.4.9}$$

$$J_1 = X + Q_2^n, \qquad K_1 = \overline{XQ_2^n} = \overline{X} + \overline{Q}_2^n \tag{5.4.10}$$

③ 选用 T 触发器。T 触发器的状态方程为

$$Q^{n+1} = T\overline{Q}^n + \overline{T}Q^n$$

要将次态方程变换成 T 触发器状态方程对应的形式,采用公式法比较繁琐,因此可以通过对比 T 触发器的激励表 5.2.11,得到 T 触发器的驱动方程。

分析表 5.2.11 触发器现态到次态的变换可知,若触发器状态发生翻转,则必须满足 $T=1$;若状态保持,则需要 $T=0$。设触发器 2 和触发器 1 的输入控制端分别为 T_2、T_1,通过比较表 5.4.9 和表 5.2.11,可以得到如图 5.4.17(b)、(c)所示的 T_2 和 T_1 卡诺图。为了便于比较次态 $Q_2^{n+1}Q_1^{n+1}$ 与现态 $Q_2^nQ_1^n$ 的转换关系,图 5.4.17(a)画出了 $Q_2^{n+1}Q_1^{n+1}$ 的卡诺图。

下面以 T_2 和 T_1 卡诺图中对应 $X=0$、$Q_2^nQ_1^n=00$ 最小项的填写过程为例说明 T_2 和 T_1 卡诺图的建立过程。

在图 5.4.17(a)中,当 $X=0$、$Q_2^nQ_1^n=00$ 时,$Q_2^{n+1}Q_1^{n+1}=10$。此时,触发器 2 状态由 $0\rightarrow1$ 翻转,因此 $T_2=1$,在图 5.4.17(b)中 $X=0$、$Q_2^nQ_1^n=00$ 的格中填入 1;由于触发器 1 保持 0 状态不变,因此 $T_1=0$,在图 5.4.17(c)中 $X=0$、$Q_2^nQ_1^n=00$ 的格中填入 0。

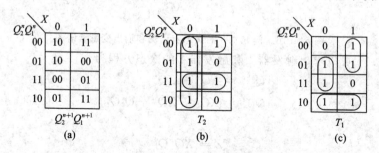

图 5.4.17　例 5.4.6 中 T_2 和 T_1 的卡诺图

因此,T_2 和 T_1 的驱动方程为

$$\begin{cases} T_2 = \overline{X} + \overline{Q}_2^n\overline{Q}_1^n + Q_2^nQ_1^n \\ T_1 = \overline{X}Q_1^n + X\overline{Q}_2^n + Q_2^n\overline{Q}_1^n \end{cases} \tag{5.4.11}$$

5．检查自启动功能

在非完全描述的时序电路中，由于存在偏离状态，使电路可能出现死循环而不能自启动。解决电路不能自启动常用以下两种方法：

（1）明确定义非完全描述电路中偏离状态的次态，使其成为完全描述时序电路。但是，这种方法由于失去了任意项，会增加电路的复杂程度。

（2）变换驱动方程的表达式。用卡诺图化简时，可以在分析观察的基础上有选择地改变某些驱动方程的圈法。这样做既可以克服死循环，又不会增加驱动方程的复杂程度。

6．画出逻辑图

根据得到的驱动方程和输出方程，画出逻辑电路图。

【例 5.4.7】　用 J-K 触发器设计一个五进制同步计数器，要求状态转移关系如图 5.4.18 所示。

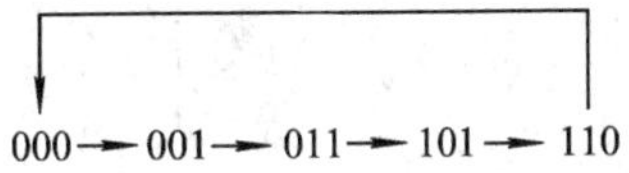

$$000 \longrightarrow 001 \longrightarrow 011 \longrightarrow 101 \longrightarrow 110$$

图 5.4.18　例 5.4.7 的状态转移关系

解　① 逻辑抽象，建立原始状态图和状态表。

本例属于给定状态的时序电路设计问题，不存在逻辑抽象的问题，因此建立状态转移真值表。根据题意，该时序电路有三个状态变量，设为 Q_2、Q_1、Q_0，可作出二进制状态表，如表 5.4.10 所示，它是一个非完全描述时序电路。

表 5.4.10　例 5.4.7 的状态转移表（一）

Q_2^n	Q_1^n	Q_0^n	Q_2^{n+1}	Q_1^{n+1}	Q_0^{n+1}
0	0	0	0	0	1
0	0	1	0	1	1
0	1	0	×	×	×
0	1	1	1	0	1
1	0	0	×	×	×
1	0	1	1	1	0
1	1	0	0	0	0
1	1	1	×	×	×

由于本题状态已指定，因此状态化简和状态分配步骤可略去。

② 选择触发器，确定激励函数和输出方程。

根据表 5.4.10 可画出次态 Q_2^{n+1}、Q_1^{n+1}、Q_0^{n+1} 的卡诺图，分别如图 5.4.19（a）、（b）、（c）所示。

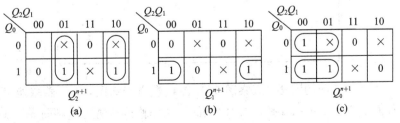

（a）　　　　　　　　　　（b）　　　　　　　　　　（c）

图 5.4.19　例 5.4.7 的次态卡诺图

若选用 J-K 触发器，则由次态卡诺图求出其状态方程和激励函数如下：

$$\begin{cases} Q_2^{n+1} = Q_1^n \bar{Q}_2^n + \bar{Q}_1^n Q_2^n, & J_2 = Q_1^n, \quad K_2 = Q_1^n \\ Q_1^{n+1} = Q_0^n \bar{Q}_1^n, & J_1 = Q_0^n, \quad K_1 = 1 \\ Q_0^{n+1} = \bar{Q}_2^n = \bar{Q}_2^n \bar{Q}_0^n + \bar{Q}_2^n Q_0^n, & J_0 = \bar{Q}_2^n, \quad K_0 = Q_2^n \end{cases} \quad (5.4.12)$$

③ 自启动检查。

根据以上次态方程，检查多余状态的转移情况，如表 5.4.11 所示，其完整的状态转移真值表如表 5.4.11 所示，完整的状态转移图如图 5.4.20 所示。

表 5.4.11　例 5.4.7 的状态转移表(二)

Q_2^n	Q_1^n	Q_0^n	Q_2^{n+1}	Q_1^{n+1}	Q_0^{n+1}
0	0	0	0	0	1
0	0	1	0	1	1
0	1	0	1	0	1
0	1	1	1	0	1
1	0	0	1	0	0
1	0	1	1	1	0
1	1	0	0	0	0
1	1	1	0	0	0

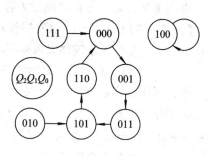

图 5.4.20　例 5.4.7 的状态转移图

从图 5.4.20 可以看出，该电路一旦进入状态 100，就不能进入计数主循环，因此该电路无法实现自启动，需要修改设计。

方法一，将原来的非完全描述时序电路转换为完全描述时序电路。如将表 5.4.10 状态转移表中的无效状态的次态均定义为 000，则可得到一个完全描述时序电路的状态表，见表 5.4.12。因为它是完全描述的，所以电路中不会存在死循环问题。但是在化简时会失去任意项，增加了电路的复杂程度。

表 5.4.12　例 5.4.7 的完全描述状态表

Q_2^n	Q_1^n	Q_0^n	Q_2^{n+1}	Q_1^{n+1}	Q_0^{n+1}
0	0	0	0	0	1
0	0	1	0	1	1
0	1	0	0	0	0
0	1	1	1	0	1
1	0	0	0	0	0
1	0	1	1	1	0
1	1	0	0	0	0
1	1	1	0	0	0

方法二，改变卡诺图的圈法。观察图 5.4.19 的次态卡诺图，如果希望能尽量使用任意项，那么只能对图 5.4.19(a) 和图 5.4.19(c) 的圈法作修改。现选择对图 5.4.19(c) 的圈法作修改，即仅改变 Q_0 的转移，新的圈法如图 5.4.21 所示。

此时，触发器 Q_0 的次态方程和驱动方程改变为

$$\begin{cases} Q_0^{n+1} = \bar{Q}_1^n \bar{Q}_0^n + \bar{Q}_2^n Q_0^n \\ J_0 = \bar{Q}_1^n \\ K_0 = Q_2^n \end{cases} \tag{5.4.13}$$

改变卡诺图的圈法后，状态 010 的次态由 101 变换为 100，这是由于现在最后一位 Q_0 转为 0，而状态 100 将转移到 101。修改后的状态转移图如图 5.4.22 所示。新的驱动方程克服了电路状态的死循环，也未增加复杂程度。

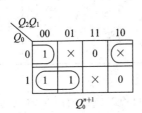

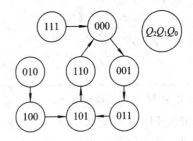

图 5.4.21　改进后的 Q_0^{n+1} 卡诺图　　　　　　图 5.4.22　能够自启动的状态转移图

若修改图 5.4.19(a) 的圈法，则可以得到同样的效果。

④ 画出逻辑电路图。根据驱动方程画出电路图，如图 5.4.23 所示。

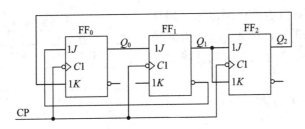

图 5.4.23　例 5.4.7 的电路图

5.4.2　异步时序逻辑电路的传统设计方法

异步时序电路与同步时序电路相比，最大的特点是各个触发器的时钟脉冲信号不同。因此在进行电路设计时，还需要考虑各触发器的时钟信号。设计时，除了要遵循与同步时序逻辑电路相同的基本步骤外，在确定驱动方程和输出方程时，还需要合理地确定各触发器的时钟信号。时钟信号应是现态 Q^n 及输入信号的函数，各触发器的输入控制信号应尽量仅为现态 Q^n 的函数，这样可以保证电路正常工作所需的建立和保持时间。

下面通过一个例子说明异步时序逻辑电路的设计过程。

【例 5.4.8】　设计一个异步七进制加法计数器。

解　① 逻辑抽象。

根据设计要求，设定 7 个状态，分别为 $S_0 \sim S_6$；进位输出用 Y 表示。

② 状态化简。

由于设计的是一个七进制的计数器，因而每一个状态都是确定的，不需要进行状态化简过程。

③ 对 $S_0 \sim S_6$ 进行状态编码后,列出状态转移真值表,如表 5.4.13 所示。

表 5.4.13　例 5.4.8 的状态转移真值表

状态转换顺序	现　态			次　态			进位输出
	Q_2^n	Q_1^n	Q_0^n	Q_2^{n+1}	Q_1^{n+1}	Q_0^{n+1}	Y
1	0	0	0	0	0	1	0
2	0	0	1	0	1	0	0
3	0	1	0	0	1	1	0
4	0	1	1	1	0	0	0
5	1	0	0	1	0	1	0
6	1	0	1	1	1	0	0
7	1	1	0	0	0	0	1

④ 选择触发器,确定时钟信号、激励函数和输出方程。

本例选用下降沿触发的 $J\text{-}K$ 触发器。下面着重说明各触发器时钟信号的选择过程。

首先,确定各触发器的时钟方程,即为各触发器选择时钟信号。

为触发器选择时钟信号的原则是:第一,触发器状态需要翻转时,必须要有时钟信号的翻转沿产生;第二,触发器状态不需翻转时,"多余的"时钟信号越少越好,这样可以简化该级触发器的驱动方程。

根据状态转移真值表可以画出七进制计数器的时序图,如图 5.4.24 所示,结合时钟信号的选择原则,分别为三个触发器确定时钟信号。

第一级触发器,由于是最低位的触发器,所以令 $CP_0 = CP$。

第二级触发器,其时钟信号可以选择 CP 和第一级触发器的输出 Q_0。按照触发器选择

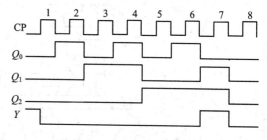

图 5.4.24　例 5.4.8 的时序图

时钟信号的原则的第二条,先判断 Q_0 是否可以作为第二级触发器的时钟信号。如图 5.4.24 所示,第二级触发器在时钟信号 CP 的第 2、4、6、7 下降沿发生状态翻转,而 Q_0 在第 7 个时钟信号的下降沿是低电平,无法提供第二级触发器翻转所需的下降沿,因此 Q_0 不能作为第二级触发器的时钟信号,所以第二级触发器的时钟信号只能选择 CP,即 $CP_1 = CP$。

第三级触发器,其时钟信号可以选择 CP、第一级触发器的输出 Q_0 及第一级触发器的输出 Q_1。由于 Q_1 信号的状态翻转最少,因此先判断 Q_1。从图 5.4.24 可以看出,第三级触发器在时钟信号 CP 的第 4 和第 7 下降沿发生状态翻转,而 Q_1 在这两个时刻存在下降沿,因而 Q_1 可以作为第三级触发器的时钟信号,所以 $CP_2 = Q_1$。

通过上面的分析有:

$$\begin{cases} CP_0 = CP \\ CP_1 = CP \\ CP_2 = Q_1 \end{cases} \qquad (5.4.14)$$

其次,求各触发器驱动方程和输出方程。

由于采用异步时序电路,因此先要根据各个触发器的时钟信号得到各级触发器简化后的状态转移表。

第一级触发器的时钟信号是 CP,在每个时钟脉冲的下降沿发生状态变化,可得表 5.4.14 中的 Q_0^{n+1} 的状态转移。

第二级触发器的时钟信号也是 CP,因此需要确定在每个时钟脉冲的下降沿发生时触发器的状态,可得表 5.4.14 中的 Q_1^{n+1} 的状态转移。

第三级触发器的时钟信号是第二级触发器的输出 Q_1,需要确定在每个 Q_1 下降沿发生时第三级触发器的状态,可得表 5.4.14 中的 Q_2^{n+1} 的状态转移。

表 5.4.14　例 5.4.8 的简化状态转移真值表

状态转换顺序	现　　态			次　　态			进位输出
	Q_2^n	Q_1^n	Q_0^n	Q_2^{n+1}	Q_1^{n+1}	Q_0^{n+1}	Y
1	0	0	0	$\times$	0	1	0
2	0	0	1	$\times$	1	0	0
3	0	1	0	$\times$	1	1	0
4	0	1	1	1	0	0	0
5	1	0	0	$\times$	0	1	0
6	1	0	1	$\times$	1	0	0
7	1	1	0	0	0	0	1

图 5.4.25 所示是根据表 5.4.14 得到的三个触发器次态的卡诺图。

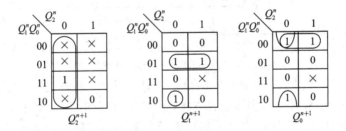

图 5.4.25　例 5.4.8 的触发器次态卡诺图

由此,得出各触发器的次态函数分别为

$$\begin{cases} Q_0^{n+1} = \bar{Q}_2^n \bar{Q}_0^n + \bar{Q}_1^n \bar{Q}_0^n = (\bar{Q}_2^n + \bar{Q}_1^n)\bar{Q}_0^n + 0 Q_0^n \\ Q_1^{n+1} = Q_0^n \bar{Q}_1^n + \bar{Q}_2^n \bar{Q}_0^n Q_1^n \\ Q_2^{n+1} = \bar{Q}_2^n = 1\bar{Q}_2^n + 0 Q_2^n \end{cases} \tag{5.4.15}$$

根据次态方程可以得到触发器的激励函数。

$$\begin{cases} J_0 = \bar{Q}_2^n + \bar{Q}_1^n = \overline{Q_2^n \bar{Q}_1^n}, \quad K_0 = 1 \\ J_1 = Q_0^n, \quad K_1 = Q_2^n + Q_0^n \\ J_2 = 1, \quad K_2 = 1 \end{cases} \tag{5.4.16}$$

根据状态转移真值表可得到输出方程的卡诺图,如图 5.4.26 所示。因此,输出方程为

$$Y = Q_2^n Q_1^n \tag{5.4.17}$$

⑤ 检查电路自启动功能。

当电路进入到无效态 111 后,其次态为 000,电路具有自启动功能。其完整的状态转移图如图 5.4.27 所示。

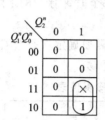

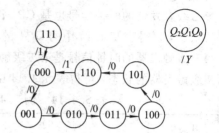

图 5.4.26 例 5.4.8 的输出方程卡诺图   图 5.4.27 例 5.4.8 的完整状态转移图

⑥ 画出电路图。

根据驱动方程和输出方程,采用下降沿 $J-K$ 触发器实现七进制异步计数器的逻辑电路如图 5.4.28 所示。

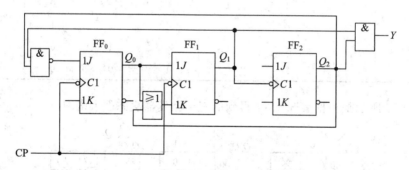

图 5.4.28 例 5.4.8 的七进制异步计数器逻辑电路

由例 5.4.7 可以看出,异步计数器的设计步骤和同步计数器的设计步骤基本相同。由于各触发器的时钟信号可以有多种选择方案,因此会有不同的电路结构。异步二进制计数器的特点是电路组成简单,连接线少;但由于计数脉冲不是同时加到所有触发器的 CP 端的,各触发器的翻转时间依次延迟,因而工作速度慢。另外,还要注意的是,异步计数器在计数过程中存在过渡状态,容易因计数器先后翻转而产生干扰脉冲,造成计数错误。

5.4.3 用 Verilog HDL 描述时序逻辑电路

采用传统方法设计时序逻辑电路是一件非常繁琐的工作,需要完成从逻辑抽象、状态化简、状态分配,到确定驱动方程和输出方程的过程。用可编程器件进行时序电路设计时,在得到状态转移图后,可以用硬件描述语言进行电路的行为描述,其余的工作可以通过 EDA 软件工具自动完成。

通过前面的分析,我们看到时序逻辑电路实际表示的是有限个状态以及这些状态之间的转移,因此时序逻辑电路可以称为有限状态机 FSM(Finite State Machine)或状态机。在 5.1 节中曾经介绍过,时序逻辑电路可分为米利(Mealy)型和摩尔(Moore)型两大类,下面分别介绍这两种电路基于 Verilog HDL 的设计方法。

1. Mealy 有限状态机

Mealy 状态机的输出是根据电路所处的状态及当前的输入决定的。下面通过一个例子说明采用 Verilog HDL 实现 Mealy FSM 的方法。

【例 5.4.9】 设计一个"111…"序列检测器，用来检测串行二进制序列，要求当连续输入三个或三个以上 1 时，检测器输出为 1，否则输出为 0。

解　按照传统电路的设计方法，首先画出状态转移图。

根据题意，该电路有一个输入 x 和一个输出 z，x 与 z 之间的逻辑关系是：x 为 0 时，z 总为 0；当 x 为一个 1 或连续两个 1 时，z 也为 0；当 x 为连续三个 1 时，在第三个 1 出现时，输出 z 为 1。以后如果 x 继续为 1，则 z 仍为 1，直到 x 变为 0 时，z 才由 1 变为 0。

假设电路的初始状态为 A，输入一个 1 后电路的状态为 B，连续输入两个 1 后电路的状态为 C，连续输入三个或三个以上 1 后，电路的状态为 D。当电路处于状态 A、B、C 时，电路的输出为 0，当电路处于状态 D 时，输出为 1。电路不论处于哪种状态，一旦 x 为 0 时，电路就返回初始状态 A。由此得到状态转移图 5.4.29，其对应的状态转移真值表如表 5.4.15 所示。

表 5.4.15　例 5.4.9 的原始状态转移真值表

现态	次态/输出 z	
	$x=0$	$x=1$
A	$A/0$	$B/0$
B	$A/0$	$C/0$
C	$A/0$	$D/1$
D	$A/0$	$D/1$

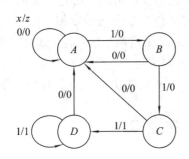

图 5.4.29　例 5.4.9 的原始状态转移图

其次，进行状态化简。对表 5.4.15 进行分析，可以看出状态 C 和 D 是等效态，由此得到简化后的状态转移图，如图 5.4.30 所示。

然后，进行状态分配。根据状态分配的规则，用 00 表示状态 A，01 表示状态 B，10 表示状态 C。

如果采用可编程器件，接下来就可以用硬件描述语言来描述状态图所指定的状态机。代码 5.4.1 是实现图 5.4.30 所示的 Mealy FSM 的 Verilog HDL 模块。

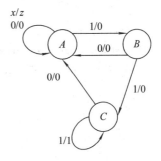

图 5.4.30　例 5.4.9 化简后的状态转移图

代码 5.4.1　实现例 5.4.9 的 Mealy FSM 模块的第一种代码。

```verilog
module Mealy_samp1(clock, resetn, x, z);
    input clock, resetn, x;
    output reg z;
    reg [1:0] y;
```

```
    parameter [1:0] A=2'b00, B=2'b01, C=2'b10;
    always@(negedge resetn, posedge clock)
        if(~resetn)
                y<=A;
        else
          case(y)
            A:if(x) begin y<=B; z<=0; end
              else begin y<=A; z<=0; end
            B:if(x) begin y<=C; z<=0; end
              else begin y<=A; z<=0; end
            C:if(x) begin y<=C; z<=1; end
              else begin y<=A; z<=0; end
            default: begin y<=A; z<=0; end
          endcase
    endmodule
```

    Verilog HDL 可以用许多种方法来描述有限状态机,最常用的方法是用 always 语句和 case 语句。代码 5.4.1 只使用了一个 always 块,用两位变量 y 表示状态。在 always 的敏感信号列表中是异步复位信号 resetn 和时钟信号 clock,由这两个信号控制电路工作,当 resetn 为 0 时,实现异步复位,其余状态转移用 case 语句实现。当前状态和输入确定了输出 z 的取值,即只有当电路现态 y 处于 C 态且输入 $x=1$ 时,输出 $z=1$,其他情况下 z 均为 0。代码 5.4.2 是该状态机的另外一种代码。

    代码 5.4.2　实现例 5.4.9 的 Mealy FSM 模块的第二种代码。

```
    module Mealy_samp2(clock, resetn, x, z);
        input clock, resetn, x;
        output reg z;
        reg [1:0] y;
        parameter [1:0] A=2'b00, B=2'b01, C=2'b10;
        always@(negedge resetn, posedge clock)
          if(~resetn)
                  y<=A;
          else
            begin
              case(y)
                A:if(x) y<=B;
                  else y<=A;
                B:if(x) y<=C;
                  else y<=A;
                C:if(x) y<=C;
                  else y<=A;
                default: y<=A;
              endcase
              z=(y==C&&x);
```

```
      end
   endmodule
```

代码 5.4.2 与代码 5.4.1 的不同在于对输出信号的处理。

代码 5.4.2 和代码 5.4.1 的功能仿真见图 5.4.31。

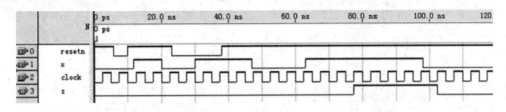

图 5.4.31　代码 5.4.2 和代码 5.4.1 的功能仿真图

从图 5.4.31 中可以看出，resetn=1 时，当输入 x 出现 3 个以上的 1 时，输出 $z=1$；但输入 x 的变化对输出 z 的作用只在下一个时钟到来后才能得到。为了使输出 z 直接体现 x 的变化，可以采用代码 5.4.3。

代码 5.4.3　实现例 5.4.9 的 Mealy FSM 模块的第三种代码。

```
module Mealy_samp3(clock, resetn, x, z);
    input clock, resetn, x;
    output reg z;
    reg [1:0] y, Y;

    parameter [1:0] A=2'b00, B=2'b01, C=2'b10, D=2'b11;

    always@(y, x)
      case(y)
        A:if(x)
            begin
              z<=0;
              Y<=B;
            end
          else
            begin
              z<=0;
              Y<=A;
            end
        B:if(x)
            begin
              z<=0;
              Y<=C;
            end
          else
            begin
              z<=0;
```

```
          Y<=A;
        end
    C:if(x)
      begin
        z<=0;
        Y<=D;
      end
    else
      begin
        z<=0;
        Y<=A;
      end
    D:if(x)
      begin
        z<=1;
        Y<=D;
      end
    else
      begin
        z<=0;
        Y<=A;
      end
    endcase
  always@(negedge resetn,posedge clock)
    if(~resetn)
        y<=A;
    else
        y<=Y;
endmodule
```

在代码 5.4.3 中包含了两个 always 块,一个 always 块用 clock 作为敏感信号,进行状态转移;另一个 always 块用状态信号 y 和输入信号 x 作为敏感信号,因此状态和 x 的变化会立即反映到输出 z,而不是在下一个时钟信号的上升沿时刻。这正好符合 Mealy FSM 的要求,其功能仿真图见图 5.4.32。另外,为了代码实现的方便,代码 5.4.3 中使用了四个状态。

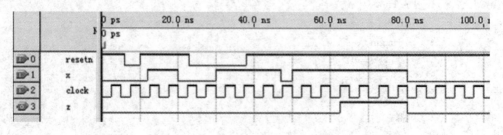

图 5.4.32　代码 5.4.3 的功能仿真图

在实现复杂状态机的过程中，优化的状态分配是一个比较繁琐的过程。在代码 5.4.1～代码 5.4.3 中，对状态的分配都采用了参数设置的方法。另一种方案是采用独热编码的方法，独热编码即 One-Hot 编码，又称为一位有效编码，其方法是使用 N 位状态寄存器来对 N 个状态进行编码，每个状态都用独立位表示，并且在任意时候，其中只有一位有效。例如，对六个状态进行编码的独热编码是 000001、000010、000100、001000、010000 和 100000。采用独热编码虽然增加了触发器的数量，但是可以简化电路设计，使电路的速度和可靠性得以提高。但是采用独热编码后会出现较多的无效状态，这就需要在 case 语句中增加 default 分支，在 if 语句增加 else 分支，以保证对无效项的处理。

2. Moore 有限状态机

Moore 状态机的输出只与电路的状态有关，因而输出信号只在电路状态发生变化的时刻改变。

【例 5.4.10】 用 Verilog HDL 描述如图 5.4.33 所示的状态转移电路。图中是一个三状态的 FSM，A、B、C 表示三个有效状态，它的同步时钟是 clk。x 和 resetn 是输入信号，其中，x 控制状态的转移，resetn 是复位控制信号；z 是输出信号。状态的转移只能在同步时钟信号 clk 的上升沿发生。

解 与图 5.4.30 进行比较，可以看出图 5.4.33 中输出 z 只与状态有关，而与输入 x 无关。代码 5.4.4 是描述图 5.4.33 所示的 Moore FSM 的 Verilog 程序，这段代码中的每个状态都采用了独热编码。

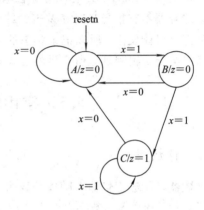

图 5.4.33 例 5.4.10 的状态转移图

代码 5.4.4 的功能仿真如图 5.4.34 所示。

代码 5.4.4 例 5.4.10 状态机实现。

```
module Moore_samp(clock, resetn, x, z);
    input clock, resetn, x;
    output z;
    reg [2:0] y;
    parameter [2:0] A=3'b001, B=3'b010, C=3'b100;
    always@(negedge resetn, posedge clock)
      if(~resetn)
            y<=A;
      else
          case(y)
          A:if(x)    y<=B;
            else     y<=A;
          B:if(x)    y<=C;
            else     y<=A;
          C:if(x)    y<=C;
            else     y<=A;
```

```
        default:   y<=A;
     endcase
  assign z=(y==C);
endmodule
```

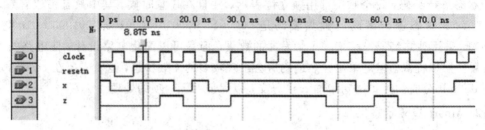

图 5.4.34　代码 5.4.4 的功能仿真图

在采用 Verilog HDL 设计可综合电路时,必须避免使用异步时序逻辑。原因有二:一是许多综合器不支持异步时序逻辑的综合;二是由于异步时序逻辑的触发条件很随意,任何时刻都有可能发生,所以记录状态的寄存器组的输出在任何时刻都有可能发生变化,因此电路中组合逻辑和延迟所产生的冒险和竞争很难控制。

5.5　常用时序电路及其应用

5.5.1　计数器

计数器是能够记忆输入脉冲个数的电路,也可用来分频、定时、产生节拍脉冲和进行数字运算等。计数器是数字电路中应用非常广泛的一种电路。

计数器有多种不同的分类方法,按时钟控制方式的不同,可分为同步计数器和异步计数器;按照计数数制的不同,可分为二进制计数器、十进制计数器和 N 进制(任意进制)计数器;按照计数方式的不同,可分为加法计数器、减法计数器和可逆计数器。

计数器可以采用小规模、中规模和大规模电路来实现。采用触发器设计同步和异步计数器的方法已经在 5.4 节中进行了详细讲解,这里介绍常用中规模集成计数器的功能和利用这些器件实现任意进制计数器的方法以及用 Verilog HDL 设计的方法。

1. 常用集成计数器

1) 同步集成计数器

常用同步集成计数器芯片有 4 位二进制加法计数器 74LS161 和 74LS163,4 位十进制可逆计数器 74LS160 和 74LS162;4 位十进制可逆计数器 74LS190 和 74LS192;4 位同步二进制可逆计数器 74LS191 和 74LS193 等。这里分别介绍 74LS161、74LS191 和 74LS193 器件的功能和工作原理。

(1) 4 位二进制同步可预置加法计数器 74LS161。

74LS161 是 4 位二进制同步加法计数器,图 5.5.1(a)、(b)、(c)所示分别给出了 74LS161 的引脚排列、国标逻辑符号和惯用符号。在国标逻辑符号中,"CTRDIV16"是模 16 计数器或 16 分频器的限定符。

图 5.5.1 中 CT_T 和 CT_P 是计数使能控制端;CO 是进位输出端,为多芯片的级联提供

方便；$\overline{\text{CR}}$ 是异步清零端；$\overline{\text{LD}}$ 是同步置数控制端。表 5.5.1 列出了 74LS161 的逻辑功能。

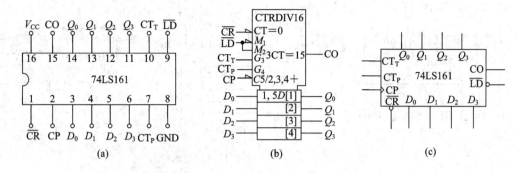

图 5.5.1 74LS161 的引脚排列和逻辑符号

（a）引脚排列图；（b）国标逻辑符号；（c）惯用符号

表 5.5.1 74LS161 的逻辑功能表

$\overline{\text{CR}}$	$\overline{\text{LD}}$	CT_P	CT_T	CP	D_3	D_2	D_1	D_0	Q_3^{n+1}	Q_2^{n+1}	Q_1^{n+1}	Q_0^{n+1}
0	×	×	×	×	×	×	×	×	0	0	0	0
1	0	×	×	↑	d_3	d_2	d_1	d_0	d_3	d_2	d_1	d_0
1	1	1	1	↑	×	×	×	×	加 1 计数			
1	1	0	×	↑	×	×	×	×	保持			
1	1	×	0	↑	×	×	×	×	保持			

注：$d_3 d_2 d_1 d_0$ 表示引脚 $D_3 D_2 D_1 D_0$ 的外接数据信号。以后各表中均同此处。

进位输出 CO 的逻辑表达式为

$$\text{CO} = \text{CT}_T Q_3^n Q_2^n Q_1^n Q_0^n$$

即当 $\text{CT}_T = 1$，且 $Q_3^n Q_2^n Q_1^n Q_0^n = 1111$ 时，产生进位输出。

从功能表可以看出，74LS161 具有异步清零、同步置数、同步计数和状态保持等功能，是一种功能比较全面的同步计数器件。使用 74LS161 的复位和置数功能，可以方便地构成任意进制计数器。

在 74 系列计数器中，74LS163 与 74LS161 的功能最为接近。74LS163 除了同步复位外，其他功能与 74LS161 完全相同。74LS160 与 74LS161 的区别仅在于 74LS160 是十进制计数器，74LS161 是十六进制计数器，十进制计数器的进位输出信号 $\text{CO} = \text{CT}_T \cdot Q_3^n Q_0^n$。同样，74LS162 与 74LS163 的区别也仅在于 74LS162 是十进制计数器，而 74LS163 是十六进制计数器。因此，74LS160～74LS163 的使用方法几乎相同。

（2）单时钟可逆十六进制计数器 74LS191。

74LS191 是单时钟 4 位二进制同步可逆计数器，可逆计数器又称为加/减计数器。图 5.5.2 所示是 74LS191 的引脚排列和逻辑符号。

图 5.5.2 中，$\overline{\text{LD}}$ 是异步并行置数控制端；$\overline{\text{CT}}$ 是计数控制端，$\overline{\text{CT}} = 0$ 时允许计数；$\overline{U}/D$ 是加/减计数控制端，当 $\overline{U}/D = 0$ 时实现加法计数，$\overline{U}/D = 1$ 时实现减法计数。

CO/BO 是进位/借位输出端，当 $\overline{U}/D = 0$ 时，CO/BO 表示进位输出，当计数值为 1111 时，CO/BO=1；当 $\overline{U}/D = 1$ 时，CO/BO 表示借位输出，当计数值为 0 时，CO/BO=1。综

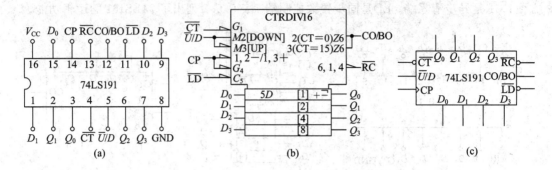

图 5.5.2　74LS191 的引脚排列和逻辑符号

（a）引脚排列图；（b）国标逻辑符号；（c）惯用符号

合上述两种情况，有：

$$CO/BO = \overline{U/D}\ \overline{Q_3^n}\ \overline{Q_2^n}\ \overline{Q_1^n}\ \overline{Q_0^n} + \overline{U/D}Q_3^nQ_2^nQ_1^nQ_0^n$$

$\overline{RC}$是行波时钟输出端，用于多个芯片级联时级间串行计数使能，仅当$\overline{CT}=0$，且 $CO/BO=1$ 时，$\overline{RC}=CP$，即 $\overline{RC}$端产生的输出进位脉冲的波形与输入计数脉冲的波形相同。表 5.5.2 列出了 74LS191 的逻辑功能。

表 5.5.2　74LS191 的逻辑功能表

$\overline{LD}$	$\overline{CT}$	$\overline{U/D}$	CP	D_3	D_2	D_1	D_0	Q_3^{n+1}	Q_2^{n+1}	Q_1^{n+1}	Q_0^{n+1}
0	×	×	×	d_3	d_2	d_1	d_0	d_3	d_2	d_1	d_0
1	0	0	↑	×	×	×	×	加 1 计数			
1	0	1	↑	×	×	×	×	减 1 计数			
1	1	×	×	×	×	×	×	保持			

在 74 系列计数器中，74LS190 与 74LS191 功能最为接近，所不同的是 74LS190 是十进制可逆计数器。

（3）双时钟可逆十六进制计数器 74LS193。

74LS193 是可预置的 4 位二进制同步加/减计数器。图 5.5.3 所示是 74LS193 的引脚排列和逻辑符号。

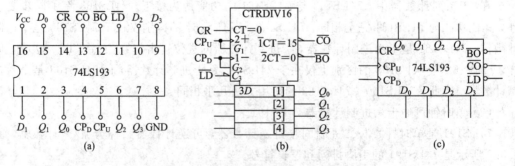

图 5.5.3　74LS193 的引脚排列和逻辑符号

（a）引脚排列图；（b）国标逻辑符号；（c）惯用符号

图 5.5.3 中，CR 是异步清零端；$\overline{LD}$是异步置数端；CP_U 是加法计数脉冲输入端；CP_D 是减法计数脉冲输入端；$\overline{CO}$是进位脉冲输出端，当加法计数上溢（即计数值为 1111）时，

$\overline{CO}$ 输出一个宽度等于 CP_U 的低电平部分的低电平脉冲；$\overline{BO}$ 是借位脉冲输出端，当减法计数下溢(即计数值为 0000)时，$\overline{BO}$ 输出一个宽度等于 CP_D 的低电平部分的低电平脉冲。74LS193 的逻辑功能见表 5.5.3。

表 5.5.3　74LS193 的逻辑功能表

CR	$\overline{LD}$	CP_U	CP_D	D_3	D_2	D_1	D_0	Q_3^{n+1}	Q_2^{n+1}	Q_1^{n+1}	Q_0^{n+1}
1	$\times$	$\times$	$\times$	$\times$	$\times$	$\times$	$\times$	0	0	0	0
0	0	$\times$	$\times$	d_3	d_2	d_1	d_0	d_3	d_2	d_1	d_0
0	1	$\uparrow$	0	$\times$	$\times$	$\times$	$\times$	加 1 计数			
0	1	0	$\uparrow$	$\times$	$\times$	$\times$	$\times$	减 1 计数			
0	1	$\times$	$\times$	$\times$	$\times$	$\times$	$\times$	保持			

多个 74LS193 级联时，只要把低位的 $\overline{CO}$ 端、$\overline{BO}$ 端分别与高位的 CP_U、CP_D 连接起来，并将各个芯片的 CR、$\overline{LD}$ 端连接在一起即可。

74LS194 与 74LS193 的功能类似，但 74LS192 是十进制可逆计数器。

2)异步集成计数器

常用的异步集成计数器有十进制计数器 74LS196、74LS290；二进制计数器 74LS177、74LS197、74LS293、74LS393 等。这里主要介绍二—五—十进制异步加法计数器 74LS90。

74LS90 采用 14 引脚双列直插式封装。特别需要注意的是，其电源引脚和地的引脚的位置与大多数标准集成电路不同，第 5 脚为电源，第 10 脚为地。与此类似的还有 74LS91、74LS92、74LS93、74LS94、74LS96 等芯片。74LS90 的引脚排列、逻辑符号如图 5.5.4 所示。

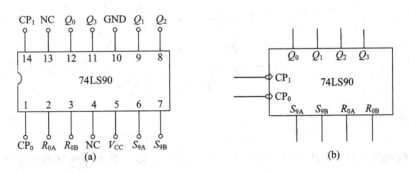

图 5.5.4　74LS90 的引脚排列和逻辑符号

(a) 引脚排列图；(b) 惯用符号

74LS90 的逻辑电路如图 5.5.5 所示。从电路结构可见，74LS90 的电路内部实际上是由一个二进制计数器和一个五进制计数器构成的。二进制计数器由触发器 FF_0 组成，五进制计数器由 $FF_1 \sim FF_3$ 组成。$Q_3 \sim Q_0$ 是四个触发器的输出端；R_{0A}、R_{0B} 是异步置 0 端，高电平有效；S_{9A}、S_{9B} 是异步置 9 端，高电平有效；两个时钟脉冲输入信号 CP_0、CP_1 均为下降沿有效；CP_0 作用于触发器 FF_0，完成模 2 计数，CP_1 作用于触发器 $FF_1 \sim FF_3$，完成模 5 计数。

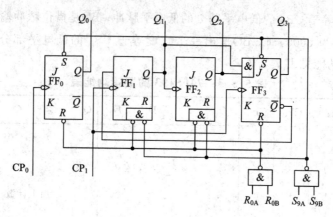

图 5.5.5　74LS90 逻辑电路图

图 5.5.5 中，各触发器的驱动信号、时钟信号及状态方程如下：

$$\begin{cases} \text{FF}_0: J_0 = K_0 = 1, \quad \text{CLK}_0 = \text{CP}_0, \quad Q_0^{n+1} = (\bar{Q}_0)\text{CP}_0 \downarrow \\ \text{FF}_1: J_1 = \bar{Q}_3, K_1 = 1, \text{CLK}_1 = \text{CP}_1, Q_1^{n+1} = (\bar{Q}_3\bar{Q}_1)\text{CP}_1 \downarrow \\ \text{FF}_2: J_2 = K_2 = 1, \text{CLK}_2 = Q_1, Q_2^{n+1} = (\bar{Q}_2)Q_1 \downarrow \\ \text{FF}_3: J_3 = Q_1Q_2, K_3 = 1, \quad \text{CLK}_3 = \text{CP}_1, Q_3^{n+1} = (Q_1Q_2\bar{Q}_3)\text{CP}_1 \downarrow \end{cases}$$
$$(5.5.1)$$

74LS90 可以实现二进制、五进制和十进制计数。当内部的两个计数器分开使用时，可以分别当作二进制计数器或五进制计数器；结合使用时，它是十进制计数器。在用作十进制计数器时，采用不同的连接，可以使其输出按 8421BCD 码或 5421BCD 码的方式进行状态转换。下面说明 74LS90 实现 8421BCD 码和 5421BCD 码计数的原理。

（1）实现 8421BCD 码计数。

图 5.5.6 所示是用 74LS90 实现 8421BCD 码计数电路的连线示意图。

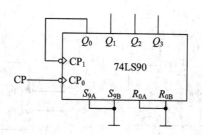

图 5.5.6　用 74LS90 实现 8421BCD 码计数

从连线图得 $\text{CP}_0 = \text{CP}$，$\text{CP}_1 = Q_0$，将其代入式(5.5.1)得到各触发器的状态方程：

$$\begin{cases} Q_0^{n+1} = (\bar{Q}_0)\text{CP} \downarrow \\ Q_1^{n+1} = (\bar{Q}_3\bar{Q}_1)Q_0 \downarrow \\ Q_2^{n+1} = (\bar{Q}_2)Q_1 \downarrow \\ Q_3^{n+1} = (Q_1Q_2\bar{Q}_3)Q_0 \downarrow \end{cases}$$
$$(5.5.2)$$

根据式(5.5.2)列出如表 5.5.4 所示的状态转移真值表。从状态转移真值表可以看出，Q_0 每次都翻转，是二进制计数器；$Q_3Q_2Q_1$ 组成五进制计数，只有在 Q_0 的下降沿才发生状态转换。因此，$\text{FF}_3 \sim \text{FF}_0$ 的输出 $Q_3Q_2Q_1Q_0$ 组成 8421BCD 码的十进制计数器。

表 5.5.4　8421BCD 码电路状态转移真值表

Q_3^n	Q_2^n	Q_1^n	Q_0^n	Q_3^{n+1}	Q_2^{n+1}	Q_1^{n+1}	Q_0^{n+1}
0	0	0	0	0	0	0	1
0	0	0	1	0	0	1	0
0	0	1	0	0	0	1	1
0	0	1	1	0	1	0	0
0	1	0	0	0	1	0	1
0	1	0	1	0	1	1	0
0	1	1	0	0	1	1	1
0	1	1	1	1	0	0	0
1	0	0	0	1	0	0	1
1	0	0	1	1	0	1	0

（2）实现 5421BCD 码计数。

当实现 5421BCD 码计数时，要将计数脉冲从 CP_1 输入，CP_0 接 Q_3。计数器先进行五进制计数，再进行二进制计数，输出按照 $Q_0 Q_3 Q_2 Q_1$ 从高到低完成 5421BCD 码计数，电路连线如图 5.5.7 所示。

由图 5.5.7 可得：

$$CP_0 = Q_3, \ CP_1 = CP \qquad (5.5.3)$$

将其代入式（5.5.1），得到各触发器的状态方程为

$$\begin{cases} Q_1^{n+1} = (\bar{Q}_3 \bar{Q}_1) CP \downarrow \\ Q_2^{n+1} = (\bar{Q}_2) Q_1 \downarrow \\ Q_3^{n+1} = (Q_1 Q_2 \bar{Q}_3) CP \downarrow \\ Q_0^{n+1} = (\bar{Q}_0) Q_3 \downarrow \end{cases} \qquad (5.5.4)$$

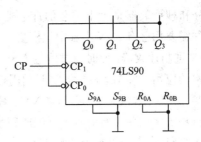

图 5.5.7　用 74LS90 实现 5421BCD 码计数

根据式（5.5.4）列出的状态转移真值表如表 5.5.5 所示。

表 5.5.5　5421BCD 码电路状态转移真值表

Q_0^n	Q_3^n	Q_2^n	Q_1^n	Q_0^{n+1}	Q_3^{n+1}	Q_2^{n+1}	Q_1^{n+1}
0	0	0	0	0	0	0	1
0	0	0	1	0	0	1	0
0	0	1	0	0	0	1	1
0	0	1	1	0	1	0	0
0	1	0	0	1	0	0	0
1	0	0	0	1	0	0	1
1	0	0	1	1	0	1	0
1	0	1	0	1	0	1	1
1	0	1	1	1	1	0	0
1	1	0	0	0	0	0	0

表中 $Q_3 Q_2 Q_1$ 由 $000 \rightarrow 100$ 时，实现五进制计数，当 $Q_3 Q_2 Q_1$ 从 $100 \rightarrow 000$ 变化时，在 Q_3 产生下降沿时 Q_0 开始计数。$Q_0 Q_3 Q_2 Q_1$ 的输出构成 5421BCD 码计数值。

完整的 74LS90 的逻辑功能见表 5.5.6。

表 5.5.6 74LS90 的逻辑功能表

R_{0A}	R_{0B}	S_{9A}	S_{9B}	CP_0	CP_1	Q_3	Q_2	Q_1	Q_0
1	1	0	×	×	×	0	0	0	0
1	1	×	0	×	×	0	0	0	0
0	×	1	1	×	×	1	0	0	1
×	0	1	1	×	×	1	0	0	1
$\overline{R_{0A}R_{0B}}=1$		$\overline{S_{9A}S_{9B}}=1$		CP↓	0	二进制计数			
				0	CP↓	五进制计数			
				CP	Q_0	8421BCD 码十进制计数			
				Q_3	CP↓	5421BCD 码十进制计数			

2. 用集成计数器实现任意进制计数

常用的中规模集成计数器器件通常能够实现固定的 N 进制计数,而在实际中,要根据具体情况设计任意进制的计数器。例如,在设计电子钟时,需要进行时、分、秒计数,其中,分和秒计数器是六十进制的计数器;时计数器应当是二十四或十二进制的计数器。我们往往需要用已有的 N 进制中规模集成计数器实现任意 M 进制计数器。当 $M<N$ 时,只需一片 N 进制计数器,此时通过跳过 $N-M$ 个状态,得到 M 计数器,设计时主要是对清零端和置数端的应用;当 $M>N$ 时,需要利用控制信号将多个芯片级联构成所需的计数器。

1) 反馈清零法构成 $M(M<N)$ 进制计数器

这种方法适用于有清零控制端或置数控制端(置数端输入 0)的集成计数器。根据清零控制方式的不同,可有两种设计方法。这里,设 M 进制计数器的计数状态是 $S_0 \sim S_{M-1}$,共 M 个。

(1) 用异步清零端或置数端归零构成 M 进制计数器。

若选用计数器件的清零端或置数端是异步的,则当计数处于 S_M 状态时,产生清零信号实现计数器状态清零,这样就可以跳过 $N-M$ 个状态。其状态变化如图 5.5.8(a) 所示。在这种情况下,S_M 状态称为暂态,计数器的有效状态为 $S_0 \sim S_{M-1}$。用置数控制端清零时,将计数器置数输入端接数据 0。

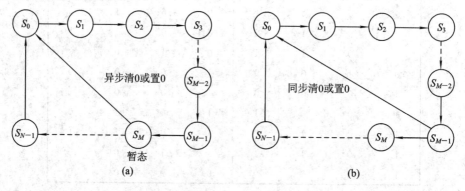

图 5.5.8 反馈清零法状态转换示意图
(a) 异步清零法;(b) 同步置数法

具体设计步骤为：

① 写出状态暂态 S_M 的二进制代码。

② 求归零逻辑，即求异步清零端或置数控制端信号的逻辑表达式。

③ 画出电路连线图。

（2）用同步清零端或置数端归零构成 M 进制计数器。

选用同步清零或置数计数器时，当计数状态处于 S_{M-1} 状态时，产生芯片的同步清零信号，在下一个时钟脉冲转换到零状态，其状态变化示意图如图 5.5.8(b) 所示。用置数控制端清零时，将计数器置数输入端接数据 0。

具体设计步骤为：

① 写出状态 S_{M-1} 的二进制代码。

② 求归零逻辑。

③ 画出电路连线图。

【例 5.5.1】 用 74LS161 构成一个十二进制计数器。

解　若采用清零控制端，则由于 74LS161 是异步清零十六进制计数器，因此具体步骤为：

① 写出状态 S_M 的二进制代码。

$$S_M = S_{12} = 1100$$

② 求归零逻辑。

$$\overline{CR} = \overline{Q_3^n Q_2^n} \tag{5.5.5}$$

③ 画出电路连线图，如图 5.5.9(a) 所示。

若采用置数端，则由于 74LS161 是同步置数十六进制计数器，因此具体步骤为：

① 写出状态 S_{M-1} 的二进制代码。

$$S_{M-1} = S_{11} = 1011$$

② 求归零逻辑。

$$\overline{LD} = \overline{Q_3^n Q_1^n Q_0^n} \tag{5.5.6}$$

③ 画出电路连线图，如图 5.5.9(b) 所示。

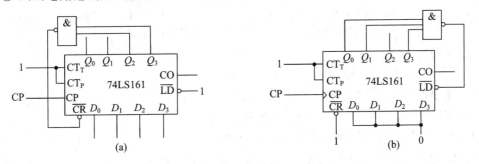

图 5.5.9　例 5.1.1 的电路连线图
(a) 利用异步清零端；(b) 利用同步置数端

采用异步方式实现计数器清零存在可靠性不高的问题，因为置零信号随着计数器被置零而消失，如果触发器的复位或置位速度有快有慢，则可能慢的还未复位，置零信号就消失了，导致误动作。例 5.5.1 中，$\overline{CR}$ 信号的波形图如图 5.5.10 所示，若 Q_2 先清零，则 $\overline{CR}$ 就变为高电平了，而这时 Q_3 还没有实现清零。

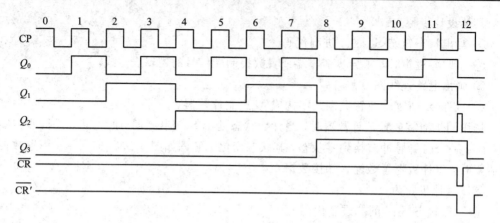

图 5.5.10　例 5.5.1 的异步复位电路时序图

可以采用加入 R - S 触发器的方法来避免这种现象的发生，如图 5.5.11 所示。图中，由 G_2、G_3 与非门构成基本 R - S 触发器，G_2 门的输出接 $\overline{CR}$ 端，在时钟信号的上升沿，电路状态为 1100，G_1 门输出低电平，G_2 门的输出为 0，G_2 门的这个 0 状态只有当 CP 的下降沿到来后才变为高电平，即 $\overline{CR}$ 低电平的宽度等于 CP 高电平的宽度，如图 5.5.10 中 $\overline{CR}'$ 所示，这样就可以保证各触发器能够可靠清零了。

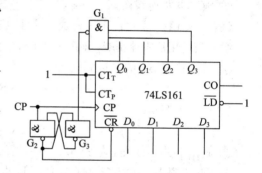

图 5.5.11　例 5.5.1 的异步清零信号的改进

【例 5.5.2】　用 74LS163 构成十二进制计数器。

解　74LS163 是同步清零置数十六进制计数器。

① 写出状态 S_{M-1} 的二进制代码。

$$S_{M-1} = S_{11} = 1011$$

② 求归零逻辑。

$$\overline{CR} = \overline{Q_3^n Q_1^n Q_0^n} \qquad (5.5.7)$$

③ 画出电路连线图，如图 5.5.12 所示。

74LS163 是同步清零，与 74LS161 有所不

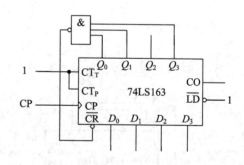

图 5.5.12　例 5.5.2 的电路连线图

同。74LS161 是遇状态 S_M 时立即清零，S_M 是暂态；74LS163 是在状态 S_{M-1} 时的下一个 CP 脉冲清零，当 74LS163 到达状态 S_{M-1} 时，反馈门的输出使清零信号 $\overline{CR}=0$，但必须等到下一个 CP 脉冲到来时才能将计数器复位，因此 S_{M-1} 是有效态，计数器输出波形不会出现毛刺。

2) 反馈置数法构成 $M(M<N)$ 进制计数器

这种方法适用于具有置数功能的集成计数器。在计数器计数过程中，置数功能可以使计数器跳过 $N-M$ 个状态，计数器的状态变化如图 5.5.13 所示。计数器可以对任意一个状态进行译码，产生一个置数控制信号，并将之反馈至置数控制端。若置数端是同步的，则在下一个 CP 脉冲作用后，计数器的状态进入预置状态；若置数端是异步的，则计数器

的状态立即进入预置状态。当置数控制信号消失后,计数器就从被置入的状态开始重新计数,从而跳过 $N-M$ 个状态。

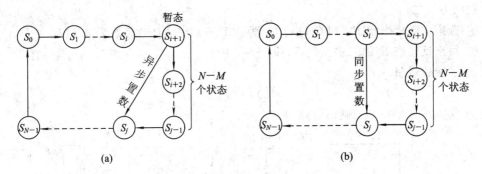

图 5.5.13 反馈置数法状态转换示意图
(a) 异步置数法;(b) 同步置数法

(1) 用异步置数端构成 M 进制计数器。

状态变化示意图如图 5.5.13(a)所示,若采用异步置数端反馈构成计数器,则当计数状态处于 S_{i+1} 时,产生的置数信号将计数器状态立即置为 S_j,这样就跳过 $N-M$ 个状态。在这种情况下,S_{i+1} 状态称为暂态,由于在 S_{i+1} 状态产生反馈信号,因此 S_{i+1} 又称为反馈态;S_j 是计数器被置数的状态,称为预置态。

具体设计步骤为:

① 确定电路计数状态。

② 确定反馈态 S_{i+1} 的二进制代码。

③ 求置数逻辑,即求异步置数控制端信号的逻辑表达式。

④ 数据输入端接预置态 S_j,画出电路连线图。

需要注意的是,异步置数同样存在可靠性不高的问题。

(2) 用同步置数端构成 N 进制计数器。

状态变化示意图如图 5.5.13(b)所示,若采用同步置数端构成计数器,则当计数状态处于 S_i 状态时,产生反馈置数信号,在下一个时钟脉冲有效时,将计数器状态置为 S_j,以跳过 $N-M$ 个状态。

具体设计步骤为:

① 确定电路计数状态。

② 确定反馈态 S_i 的二进制代码。

③ 求置数逻辑。

④ 数据输入端接预置态 S_j,画出电路连线图。

【例 5.5.3】 采用反馈置数法,用74LS161构成十进制计数器。

解 由于74LS161是同步置数计数器,共有16个状态,因此要实现十进制计数,必须跳过6(即16−10)个状态。有多种状态选择方法,但状态跳跃的方法有三种。

跳跃方法一:

① 选定前十个状态,即 $Q_3Q_2Q_1Q_0$ 为 0000→1001,计数范围为 0~9。

② 写出反馈态 S_i 的二进制代码,即 $S_i=1001$。

③ 求置数逻辑。

$$\overline{\text{LD}} = \overline{Q_3 Q_0} \tag{5.5.8}$$

④ 预置态 $S_j = 0000$，电路连线如图 5.5.14 所示。

跳跃方法二：

① 选定中间十个状态，即 $Q_3 Q_2 Q_1 Q_0$ 为 0011→1100，计数范围为 3～12。

② 写出反馈态 S_i 的二进制代码，即 $S_i = 1100$。

③ 求置数逻辑。

$$\overline{\text{LD}} = \overline{Q_3 Q_2} \tag{5.5.9}$$

④ 预置态 $S_j = 0011$，画出电路图，如图 5.5.15 所示。

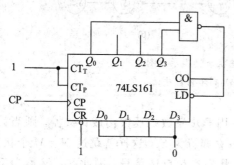

图 5.5.14　例 5.5.3 跳跃方法一的电路连线图

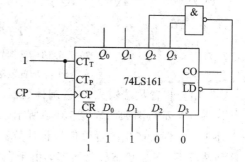

图 5.5.15　例 5.5.3 跳跃方法二的电路连线图

跳跃方法三：

① 选定后十个状态，即 $Q_3 Q_2 Q_1 Q_0$ 为 0110→1111，计数范围为 6～15。

② 写出反馈态 S_i 的二进制代码，即
$S_i = 1111$。

③ 求预置逻辑。

$$\overline{\text{LD}} = \overline{Q_3 Q_2 Q_1 Q_0} = \overline{\text{CO}} \tag{5.5.10}$$

由于预置状态是 1111，因此可利用芯片
本身的进位输出信号作为置数信号，以简化
电路。

④ 预置态 $S_j = 0110$，电路连线如图
5.5.16 所示。

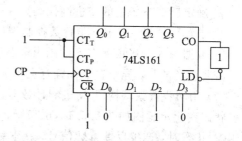

图 5.5.16　例 5.5.3 跳跃方法三的电路连线图

在采用中规模电路设计计数器时，合理选择电路状态，就可以利用芯片本身的进位或
借位信号，从而简化电路设计。

【例 5.5.4】　采用反馈置数法，用 74LS191 构成七进制计数器。

74LS191 是具有异步置数控制端的同步可逆十六进制计数器，为了简化电路设计，可
以利用借位/进位输出端 CO/BO 构成加法或减法两种计数器。

解　方法一：构成加法计数器。

当 $\overline{U}/D = 0$ 时，74LS191 实现加法计数，CO/BO 表示进位输出，当计数值为 1111 时，
CO/BO = 1。

① 选择七个计数状态，即 $Q_3 Q_2 Q_1 Q_0$ 为 1000→1110，有效计数范围为 8～14。由于
74LS191 是异步置数的，因此状态 1111 为暂态。

② 写出反馈态 S_{i+1} 的二进制代码，$S_{i+1} = 1111$。

③ 求置数逻辑。

$$\overline{LD} = \overline{Q_3 Q_2 Q_1 Q_0} = \overline{CO/BO} \tag{5.5.11}$$

④ 预置态 $S_j = 1000$，电路连线如图 5.5.17(a)所示。

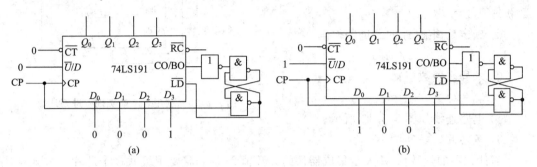

图 5.5.17　例 5.5.4 的电路连线图

（a）加法计数器电路；（b）减法计数器电路

方法二：构成减法计数器。

当 $\overline{U}/D = 1$ 时，74LS191 实现减法计数，CO/BO 表示借位输出，当计数值为 0000 时，CO/BO=1。

① 七个计数状态 $Q_3 Q_2 Q_1 Q_0$ 选择 1001→1111，有效计数范围为 9～15，状态 0000 为暂态。

② 写出反馈态 S_{i+1} 的二进制代码，$S_{i+1} = 0000$。

③ 求预置逻辑。

$$\overline{LD} = Q_3 + Q_2 + Q_1 + Q_0 = \overline{CO/BO} \tag{5.5.12}$$

④ 预置态 $S_j = 1001$，画出电路连线图，如图 5.5.17(b)所示。

【例 5.5.5】　用 74LS90 构成六进制计数器。

解　74LS90 是异步清零和置 9 的二—五—十进制计数器，要构成六进制计数器，可先将器件接成 8421BCD 码十进制计数器，然后可以利用 R_{0A}、R_{0B}、S_{9A} 和 S_{9B} 端反馈实现六进制计数。

方法一：采用异步清零法。

① 写出状态 S_N 的二进制代码。

$$S_N = S_6 = 0110$$

② 求归零逻辑。

74LS90 芯片在 $R_{0A} = 0$ 且 $R_{0B} = 0$ 时实现异步清零，所以

$$R_{0B} = Q_2, R_{0A} = Q_1 \tag{5.5.13}$$

③ 画出电路连线图，如图 5.5.18 所示。

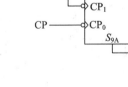

图 5.5.18　利用清零端实现六进制计数

用一片 74LS90 设计 N 进制计数器的一般方法是，先构成十进制计数器，第 N 个 CP 脉冲后，用输出端的"1"去控制清零端，使计数器清零。

方法二：采用异步置数法。

① 确定电路计数状态。

　　若采用 8421BCD 码十进制编码的状态
转移，则由于 74LS90 的置数功能只能实现
置"9"，因此选择跳过 $0101\rightarrow1000$ 的四个计
数状态。

　　② 确定反馈态 S_i 的二进制代码。

$$S_{i+1}=0101$$

　　③ 求异步置数逻辑。

$$S_{9A}=Q_0, \quad S_{9B}=Q_2 \qquad (5.5.14)$$

　　④ 电路连线如图 5.5.19 所示。

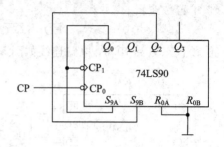

图 5.5.19　利用置 9 端实现六进制计数

　　3) 多芯片级联($M>N$)

　　当计数器的计数值 M 大于集成器件的计数值 N 时，需要用级联多个芯片的方式构成
计数器。各级芯片可以先分别实现各子计数器 M_i，然后级联构成模 M 计数器。根据 M 值
的不同，构成计数器的方法可分为分解法和扩展法。

　　(1) 分解法。将 M 进行分解，若 $M=N_2\times N_1$ 存在，则 M 可以分解为 N_2、N_1 进制计
数器。假设 N_1 是低位芯片的进制，N_2 是高位芯片的进制，则在这种情况下可以先分别实
现各子计数器 N_2、N_1，然后级联构成模 M 计数器。芯片级联的方法有并行进位法和串行
进位法两种。

　　并行进位法就是 N_2、N_1 芯片共用一个时钟 CP，同时 N_1 芯片的进位输出控制 N_2 芯
片的使能端，各芯片工作在同步方式。

　　串行进位法是指将 N_1 芯片的进位信号作为 N_2 芯片的 CP。

　　(2) 扩展法。当 M 不能分解为 $N_2\times N_1$ 时，可以先用多级计数器级联成一个 $K(K>M)$
进制的计数器，然后再用前面介绍过的反馈清零法和反馈置数法实现 M 进制计数器。

　　【例 5.5.6】　用 74LS90 构成四十五进制计数器电路。

　　解　① 分解法。$M=45=9\times5$，可以先构成九进制和五进制计数器，然后级联构成四
十五进制计数器，电路如图 5.5.20 所示。其中，74LS90(1)是低位计数器，接成九进制计数
器；74LS90(2)是高位计数器，接成五进制计数器。芯片间的连接采用串行进位法。

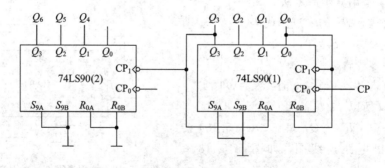

图 5.5.20　采用分解法实现例 5.5.6 的电路

　　74LS90(1)芯片接成九进制 8421BCD 码计数器，输出 $Q_3Q_2Q_1Q_0$ 的有效状态为 0000~
1000，暂态是 1001。在暂态时，利用 $Q_3=1$、$Q_0=1$ 控制清零信号 R_{0A}、R_{0B}，使电路从 1001
状态转换为 0000 状态，同时 Q_3 端有 $1\rightarrow0$ 的变化，可以用来作为高位芯片 74LS90(2)的计

数时钟信号。

74LS90(2)芯片接成五进制计数器，输出 $Q_3Q_2Q_1$ 的有效状态为 $000\sim100$。74LS90(1)每接收 9 个信号后，在下一个计数脉冲到来时，74LS90(2)进行加 1 计数。这样，74LS90(1) 和 74LS90(2)就构成了四十五进制计数器。

② 扩展法。74LS90 的一般扩展方法是，先将 74LS90 接为 10^n 进制计数器，然后遇 M 清零。应尽量利用 R_{01}、R_{02} 端，不加或少加逻辑门。

首先，两片 74LS90 均连接成 8421BCD 的十进制码计数器，然后将低位芯片的 Q_3 连接到高位芯片的计数脉冲端 CP_0，这样就构成了一个一百进制计数器，电路结构如图 5.5.21 所示。其中，74LS90(1)是低位计数器，实现个位计数；74LS90(2)是高位计数器，实现十位计数。当整个计数器状态为 45 时(两位 8421BCD 码)，即十位为 4，个位为 5 时，两个芯片的 R_{0A} 和 R_{0B} 同时为 1，电路回到 0 状态。

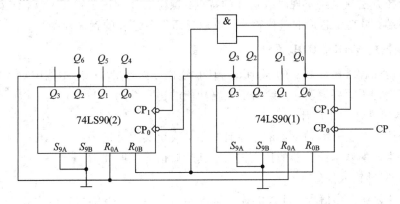

图 5.5.21　采用扩展法实现例 5.5.6 的电路

【例 5.5.7】　用 74LS161 设计一个 $2\sim256$ 进制的程控计数器。

解　在反馈置数法中，如果预置入的数据是可变的，那么实现计数器的进制数就会发生改变。通常用计算机输出数据来控制预置数，可以方便地实现各种进制的计数器，因此常把这类计数器称为程控计数器或程控分频器。

设预置数为 Y，计数器模数为 M，级联的芯片数为 k，则三者之间的关系为

$$Y = 16^k - M \qquad (5.5.15)$$

例如，要构成模 $M=200$ 的计数器，需要 2 片 74161，预置数为

$$Y = 16^2 - 200 = (56)_{10} = (00111000)_2$$

本例中，芯片 74LS161 具有同步置数功能，是 4 位二进制计数器。计数器的最大计数值 $M=256=16^2$，所以需要 8 位二进制计数器，因此级联芯片数 $k=2$。

当 $M=2$ 时：$Y=16^2-2=254$。

当 $M=3$ 时：$Y=16^2-3=253$。

⋮

当 $M=256$ 时：$Y=16^2-256=0$。

程控计数器的连接方法本质上相当于每个计数循环开始时给计数器置入一个数据，计 M 个 CP 脉冲后，计数器就达到满量程(16^k)，产生进位输出，利用进位输出产生置位

信号，使计数器开始新一轮计数。这种计数器是利用进位输出产生置数信号的，所以只能使用 16^k 个状态中后面 M 个状态构成计数循环。程控计数器的电路如图 5.5.22 所示。

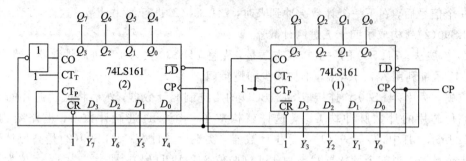

图 5.5.22　例 5.5.7 的电路图

这种计数方法在电路实现时有这样的特点：低位芯片的进位输出 CO 接相邻高位芯片的计数控制端；最高位芯片的进位输出 CO 取反后接各芯片的置数控制端。

3. 计数器的 Verilog HDL 设计

这里讨论几种常用计数器的 Verilog HDL 建模方法，在每一个示例中对计数器模块的端口信号都进行了简要说明，并给出了电路功能的仿真结果。

1) 基本同步计数器设计

这里描述的是上升沿触发器的基本计数器，模块实现见代码 5.5.1，图 5.5.23 所示是代码 5.5.1 生成的基本计数器的仿真波形。其端口信号说明如下：

- CP：时钟输入信号。
- Q：计数器输出信号，计数位数由参数 msb 设定，msb 的缺省值为 3。
- CO：进位输出端。

通过设置计数位数参数 msb，可以实现指定的 2^n 计数器。若将 msb 设置为 4，则可以实现三十二进制计数器。

代码 5.5.1　基本同步计数器模块。

```
module counter_basic(CP, Q, CO);        //基本计数器模块
    parameter msb=3;
    input CP;
    output reg [msb:0] Q;
    output reg CO;
    always@(posedge CP)
    begin
        if(Q==4'b1110)
            CO<=1;
        else
            CO<=0;
        Q<=Q+1'b1;
    end
endmodule
```

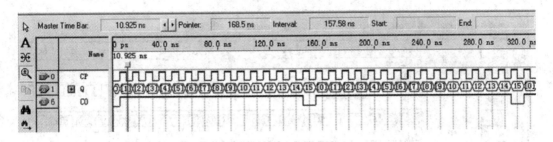

图 5.5.23　代码 5.5.1 的仿真波形

　　仿真波形说明：从图 5.5.23 可以看出，该模块在调用时，其参数 msb=3，因此可以实现十六进制计数。在每个时钟脉冲的上升沿，计数器进行加 1 计数，当计数到 15（即输出 Q 各位全 1）时，进位输出信号 CO 输出为低电平，并持续一个时钟周期。

　　2）具有复位端口的同步计数器

　　代码 5.5.2 和代码 5.5.3 是在代码 5.5.1 实现的基本计数器模块的基础上，分别实现了同步和异步复位功能。

　　（1）同步复位计数器。

　　图 5.5.24 所示是代码 5.5.2 对应的仿真波形。其端口信号说明如下：

- CP：时钟输入信号。
- R：同步复位信号。
- Q：计数器输出信号，计数位数由参数 msb 设定，msb 的缺省值为 3。
- CO：进位输出端。

代码 5.5.2　同步复位计数器模块。

```verilog
module counter_sync_r(CP, R, Q, CO);
    parameter msb=3;
    input CP, R;
    output reg [msb:0] Q;
    output reg CO;
    always@(posedge CP)
        if(R==1)
        begin
            Q<=0;
            CO<=0;
        end
        else
        begin
        if(Q==4'b1110)
            CO<=1'b1;
        else
            CO<=1'b0;
        Q<=Q+1'b1;
        end
    endmodule
```

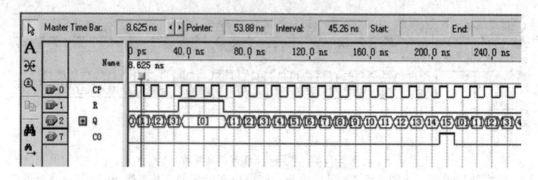

图 5.5.24　代码 5.5.2 的仿真波形

（2）异步复位计数器。

模块实现见代码 5.5.3，所不同的是 R 是异步复位信号。该模块的端口信号与代码 5.5.2 相同。图 5.5.25 所示是代码 5.5.3 对应的仿真波形。

代码 5.5.3　异步复位计数器模块。

```
module samp5_5_3(CP, Q, R, CO);          //顶层模块
    input CP, R;
    output [3:0] Q;
    output CO;
    counter_async_r #(3) u1(.CP(CP), .R(R), .Q(Q), .CO(CO));
endmodule


module counter_async_r(CP, R, Q, CO);
    parameter msb=3;
    input CP, R;
    output reg [msb:0] Q;
    output reg CO;
    always@(posedge CP or posedge R)
        if(R==1)
          begin                          //计数器清零，CO=0;
            Q<=0;
            CO<=0;
          end
        else
          begin                          //加 1 计数
            if(Q==4'b1110)
              CO<=1;                      //当各位 Q 均为 1 时，进位信号输出 1
            else
              CO<=0;
              Q<=Q+1'b1;
          end
endmodule
```

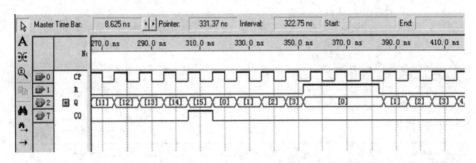

图 5.5.25 代码 5.5.3 的仿真波形

仿真波形说明：比较图 5.5.24 和图 5.5.25 可以看出，仿真波形均是参数 msb＝3 的情况，所不同的是，图 5.5.24 中，当 R＝1 时，必须在时钟 CP 的上升沿到来后才能使计数器清零；在图 5.5.25 中，当 R＝1 时，计数器立即清零。

3）具有同步置数端口的同步计数器

代码 5.5.4 在代码 5.5.2 实现的同步复位计数器模块的基础上，又增加了同步置数功能。图 5.5.26 所示是其对应的仿真波形。其端口信号说明如下：

- CP：时钟输入信号。
- R：同步复位信号。
- S：同步置数信号。
- Q：计数器输出信号，计数位数由参数 msb 设定，msb 的缺省值为 3。
- CO：进位输出端。

代码 5.5.4 具有同步置数功能的计数器模块。

```
module samp5_5_4(CP, Q, R, S, D, CO);        //顶层模块
    input CP, R, S;
    input [3:0] D;
    output [3:0] Q;
    output CO;
    counter_dataset_r #(3) u1(.CP(CP), .R(R), .S(S), .D(D), .Q(Q), .CO(CO));
endmodule
module counter_dataset_r(CP, R, S, D, Q, CO);
    parameter msb=3;
    input CP, R, S;
    input [msb:0] D;
    output reg [msb:0] Q;
    output reg CO;

    always@(posedge CP)
        if(R==1)
            Q<=0;
        else if(S==1)
            Q<=D;
        else
            begin
```

```
        if(Q==4'b1110)
          CO<=1;
        else
          CO<=0;
          Q<=Q+1'b1;
      end
  endmodule
```

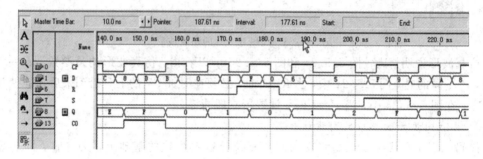

图 5.5.26　代码 5.5.4 的仿真波形

仿真波形说明：从图 5.5.26 可以看出，该计数器可以在 R 为高电平时，实现同步清零，在 S 为高电平时，实现同步置数，即使计数器的状态与数据输入端 D 的数据相同。图 5.5.26 中，当 $S=1$ 时，D 端的数据是"F"，因此在下一个时钟信号的上升沿，计数器的计数值也是"F"。

4) 具有计数使能端口的同步计数器

代码 5.5.5 在代码 5.5.3 计数器模块的基础上，又增加了计数控制端，当计数控制端有效时，对时钟信号进行加 1 计数；当计数控制端无效时，停止计数。图 5.5.27 所示是代码 5.5.5 对应的仿真波形。该模块端口信号说明如下：

• CP：时钟输入信号。

• R：同步复位信号。

• S：同步置数信号。

• E：计数控制信号，用于控制计数器的计数状态，当 $E=0$ 时，停止计数；当 $E=1$ 时，正常计数。

• Q：计数器输出信号，计数位数由参数 msb 设定，msb 的缺省值为 3。

• CO：进位输出端。

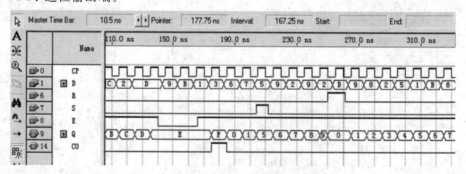

图 5.5.27　代码 5.5.5 的仿真波形

代码 5.5.5　具有计数控制功能的计数器模块。

```
module samp5_5_5(CP, Q, R, S, E, D, CO);          //顶层模块
    input CP, R, S, E;
    input [3:0] D;
    output [3:0] Q;
    output CO;
    counter_r_enable #(3) u1(.CP(CP), .R(R), .S(S), .E(E), .D(D), .Q(Q), .CO(CO));
endmodule
module counter_r_enable(CP, R, S, E, D, Q, CO);
    parameter msb=3;
    input CP, R, S, E;
    input [msb:0] D;
    output reg [msb:0] Q;
    output reg CO;
    always@(posedge CP or posedge R or posedge S)
        if(R)
            Q<=0;
        else if(S)
            Q<=D;
        else
                if(E)
                    begin
                    if(Q==4'b1110)
                        CO<=1;
                    else
                        CO<=0;
                        Q<=Q+1'b1;
                end
endmodule
```

仿真波形说明：从图 5.5.27 可以看出，当计数控制端 $E=1$ 时，计数器对时钟信号进行加 1 计数，当计数器计数值为"E"时，控制信号 $E=0$，因此计数器停止计数，并一直保持计数值"E"，只有当 $E=1$ 时，计数器才对 CP 进行加 1 计数，计数到"F"。

5）加减可控同步计数器

代码 5.5.6 实现了加减可控的计数器，同时具有异步复位、置位功能。图 5.5.28 所示是代码 5.5.6 对应的仿真波形。模块的端口信号说明如下：

- CP：时钟输入信号。
- R：异步复位信号。
- S：异步置 1 信号，将各触发器置全 1。
- ADD：加/减计数控制端（当 ADD=0 时，减 1 计数；当 ADD=1 时，加 1 计数）。
- Q：计数器输出信号，计数位数由参数 msb 设定，msb 的缺省值为 3。
- CO：进位输出端。

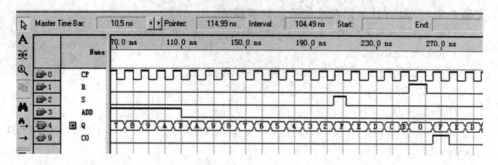

图 5.5.28　代码 5.5.6 的仿真波形

代码 5.5.6　加减可控同步计数器模块。

```verilog
module samp5_5_6(CP, Q, R, S, ADD, CO);        //顶层模块
    input CP, R, S, ADD;
    output [3:0] Q;
    output CO;
    counter_sub_add #(3) u1(.CP(CP), .R(R), .S(S), .ADD(ADD), .Q(Q), .CO(CO));
endmodule
module counter_sub_add(CP, R, S, ADD, Q, CO);
    parameter msb=3;
    input CP, R, S, ADD;
    output reg [msb:0] Q;
    output reg CO;
    always@(posedge CP or posedge R or posedge S)
        if(R)
          begin
          CO<=0;
          Q<=0;
          end
        else if(S)
          begin
          CO<=0;
          Q<=4'b1111;
          end
        else
          begin
              if(ADD)
                  Q<=Q+1'b1;
              else
                  Q<=Q-1'b1;
              if(|Q==0)
                CO<=1;
              else
                CO<=0;
          end
endmodule
```

仿真波形说明：从图 5.5.28 可以看出，当加/减控制端 ADD＝1 时，计数器实现加 1 计数；当 ADD＝0 时，计数器实现减 1 计数。

5.5.2　寄存器

寄存器是由多个触发器构成的用于存放二进制数据或代码的电路。寄存器按功能可以分为两大类：基本寄存器和移位寄存器。基本寄存器的数据只能并行地输入或输出；移位寄存器中的数据可以在移位脉冲作用下依次逐位右移或左移，数据既可以并行输入并行输出，也可以并行输入串行输出、串行输入串行输出、串行输入并行输出，数据输入输出方式非常灵活，因此用途非常广泛。

1. 寄存器

1）寄存器的工作原理

寄存器是用来寄存数码的逻辑部件，所以必须具备接收和寄存数码的功能。任何一种触发器都可以构成寄存器，每个触发器存放一位二进制数或一个逻辑变量，由 n 个触发器组成的寄存器就可以存放 n 位二进制数或 n 个逻辑变量。

图 5.5.29(a) 所示是用 D 触发器组成的 1 位寄存器，触发器的时钟信号用来控制数据存储的时间。图 5.5.29(b) 所示是用 4 个 D 触发器组成的一个 4 位寄存器电路，无论寄存器中原来的内容是什么，只要时钟脉冲 CP 上升沿到来，加在并行数据输入端的数据 $D_0 \sim D_3$ 就立即被送入寄存器中，所以有：

$$Q_3^{n+1} Q_2^{n+1} Q_1^{n+1} Q_0^{n+1} = D_3 D_2 D_1 D_0$$

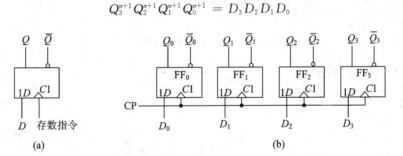

图 5.5.29　寄存器电路

(a) 1 位寄存器；(b) 4 位寄存器

为了方便对寄存器的控制，常用的寄存器还具有其他控制信号，图 5.5.30 所示的是具有数据异步清零端的 4 位寄存器。

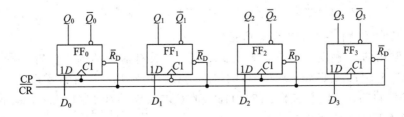

图 5.5.30　具有异步清零端的寄存器电路

图 5.5.30 所示电路具有清零、置数和保持的功能。当 $\overline{CR}=0$ 时，异步清零，即有：

$$Q_3^n Q_2^n Q_1^n Q_0^n = 0000$$

当 $\overline{CR}=1$ 时，CP 上升沿送数，即有：

$$Q_3^{n+1} Q_2^{n+1} Q_1^{n+1} Q_0^{n+1} = D_3 D_2 D_1 D_0$$

当 $\overline{CR}=1$ 时，除 CP 上升沿以外的时间，寄存器内容保持不变。

寄存器通常只对数据进行存储，不对存储内容进行处理。

2) 常用集成寄存器

(1) 由多个(边沿触发)D 触发器组成的集成寄存器。

这一类触发器在 CP 上升沿或下降沿作用下，直接输出接收的输入代码，在 CP 无效时输出保持不变。

图 5.5.31 所示是 4 位上升沿 D 触发器 74LS175 芯片的逻辑电路图，图 5.5.32 所示是 74LS175 的引脚排列、国标逻辑符号和惯用符号。

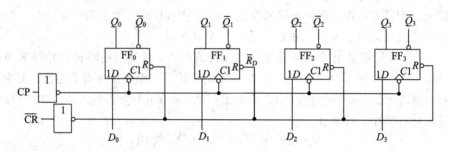

图 5.5.31　74LS175 的逻辑电路图

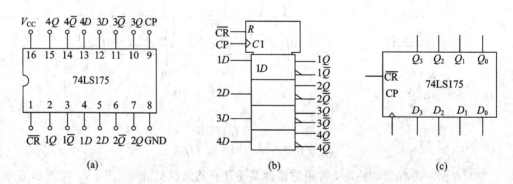

图 5.5.32　74LS175 的引脚排列和逻辑符号

(a) 引脚排列图；(b) 国标逻辑符号；(c) 惯用符号

寄存器通常还具有置数、清零等功能。

另一些常用的 D 触发器构成的集成寄存器有：具有清零端的 4 位寄存器 CT54175/CT74175、CT54S175/CT74S175 和 CT54LS175/CT74LS175；具有清零端的 6 位寄存器 CT54174/CT74174、CT54S174/CT74S174 和 CT54LS174/CT74LS174；8 位寄存器 CT54LS377/CT74LS377 等。

(2) 具有输入使能功能的锁存型寄存器。

图 5.5.33 所示是具有输入使能控制端的 4 位寄存器电路。图中，$\overline{R}$ 是电路的清零端，

$\overline{E}$ 是电路数据输入锁存的控制端。其逻辑功能如表 5.5.7 所示。

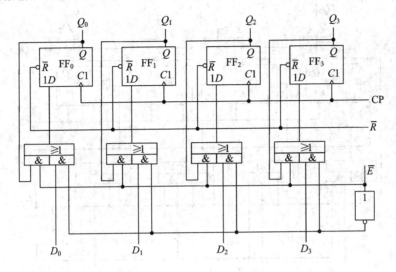

图 5.5.33　带输入使能端的锁存型寄存器的逻辑电路图

表 5.5.7　图 5.5.33 所示电路的功能表

$\overline{R}$	$\overline{E}$	CP	D	Q^{n+1}
0	$\times$	$\times$	$\times$	0
1	0	$\uparrow$	D	D
1	1	$\uparrow$	$\times$	Q^{n}

对于图 5.5.33 所示电路，当 $\overline{R}=0$ 时，异步清零，即有：

$$Q_3^n Q_2^n Q_1^n Q_0^n = 0000$$

当 $\overline{R}=1$ 时，若 $\overline{E}=0$，则在 CP 的上升沿锁存数据，即有

$$Q_3^{n+1} Q_2^{n+1} Q_1^{n+1} Q_0^{n+1} = D_3 D_2 D_1 D_0$$

当 $\overline{R}=1$ 时，若 $\overline{E}=1$，则无论 CP 如何变化，寄存器中的数据都保持不变。

常见的这类集成器件有：双 4 位锁存器 CT54116/CT74116、双 2 位锁存器 CT54LS375/CT74LS375、8 位上升沿锁存器 CT54LS377/CT74LS377 等。

（3）具有输出缓冲功能的寄存器。

这类寄存器可对寄存器的输出端进行控制。图 5.5.34 所示是在图 5.5.33 所示电路的输出端设置了三态门，构成了输出缓冲电路。图中，$\overline{OE}$ 信号是输出控制信号，只有 $\overline{OE}$ 信号有效时寄存器才输出存储的数据，即

$$Q_3^{n+1} Q_2^{n+1} Q_1^{n+1} Q_0^{n+1} = D_3 D_2 D_1 D_0$$

否则，寄存器输出为高阻（用 Z 表示），即

$$Q_3^{n+1} Q_2^{n+1} Q_1^{n+1} Q_0^{n+1} = ZZZZ$$

其逻辑功能如表 5.5.8 所示。

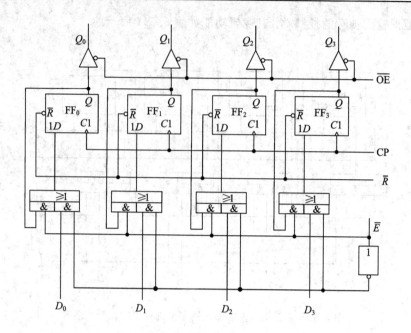

图 5.5.34　具有输出缓冲功能的寄存器逻辑电路图

表 5.5.8　图 5.5.34 所示电路的功能表

$\bar{R}$	$\bar{E}$	CP	D	$\overline{OE}$	Q^{n+1}
0	×	×	×	0	0
1	0	↑	D	0	D
1	1	↑	×	0	Q^n
×	×	×	×	1	Z

常用的集成寄存器有：4 位锁存器 CT54173/CT74173、CT54LS173/CT74LS173；8 位锁存器 CT54S373/CT74S373、CT54LS373/CT74LS373、CT54S374/CT74S374、CT54LS374/CT74LS374 等。带输入/输出控制端的寄存器在计算机接口电路中应用非常广泛，主要用于将输入/输出设备与计算机总线进行连接。

3）用 Verilog 描述寄存器

这里给出几种常用寄存器 Verilog HDL 语言模块的代码，同时对每一个寄存器模块的端口信号进行简要说明，并给出电路功能仿真的结果。

（1）具有锁存控制功能的寄存器。

代码 5.5.7 实现了一个 8 位锁存器模块，图 5.5.35 所示是代码 5.5.7 实现的具有锁存功能寄存器的功能仿真波形。其端口信号说明如下：

- D：8 位数据输入端。
- CP：时钟输入信号。
- LE：数据锁存控制信号。
- Q：8 位计数器输出信号。

代码 5.5.7　具有锁存控制功能的寄存器模块。

```
module samp5_5_7(D, G, CP, Q);        //顶层模块
    input [7:0] D;
    input G, CP;
    output [7:0] Q;
        latch8 u1(.D(D), .LE(G), .CP(CP), .Q(Q));
endmodule

module latch8(D, CP, LE, Q);          //8 位锁存器模块
    input [7:0] D;
    input LE, CP;
    output reg [7:0] Q;
    always@(posedge CP)
        if(LE)
            Q<=D;
endmodule
```

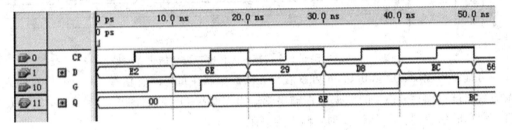

图 5.5.35　代码 5.5.7 实现的寄存器功能仿真波形

仿真波形说明：图 5.5.35 中显示的数据均为 8 位十六进制数，从图中可以看出，该寄存器只有在 $G=1$ 时，才在每个时钟信号 CP 上升沿对输入 D 端的数据进行锁存。

（2）具有输出缓冲功能的寄存器。

代码 5.5.8 是一个 8 位寄存器模块，该模块描述的寄存器具有输出缓冲功能，图 5.5.36 所示是代码 5.5.8 实现的寄存器的功能仿真波形。其端口信号说明如下：

- D：8 位数据输入端。
- CP：时钟输入信号。
- OE：输出使能控制信号。
- Q：8 位计数器输出信号。

代码 5.5.8　具有输出缓冲功能的寄存器模块。

```
module samp5_5_8(D, CP, OE, Q);        //顶层模块
    input [7:0] D;
    input OE, CP;
    output [7:0] Q;
    Register8 u1(.D(D), .CP(CP), .OEn(OE), .Q(Q));
endmodule

module Register8(D, OEn, CP, Q);                //具有输出缓冲功能的寄存器模块
```

```
        input [7:0] D;
        input OEn, CP;
        output reg [7:0] Q;
        reg [7:0] Qtemp;
        always@(posedge CP)
                Qtemp<=D;
        always@(OEn)
            if(!OEn)
              Q=Qtemp;
            else
              Q=8'hzz;
    endmodule
```

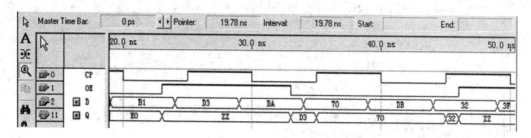

图 5.5.36　代码 5.5.8 实现的 8 位寄存器功能仿真波形

　　仿真波形说明:从图 5.5.36 可以看出,该寄存器在每个时钟信号 CP 上升沿对输入 D 端的数据进行锁存,锁存的数据能否输出受输出控制端 OE 控制。当 OE=0 时,输出 Q 的值与锁存的值相同;当 OE=1 时,输出为高阻。

　　(3) 字长可变通用寄存器。

　　代码 5.5.9 实现了一个字长由参数 msb 决定的通用寄存器模块,该寄存器具有输入锁存、输出缓冲功能。图 5.5.37 所示是代码 5.5.9 对应的仿真波形。其端口信号说明如下:

- D:8 位数据输入端。
- CP:时钟输入信号。
- LE:输入锁存信号。
- OE:输出使能控制信号。
- Q:8 位计数器输出信号。

代码 5.5.9　字长可变通用寄存器模块。

```
    module samp5_5_9(D, CP, LE, OE, Q);             //顶层模块
        input [15:0] D;
        input LE, OE, CP;
        output [15:0] Q;
        general_reg #(15) u1(.D(D), .LE(LE), .CP(CP), .OEn(OE), .Q(Q));
    endmodule

    module general_reg(D, LE, OEn, CP, Q);          //通用寄存器模块
        parameter msb=7;
        input [msb:0] D;
```

```
        input LE, OEn, CP;
        output reg [msb:0] Q;
        reg [msb:0] Qtemp;
        always@(posedge CP)
            if(LE)
                Qtemp<=D;
        always@(OEn)
            if(!OEn)
                Q=Qtemp;
            else
                Q='bz;
    endmodule
```

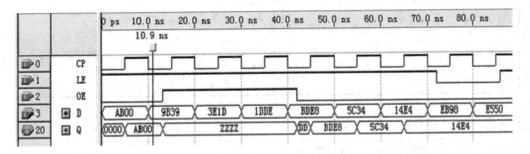

图 5.5.37　代码 5.5.9 实现的字长可变寄存器功能仿真波形

仿真波形说明：图 5.5.37 显示的是当参数 msb=15 时的 16 位寄存器的功能仿真图，从图中可以看出，在第一个 CP 上升沿时刻，D=AB00，寄存器将该数据锁存，此时输出控制信号 OE=0，因此寄存器输出其锁存的数据 Q=AB00。接着，OE 变成高电平，输出 Q 是高阻状态，从图中还可以看出，当锁存控制端 LE=0 时，不能对输入数据 D 进行锁存。

2. 移位寄存器

移位寄存器不但可以寄存数码，而且能够在移位脉冲的作用下将数据向左或向右移动。

1）移位寄存器的工作原理

移位寄存器按照移位的方式可以分为单向移位寄存器和双向移位寄存器。

（1）单向移位寄存器。

图 5.5.38 所示是 D 触发器组成的 4 位右移寄存器，电路结构特点是左边触发器的输出端接右邻触发器的输入端。对应地，左移寄存器电路则是右边触发器的输出端接左邻触发器的输入端。

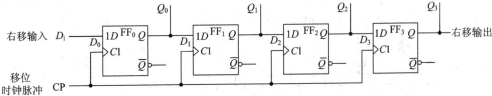

图 5.5.38　右移寄存器

图 5.5.38 所示电路中，各触发器共用时钟 CP，因此，该电路是一个同步时序电路。可以很容易地写出各触发器的状态方程：

$$Q_0^{n+1} = D_i, \quad Q_1^{n+1} = Q_0^n, \quad Q_2^{n+1} = Q_1^n, \quad Q_3^{n+1} = Q_2^n \qquad (5.5.16)$$

在移位脉冲的作用下，输入端 D_i 存入寄存器 FF_0，FF_0 的数据存入 FF_1，以此类推，第 $i-1$ 级触发器的数据存入到第 i 级触发器。若 4 位触发器的初态为 $Q_0^n Q_1^n Q_2^n Q_3^n = 0000$，在 D_i 连续输入四个 1 的情况下，电路对应的状态转移真值表如表 5.5.9 所示。

图 5.5.39 所示是 4 位右移寄存器的时序图。从图中可以看出，在四个移位脉冲 CP 的作用下，输入的 4 位串行数码 1101 存入了寄存器中，即在第 4 个 CP 上升沿时刻，$Q_3 Q_2 Q_1 Q_0 = 1101$。

表 5.5.9　右移寄存器电路状态转移真值表

输　　入		现　　　　态				次　　　　态				说　　　　明
D_i	CP	Q_0^n	Q_1^n	Q_2^n	Q_3^n	Q_0^{n+1}	Q_1^{n+1}	Q_2^{n+1}	Q_3^{n+1}	
1	↑	0	0	0	0	1	0	0	0	
1	↑	1	0	0	0	1	1	0	0	连续输入四个 1
1	↑	1	1	0	0	1	1	1	0	
1	↑	1	1	1	0	1	1	1	1	

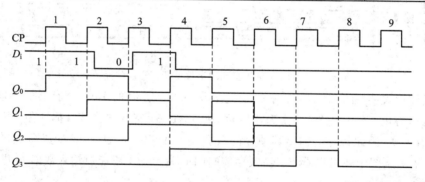

图 5.5.39　4 位右移寄存器时序图

(2) 双向移位寄存器。

图 5.5.40 所示是具有双向移位功能的移位寄存器。图中，M 是数据移动方向控制端；D_{SR} 是右移串行输入端；D_{SL} 是左移串行输入端。

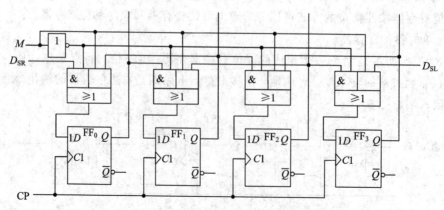

图 5.5.40　双向移位寄存器

该电路是一个同步时序电路，各触发器的时钟信号为 CP，激励函数为

$$
\begin{cases}
D_0^{n+1} = \overline{M}D_{SR} + MQ_1^n \\
D_1^{n+1} = \overline{M}Q_0^n + MQ_2^n \\
D_2^{n+1} = \overline{M}Q_1^n + MQ_3^n \\
D_3^{n+1} = \overline{M}Q_2^n + MD_{SL}
\end{cases}
\tag{5.5.17}
$$

状态方程为

$$
\begin{cases}
Q_0^{n+1} = \overline{M}D_{SR} + MQ_1^n \\
Q_1^{n+1} = \overline{M}Q_0^n + MQ_2^n \\
Q_2^{n+1} = \overline{M}Q_1^n + MQ_3^n \\
Q_3^{n+1} = \overline{M}Q_2^n + MD_{SL}
\end{cases}
\tag{5.5.18}
$$

所以当 $M=0$ 时，$Q_0^{n+1} = D_{SR}$，$Q_1^{n+1} = Q_0^n$，$Q_2^{n+1} = Q_1^n$，$Q_3^{n+1} = Q_2^n$，实现右移功能；当 $M=1$ 时，$Q_0^{n+1} = Q_1^n$，$Q_1^{n+1} = Q_2^n$，$Q_2^{n+1} = Q_3^n$，$Q_3^{n+1} = D_{SL}$，实现左移功能。

2）集成移位寄存器

移位寄存器因其使用灵活，而获得了广泛的应用。常用的移位寄存器器件很多，图 5.5.41(a)、(b)、(c)分别是常用中规模 4 位双向移位寄存器 74LS194 的引脚排列、国标逻辑符号和惯用符号，在国标逻辑符号中，"SRG4"是 4 位移位寄存器限定符。表 5.5.10 所示是 74LS194 的逻辑功能表。

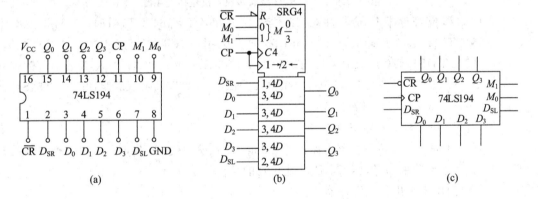

图 5.5.41　74LS194 的引脚排列和逻辑符号

(a) 引脚排列图；(b) 国标逻辑符号；(c) 惯用符号

表 5.5.10　74LS194 的逻辑功能表

输入				现态				输出				功能说明
$\overline{CR}$	M_1	M_0	CP	D_0	D_1	D_2	D_3	Q_0^{n+1}	Q_1^{n+1}	Q_2^{n+1}	Q_3^{n+1}	
0	×	×	×	×	×	×	×	0	0	0	0	异步清零
1	0	0	×	×	×	×	×	Q_0^n	Q_1^n	Q_2^n	Q_3^n	数据保持
1	0	1	↑	×	×	×	×	D_{SR}	Q_0^n	Q_1^n	Q_2^n	同步右移
1	1	0	↑	×	×	×	×	Q_1^n	Q_2^n	Q_3^n	D_{SL}	同步左移
1	1	1	↑	d_0	d_1	d_2	d_3	d_0	d_1	d_2	d_3	同步置数

从逻辑功能表可见,74LS194 具有异步清零、数据保持、同步右移、同步左移、同步置数等五种工作模式。$\overline{CR}$ 为异步复位输入,低电平有效,且优先级最高。M_0、M_1 为方式控制输入,其四种组合对应四种工作方式:$M_1 M_0 = 00$ 时,电路处于保持状态;$M_1 M_0 = 01$ 时,电路处于右移状态,其中,D_{SR} 为右移数据输入端,Q_3 为右移数据输出端;$M_1 M_0 = 10$ 时,电路处于左移状态,其中,D_{SL} 为左移数据输入端,Q_0 为左移数据输出端;$M_1 M_0 = 11$ 时,电路处于同步置数状态,其中,D_0、D_1、D_2 和 D_3 为并行数据输入端。无论何种方式,Q_0、Q_1、Q_2 和 Q_3 都是并行数据输出端。

在构成多位寄存器时,可以将移位寄存器进行级联扩展。连接时只要将移位寄存器接为相应的正常工作状态,且低位芯片的串行输出端接到高位芯片的串行输入端,即可实现级联扩展。图 5.5.42 所示是由两片 74LS194 构成的 8 位左移寄存器。

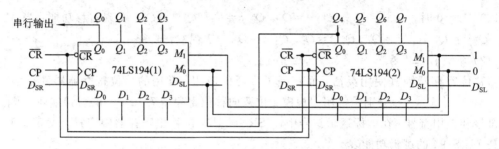

图 5.5.42　74LS194 级联构成 8 位左移寄存器

常用的移位寄存器集成器件有:8 位串入并出 CT54164/CT74164;8 位并入串出 CT54165/CT74165、CT54165/CT74165;双向并入并出 CT54198/CT74198、CT54194/CT74194、CT54S194/CT74S194、CT54LS194/CT74LS194;单向并入并出 CT54199/CT74199、CT5495/CT7495、CT54LS95/CT74LS95、CT54195/CT74195、CT54S195/CT74S195、CT54LS195/CT74LS195 等。

3)用 Verilog 描述移位寄存器

下面是几种常用移位寄存器电路的 Verilog HDL 模块代码,同时,对每个模块的端口信号进行了简要说明,并给出了电路功能仿真的结果。

(1)单向串入串出移位寄存器。

模块实现见代码 5.5.10,其端口信号说明如下:

• Din:串行数据输入信号。

• CP:时钟信号。

• Dout:串行数据输出信号。

代码 5.5.10　单向串入串出移位寄存器模块。

```
module samp5_5_10(Din, CP, Dout);          //顶层调用模块
    input Din, CP;
    output Dout;
    s_s_shiftreg4(.Din(Din), .CP(CP), .Dout(Dout));
endmodule


module s_s_shiftreg4(Din, CP, Dout);        //串入串出移位寄存器模块
```

```
    input Din, CP;
    output Dout;
    assign Dout=Q[3];
    reg [3:0] Q;
    initial
        Q=4'h0;
    always@(posedge CP)
    begin
        Q[3]<=Q[2];
        Q[2]<=Q[1];
        Q[1]<=Q[0];
        Q[0]<=Din;


    end
endmodule
```

图 5.5.43 是代码 5.5.10 对应的仿真波形。

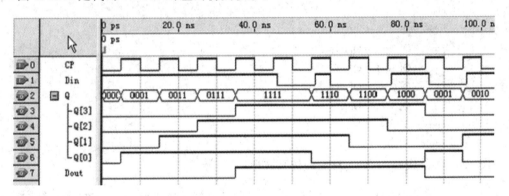

图 5.5.43　4 位串入串出寄存器仿真波形

仿真波形说明：在图 5.5.43 中，为了使读者看到数据在寄存器内部串行传送的关系，显示出了 4 个触发器的状态 Q。可以看出，在每个时钟信号 CP 的上升沿实现各触发器状态的移位，即 $Q[0]=Din$、$Q[1]=Q[0]$、$Q[2]=Q[1]$、$Q[3]=Q[2]$，串行输出端 $Dout=Q[3]$。需要注意的是，代码中实现寄存器移位功能的语句必须采用非阻塞赋值语句。

（2）双向串入并出移位寄存器。

代码 5.5.11 实现了一个具有双向串行输入并行输出的移位寄存器模块，其端口信号说明如下：

• Din：串行数据输入信号。

• dir：移位方向控制信号。

• CP：时钟信号。

• Q：并行数据输出信号。

代码 5.5.11　双向串入并出移位寄存器模块。

```
module samp5_5_11(Din, direct, CP, Q);        //顶层模块
    input Din, CP, direct;
```

```
            output [3:0] Q;
            s_s_shiftreg4_lr(.Din(Din), .dir(direct), .CP(CP), .Q(Q));
        endmodule

        module s_p_shiftreg4_lr(Din, dir, CP, Q);        //双向串入并出移位寄存器模块
            input Din, CP;
            input dir;
            output reg [3:0] Q;
            always@(posedge CP)
            if(dir)
                begin
                    Q[3]<=Q[2];
                    Q[2]<=Q[1];
                    Q[1]<=Q[0];
                    Q[0]<=Din;
                end
            else
            begin
                    Q[2]<=Q[3];
                    Q[1]<=Q[2];
                    Q[0]<=Q[1];
                    Q[3]<=Din;
            end
        endmodule
```

图 5.5.44 是代码 5.5.11 对应的仿真波形。

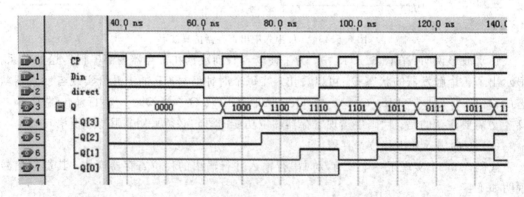

图 5.5.44　4 位双向串入并出寄存器仿真波形

仿真波形说明:从图 5.5.44 中可以看出,当 direct=0 时,实现从 Din→$Q[3]$→$Q[2]$ →$Q[1]$→$Q[0]$ 的移位功能;当 direct=1 时,实现从 $Q[3]$←$Q[2]$←$Q[1]$←$Q[0]$←Din 的移位功能。每一次移位是在 CP 的上升沿进行的。

（3）并入串出移位寄存器。

代码 5.5.12 是一个 4 位并行输入串行输出的移位寄存器模块,其端口信号说明如下:

• Din:并行数据输入信号。

- P：并行置数控制信号。
- CP：时钟信号。
- Dout：串行数据输出信号。

代码 5.5.12　并入串出移位寄存器模块。

```
module samp5_5_12 (Din, P, CP, Dout);        //顶层模块
    input [3:0] Din;
    input CP, P;
    output Dout;
    p_s_shiftreg4_r u1(. Din(Din), . P(P), . CP(CP), . Dout(Dout));
endmodule

module p_s_shiftreg4_r(Din, P, CP, Dout);        //并入串出移位寄存器模块
    input [3:0] Din;
    input CP, P;
    output Dout;
    reg [3:0] Q;
    assign Dout=Q[0];

    always@(posedge CP)
    if(P)
        Q<=Din;
    else
        begin
        Q[2]<=Q[3];
        Q[1]<=Q[2];
        Q[0]<=Q[1];
        Q[3]<=0;
    end
endmodule
```

图 5.5.45 是代码 5.5.12 对应的仿真波形。

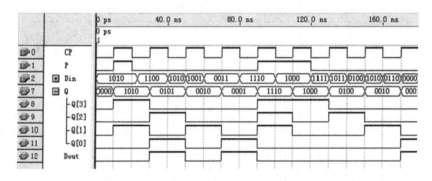

图 5.5.45　4 位并入串出移位寄存器仿真波形

仿真波形说明：为了便于读者理解模块的工作原理，图 5.5.45 给出了移位寄存器内部四个触发器的状态 Q。从图中可以看出，当 $P=1$ 时，在时钟信号 CP 上升沿将输入数据锁存到触发器中；当 $P=0$ 时，在时钟信号 CP 的上升沿实现 $0 \rightarrow Q[3] \rightarrow Q[2] \rightarrow Q[1] \rightarrow Q[0]$ 的

移位功能。串行输出信号 $\text{Dout}=Q[0]$。

4）移位寄存器的应用

移位寄存器通常用于数据格式的串/并和并/串变换，此外，移位寄存器还可以用来构成序列检测器和移位型计数器。

（1）实现数码串/并变换。

串/并变换是指将串行输入的数码，经转换电路之后变换成并行输出。这种数据转换形式常用于计算机通信中的数据接收方。

【例 5.5.8】 分析图 5.5.46 电路的功能(设电路初始状态为 0)。

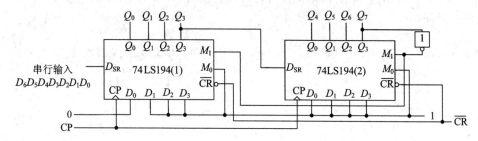

图 5.5.46　例 5.5.8 的电路图

解 转换前，$\overline{\text{CR}}$ 端加低电平，使寄存器的内容清零。由于 74LS194(2)片的 $Q_3=0$，因此 $M_1M_0=11$，当第一个 CP 脉冲到来时，寄存器处于置数工作方式，寄存器的输出状态 $Q_0\sim Q_7=D_0\sim D_7$，为 01111111。这时由于 $Q_7=1$，因此 M_1M_0 变为 01，寄存器处于串行右移工作方式，串行输入数据由 74LS194(1)片的 D_{SR} 端加入。设依次加入的数据为 $D_0\sim D_6$。随着 CP 脉冲的依次加入，输出状态 $Q_0\sim Q_7$ 的变化如表 5.5.11 所示。可见电路的工作周期为 8 个时钟脉冲，$Q_7=0$ 时，有 $M_1M_0=11$，则串行送数结束，标志着串行输入的数据已经转换成并行输出了。在下一个 CP 脉冲到来时，又开始进行置数，下一轮的串/并转换又开始了。

表 5.5.11　图 5.5.46 的逻辑功能表

CP序号	输入				输出								说明
	$\overline{\text{CR}}$	M_1	M_0	D_{SR}	Q_0	Q_1	Q_2	Q_3	Q_4	Q_5	Q_6	Q_7	
×	0	×	×	×	0	0	0	0	0	0	0	0	清零
1	1	1	1	×	0	1	1	1	1	1	1	1	置数
2	1	0	1	D_0	D_0	0	1	1	1	1	1	1	右移
3	1	0	1	D_1	D_1	D_0	0	1	1	1	1	1	右移
4	1	0	1	D_2	D_2	D_1	D_0	0	1	1	1	1	右移
5	1	0	1	D_3	D_3	D_2	D_1	D_0	0	1	1	1	右移
6	1	0	1	D_4	D_4	D_3	D_2	D_1	D_0	0	1	1	右移
7	1	0	1	D_5	D_5	D_4	D_3	D_2	D_1	D_0	0	1	右移
8	1	0	1	D_6	D_6	D_5	D_4	D_3	D_2	D_1	D_0	0	右移
9	1	1	1	×	0	1	1	1	1	1	1	1	置数

因此，图 5.5.46 是一个由两片 74LS194 组成的具有转换结束标志的 7 位右移串/并转换电路。

(2) 实现数码并/串变换。

并/串变换是指将并行输入的数据，转换为串行数据输出。这种数据转换常用于计算机通信中的数据发送方。

【例 5.5.9】 分析图 5.5.47 电路的功能(设电路初始状态为 0)。

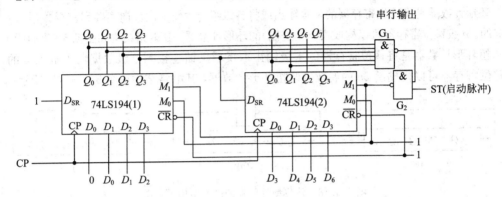

图 5.5.47 例 5.5.9 的电路图

解 并行的数据在置数时从 $D_0 \sim D_7$ 输入，串行数据从 Q_7 端输出。初始化时，启动脉冲 ST 端加低电平(注意启动脉冲的低电平时间一定要大于 CP 的一个周期)。此时 $M_1M_0 = 11$，当第一个 CP 脉冲到来时，寄存器处于置数工作方式，寄存器的输出状态 $Q_0 \sim Q_7 = 0D_0 \sim D_6$，此时串行输出端 $Q_7 = D_6$。随后，启动脉冲端变为高电平，此时由于 $Q_0 = 0$，门 G_1、G_2 输出分别为 1、0，因此 $M_1M_0 = 01$，寄存器处于串行右移工作方式。当第二个 CP 脉冲到来时，由于 74LS194(1)片的 D_{SR} 端加入 1，$Q_0 \sim Q_7 = 10D_0 \sim D_5$，串行输出端 $Q_7 = D_5$。随着 CP 脉冲的依次加入，Q_7 端的变化如表 5.5.12 所示。可见电路的工作周期为 7 个时钟脉冲，移入 6 个"1"后，$Q_7 = D_0$，$Q_0 \sim Q_5 = 111111$，门 G_1 输出 0，因此 $M_1M_0 = 11$，标志着并行输入的数据已全部经 Q_7 输出了。在下一个 CP 脉冲到来时，又进行新的并行置数，下一轮的并/串转换又开始了。

表 5.5.12 图 5.5.47 的逻辑功能表

输　入					输　出								说明
ST	CP 序号	M_1	M_0	D_{SR}	Q_0	Q_1	Q_2	Q_3	Q_4	Q_5	Q_6	Q_7	
0	1	1	1	1	0	D_0	D_1	D_2	D_3	D_4	D_5	D_6	置数
1	2	0	1	1	1	0	D_0	D_1	D_2	D_3	D_4	D_5	右移
1	3	0	1	1	1	1	0	D_0	D_1	D_2	D_3	D_4	右移
1	4	0	1	1	1	1	1	0	D_0	D_1	D_2	D_3	右移
1	5	0	1	1	1	1	1	1	0	D_0	D_1	D_2	右移
1	6	0	1	1	1	1	1	1	1	0	D_0	D_1	右移
1	7	0	1	1	1	1	1	1	1	1	0	D_0	右移
1	8	1	1	1	0	D_0	D_1	D_2	D_3	D_4	D_5	D_6	置数

因此，图 5.5.47 是一个 7 位并行转串行的电路，门 G_1 的输出可以作为并行转换结束标志。

(3) 移位型计数器。

如果不限制编码类型，移位寄存器也可以用来构成计数器，用移位寄存器构成的计数器称为移位型计数器。移位型计数器按照电路连接方式的不同可以分为三种类型：环形计数器、扭环形计数器和变形扭环形计数器。

环形计数器是将移位寄存器的末级输出或将各级组合逻辑输出反馈连接到首级数据输入端构成的。n 级移位寄存器可以构成模 n(n 进制)的环形计数器，其电路结构如图 5.5.48(a)所示。

扭环形计数器是将移位寄存器的末级输出取反后反馈连接到首级数据输入端构成的。n 级移位寄存器可以构成模 $2n$ 的偶数进制扭环形计数器，其电路结构如图 5.5.48(b)所示。

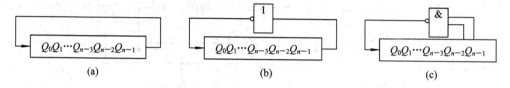

图 5.5.48　移位型计数器的基本结构示意图

(a) 环形计数器；(b) 扭环形计数器；(c) 变形扭环形计数器

变形扭环形计数器是将移位寄存器的最后两级输出"与非"后反馈连接到首级数据输入端构成的。n 级移位寄存器可以构成模 $2n-1$ 的奇数进制变形扭环形计数器，其电路结构如图 5.5.48(c)所示。

图 5.5.49 所示电路是一个用 74LS194 构成的环形计数器。为了保证电路的正常工作，环形计数器一般需要启动脉冲控制其初始状态。其对应的逻辑功能如表 5.5.13 所示。

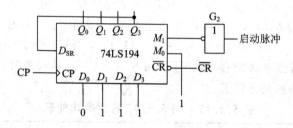

图 5.5.49　用 74LS194 构成环形计数器

表 5.5.13　图 5.5.49 的逻辑功能表

启动脉冲	CP 序号	M_1	M_0	D_{SR}	Q_0	Q_1	Q_2	Q_3	功能
0	1	1	1	1	0	1	1	1	置数
1	2	0	1	1	1	0	1	1	右移
1	3	0	1	1	1	1	0	1	右移
1	4	0	1	1	1	1	1	0	右移
1	5	0	1	1	1	1	1	1	右移

下面对图 5.5.49 电路的自启动功能进行分析。电路的设计状态是在 0111→1011→1101

→1110→0111 四个状态中循环的,我们先画出该电路完整的状态转移图,如图 5.5.50 所示,从该图可知电路不具备自启动功能。

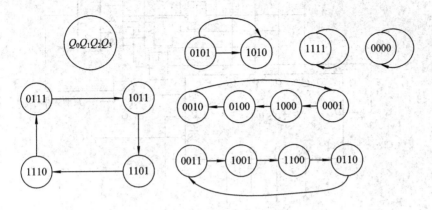

图 5.5.50　图 5.5.49 电路的完整状态转移图

　　为了实现自启动功能,可以利用电路的置数功能,当电路处于无效状态时,进行重新置数。现将状态转移图改为如图 5.5.51 所示,将状态 0000、0010、0110、1010 和 1111 的次态设为 0111,并通过控制 $M_1=1$ 端实现。画出 $M_1=1$ 的卡诺图,如图 5.5.52 所示。图中的"d"表示状态 1110,该状态本身可以自动转换到 0111 态,但是为了 M_1 函数的化简,对其也进行置数考虑。得到:

$$M_1 = Q_0 Q_1 Q_2 + \bar{Q}_0 \bar{Q}_1 Q_3 + Q_2 \bar{Q}_3 \tag{5.5.19}$$

改进后的环形计数器电路如图 5.5.53 所示。

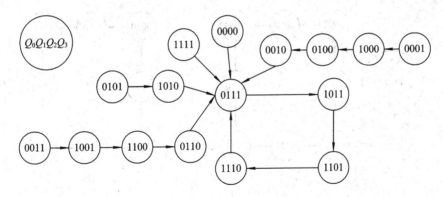

图 5.5.51　图 5.5.49 电路增加自启动功能的状态转移图

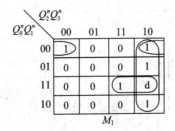

图 5.5.52　置数控制信号 M_1 的卡诺图

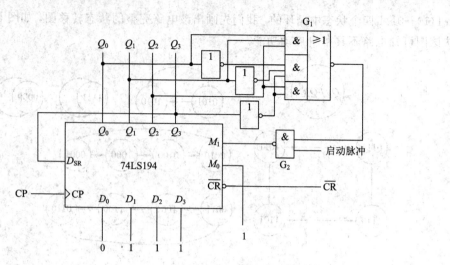

图 5.5.53　具有自启动功能的环形计数器

【例 5.5.10】　用 74LS194 分别构成八进制扭环形计数器和七进制变形扭环形计数器，并画出它们的完整的状态转移图。

解　① 用 74LS194 构成八进制扭环形计数器。

八进制扭环形计数器需要 4 级移位寄存器，其完整的状态转移图如图 5.5.54 所示。从状态图可见，该电路有两个 8 状态的循环，可以任意选取其中一个为主计数循环，另一个则为无效循环。为了保证电路加电后进入主计数循环，应采取一定的措施，如设置启动脉冲。如果选择图 5.5.54(a) 的状态循环为主计数循环，则对应的电路如图 5.5.55 所示。

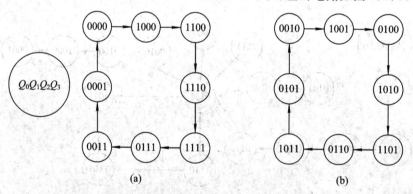

图 5.5.54　八进制扭环形计数器全状态转移图

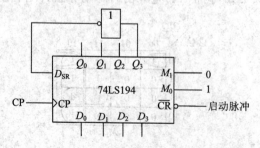

图 5.5.55　包含"0000"状态的扭环形计数器电路图

当图 5.5.55 实现的电路处于图 5.5.54(b) 中的任意无效状态时,电路的循环状态会发生改变,即按照图 5.5.54(b) 的状态进行转换。为了使电路具有自启动功能,将状态转移图改变为如图 5.5.56 所示,当进入无效态中的"0010"状态时,产生 $\overline{CR}=0$ 脉冲,使电路回到"0000"状态。实现电路图如图 5.5.57 所示。

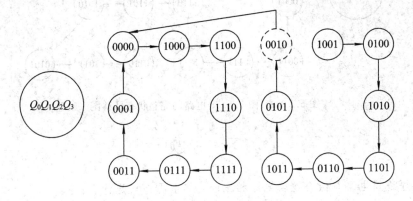

图 5.5.56 具有自启动功能的八进制扭环形计数器状态图

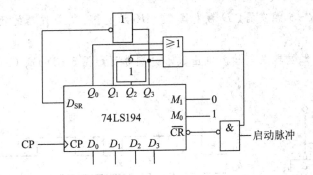

图 5.5.57 具有自启动功能的八进制扭环形计数器电路图

② 用 74LS194 构成七进制变形扭环形计数器。

七进制变形扭环形计数器电路如图 5.5.58 所示。电路初始化时,在脉冲控制端加负脉冲,电路实现置数功能,电路初始状态被置为 $Q_0Q_1Q_2Q_3=1000$,进入正常的循环状态,电路的完整状态转移图如图 5.5.59 所示。从图中可以看出,该电路具有自启动功能。

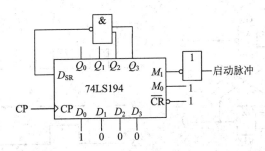

图 5.5.58 七进制变形扭环形计数器电路图

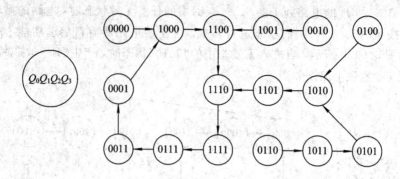

图 5.5.59　图 5.5.58 电路的完整状态转移图

习　　题

1. 时序逻辑电路与组合逻辑电路相比较，其主要特点是什么？

2. 简述 Moore 型和 Mealy 型电路的主要特点。

3. 描述触发器逻辑功能的常用方法有哪些？

4. 分别写出 R-S 触发器、D 触发器、J-K 触发器、T 触发器的状态转移表、状态转移图和状态方程。

5. 基本 R-S 触发器及其输入电压波形分别如习题图 5-1(a)、(b)所示，试画出 Q 和 $\overline{Q}$ 端的电压波形。

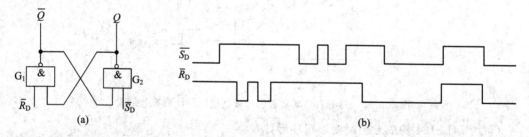

习题图 5-1

6. 钟控 R-S 触发器如习题图 5-2 所示，试画出 Q 对应的 R 和 S 的波形(设 Q 的初态为 0)。

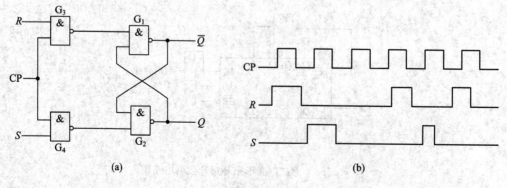

习题图 5-2

7. 已知主从 J-K 触发器输入端 J、K 和 CP 的电压波形如习题图 5-3 所示，试画出 Q 端对应的电压波形。假定触发器的初始状态为 0(Q=0)。

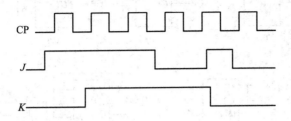

习题图 5-3

8. 边沿触发的 D 触发器如习题图 5-4(a)所示，若 CP、D、$\overline{R}_D$、$\overline{S}_D$ 端的电压波形如习题图 5-4(b)所示，试画出 Q 端的电压波形。假定触发器的初始状态为 0(Q=0)。

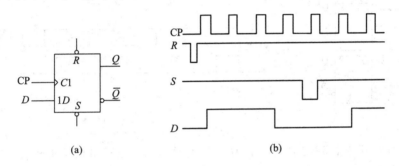

(a)　　　　　　　　(b)

习题图 5-4

9. 已知时钟下降沿触发的 J-K 触发器 CP、J、K 及异步置 1 端 $\overline{S}_D$、异步置 0 端 $\overline{R}_D$ 的波形如习题图 5-5 所示，试画出 Q 端的波形(设 Q 的初态为 0)。

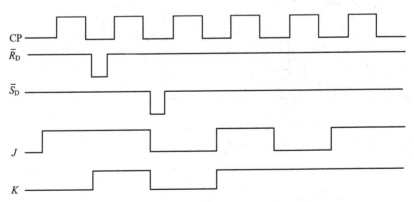

习题图 5-5

10. 设习题图 5-6 中的触发器的初态均为 0，试画出 Q 端的波形。

11. 设习题图 5-7 中的触发器的初态均为 0，试画出对应于 A、B 的 X、Y 的波形。

12. 用 Verilog HDL 的结构描述方法对下降沿触发的 D 触发器、J-K 触发器、T 触发器模块进行描述。这些触发器具有异步置位、复位控制端，低电平有效。

13. 用 Verilog HDL 的行为描述方法完成第 12 题。

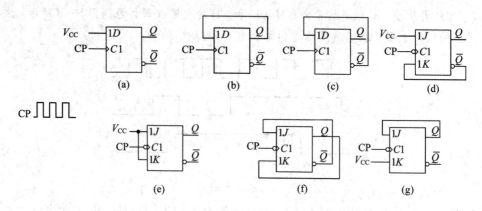

习题图 5 - 6

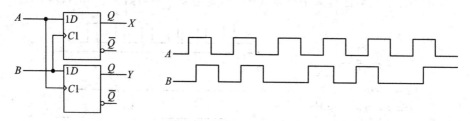

习题图 5 - 7

14. 分析如习题图 5 - 8 所示的时序电路的逻辑功能，写出电路的驱动方程、状态方程、输出方程及状态转换图，并说明电路能否自启动。

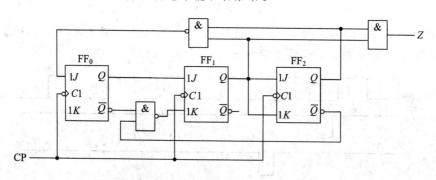

习题图 5 - 8

15. 试分析如习题图 5 - 9 所示逻辑电路的功能。

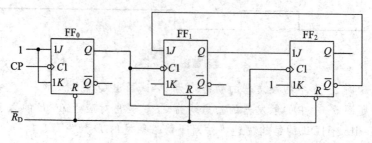

习题图 5 - 9

16. 试分析如习题图 5 - 10 所示的时序电路。

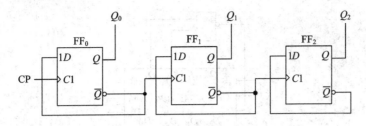

习题图 5 - 10

17. 用 J - K 触发器和门电路设计一个七进制加法计数器。

18. 用 Verilog HDL 编写一个模块，实现加减可控的九进制计数器。

19. 试用 74LS90 构成一个二十八进制计数器，要求输出用 8421BCD 码表示。

20. 试分析如习题图 5 - 11(a)、(b)所示的两个电路，画出状态转换图，并说明其功能。

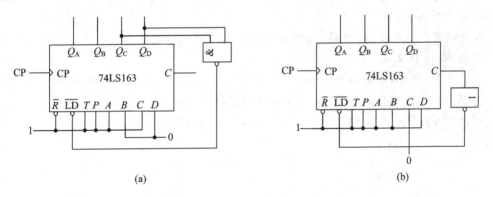

(a)   (b)

习题图 5 - 11

21. 试分析如习题图 5 - 12 所示的由 4 位二进制同步计数器 74LS161 构成的各计数分频电路的模值，并画出状态转换图。

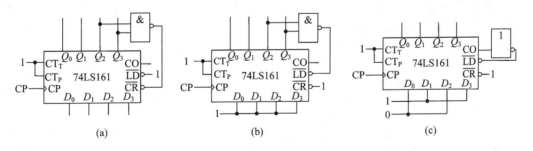

(a)   (b)   (c)

习题图 5 - 12

22. 试用 74LS161 和必要的门电路组成二十四进制和六十进制计数器。

23. 用 74LS161 组成起始状态为 0011 的十一进制计数器。

24. 试分别采用"反馈归零法"和"预置法"，用 74LS163 构成八进制计数器。

25. 试分别采用"反馈归零法"和"预置法"，用 74LS160 构成八进制计数器。

26. 试分析如习题图 5 - 13 所示的由 4 位双向移位寄存器 74LS194 构成的分频器的分

频系数。要求列出状态转移表，并画出时序图。

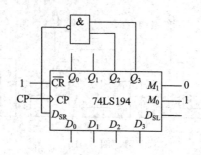

习题图 5-13

27. 编写 Verilog 代码，实现 74LS194 的逻辑功能。

28. 编写 Verilog 代码，实现一个 16 位双向移位寄存器功能，该寄存器具有并行置数控制端。

29. 编写一个六进制的环形计数器的 Verilog 代码，在代码中通过参数 n 设置计数器中触发器的个数。

30. 编写一个 Verilog 代码，该代码可以把两个寄存器的 R_1 和 R_2 中的内容通过暂存的寄存器 R_3 进行交换。

31. 用 Verilog HDL 编写一个可读写的存储器，该存储器有 16 个存储单元，每个单元可以存放 8 位二进制信息，对指定的单元进行读出或写入操作。

32. 用 Verilog HDL 编写一个代码检测器，当输入序列为连续的 10 个"10"时，输出为 1。

第 6 章　可编程逻辑器件

　　可编程逻辑器件 PLD 因其低成本、高密度、用户可编程、设计与开发方便灵活等特点而得到了广泛应用，目前已成为数字电路和系统设计的一类主要器件。本章介绍可编程逻辑器件的发展、分类、编程元件，简单可编程逻辑器件 SPLD、复杂可编程逻辑器件 CPLD 和现场可编程门阵列 FPGA 的原理与结构以及 PLD 器件编程的相关问题。

6.1　可编程逻辑器件概述

6.1.1　可编程逻辑器件的概念

　　传统数字系统的设计方法，一种是使用标准芯片进行搭建，如前面介绍的各种中、小规模集成电路；另一种是向厂家定制面向特定用途的专用集成电路 ASIC。使用标准芯片实现的数字系统所用的电路器件多，需要的电路板尺寸大，功耗大、可靠性差，可实现的数字系统规模受到一定的限制。定制的 ASIC 芯片能够根据应用特点进行性能的优化，使系统的功能与性能达到理想要求，但其设计周期长，风险性大，设计成本高，必须通过大批量的生产来降低每一个芯片的价格，而且一旦完成设计就很难再进行修改。

　　可编程逻辑器件 PLD 作为一种通用集成电路芯片进行生产，用户可以根据需要编程配置其内部用于连接逻辑门的可编程开关，从而实现满足特定应用需求的逻辑功能。

　　PLD 的基本结构如图 6.1.1 所示，由输入电路、与阵列、或阵列和输出电路构成。输入电路主要由缓冲器和反相器构成，能够产生每个输入变量的原和反变量形式的信号，这些信号被送入由多个与门构成的与阵列，由与阵列形成输入信号的乘积项输出。与阵列产生的乘积项又被送入由多个或门构成的或阵列，由或阵列形成乘积项之和经输出电路输出。可编程逻

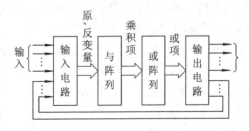

图 6.1.1　PLD 的基本结构

辑器件中，连接到与、或阵列的信号都要经过一个开关，用户可在应用时通过一定的方法改变这些开关的状态，而改变与、或阵列的连接方式，这一过程就称为编程，相应的开关称为可编程开关。由于逻辑函数总能表示为乘积项之和的形式，因此通过编程改变与、或阵列的连接方式，就能输出不同的乘积项之和，从而实现不同的逻辑函数。

　　可编程逻辑器件的出现，改变了传统数字系统的设计方法。与传统使用标准芯片设计数字系统的方法相比较，使用 PLD 能够实现更大规模的数字系统，而且原来在电路板完成

的许多设计都可以在 PLD 芯片内部进行,因此实现的数字系统具有集成度高、体积小、功耗低、可靠性高、速度快等优点。与定制 ASIC 芯片的设计方法相比较,使用 PLD 的设计具有设计周期短、风险低的特点,也不需要像定制 ASIC 那样,必须通过大批量生产来降低成本,而且实现的数字系统具有修改方便灵活等优点。因此,自 20 世纪 80 年代以来,可编程逻辑器件得到了迅速的发展和广泛的应用,目前已成为逻辑电路设计的主要方法。

6.1.2　可编程逻辑器件的发展历程

最早的可编程逻辑器件是出现于 20 世纪 70 年代初的只读存储器 PROM 和可编程逻辑阵列 PLA,随后经历了 PAL、GAL、EPLD 到 CPLD 和 FPGA 的演变历程,在结构、工艺、功能、速度、功耗、集成度和灵活性等方面都有很大的改进和提高。

只读存储器 PROM(Programmable Read Only Memory)内部的地址译码器形成固定的与阵列,存储单元构成可编程的或阵列,可对其编程来实现组合逻辑函数,是可编程逻辑器件的雏形。可编程逻辑阵列 PLA(Programmable Logic Array)是在 PROM 的基础上形成的一种与、或阵列都可编程的 PLD 器件,但由于开发工具等原因而没有获得什么实际的应用。

可编程阵列逻辑 PAL(Programmable Array Logic)出现于 20 世纪 70 年代末期,是继PLA 之后的第一个具有典型实用意义的可编程逻辑器件。PAL 在工艺上采用一次性可编程开关,在结构上由可编程的与阵列和固定的或阵列组成,工作速度和输出结构的种类较之前的可编程逻辑器件有了很大的进步。

通用阵列逻辑 GAL(General Array Logic)是继 PAL 之后,于 20 世纪 80 年代初期,由 Lattice 公司推出的一种比 PAL 更为灵活的可编程逻辑器件。GAL 在工艺上采用了EEPROM,具有可擦除、可重新编程的特点;在结构上采用了输出逻辑宏单元的结构形式,能够灵活配置为多种不同的输出结构。因此,GAL 比 PAL 器件更灵活,功能更全面,能够取代大部分的 PAL 器件。

20 世纪 80 年代中期,Xilinx 公司提出了现场可编程的概念,并同时推出了现场可编程门阵列 FPGA(Field Programmable Gate Array)器件。FPGA 在工艺上采用了 SRAM 存储元,可无限次反复编程;在结构上采用逻辑单元阵列结构,使得器件集成度大为提高,设计更加灵活。目前,多个厂家推出的 FPGA 芯片可使用的门达到千万级。

在 FPGA 出现的同期,1985 年,Altera 公司在 EPROM 和 GAL 的基础上,推出了可擦除可编程的逻辑器件 EPLD(Erasable PLD)。EPLD 在工艺上采用 EPROM 或EEPROM,具有可擦除、可重新编程的特点;基本结构和 PAL 及 GAL 相仿,都采用与或阵列结构,但集成度要比 PAL 和 GAL 高很多。

随着集成电路技术的发展,生产工艺不断改进,Altera、Xilinx 等多家公司都不断推出新的 EPLD 器件,EPLD 器件规模不断扩大,集成度不断提高,逻辑功能也不断增强,由此,复杂可编程逻辑器件 CPLD(Complex Programmable Logic Device)应运而生。CPLD在 EPLD 的基础上发展起来,并在结构和工艺上都有所改进,其集成度更高、性能更好、设计也更灵活。

20 世纪 80 年代末,Lattice 公司又提出了在系统可编程(In-System Programmable)的概念,并随后推出了在系统可编程大规模集成电路 ispLSI,使得基于可编程逻辑器件的数字系统的设计、生产过程更为简化，不需要专门的编程器，也不需要移动器件，就能够对可编程逻辑器件进行在板或在系统的编程，可方便地进行系统调试、测试、更新、维护。在系统可编程技术已成为当前可编程逻辑器件普遍支持的技术。

目前，生产可编程逻辑器件的厂家众多，包括 Xilinx、Altera、Lattice、TI、Actel、Atemel、AMD、AT&T、Cypass、Intel、Motorola、Quicklogic 等。针对市场应用需求，各个厂家都生产有满足不同成本、性能、集成度需求的多个系列产品，包括 EPROM、EEPROM、GAL、CPLD、FPGA 等。

6.1.3　可编程逻辑器件的分类

可编程逻辑器件的分类方法较多，也不统一。常见的有：按照器件集成度、按照编程元件及编程技术、按照器件的结构特点等分类的方法。

1. 按集成度分类

按照集成度，PLD 可分为低密度 PLD（Low Density PLD，LDPLD）和高密度 PLD（High Density PLD，HDPLD）两类。

1）低密度 PLD

低密度 PLD 的集成度通常在几百门/片以下，结构简单，速度快，设计简便，但由于其规模较小，因而难于实现复杂的逻辑。低密度 PLD 包括前面介绍的 PROM、PLA、PAL 和 GAL，通常也将这些 PLD 称为简单可编程逻辑器件 SPLD（Simple PLD）。

2）高密度 PLD

高密度 PLD 主要包括 EPLD、CPLD 和 FPGA。相对于低密度 PLD，高密度 PLD 在结构方面有了较大的改进，集成度更高、功能更为强大。随着 FinFET（Fin Field-Effect Transistor，鳍式场效应晶体管）晶体管的开发及三维晶体管技术的推出，芯片集成度继续以摩尔定律增长。目前，高密度 PLD 已开始使用 16 nm 工艺，并向着 10 nm 工艺发展，且在保持集成度的同时，性能和功耗获得极大提升，更为适用于小型掌上设备。

2. 按编程元件及编程技术分类

按照器件所采用的编程元件及编程技术，可将 PLD 分为一次性编程的 PLD 和可多次编程的 PLD。

1）一次性编程的 PLD

一次性编程的 PLD 通常采用熔丝型的编程开关，使用专门的编程器进行编程，编程过程就是对不需要连接的线路，烧断其可编程开关的熔丝。由于熔丝的熔断过程不可逆，因此一旦编程就不能再改写，不适合在数字系统的研制、开发和实验阶段使用。

2）可多次编程的 PLD

可多次编程的 PLD 按照其使用的编程元件的结构，又可以分为浮栅型编程器件和使用静态存储元 SRAM 的编程器件。

浮栅型编程器件使用 EPROM（Erasable PROM）、EEPROM（Erasable Electrically PROM）或闪存（FLASH）作为开关元件，可多次编程，且编程后信息可长期保存。采用静态存储元 SRAM（Static Random Access Memory）的 PLD 器件利用 SRAM 存储元存储编程信息，不需要专门的编程器，可以直接在电路板上对器件进行编程，能进行无限次反复编程,但其缺点是一旦掉电,信息即丢失(易失性)。

EEPROM、闪存和 SRAM 是目前 PLD 应用最多的编程元件。

3. 按结构特点分类

按照器件的结构特点,可将 PLD 分为乘积项结构的 PLD 和查找表结构的 PLD 两类。

1) 乘积项结构的 PLD

基于乘积项结构 PLD 的主要构成部分是与或阵列,PROM、PLA、PAL、GAL、EPLD 和大部分的 CPLD 都属于这种结构。器件通常采用 EEPROM 或闪存作为存储元,集成度一般小于 5000 门/片。

2) 查找表结构的 PLD

基于查找表结构的 PLD 通常采用 SRAM 存储元存储逻辑函数的真值表信息,使用查找表(Look-Up Table,LUT)实现基于真值表的逻辑函数。目前,绝大多数 FPGA 都属于这种结构。这种器件设计灵活,集成度高,但由于 SRAM 的易失性,实际应用时通常还需要额外配置一块非易失的存储器件。

6.2　PLD 的编程元件

PLD 器件使用的编程元件包括熔丝型开关、浮栅型编程元件和 SRAM 存储元,不同的编程元件或制造工艺决定了器件的编程方式,甚至是其使用方法。

6.2.1　熔丝型开关

熔丝型开关是早期 PROM、PLA 和 PAL 等可编程逻辑器件所采用的编程元件,用户可以根据需要,借助一定的编程工具熔断选定开关的熔丝,来改变开关状态。下面以可编程只读存储器 PROM 为例,来介绍熔丝型开关的基本工作原理及与或阵列的构成。

PROM 由三部分组成:地址译码器、存储矩阵和读写电路。图 6.2.1(a)给出了一个 4×4 位 PROM 的结构图。其中,地址译码器对外部送入的地址信号进行译码,输出字选择线(以下简称"字线")W_0、W_1、W_2、W_3;下方的 4 个下拉电阻和读写放大电路构成读写电路,形成 4 个输出信号(位线)D_3、D_2、D_1、D_0;字线和位线横竖交叉,形成 16 个交叉点,在每个交叉点处接有一个熔丝型开关,构成 4×4 位的存储矩阵。

PROM 的熔丝开关结构和读写电路如图 6.2.1(b)所示,熔丝开关由双极型三极管和具有高熔断可靠性的快速熔丝构成。读写电路由稳压管 V_{DZ}、写入放大器 A_W 和读出放大器 A_R 构成。要对图示的开关进行编程,需要先给出地址信号 $A_1 A_0$,使相应的字线 $W_i = 1$,然后给 D_j 端加上高电压正脉冲,使稳压管 V_{DZ} 短时间导通,写入放大器 A_W 输出低电平,A_W 呈低内阻状态,就会有较大的电流从 U_{CC} 流过三极管,将熔丝烧断。正常工作时,稳压管 V_{DZ} 不作用,读出放大器 A_R 将 Y_j 信号放大后形成 D_j 输出。

出厂时,所有的熔丝开关都是连通的,这样,当给出地址信号选中任一根字线 $W_i = 1$ 时,会使连接到 W_i 的所有开关均处于导通状态,$W_i = 1$ 的信号被施加到 $Y_3 \sim Y_0$,使输出 $D_3 D_2 D_1 D_0 = 1111$,相当于所有的存储元都存储 1。若通过编程熔断其中一些开关的熔丝,则相应开关不能导通,相当于向相应存储元写入 0。如熔断开关 S_{03} 的熔丝,则当给出地址

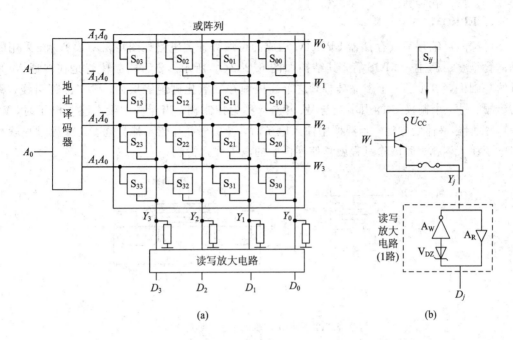

图 6.2.1　4×4 位 PROM

(a) 结构图；(b) 熔丝型开关和读写放大电路

信号 $A_1A_0=00$ 时，由于 S_{03} 不能导通，使 Y_3 处于低电平，输出 $D_3D_2D_1D_0=0111$，即相当于给 S_{03} 存储元写入 0。

PROM 正常工作时，可以按地址读取存储在其中的信息，是一种只读存储器。但从 PLD 的角度，它的地址译码器构成固定的与阵列，能够产生输入地址信号的全部最小项：

$$W_0=\overline{A_1}\,\overline{A_0}, \quad W_1=\overline{A_1}A_0, \quad W_2=A_1\overline{A_0}, \quad W_3=A_1A_0$$

存储矩阵则构成可编程的或阵列。例如，当所有存储元都存储 1（熔丝未烧断）时，给定任一组地址信号选中任一根字线为 1，都会使输出位线 $D_j=1$，即 $D_j=W_0+W_1+W_2+W_3$。若编程向 S_{02} 和 S_{22} 存储元写入 0，即熔断与 D_2 连接的开关 S_{02} 和 S_{22}，则 D_2 的值取决于最小项 W_1 和 W_3 的值，W_1 和 W_3 任一个为 1，$D_2=1$；只有 W_1 和 W_3 都为 0 时，才有 $D_2=0$，即

$$D_2=W_1+W_3=\overline{A_1}A_0+A_1A_0$$

由此看出，PROM 的存储矩阵构成可编程的或阵列，选择不同的编程表（熔丝图）能够形成不同的最小项之和。PROM 是一种具有固定与阵列和可编程或阵列的可编程逻辑器件。

由于熔丝熔断的过程是不可逆的，因此，采用熔丝型开关的 PLD 器件只能进行一次性编程。其次，熔丝开关的可靠性也很难测试，器件编程时，即使发生数量非常小的错误，也会造成器件功能不正确。同时，为了保证熔丝熔化时产生的金属物质不影响电路的其他部分，芯片还需要留有足够的保护空间，因此，使用熔丝型开关的可编程逻辑器件尺寸一般较大。

6.2.2　浮栅型编程元件

浮栅型编程元件包括 EPROM、EEPROM（或 E^2 PROM）和闪存，是 GAL、EPLD 和 CPLD 等可编程逻辑器件采用的编程元件。

1. EPROM

可擦除可编程只读存储器 EPROM 构成的可编程开关电路如图 6.2.2(a)所示,采用的晶体管是叠层栅注入 MOS 管,其结构如图 6.2.2(b)所示。叠层栅晶体管是在普通 MOS 管的基础上,增加了一个多晶硅栅,这个栅极埋在二氧化硅绝缘层内,没有外部引线,称为浮栅。另一个栅极 G 的引出线与 W_i 相连,称为控制栅。当浮栅中没有注入电子时,W_i = 1,叠层栅晶体管导通;当浮栅中注入电子时,叠层栅晶体管不能导通。其编程过程就是将电子注入浮栅,而擦除过程就是使浮栅中的电子回到衬底。

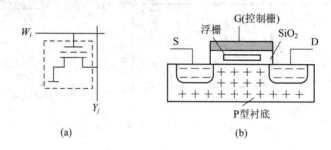

(a)　　　　　　　　　　　(b)

图 6.2.2　使用 EPROM 的可编程开关

(a) EPROM 开关;(b) 叠层栅晶体管

编程时,需要在叠层栅晶体管的漏极和源极之间加上高电压(如+25 V),然后给控制栅 G 上加高电压正脉冲(如+25 V,50 ms 宽的正脉冲)。当漏源间的高电压形成足够强的电场时,会使导电沟道形成"雪崩",产生很多高能电子。这些电子在控制栅极高电压正脉冲的吸引下,一部分将击穿二氧化硅薄层,注入浮栅,使浮栅带上负电荷。当外部的高电压撤销后,由于二氧化硅绝缘层的包围,这些电子也不容易泄露掉,可以长期保存。浮栅注入电子后,既使控制栅极加上正常的工作高电平,也不足以抵消浮栅负电荷的影响并形成导电沟道,因此叠层栅 MOS 管不能导通。

采用 EPROM 的芯片上方都会有一个石英窗口,用于擦除编程信息。将带有石英窗口的芯片放置在光子能量较高的紫外光下照射几分钟,浮栅中的电子就会获得足够的能量,穿过二氧化硅绝缘层回到衬底中,恢复到出厂时的初始状态。

EPROM 的编程、擦除都需要使用专门的编程工具和擦除工具,编程信息可保存 10 年。擦除是整片擦除,一般可擦写几百次。

2. EEPROM

EEPROM 也可记为 E^2PROM,是电可擦除可编程只读存储器的简称,可以进行电擦除、电编程以及擦除部分信息,比 EPROM 的使用更为方便灵活。

EEPROM 构成的可编程开关如图 6.2.3(a)所示,它用到了两个晶体管,T_1 是普通的 NMOS 管,T_2 是一个浮栅隧道氧化层 MOS 管,这里将其简称为 EEPROM 晶体管。 EEPROM 晶体管的结构如图 6.2.3(b)所示。

EEPROM 晶体管与 EPROM 采用的叠层栅 MOS 管结构类似,也有两个栅极:一个栅极 G_1 有引出线,是控制栅,也称为擦写栅;另一个栅极埋在二氧化硅绝缘层内,没有引出线,是浮栅。所不同的是,EEPROM 晶体管中的浮栅与漏极区(D)之间的二氧化硅层极薄,称为隧道区。

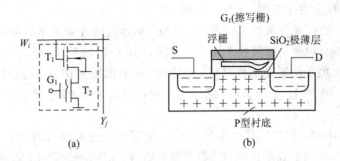

图 6.2.3　使用 EEPROM 的可编程开关

(a) EEPROM 开关；(b) EEPROM 晶体管

编程时，使 $W_i = 1$，Y_j 端接地，T_2 的擦写栅 G_1 接高电压正脉冲(如 +21 V)。由于 W_i 端接高电平，因此 NMOS 管 T_1 导通，EEPROM 晶体管 T_2 的漏极接近地电位，此时在擦写栅高电压正脉冲的作用下，EEPROM 晶体管的隧道区被击穿，形成隧道，电子通过隧道注入浮栅。正脉冲过后，浮栅中积有的电子能长期保存。

擦除时，使 $W_i = 1$，T_2 的擦写栅 G_1 接地，Y_j 接高电压正脉冲(如 +21 V)。由于 $W_i = 1$，因此 T_1 导通，Y_j 端的高电压正脉冲通过导通的 T_1 管加到 T_2 的漏极，形成隧道，浮栅中的电子通过隧道返回衬底。

正常工作时，擦写栅 G_1 接 +3 V 电压，若浮栅没有电子，则 EEPROM 晶体管导通，图 6.2.3(a)所示的开关可以导通；若浮栅积有电子，则 EERPOM 晶体管不能导通，开关也不能导通。

3. 闪存(FLASH)

闪存(FLASH)综合了 EPROM 和 EEPROM 的优点，不但具有 EPROM 高密度、低成本的优点，而且具有 EEPROM 电擦除及快速的优点。

FLASH 构成的可编程开关结构如图 6.2.4(a)所示，它只使用了一个叠层栅 MOS 管，这里简称为 FLASH 晶体管。FLASH 晶体管的结构如图 6.2.4(b)所示，其结构与 EPROM 的叠层栅 MOS 管结构类似，都有外部引出的控制栅和埋在二氧化硅绝缘层内的浮栅。所不同的是，FLASH 晶体管的浮栅与衬底之间的绝缘层更薄，与源区的重叠部分是由源区的横向扩散形成的，面积极小。

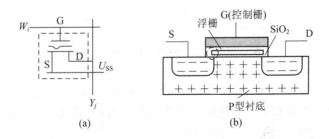

图 6.2.4　使用 FLASH 的可编程开关

(a) FLASH 开关；(b) FLASH 晶体管

FLASH 开关的编程方法与 EPROM 相同，它利用"雪崩"效应使电子注入浮栅。编程时，控制栅加 +12 V 高电压，FLASH 晶体管的源—漏之间形成 +6～+7 V 的偏置电压，晶体管强烈导通形成"雪崩",电子注入浮栅。

　　FLASH 开关的擦除方法与 EEPROM 类似,利用隧道效应使浮栅中的电子返回衬底。擦除时,控制栅接低电平,源极接+12 V、宽度为 100 ms 的正脉冲,浮栅与源极间的重叠区形成隧道效应,电子由隧道返回衬底。擦除时,所有源极接在一起的晶体管一起被擦除。

　　正常工作时,$W_i=1$,若浮栅内没有电子,则晶体管导通;若浮栅内积有电子,则晶体管不能导通。

　　按照结构特点,EPROM、EEPROM 和 FLASH 都是浮栅型编程元件,都可以反复编程,且编程后信息都能够长期保存,具有非易失特性。但由于擦除 EPROM 需要专门的工具,应用不方便,因此已逐步被 EEPROM 和 FLASH 所取代。目前,采用 EEPROM 和FLASH 工艺的器件,内部通常配置有升压电路来提供编程和擦除电压,因此可以工作于单一电源供电,在现有的工艺水平,它们的擦写寿命可达到 10 万次以上。

6.2.3　SRAM 编程元件

　　静态随机读写存储器 SRAM(Static Random Access Memory)是一种可随机读写的存储器,内部包含大量的 SRAM 存储元,每个存储元可存储 1 位二进制信息。给定一组地址信号,就能够选中其中的若干个存储元(构成存储字),可读出其中存储的各位二进制信息,或向其写入二进制信息。

　　SRAM 存储元是 FPGA 通常采用的编程元件,可用来存储查找表中的真值表(参见6.5.1 节),也可用来配置互连线路的连接状态。图 6.2.5(a)给出了一个在 FPGA 中使用SRAM 存储元控制线路连接的示意图。水平的 F_i 信号线和垂直的 Y_j 信号线之间接有NMOS 管,NMOS 管的状态由 SRAM 存储元控制。如果给 SRAM 存储元写入 0,则NMOS 管截止,F_i 和 Y_j 不连接;反之,如果给 SRAM 存储元写入 1,则 NMOS 管导通,F_i 和 Y_j 连接。

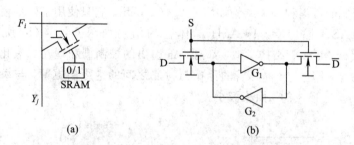

图 6.2.5　使用 SRAM 的开关示意图

(a) SRAM 开关;(b) SRAM 存储元

　　SRAM 存储元可以用 6 个 NMOS 管构成一个双稳态触发器来实现,但这种电路结构占用芯片面积较大,因此在实际应用中,很多 PLD 芯片的 SRAM 存储元由两个 NMOS 晶体管和两个反相器构成,如图 6.2.5(b)所示。

　　图 6.2.5(b)中,两个 NMOS 晶体管形成控制管。当 S 信号为高电平时,两个 NMOS管导通,要写入的二进制位及其反相信号分别通过 D、$\overline{D}$ 端送入。当 S 信号由高变低时,送入的二进制信号在两个反相器 G_1、G_2 的作用下,构成回路,保持。一个可能的问题是,S为高电平,D 端送入信号时,可能与 G_2 当时的输出信号存在不一致,因此,SRAM 存储元

制造时，通常将下面的 G_2 制造为弱反相器，以便当 S 为高电平，写入信息时，能够重写 G_2 的输出。

从上面的分析可以看出，SRAM 存储元使用内部的一个电路回路来存储信息，因此可方便地实现在线的重新配置，无限次反复写入，加电时信息也可长期保存。但其缺点是，一旦掉电，信息就丢失，这一特性称为易失性。由于易失性，使得使用 SRAM 编程元件的 PLD 器件在实际应用时，需要同时配置一块非易失性存储器件，如 EEPROM、FLASH 等，用于存储编程配置信息。

6.3　简单 PLD 的原理与结构

6.3.1　PLD 的阵列图符号

一个典型的 PLD 器件可能有百万级以上的可用门，这些门电路又由众多的互连线路相互连接，为了便于描述器件结构，PLD 通常采用一种简化的逻辑符号。下面给出 PLD 器件中几个常用的简化表示符号。

1. PLD 的互补输入

PLD 输入电路形成输入信号的原、反变量互补输入。PLD 中通常使用的互补输入表示与一般的互补输入表示分别如图 6.3.1(a)、(b)所示。

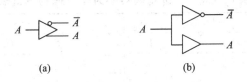

图 6.3.1　互补输入
(a) PLD 表示；(b) 一般表示

2. 阵列线连接的表示

PLD 中的阵列线连接状态可分为未连接、固定连接和编程连接三种。未连接指水平和垂直线之间没有连接；固定连接指出厂时已连接；编程连接指通过编程可编程开关使水平和垂直线相互连接导通。PLD 中，通常采用如图 6.3.2 所示的方法表示三种阵列线的连接状态。

未连接　　固定连接　　编程连接

图 6.3.2　阵列线连接

3. 与、或阵列的表示

图 6.3.3(a)给出了一个传统的多输入与门的逻辑符号表示。为便于 PLD 阵列结构的表示，对应于这种传统表示方法，PLD 中的与阵列通常采用如图 6.3.3(b)所示的逻辑符号表示，水平信号线表示与阵列的输入，四根垂直的信号线表示可连接到与阵列的输入信号。例如，图 6.3.3(c)所示的阵列线连接状态，表示与阵列输出 $F=ABC$。类似的表示方法也可以用于 PLD 的或阵列。

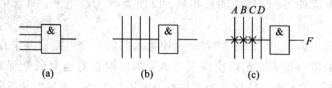

图 6.3.3　多输入与门

(a) 一般表示；(b) 阵列表示；(c) $F = ABC$

4. 数据选择器的表示

PLD 的宏单元以及 I/O 模块等单元中通常会设置一些数据选择器，以增加器件的灵活性。图 6.3.4 给出了一个 4 选 1 数据选择器在 PLD 中的一般表示方法。数据选择器下方的端子表示由 EPROM 或 SRAM 编程开关控制的数据选择器的选通(地址)信号，在不强调选通信号的情况下，也可以省去该信号。

选通

图 6.3.4　PLD 中的数据选择器表示

【例 6.3.1】　用 16×4 位的 PROM 实现 4 位二进制码 B_3、B_2、B_1、B_0 到循环码 G_3、G_2、G_1、G_0 的转换，画出阵列图。

解　列出输出变量 G_3、G_2、G_1、G_0 关于输入变量 B_3、B_2、B_1、B_0 的真值表，如表 6.3.1 所示。

表 6.3.1　二进制码转换为循环码的真值表

二进制码				循环码			
B_3	B_2	B_1	B_0	G_3	G_2	G_1	G_0
0	0	0	0	0	0	0	0
0	0	0	1	0	0	0	1
0	0	1	0	0	0	1	1
0	0	1	1	0	0	1	0
0	1	0	0	0	1	1	0
0	1	0	1	0	1	1	1
0	1	1	0	0	1	0	1
0	1	1	1	0	1	0	0
1	0	0	0	1	1	0	0
1	0	0	1	1	1	0	1
1	0	1	0	1	1	1	1
1	0	1	1	1	1	1	0
1	1	0	0	1	0	1	0
1	1	0	1	1	0	1	1
1	1	1	0	1	0	0	1
1	1	1	1	1	0	0	0

然后写出各输出变量的标准与或表达式：

$$G_3(B_3 B_2 B_1 B_0) = \sum m(8, 9, 10, 11, 12, 13, 14, 15)$$

$$G_2(B_3B_2B_1B_0) = \sum m(4, 5, 6, 7, 8, 9, 10, 11)$$

$$G_1(B_3B_2B_1B_0) = \sum m(2, 3, 4, 5, 10, 11, 12, 13)$$

$$G_0(B_3B_2B_1B_0) = \sum m(1, 2, 5, 6, 9, 10, 13, 14)$$

最后画出阵列图。PROM 的地址译码器构成与阵列，是固定不可编程的，连接方法固定，用"·"表示连接状态。或阵列是可编程的，在需要连接的位置画上"×"表示编程后保持连接导通。用 PROM 实现的二进制码到循环码转换的阵列图如图 6.3.5 所示。

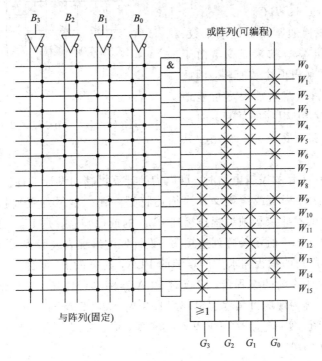

图 6.3.5　二进制码到循环码转换的 PROM 阵列图

6.3.2　可编程逻辑阵列 PLA

用 PROM 实现逻辑函数时，由于其与阵列固定，形成输入信号的全部最小项，用到的单元个数多，不利于实现较复杂的逻辑电路。PLA 在 PROM 的基础上进行改进，形成一种与、或阵列两级都可编程的器件。

PLA 的基本结构如图 6.3.6 所示。输入电路产生输入信号的互补输入，送入可编程的与阵列，与阵列编程产生乘积项，送入可编程的或阵列，或阵列编程形成乘积项之和输出。

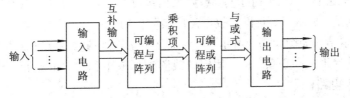

图 6.3.6　PLA 的基本结构

图 6.3.7 给出了一个实现 3 输入 2 输出逻辑函数的 PLA 内部阵列逻辑示意，用来说

明 PLA 器件内部的逻辑结构，实际应用中的 PLA 器件规模要比图示的逻辑阵列大许多。图中，PLA 的与阵列的编程状态形成了四个乘积项：AB、$\overline{A}\,\overline{C}$、$BC$、$A\overline{B}\,\overline{C}$。这些乘积项被送入或阵列，由或阵列编程后形成了两个输出函数：

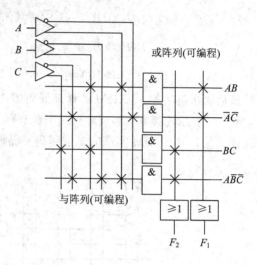

图 6.3.7　一个 3 输入 2 输出的 PLA

$$F_1 = AB + \overline{A}\,\overline{C}$$
$$F_2 = BC + A\overline{B}\,\overline{C}$$

PLA 器件的规模通常用输入端个数、乘积项个数和输出端个数来定义。由于 PLA 集成度较低，乘积项个数有限，因此在用 PLA 设计逻辑电路时需要尽可能地化简逻辑函数，减少乘积项的数目。对多输出逻辑函数，则要尽量提取、利用公共乘积项。

使用 PLA 设计实际的逻辑电路时，可以借助计算机辅助设计工具生成 PLA 器件的编程表或编程文件，由编程表或编程文件来描述将哪些输入信号编程连接到 PLA 的与门，以及将与阵列产生的哪些乘积项编程连接到 PLA 的或门，也就是 PLA 的熔丝映像，而不需要给出类似于图 6.3.7 所示的阵列连接图。设计好的编程表或编程文件可以提交给制造厂商，由厂商根据用户的编程需求生产定制的 PLA，这样的 PLA 称为掩膜 PLA。另一种 PLA 则允许用户使用专门的编程器，直接对 PLA 器件进行现场编程，来实现需求的逻辑功能，这样的 PLA 称为现场可编程逻辑阵列 FPLA(Field-Programmable Logic Array)。图 6.3.7 所示的阵列图，实际上是基于 FPLA 的实现，但在不特别强调哪种 PLA 的情况下，许多时候都简称为 PLA。

由前面分析可以看出，PLA 实现逻辑函数时，不需要产生全部最小项，只需要形成满足逻辑功能需求的乘积项，因此能够大大缓解 PROM 规模随输入端个数增加而急剧增加的问题。但由于需要逻辑函数的最简与或表达式，因此涉及的软件算法比较复杂，计算机辅助设计工具难于实现，尤其对于多输出的逻辑函数。另外，PLA 的与、或阵列两级都可编程，使得所实现的逻辑电路的速度性能下降，使其应用受到一定的限制。

6.3.3　可编程阵列逻辑 PAL

可编程阵列逻辑 PAL 是一种具有可编程与阵列和固定或阵列的可编程逻辑器件。它与 PLA 类似，但改善了 PLA 由于与、或阵列两级可编程造成的逻辑电路速度性能下降的问题，且易于制造、成本低，获得了较广泛的实际应用。

PAL 的基本结构如图 6.3.8 所示，输入电路产生输入信号的互补输入送入可编程的与阵列，与阵列编程形成乘积项，送入固定的或阵列形成乘积项之和输出，输出信号也可以被反馈送入输入电路。

一个实现 4 输入 4 输出逻辑函数的 PAL 内部阵列结构如图 6.3.9 所示。图中，PAL 有 4 个输入端 I_1、I_2、I_3 和 I_4，4 个输出端 F_1、F_2、F_3 和 F_4，输出 F_1 又可反馈输入到与阵

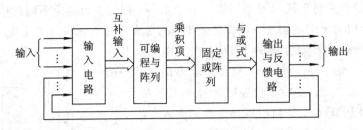

图 6.3.8　PAL 的基本结构

列。内部阵列分为 4 个单元,每个单元包含 3 个与门和 1 个或门,每个与门可编程形成关于 5 个输入信号(4 个外部输入和 1 个来自 F_1 的反馈输入)的任意乘积项,而每个或门的输入则是固定的,只能将 3 个与门形成的最多 3 个乘积项相或后输出,即与阵列是可编程的,而或阵列是固定的。在图示的编程状态下,PAL 的 4 个输出端实现的逻辑函数分别是:

$$F_1 = AB\bar{C} + \bar{A}\,BC\bar{D}$$

$$F_2 = A + BCD$$

$$F_3 = \bar{A}B + CD + \bar{B}\,\bar{D}$$

$$F_4 = F_1 + AC\bar{D} + \bar{A}\,B\,CD = AB\bar{C} + \bar{A}\,BC\bar{D} + AC\bar{D} + \bar{A}\,B\,\bar{C}\,D$$

其中,F_1 和 F_2 只用到了两个与门形成的两个乘积项,第三个与门输入端没有编程输入,即与门输出总为 0;F_4 由 4 个乘积项构成,利用 F_1 的输出反馈作为其输出,解决了 PAL 的一个单元不能满足乘积项个数需求的问题。

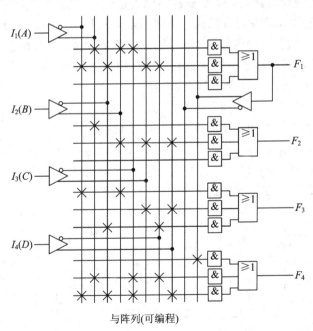

与阵列(可编程)

图 6.3.9　一个 4 输入 4 输出的 PAL

由上面的示例可以看出,PAL 输出逻辑函数的化简可针对每个输出函数单独进行,因此设计过程较 PLA 简单。但由于其或阵列固定,和 PLA 相比,缺乏足够的灵活性。为减少由此带来的不便,PAL 器件产品按多种不同的规格进行生产制造,包括不同的输入端个数、输出端个数以及每个或门的不同输入端个数等。同时，为适应不同的应用环境，许多 PAL 器件在或门输出端增加了一些额外的电路，形成具有不同输出和反馈结构的 PAL。

例如，一种带反馈寄存器的 PAL 输出端电路结构如图 6.3.10 所示，在 PAL 或门的输出端增加了一个 D 触发器。触发器可在时钟脉冲 CP 上升沿寄存或门的输出，$\bar{Q}$ 输出端又经反馈送入与阵列。输出三态缓冲器在输出使能信号 OE 的控制下，可使输出端 F_i 呈高阻状态，或将 D 触发器的 Q 端反相后由 F_i 输出。在这样的输出反馈结构中，由于增加了触发器，且各单元共用时

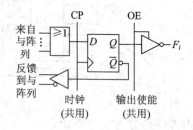

图 6.3.10　带反馈寄存器的 PAL 输出端

钟信号 CP 和输出使能信号 OE，因此能够简化同步时序逻辑电路的设计。比如可以选择输入、输出端数量满足要求的带反馈寄存器的 PAL 来设计同步计数器。

PAL 的输出与反馈结构除了上面介绍的基本与或阵列型和带反馈的寄存器型结构外，常见的还有可编程输入/输出型、算术选通反馈型、异步可编程寄存器输出型、乘积项公用输出、宏单元输出结构等。实际应用时，应根据应用需求，选择具有不同输出和反馈结构的 PAL 器件，以简化电路的设计。具体的器件结构，读者可查阅相关资料，这里不再赘述。

6.3.4　通用阵列逻辑 GAL

使用 PAL 设计逻辑电路时，需要根据不同的应用需求选择不同的器件，缺乏足够的灵活性。通用阵列逻辑器件在组成结构中采用了宏单元 MC(Macro Cell)的结构形式，允许用户通过编程将其配置为不同的结构形式，因而功能更加全面，结构更为灵活。

GAL 的基本结构可类似于 PAL，具有可编程的与阵列和固定的或阵列，称为 PAL 型 GAL；也可类似于 PLA，与、或阵列两级都可编程，称为 PLA 型 GAL。下面以 PAL 型 GAL 为例，介绍 GAL 的基本结构和工作原理。

PAL 型 GAL 的基本结构如图 6.3.11 所示，由输入电路、可编程与阵列、输出逻辑宏单元 OLMC(Output Logic Macro Cell)和三态输出缓冲电路组成。输出逻辑宏单元 OLMC 包括固定的或阵列以及一些可编程的配置电路，这些电路可通过编程配置形成不同的输出与反馈结构，从而以灵活多样的方式满足不同的应用需求。

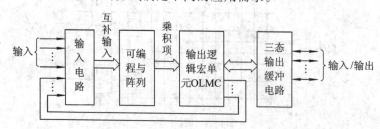

图 6.3.11　PAL 型 GAL 的基本结构

GAL 的结构示意如图 6.3.12 所示。图中，I_1、I_2 为输入端，I/O_1、I/O_2 为可编程输入/输出端，2 个虚线框内为 2 个输出逻辑宏单元。输出逻辑宏单元由具有固定输入端个数的或门、D 触发器和两个数据选择器构成，所有宏单元中的或门构成了 GAL 的固定或阵列。

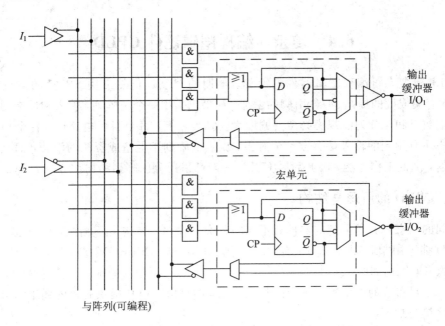

图 6.3.12　GAL 的结构示意

图示结构按宏单元可划分为两个部分，每个部分分配有 3 个乘积项（与门），每个乘积项都可通过对与阵列编程形成。第一个乘积项作为输出三态缓冲器的输出使能控制信号，若为高电平有效，则宏单元输出信号经输出三态缓冲器输出；若为低电平有效，则三态缓冲器呈现高阻状态，此时，与该三态缓冲器相连的 I/O 端即可成为输入端，能够将输入信号送至与阵列。两个 I/O 端是作为输出端，还是作为输入端，由每部分的第一乘积项编程控制，因此称为可编程输入/输出端。每个部分的其他两个乘积项则送入宏单元中的或门（固定的或阵列），形成乘积项之和。

宏单元中的 D 触发器可在时钟脉冲 CP 作用下寄存或门的输出，两个数据选择器则可以分别选择要输出的信号及反馈到与阵列的反馈信号。右边的四选一数据选择器是输出信号选择器，可选择旁路 D 触发器，直接将或门的输出经输出三态缓冲器缓冲输出，形成组合型输出；或选择 D 触发器的输出，形成时序型输出。不论是组合型输出还是时序型输出，都可以选择输出信号的极性，即以原或反变量的形式输出。下方的二选一数据选择器是反馈信号选择器，用来选择反馈至与阵列的信号。若选择 D 触发器的 $\bar{Q}$ 端反馈，则形成器件内部的寄存器反馈；若选择输出缓冲器 I/O 端反馈，则根据第一乘积项控制的输出三态缓冲器的状态，该信号可以是外部输入，也可以是宏单元输出的反馈。宏单元中数据选择器的选通信号（图中未画出）由 EEPROM 构成的可编程开关控制，编程配置这些开关的状态即能实现不同的输出与反馈结构。

由于可编程的宏单元结构可被配置成多种工作模式，因此 GAL 器件功能更加全面，结构灵活，通用性强，少数几种 GAL 器件就几乎可取代大多数的中小规模数字集成电路和 PAL 器件。目前，在一些小规模、低成本的场合，GAL 器件仍然有着重要的应用。

上面介绍的几种可编程逻辑器件，集成度都较低，都属于简单可编程逻辑器件，不能实现复杂的逻辑电路。随着集成电路技术的发展，出现了规模更大、集成度更高、结构更为灵活的可编程逻辑器件，下面就介绍复杂可编程逻辑器件 CPLD 和现场可编程门阵列 FPGA。

6.4　复杂可编程逻辑器件 CPLD

CPLD 是复杂可编程逻辑器件的简称。早期的 CPLD 仍然沿用 SPLD 的与或阵列结构,但随着集成度的提高、I/O 引脚的增加,如果仍采用一个与阵列,输入和反馈到与阵列的输入端数目和与阵列的规模必然急剧增大。但实际上,每个目标电路中,各个相对独立的功能模块所用到的输入端个数十分有限,庞大的阵列不但造成资源的浪费,而且会增加传输延迟,降低工作性能,因此后来 CPLD 一般都采用分区阵列结构。

6.4.1　CPLD 的原理与结构

不同的厂家对其所生产的器件有不同的分类和命名,结构也不相同,但目前,大多数的 CPLD 都采用乘积项和宏单元结构,使用 EPROM、EEPROM 或 FLASH 制造工艺。CPLD 的一般结构如图 6.4.1 所示,多个较小规模的 PLD 模块集成在一个芯片上,各个模块间通过全局布线的可编程开关矩阵相互连接,同时由 I/O 块提供芯片内部逻辑与外部引脚间的连接与封装。

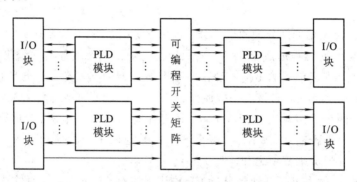

图 6.4.1　CPLD 的一般结构

PLD 模块用于实现目标电路中相对独立的功能模块,多个 PLD 模块通过开关矩阵相互连接,可实现大规模的复杂逻辑电路。

PLD 模块可以类似于与或阵列都可编程的 PLA,也可以类似于具有可编程与阵列和固定或阵列的 PAL。为便于读者理解 CPLD 的原理,图 6.4.2 给出了一个类似于 PAL 的 PLD 模块以及它通过可编程开关矩阵与其他模块互连的示意图。实际器件的构成模块要远比这个示意模块复杂,规模也要大很多。

图 6.4.2 中,PLD 模块由 3 个宏单元组成,每个宏单元包含一个 4 输入或门、一个异或门、一个触发器、一个二选一数据选择器和一个三态缓冲器。对应于模块的可编程与阵列,只对输入至该模块的信号形成乘积项。4 个乘积项送入一个宏单元中的或门(各个宏单元内各或门构成固定的或阵列)。异或门用于编程配置与或阵列输出信号的极性,若编程端(图中异或门悬空的引脚)编程为 1,则输出信号变反。触发器用来寄存或门的输出(实际器件中的触发器通常是可编程的,可以对类型、置/复位、时钟等进行编程)。数据选择器用来编程选择输出是组合型输出(异或门直接输出)还是时序型输出(寄存器输出)。输出三态缓冲器用来编程配置宏单元输出信号是否使能,若输出禁止,则对应的 I/O 引脚可作为

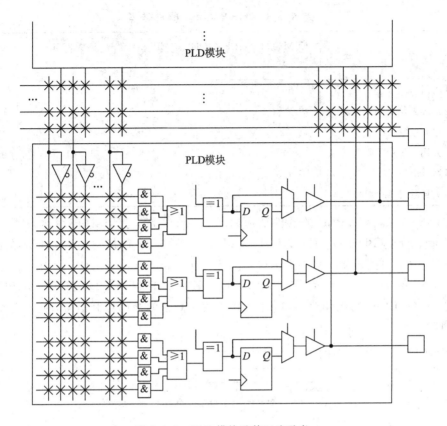

图 6.4.2　PLD 模块及其互连示意

外部输入引脚。输出三态缓冲器使外部引脚成为可编程的输入/输出引脚。在实际器件中，如果引脚编程作为输入引脚，则对应于该引脚的内部电路该怎么利用也是需要考虑的问题。

图 6.4.2 中，PLD 模块外部的互连线路通过可编程开关可以被配置为不同的连接模式，它们决定了各 PLD 模块之间以及 PLD 模块与 I/O 模块间的连接，包括将 PLD 模块中各宏单元的输出反馈至其他 PLD 模块以及将外部的输入信号引入 PLD 模块。

CPLD 通常采用 EPROM、EEPROM 或闪存作为编程元件，因此具有非易失特性，一旦编程，信息就可长期保存，可用于电路规模不是很大，而且要求上电就立即执行功能的应用中。作为全局布线的可编程开关矩阵，通常具有传输延迟可预测的典型特性。

6.4.2　CPLD 器件实例

不同厂家生产的 CPLD 器件体系结构各不相同，包括 PLD 模块的定义、数量、结构，每个 PLD 模块包含的宏单元的个数、宏单元的类型、I/O 模块的结构以及可编程的互联结构。下面介绍一类典型的 CPLD 器件——MAX3000A 系列 CPLD。

Altera 公司的 MAX3000A 系列 CPLD 采用 $0.3~\mu\mathrm{m}$ 的 CMOS EEPROM 工艺，支持在系统可编程，定位于大批量、低成本应用场合，常用于通信、计算机、消费电子、汽车、工业和其他终端系统中。

表 6.4.1 列出了 MAX3000A 系列 CPLD 的主要产品及器件特点。

表 6.4.1　　MAX3000A 器件特点

特　　点	EPM3032 A	EPM3064 A	EPM3128 A	EPM3256 A	EPM3512 A
可用门	600	1250	2500	5000	10 000
逻辑阵列块 LAB	2	4	8	16	32
宏单元/个	32	64	128	256	512
最大用户 I/O 引脚	34	66	98	161	208
延迟/ns	4.5	4.5	5.1	7.5	7.5
最大计数频率/MHz	227.3	222.2	192.3	126.6	116.3

　　MAX3000A 系列 CPLD 的器件结构如图 6.4.3 所示，其 PLD 模块称为逻辑阵列块 LAB(Logic Array Block)，随器件不同，可以有 2~16 个。I/O 控制块驱动连接器件内部逻辑与外部引脚；可编程互联阵列 PIA(Programmable Interconnect Array)构成器件的全局总线。另外，还有四个全局信号：INPUT/GCLK1、INPUT/OE2/GCLK2、INPUT/OE1 和 INPUT/GCLRn，可用作全局输入，也可以用作高速的全局控制信号，如时钟、复位和输出使能。

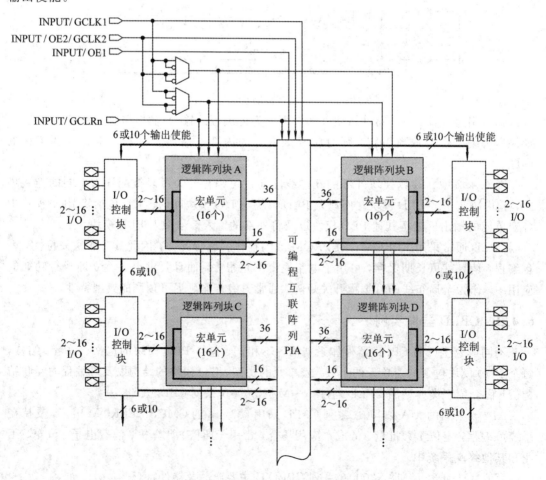

图 6.4.3　MAX3000A 的体系结构

1) 逻辑阵列块 LAB

每个 LAB 包含 16 个宏单元。LAB 的输入信号包括来自 PIA 的 36 个一般的逻辑输入和用于内部寄存器的全局控制信号。每个 LAB 可形成 16 个输出,反馈到 PIA,并可用其中的 2~16 个信号通过 I/O 控制块,驱动连接 2~16 个 I/O 引脚(随器件型号不同而不同)。

2) 宏单元

MAX3000A CPLD 的各个宏单元可以相互独立地被编程配置为组合逻辑或时序逻辑。每个宏单元由逻辑阵列、乘积项选择矩阵和可编程寄存器三部分组成,其结构如图 6.4.4 所示。

逻辑阵列实现组合逻辑功能,为每个宏单元提供 5 个乘积项。

乘积项选择矩阵分配这 5 个乘积项。可以将它们配置作为或门、异或门的输入,实现组合函数;或者配置为可编程寄存器的置位、复位、时钟和时钟使能控制信号。

每个宏单元中的可编程寄存器可独立配置实现 D 型、T 型、J-K 型或 R-S 型触发器的操作,并且其时钟、置/复位等信号也是可编程配置的。

可编程寄存器的时钟信号可通过时钟/使能选择器配置为以下三种模式之一:

(1) 全局时钟信号模式,两个全局时钟输入 GCLK1、GCLK2(参见图 6.4.3),可以以原变量或反变量的形式为触发器提供时钟信号。这种模式提供最快的时钟信号。

(2) 全局时钟信号配合以高电平有效的时钟使能,时钟使能由乘积项形成。这种模式也能提供最快的时钟信号。

(3) 逻辑阵列实现的乘积项提供触发器的时钟信号。在这种模式下,触发器的时钟信号可以是来自隐埋宏单元(不产生输出的宏单元)或 I/O 引脚的信号。

每个可编程寄存器支持异步置位和复位功能,由乘积项选择矩阵分配乘积项实现这些操作,如图 6.4.4 所示。而对复位操作,还可以由复位选择器选择全局复位信号 GCLRn(参见图 6.4.3)实现。

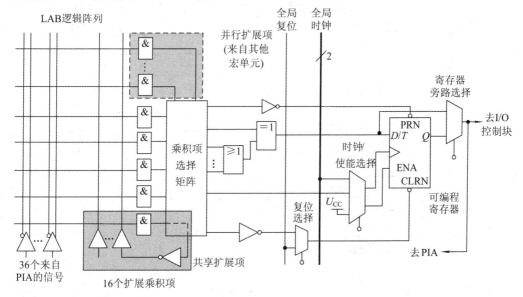

图 6.4.4 MAX3000A 的宏单元结构

宏单元的输出信号可以配置为组合型输出或时序型输出。图 6.4.4 中的寄存器旁路电路选择宏单元的输出,可以将异或门输出作为宏单元的输出,形成组合型输出,或者将寄存器的输出作为宏单元的输出,形成时序型输出。

3) 乘积项扩展

一般情况下,逻辑阵列只为每个宏单元提供 5 个乘积项。虽然可以通过使用几个宏单元来实现多于 5 个乘积项的逻辑函数,但 MAX3000A 提供了两种类型的乘积项扩展:共享乘积项扩展和并行乘积项扩展。它们能够直接给同一个 LAB 内的任一个宏单元提供额外的乘积项,以便进行综合时能够用尽可能少的逻辑资源获得尽可能快的速度。乘积项扩展如图 6.4.4 中的阴影区域所示。

共享扩展项就是将逻辑阵列产生的乘积项反相后再反馈回逻辑阵列。每个宏单元中,乘积项选择矩阵可以编程选择 5 个乘积项中的一个作为共享扩展项,这样,每个 LAB 共可形成 16 个共享扩展项。这 16 个共享扩展项可由该 LAB 中的任一个或全部 16 个宏单元共享使用,来实现更复杂的逻辑功能。

并行扩展项就是从邻近宏单元借用的乘积项,图 6.4.5 描述了宏单元如何从邻近宏单元借用乘积项的过程。如果可编程开关被编程连接到靠上的位置,分别连接一个乘积项和或门的输出,则该宏单元或门的输出被连接到下一个宏单元的或门输入,这样,下一个宏单元就会形成一个包含 10 个乘积项的输出。如果可编程开关连接到靠下的位置,分别连接或门的输出和地,则宏单元正常输出,也不会出借乘积项给下一个宏单元。MAX3000A 的并行扩展项允许每个或门最多有 20 个乘积项输入,其中 5 个来自于本宏单元的乘积项,另外 15 个来自于其他宏单元的并行扩展项。

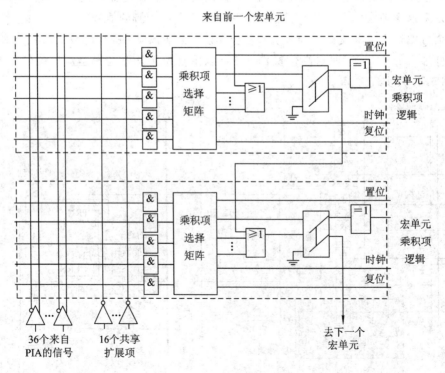

图 6.4.5　并行扩展项

4）可编程互联阵列 PIA

PIA 连接所有的逻辑阵列块 LAB，可以将器件的任何源信号以全局总线的方式传送到任何目的地。器件的 I/O 引脚、宏单元的输出和四个全局信号构成了 PIA 的信号，它们被连接到器件的各个位置。但依据目标电路的设计，只有 LAB 需要的信号才会被编程导通并送入 LAB。PIA 的编程如图 6.4.6 所示。

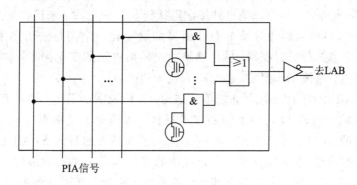

图 6.4.6　PIA 编程示意图

如图 6.4.6 所示，PIA 中的每个信号都经一个 EEPROM 存储元控制，决定一个 PIA 信号能否通过一个两输入的与门传递，从而能够选择实际传送给 LAB 的信号。以这样的方式连接，传递到 LAB 的信号，其延迟是可预测的，这就使最终实现的目标电路也很容易预测其时间性能。

5）I/O 控制块

I/O 控制块驱动连接 I/O 引脚，每个引脚由一个三态缓冲器驱动，如图 6.4.7 所示。若编程使三态缓冲器输出使能 OE 无效，则输出呈高阻状态，该引脚即可作为输入引脚、输入信号，否则作为输出引脚、输出信号。由图 6.4.4 可以看出，MAX3000A I/O 引脚向 PIA 的输入和宏单元向 PIA 的反馈输出使用不同的线路，因此，当一个 I/O 引脚被配置为输入引脚时，与其相连的宏单元仍然可用来实现隐埋逻辑，即可以实现不会产生外部输出的组合或时序逻辑。

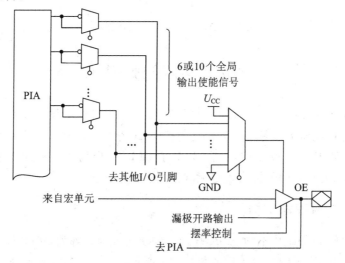

图 6.4.7　I/O 控制块

经过 OE 多路选择器选择配置,输出三态缓冲器的使能端可配置为 U_{CC}(输出始终有效)、地(输出无效,作为输入引脚)或者是全局输出使能信号(6 或 10 个,随器件不同)之一。全局使能信号可以来自两个全局信号 OE1、OE2(参见图 6.4.3),或者来自 I/O 引脚,或者是某些宏单元的输出信号,每个都可以以原或反变量的形式控制输出三态缓冲器。

MAX3000A 器件也为每个 I/O 引脚提供漏极开路输出选项,可用来提供系统级控制信号,如中断、写允许等,也可以通过外接电阻接到 5 V 的电源,来提供 5 V CMOS 输入引脚。同时,MAX3000A 器件对每个 I/O 引脚都设置有一个调整输出摆率的 EEPROM 位,可以对输出摆率进行编程控制。输出摆率就是输出电压的变化频率,加快电压摆率能降低系统传输延迟、加快工作速度,但会引入较大的噪声。

上边介绍的 CPLD 采用乘积项和宏单元结构,需要说明的是,一些厂家生产的 CPLD 器件融合了传统的 CPLD 和 FPGA 两种技术特征,而模糊了这两者之间的界限。例如,Altera 公司生产的 MAXⅡ 系列 CPLD 器件,使用了非易失的嵌入 FLASH 工艺,具有非易失、瞬时接通的特点。同时,又采用了很成功的 FPGA 系列的查找表体系,基于查找表的逻辑阵列块 LAB 以二维的行列阵列组织,并采用了称为多轨道互连的行、列布线模式,来连接各个 LAB。MAXⅡ 系列 CPLD 的体系结构如图 6.4.8 所示,关于器件的具体情况,读者可登录 Altera 公司网站查看其数据手册。

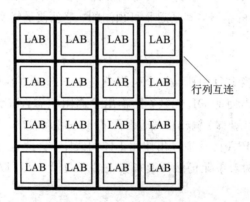

图 6.4.8　MAXⅡ CPLD 的体系结构

6.5　现场可编程门阵列 FPGA

PLD 的集成规模通常以内部可用的等值两输入与非门来衡量。对基于宏单元结构的 CPLD,一种典型的衡量方法是每个宏单元等值于 20 个门,这样,一片拥有 500 个宏单元的 CPLD 也只等值于 10 000 个门电路。相对于 CPLD,现场可编程门阵列 FPGA(Field-Programmable Gate Array)能够实现更大规模的逻辑电路。

6.5.1　FPGA 的原理与结构

与 SPLD、CPLD 的结构不同,FPGA 内部并不包含与或阵列,而是通过可配置的逻辑块实现逻辑功能。FPGA 的一般结构如图 6.5.1 所示,包括三个组成部分:逻辑块、I/O 块和互连资源。逻辑块编程配置实现用户要求的逻辑功能；I/O 块提供逻辑块到器件外部封装引脚的可编程接口；互连资源在各块之间传递信号。

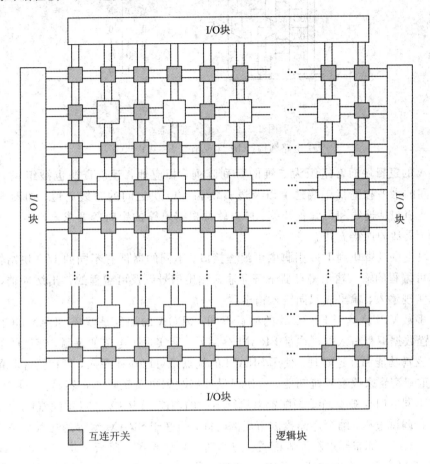

图 6.5.1 FPGA 的一般结构

FPGA 的逻辑块通常只有少量的输入、输出。不同的 FPGA 器件具有不同类型的逻辑块，最常用的一种逻辑块结构就是查找表 LUT。查找表实际上是一个逻辑函数发生器，其实现逻辑函数的机制类似于用 ROM 实现组合逻辑函数。查找表内部有存储元，能够存储逻辑函数在不同输入情况下对应的输出信息，也即相当于存储了函数的真值表。输入变量作为地址信号，用不同取值选中不同的存储元，从而输出函数功能对应的函数值。改变存储元的存储内容，就能够实现不同的逻辑函数。

图 6.5.2(a)给出了一个 2 输入查找表的电路结构。图中，每个存储元可存储 1 位"0"或"1"，四个存储元可存储任意一个 2 变量逻辑函数的真值表信息，输入变量 X、Y 用于控制三个数据选择器，最终选中不同的存储元输出。若将图 6.5.2(a)中的四个存储元从上到下依次配置为 0、1、1 和 0，则能够产生真值表如图 6.5.2(b)所示的逻辑函数，即 $F = \overline{X}Y + X\overline{Y}$。类似于图 6.5.2(a)的电路结构，也可以构造出 3 输入、4 输入的查找表。

除了查找表，为了能够实现时序逻辑，FPGA 的逻辑块中通常也配置有可编程的触发器。查找表的输出可配置为触发器旁路，形成组合逻辑；或配置为触发器输出，形成时序逻辑。

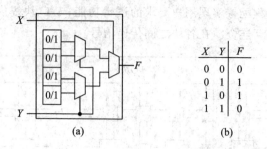

图 6.5.2 2 输入查找表

(a) 电路结构；(b) 实现函数 $F = X\bar{Y} + \bar{X}Y$

　　FPGA 的逻辑块通常组织为二维的行列阵列，相应地，互连资源也被组织为逻辑块行、列之间的水平和垂直布线通道以及逻辑块和 I/O 块之间的布线通道，如图 6.5.1 所示。布线通道包括连线和可编程开关，可由软件根据电路的定时等要求自动配置，形成多种不同的、灵活的连接方式。

　　I/O 块提供逻辑块到 I/O 引脚的可编程接口。不同的器件有不同的 I/O 块结构，但一般都具有可编程的输入输出寄存器来寄存输入输出信号以及可编程的输出缓冲器，可通过编程控制实现输入、输出或双向输入输出。

　　与大多数 CPLD 基于 EPROM 的编程不同，FPGA 的编程是基于 SRAM 静态存储元的。将配置数据编程写入器件内部 SRAM 存储元，即实现了电路的定制，存储的值决定了 FPGA 的逻辑功能和互连实现。使用 SRAM 的优点是可以在线写入，可在器件驻留于系统时，现场重新配置来改变系统功能。这使得设计修改和更新变得非常容易，一片 FPGA 甚至可以在不同的时候被重新动态配置以执行不同的功能。FPGA 的可重配置能力能够简化硬件设计和调试过程，缩短产品投放市场的时间。但基于 SRAM 编程的缺点则是其易失特性，每次上电时，都需要重新加载配置。应用时，通常要在电路板上增加一块可编程只读存储器 PROM 芯片，保存应用于 FPGA 的配置信息，上电时写入 SRAM。同时，FPGA 器件内部信号间灵活多样的连接方式使 FPGA 信号的传递延迟具有不确定性。

6.5.2　FPGA 器件实例

1. XC4000 系列器件

　　Xilinx 公司于 1985 年发布了第一款商用 FPGA 器件——XC2000 系列，随后推出了 XC3000 和 XC4000 系列，目前主要有 Spartan、Virtex、Kintex 系列。每款新推出的器件相对于之前的器件，在集成度、性能、功耗、电平、引脚数量、功能等方面都有所提高，并在 28 nm 结点工艺的芯片中开始使用 3D 集成电路技术。下面介绍基本的 XC4000 系列器件的体系结构。

　　XC4000 系列 FPGA 的体系结构如图 6.5.3 所示。其逻辑块称为可配置逻辑块 CLB (Configurable Logic Block)，用于提供构建用户需求逻辑的功能元素。多个规则的 CLB 通过灵活多样的层次化布线资源相互连接，丰富的布线资源可用来实现相当复杂的互连模式。器件外围是可编程的输入输出块 IOB(Input/Output Block)，用于提供器件封装引脚和内部信号线间的连接。

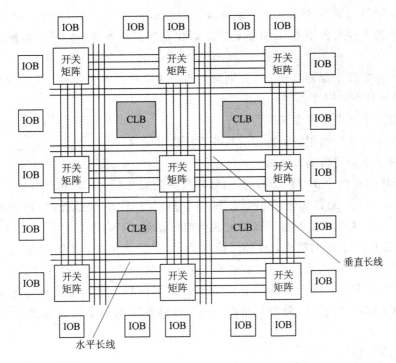

图 6.5.3　XC4000 系列的体系结构

1）可配置逻辑块 CLB

CLB 可实现 FPGA 的大部分逻辑功能，主要组成包括：基于查找表结构的函数发生器、多路选择器和可编程寄存器，结构如图 6.5.4 所示。

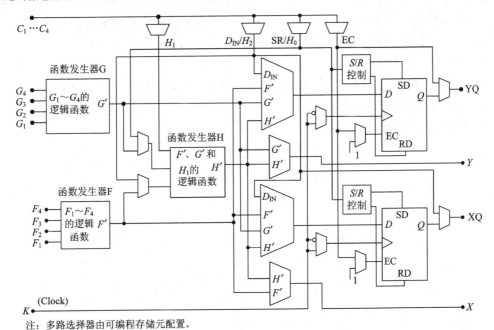

注：多路选择器由可编程存储元配置。

图 6.5.4　CLB 的组成

CLB 内的两个 4 输入函数发生器 F、G 能够实现任意 4 输入变量的逻辑函数。第三个

3 输入函数发生器 H 的两个输入可分别来自于 F 或 G 的输出,另一个输入来自于 CLB 外部,或者三个输入都来自于 CLB 外部。三个函数发生器相互配合,可以实现这样的逻辑功能:

(1) 三个函数发生器相互独立,分别形成两个 4 变量逻辑函数和一个 3 变量逻辑函数(其中一个输出必须被内部寄存)。

(2) 任意一个 5 变量逻辑函数。

(3) 任意一个 4 变量逻辑函数和一些 6 变量逻辑函数。

(4) 一些 9 变量逻辑函数。

每个 CLB 中有两个 D 触发器,它们具有公共的时钟信号 CP 和公共的使能信号 EC (高电平有效),可被配置为上升沿或下降沿(时钟 CP 反相)触发的边沿型触发器。在 XC4000 系列中,两个触发器也可以被配置为时钟信号 CP 高电平有效的锁存器。触发器从函数发生器 F、G、H 的输出,或外部输入 D_{IN} 得到输入信号,产生输出 XQ 和 YQ。一个异步的存储元 SR 输入经两个 SR 控制电路,可以分别控制两个触发器置位或复位,如果设置了全局置/复位,则会被编程去匹配这一局部配置。函数发生器的输出也可以直接输出 X、Y,而不经过两个触发器寄存。所有这些输出都能够被连接到 CLB 外部的互连网络。

2) 分布式 RAM

XC4000 系列器件内部没有整块 RAM,可以选择将 CLB 中的两个 4 输入函数发生器 F、G 分别配置为两个 16×1 位的双端口 RAM,或将两个函数发生器一起配置为一个 16×2 位单端口 RAM 或一个 32×1 位的单端口 RAM。多个 CLB 组合起来可形成一个存储阵列,作为片内 RAM 或读写存储器使用。图 6.5.5 给出了 CLB 中的两个函数发生器配置为 16×2 位(或 16×1 位)单端口 RAM 的框图,此时两个函数发生器的输入信号作为地址信号 $A_0 \sim A_3$,用来选择存储单元,四个控制信号 $C_1 \sim C_4$ 的含义分别如下:

- WE: RAM 写信号。
- D_1/A_4: 高位数据输入信号 D_1(配置为 32×1 位 RAM 时作为第 5 位地址 A_4)。
- D_0: 低位数据输入信号。
- EC: 触发器的时钟使能信号。

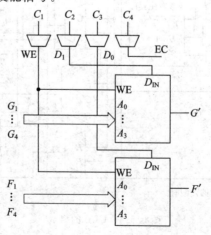

图 6.5.5　16×2 位(或 16×1 位)单端口 RAM

3）输入输出块 IOB

用户可配置的 IOB 提供器件封装引脚和内部逻辑间的接口。每个 IOB 控制一个 I/O 引脚，通过 IOB 内的输出三态缓冲器，I/O 引脚可被配置为输入、输出或双向引脚，并且可与 TTL 或 CMOS 信号电平兼容。图 6.5.6 给出了可配置 IOB 的简化模块图。同 CLB 中的触发器一样，IOB 内的两个 D 触发器也可以配置为边沿触发器或时钟信号为电平有效的锁存器。输入信号有两路，分别为 I_1 和 I_2，可以是直接输入，也可以配置为边沿触发的寄存输入或电平有效的锁存输入。触发器输入端的延时部件也是可配置的，用来增加输入信号的建立时间，以等待到达 IOB 的时钟信号的延迟，避免了输入信号的保持要求。输出信号可以直接输出或配置为经触发器的锁存输出。输出三态缓冲器可由输出使能信号配置为高阻抗输出，也可由摆率控制位控制来满足低噪声或高速度设计要求。输出信号、输出使能信号和输出时钟的极性都可以选择。可配置的上拉、下拉电阻可以将不用的引脚拉至 U_{CC} 或地，以避免不必要的功耗和噪声。

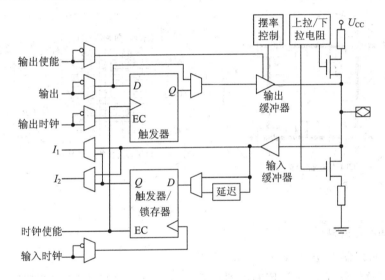

图 6.5.6　XC4000 的 IOB 基本结构

4）互连资源

互连资源由金属连线和可编程的开关点以及开关矩阵组成。按照布线通道金属连线的相对长度，布线线路可分为单长线连接、双长线连接和长线连接。长线是跨越整个阵列的金属线路（参见图 6.5.3），用于那些高扇出、时间要求严格或需要长距离传递的信号。单长线和双长线分别用于相邻块和相隔块间的连接。图 6.5.7 给出了单长线和双长线的连接结构。

图中，CLB 的输入输出信号分布于 CLB 四周，可由可编程开关点编程连接到 CLB 周围的互连线路。与每个 CLB 相关的布线通道中分别有八根水平和八根垂直单长线，以及两对水平和两对垂直双长线，在水平和垂直交会的位置处是可编程开关矩阵 PSM(Programmable Switch Matrix)。开关矩阵由选通晶体管构成，每个连接点都由六个选通晶体管构成，可以将一个方向进入开关矩阵的信号连接到其他三个方向的任意方向以及任意线路。单长线经过可编程开关矩阵提供相邻块之间灵活且快速的连接。双长线的金属线路长度是单长线的两倍，每经过两个 CLB 进入一次开关矩阵，用来提供相隔块之间的灵活快速的连接。

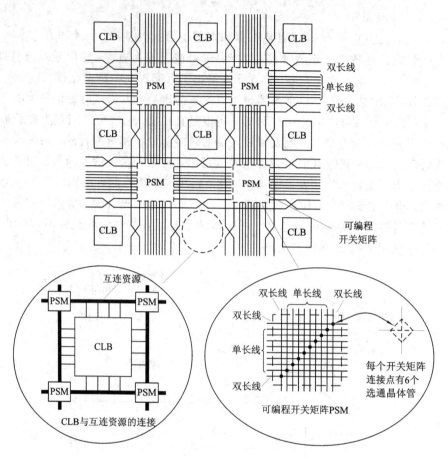

图 6.5.7　XC4000 的互连资源

2. Cyclone 系列器件

Cyclone 系列器件是 Altera 公司定位于大批量、成本敏感设计的一个 FPGA 器件系列，主要用于数字终端、手持设备等。

1）Cyclone 器件的结构与功能

Cyclone 系列器件的逻辑块称为逻辑阵列块 LAB(Logic Array Block)，器件内引入了内嵌的存储块 M4K RAM 和锁相环 PLL 模块。器件以二维的行列结构组织 LAB 和 M4K RAM，行列间的互连线路提供各个模块间的连接。输入输出单元 IOE Element 成器件的 I/O 引脚，位于器件外围行列末端。Cyclone 器件的平面布局如图 6.5.8 所示。

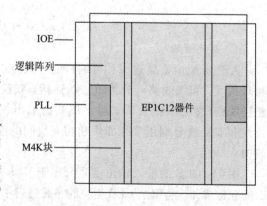

图 6.5.8　Cyclone 器件平面布局(EP1C12 器件)

每个 LAB 内包含 10 个逻辑单元 LE(Logic Element)，LE 是实现用户逻辑功能的最小逻辑单元。多个 LAB 组织成跨越整个器件的行和列。

嵌入式存储块 M4K RAM 是 4K 位带校验位的双端口存储块，以列的方式组织，位于

LAB 列之间。M4K RAM 可实现真双端口操作，即两个端口各自有自己的时钟、读写信号和地址信号，可以以不同的时钟频率同时进行独立的读或写操作。也可以配置为一个端口进行写操作，另一个端口同时进行读操作的简单双端口模式，或者是单端口操作模式。

输入输出单元 IOE 形成器件的 I/O 引脚，位于器件外围行列末端。每个 IOE 包含一个双向 I/O 缓冲器和三个寄存器，可以寄存输入、输出和输出使能信号。器件还提供一些支持与外部存储器(如 DDR SDRAM、FCRAM)接口的引脚。I/O 引脚能支持多种不同的标准。

Cyclone 器件提供一个全局的时钟网络和最多两个锁相环 PLL(Phase Locked Loop)。全局时钟网络包括八根能驱动整个器件的全局时钟信号线。这些时钟信号线可以为器件内所有资源提供时钟，也可以用作全局控制信号。PLL 支持多种时钟应用，一个 PLL 的输出可以驱动两根全局时钟信号线和一个 I/O 引脚。

下面，主要对 Cyclone 器件的逻辑阵列块 LAB 和互连资源的结构进行简单的介绍，以使读者了解器件的基本工作原理。

2) 逻辑阵列块 LAB

每个 LAB 由 10 个逻辑单元 LE、LE 进位链、查找表(LUT)链、寄存器链、LAB 控制信号和局部互连线路组成。LAB 局部互连连接驱动同一个 LAB 内的所有 LE。LUT 链连接传递 LE 查找表的输出到同一 LAB 内相邻的 LE 来实现快速的 LUT 连接。寄存器链传递 LE 寄存器的输出到同一 LAB 内相邻的 LE 寄存器。

(1) LAB 局部互连。LAB 局部互连连接驱动同一个 LAB 内的所有 LE，结构如图 6.5.9 所示。局部互连由行互连、列互连或同一 LAB 内 LE 的输出驱动。左、右两边相邻的 LAB、PLL 或 M4K RAM 也可以用直接连接(Direct Link)驱动 LAB 的局部互连。直接连接不占用行、列互连资源，可减少行、列互连资源的使用，并提高布线的灵活性。

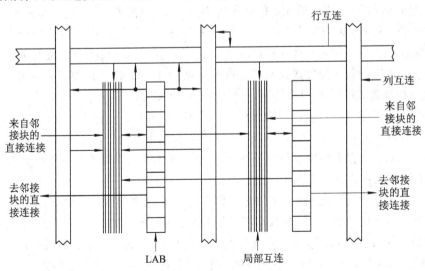

图 6.5.9　Cyclone 的 LAB 结构

(2) LAB 控制信号。Cyclone 器件利用指定给每个 LAB 行的时钟信号和一些局部互连信号，为 LAB 提供 10 个 LAB 级的控制信号，用于控制同一 LAB 内的所有 LE。这 10 个 LAB 控制信号包括：两个时钟信号(LABclk)、两个时钟使能信号(LABclkena)、两个异步清零信号(LABclr)、异步置位/装入信号(LABPre/aload)、同步装入信号、同步清零信号和加/减控制信号。LAB 级控制信号对 LE 的控制情况如图 6.5.10 所示。同步装入/清零信号通常用于计数器的设计。时钟使能、异步清零/置位/装入信号用于控制可编程寄存器的时钟及异步清零/置位/装入。加/减控制信号应用于 LE 的动态算术模式，用以控制 LE 完成加法或减法运算。

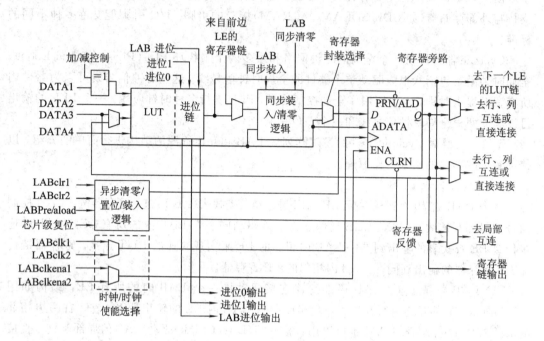

图 6.5.10　Cyclone 的 LE 结构

（3）逻辑单元 LE。逻辑单元 LE 是实现用户逻辑功能的最小单元，结构如图 6.5.10 所示。LE 由一个 4 输入查找表 LUT、一个可编程寄存器以及具有进位选择功能的进位链构成。4 输入查找表可用来实现任意的 4 变量逻辑函数。在 LAB 级加/减控制信号的选择下，一个 LE 也能进行 1 位二进制数的加或减运算。LE 的输出可以驱动所有的互连，包括局部互连、行互连、列互连、LUT 链、寄存器链和直接连接。

LE 的可编程寄存器可配置为 D、T、J-K 或 R-S 型，可寄存 LUT 的输出、前一级 LE 的寄存器链输入，也可以在 LAB 异步置位/装入信号控制下，将 DATA3 异步装入到寄存器(ADATA)。寄存器输出也可以反馈回 LUT。在实现组合函数时，可以选择旁路寄存器，将 LUT 的输出直接驱动到 LE 的输出。

每个 LE 有三个(图中右边三个二选一数据选择器的输出)用于驱动行、列、直接连接和 LAB 的局部互连的输出。查找表 LUT 的输出可以和寄存器的输出相互独立地驱动这三个输出，这样可让寄存器和 LUT 实现互不关联的功能而提高器件的利用率，这种特性称为寄存器封装。LE 的 LUT 链输出允许同一个 LAB 内的 LUT 阶梯式连在一起，可用于实现多输入逻辑函数。寄存器链输出可将多个 LE 的寄存器连在一起，用于实现移位寄存器。

3）LE 的两种工作模式

LE 可配置为普通或动态算术两种工作模式之一。每种模式都可使用八个来自 LAB 局部互连的数据输入信号。其中，包括四个数据信号：DATA1～DATA4；三个进位信号：

"进位 1"和"进位 0"来自于前一级 LE 的进位输出,"LAB 进位"来自于前一级 LAB 的进位输出;一个寄存器链信号,来自前一级的寄存器链输出。普通模式用于一般的逻辑功能,动态算术模式则用于实现加/减法器、计数器、累加器、比较器等。

当 LE 工作于普通模式时,4 输入查找表 LUT 可用于实现任意 4 变量的逻辑函数。LUT 在普通模式时的输入/输出如图 6.5.11 所示。第三个输入可选择 DATA3、前一级 LE 的进位输出或寄存器反馈。LE 工作于普通模式时,不产生进位输出,LUT 的输出可直接驱动 LE 的输出(旁路寄存器),或经寄存后输出,它能够驱动所有的互连。

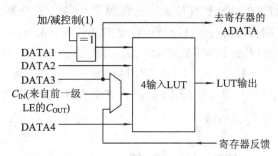

注: (1)—在普通模式,该信号只允许出现在加/减法器链的末端。

图 6.5.11　普通模式时 LUT 的输入/输出

当 LE 工作于动态算术模式时,在 LAB 加/减控制信号的作用下,每个 LE 可进行两个 1 位二进制数的加或减计算,可在某些应用中节约器件资源。LUT 完成加法计算,减法则通过 LAB 加/减控制信号使减数的各位变反,并使最低位的进位输入为 1 的加法实现,也就是补码计算。LE 的动态算术模式如图 6.5.12 所示。LE 的 4 输入查找表 LUT 被配置为四个 2 输入的查找表 LUT。前两个 LUT 并行计算两路"和",后两个 LUT 并行计算两路"进位"。

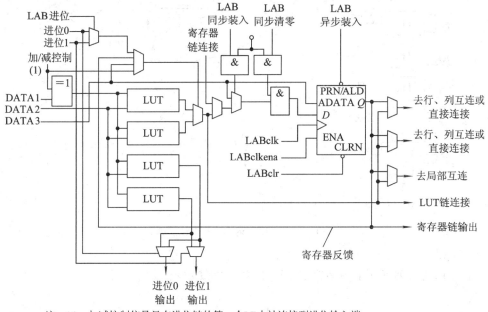

注: (1)—加减控制信号只在进位链的第一个 LE 中被连接到进位输入端。

图 6.5.12　LE 的动态算术模式

图 6.5.12 下方的两个二选一数据选择器是进位链选择电路。两路"和"就是对两种可能的低位进位(0 或 1)进行计算:DATA1+DATA2+低位进位。两路"进位"也是分别对两

种可能的低位进位,用 DATA1 和 DATA2 为进位选择电路的两条进位链产生两种可能的进位。LAB 进位信号选择使用"进位 0"链或"进位 1"链,所选择的进位链的电平值又决定了哪一路"和"作为 LE 的输出。进位选择链通过冗余的两路进位计算来提高进位的速度。来自进位 0 链和进位 1 链的两路进位信号并行从低位向高位传递。其优点是在实现多位加/减法器时,可以进行进位链的预计算,由 LAB 进位信号选择预先计算好的进位链而减少进位传递的时间。图 6.5.13 给出了在一个 LAB 内实现 10 位全加器的进位选择链。半个LAB(一段,5 个 LE)的进位链构成一个层次,两段能同时进位并行的进位预计算,LAB 进位信号在 LE5 和 LE10 处进行进位选择,因此进位传输延迟主要在这两个地方产生。

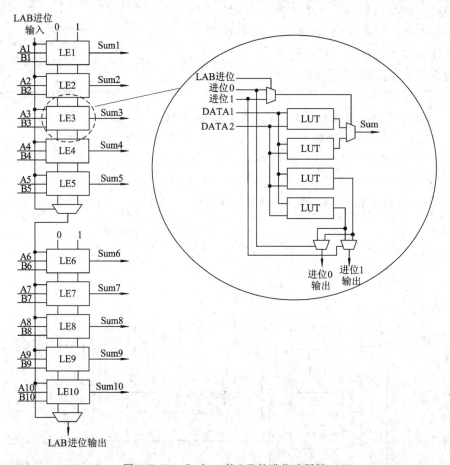

图 6.5.13　Cyclone 的 LE 的进位选择链

4) 互连资源

Cyclone 的行列互连采用多轨道互连技术,由跨越固定长度的行 R4 互连和列 C4 互连构成。

在同一行内,各块间的信号传递可以使用的互连资源包括:连接左右相邻块的直接连接和跨越固定长度的 R4 互连。直接连接(参见图 6.5.9)能驱动同一行内左右相邻块的局部互连,不占用行、列互连资源,可提高性能及布线的灵活性。R4 互连向左或向右跨越四个 LAB 或两个 LAB 与一个 M4K RAM,用于在四个 LAB 的区域内建立快速连接,结构如图 6.5.14 所示。

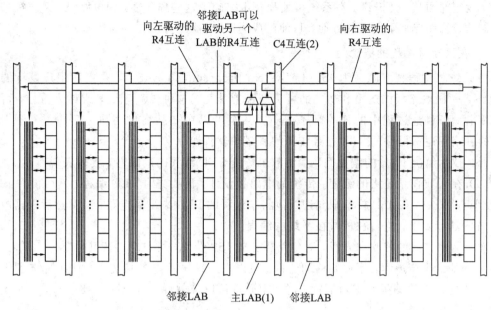

注：(1)——一行中的每个LAB都重复的模式。
　　(2)——C4互连可以驱动R4互连。

图 6.5.14　Cyclone 的 R4 互连

　　每个 LAB 都有自己的 R4 互连资源集合，可向左或向右驱动。一个给定的 R4 互连可由其主 LAB 或主 LAB 的相邻 LAB 驱动。如图 6.5.14 所示，向右驱动的 R4 互连可由主 LAB 或主 LAB 右边相邻的 LAB 驱动，而向左驱动的 R4 互连则可由主 LAB 或主 LAB 左边相邻的 LAB 驱动。R4 互连可以通过驱动其他 R4 互连来扩展 LAB 的驱动范围，也可以通过驱动 C4 互连来连接不同的行。

　　每个 LAB 列可用的互连资源包括：LAB 内的查找表链、寄存器链以及可向上或向下驱动的跨越四块的 C4 互连。查找表链允许一个 LE 的查找表输出直接连接到它下方的 LE 输出，同一 LAB 的所有查找表可连在一起实现高扇入（具有多个输入）的逻辑函数。寄存器链允许 LAB 内一个 LE 的寄存器输出直接连接到下一个 LE 的寄存器输出来构成快速的移位寄存器。C4 互连的连接方式类似于 R4 互连，只是向上或向下驱动列内的块，并可以通过 R4 互连连接不同的列。

　　其他块，如 M4K RAM、PLL 和行 I/O 块，与 LAB 的通信类似于 LAB 与 LAB 间的通信，各自有自己的局部互连，可以驱动行、列互连和直接连接。列 I/O 块有局部互连，但只可驱动列互连。

6.6　CPLD 和 FPGA 的编程

6.6.1　在系统可编程技术

　　传统的 PLD 器件编程时，需要先将器件放置在特定的编程器上烧写，然后再安装在设计好的电路板上，这样的过程使得系统调试、测试困难，产品研发周期长，而且一旦完成设计,就很难再修改、升级。在系统可编程技术突破了这些局限性,为电路级、系统级的设计、制造、编程带来了极大的方便,目前已成为 PLD 器件普遍支持的技术。

1. 在系统可编程的概念

在系统可编程技术简称为 ISP(In-System Programmable)技术,是指对用户设计的目标电路或印刷电路板的逻辑和功能的可重新配置能力。这种重新配置,或称为重构,可以在产品设计、制造过程中的任一环节进行,甚至可以在产品交付用户之后再进行。支持 ISP 的可编程逻辑器件,称为"在系统可编程逻辑器件"。

ISP 技术解决 PLD 的编程问题,消除了传统 PLD 编程的局限性,具体表现在:

(1)在板或在系统级的编程。传统的电路板设计,需要先对 PLD 编程,然后再将 PLD 装配到电路板中,而 ISP 技术则允许直接将未编程的 PLD 装配到电路板中,然后根据电路或系统的功能要求,进行在板或在系统的编程。

(2)简单方便的修改和升级。对电路板上的 ISP 器件,可以像对待其他器件一样对待,不需要额外的生产流程,不需要移动器件,可以在系统不掉电的情况下,使用标准逻辑电平信号实现器件的编程或重新配置。这使得硬件可以像软件一样简单方便地修改,系统升级也变得非常容易。

2. 在系统可编程逻辑器件的优势

与传统的可编程逻辑器件相比,使用在系统可编程逻辑器件,在系统设计、制造、编程、缩短产品投放市场时间、降低成本等方面都有着明显的优势。

(1)允许采用原型板设计简化设计流程。大多数系统的设计中,像微处理器、RAM 等电路板主要构建块,在系统逻辑设计之前就已决定。使用 ISP 器件,完全可以采用带有这些主要构建块的原型板进行系统设计,由 ISP 器件完成各功能块的互连,不需要更换电路板上的模块或改变电路板的布线,只需要下载信息到板上的 ISP 器件中,就能实现新的设计。

(2)可用于板级调试和系统测试。在系统设计期间,一旦 ISP 器件能够在电路板上稳定工作,就可用来调试电路板的其他部分。例如,可以重新配置 ISP 器件中,使它能够将激励信号强制送到电路板的其他部分,以调试这部分电路板的工作情况。而当设计完成后,ISP 器件又可用来测试系统整体功能。例如,将临时的诊断测试模式写入 ISP 器件,来验证各个系统功能。

(3)实现多功能硬件。所谓多功能硬件,就是通过在系统编程,使同一个硬件设计具有不同的系统级功能。例如,一个需要支持两种不同总线接口的电路板设计,传统的解决方法是为每种总线接口设计一套单独的电路,或是在一种设计的基础上增加一些额外的电路,而使用 ISP 器件则可以采用通用的总线接口设计,通过在系统配置来支持不同的接口标准。ISP 器件的这一特性能够减少电路板使用的模块数量,从而降低生产成本。

(4)简化生产流程并减少损伤。在生产时使用非 ISP 器件的电路系统,需要先对各类不同的 PLD 进行单独编程,然后贴上标签入库保存,在装配时,又要从库房领出器件安装在电路板上,而使用 ISP 器件时,可以直接将未编程的器件安装在电路板上,然后进行在板的编程、测试、定型,从而简化了生产流程。随着 PLD 器件集成度的提高,器件引脚也迅速增加。将引脚多而密的 PLD 器件安装在编程器插座上,本身就是一件有难度的工作,一旦弄弯或折断引脚，就会造成永久性的损伤，而使用 ISP 器件则能够减少这种损伤，降低生产成本。

（5）便于系统升级和维护。传统技术使得产品一旦交付用户，就难以升级，维护困难且费用昂贵，而 ISP 器件的在系统可重配置能力则使这一过程简单易行。

3. ISP 器件编程

ISP 技术最初由 Lattice 公司在 20 世纪 80 年代末提出，并推出了一系列 ISP 可编程逻辑器件。由于 ISP 器件在产品开发、调试、现场升级、简化生产流程、降低成本等方面的优势，因而迅速获得了广泛的应用。在 1990 年，大约只有 8% 的系统设计人员承认 ISP 会影响他们对高密度 PLD 的选择，但到了今天，ISP 已成为 PLD 的必需要求。

ISP 器件编程有三种方式，分别是：ISP 编程方式、JTAG 编程方式和 IEEE 1532 编程方式。

1）ISP 编程方式

ISP 编程方式是 Lattice 公司的 ISP 器件独有的编程方式，使用"ISP 状态机"实现编程，支持的平台包括 PC 机、工作站、ATE（Automated Test Equipment）或其他通用编程器。其中，PC 机是应用最普遍的，编程时，需要在 PC 机上安装 ISP 编程软件，并用 ISP 编程电缆连接 PC 机并行口和 ISP 器件的 ISP 接口，此时即可对一个或多个 ISP 器件实现快速、简单、便宜的编程。

2）JTAG 编程方式

JTAG 编程方式采用 IEEE 1149.1 标准的"边界扫描测试存取口" TAP（Boundary Scan Test Access Port）和"TAP 状态机"实现编程。IEEE 1149.1 标准最初针对板级测试问题而提出，但相同的边界扫描串行路径和控制信号也可被用于器件编程，从而将 ISP 融入到板级测试系统的体系中，能够使用同一个接口实现测试及系统编程。

IEEE 1149.1 标准始于 1990 年，经受住了 20 多年的时间考验，是无数个集成电路芯片内嵌的测试技术，并提供了无数系统设计的测试和编程支持，数年来一直是 PLD 的首选编程方法。关于 JTAG 标准的细节，将在 6.6.2 节展开讨论。

3）IEEE 1532 编程方式

大多数集成电路生产厂商多年来一直遵循着 IEEE 1149.1 规范，即支持符合 IEEE 1149.1 规范的 PLD 板级测试，并可通过边界扫描测试系统进行系统编程，但不同厂商、不同类型芯片的编程算法和数据格式一直没有统一的标准。为解决这一问题，约在 2000 年，JTAG 对 1149.1 标准进行了增强，目标是标准化芯片模块级的编程算法，并定义描述编程算法和相关数据格式的软件需求，从而形成了 IEEE 1532 标准。使用 IEEE 1532 标准，用户可以将不同厂商的器件连在一起，使用相同的编程软件进行编程，而不需要了解特定厂商编程方面的知识。

6.6.2 JTAG 边界扫描测试技术

随着电路板制作技术的发展，电路板变得越来越复杂，系统的整体测试也就越来越重要。同时，由于集成电路技术的发展，芯片集成度不断提高，元器件的引脚密度不断增加，相应地，电路板变小变密。这样一来，使用万用表、示波器等传统的"探针"测试方法就很难实施。结果，因缩小芯片体积、提高集成度所节约的成本一部分又转到了电路测试上面。

于是,在 1985 年,一些关键电子厂家联合起来成立了"联合测试行动组"JTAG(Joint Test Action Group),目的是寻求板级测试问题的解决方案,并于 1986 年提出了一个标准的边界扫描测试体系结构,这一标准后来被 IEEE 接纳,成为了 IEEE 1149.1"测试存取口及边界扫描技术"标准。IEEE 1149.1 标准和以后在其上扩充、增强所形成的若干标准统称为 JTAG 标准。

1. 边界扫描测试的基本原理

JTAG 边界扫描测试 BST(Boundary Scan Test)技术将测试电路设置在集成电路芯片内部,通过内置的测试电路,可以完成三类测试:测试集成电路芯片的内部功能;测试不同集成电路芯片间的连线故障;在电路正常工作模式下,观察或修改电路的工作数据。

边界扫描测试的基本工作原理就是将边界扫描单元 BSC(Boundary Scan Cell)配置到集成电路芯片的所有引脚,串行连接构成边界扫描通道。边界扫描通道按照移位寄存器的方式工作,通过给集成电路引脚施加测试信号,并观测其响应,从而实现对组装在一块电路板上的多个集成电路芯片进行测试与诊断。系统正常工作时,边界扫描电路不会影响系统的正常操作。

2. JTAG 的基本结构

符合 JTAG 标准的集成电路芯片结构如图 6.6.1 所示。

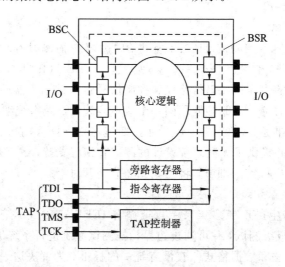

图 6.6.1　支持 IEEE 1149.1 标准的芯片结构

1) 测试存取口 TAP

为支持边界扫描测试,集成电路芯片需要增设 TDI、TDO、TMS 和 TCK 四个引脚,可以选择设置$\overline{\text{TRST}}$引脚,这些引脚构成了 JTAG 标准的测试存取口 TAP。各引脚功能如下:

- TDI:测试数据或指令输入引脚,是扫描数据或指令的串行移入端。
- TDO:测试数据或指令输出引脚,是扫描数据或指令的串行移出端。
- TCK:测试时钟。
- TMS:测试模式选择,决定扫描通道的工作模式。
- $\overline{\text{TRST}}$:测试电路复位,低电平有效,可选。

2）边界扫描寄存器 BSR

边界扫描寄存器 BSR 是由芯片内所有边界扫描单元 BSC 组成的一个串行数据寄存器，是芯片内的串行数据扫描通道，始端与 TDI 相连，末端与 TDO 相连。

边界扫描单元 BSC 的结构如图 6.6.2 所示，由两个数据选择器 MUX1、MUX2 和两个触发器组成，相同结构的 BSC 既可用于器件的输入引脚，也可用于器件的输出引脚。

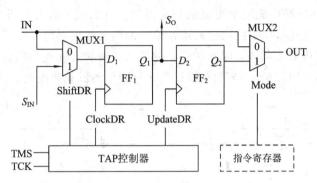

图 6.6.2 边界扫描单元 BSC 的结构

BSC 有四种工作模式：

（1）正常模式。芯片处于正常工作状态时，扫描通道不影响芯片的工作，由 Mode 信号控制 MUX2 选择 IN 信号输出。若 BSC 用于芯片的输入引脚，则 IN 信号为芯片的外部引脚输入，OUT 信号为芯片的内部核心逻辑输入；若 BSC 用于芯片的输出引脚，则 IN 信号为芯片的内部核心逻辑输出，OUT 信号为芯片的外部引脚输出。此时，IN 和 OUT 应该是相同的。

（2）扫描模式。所有 BSC 组成串联的扫描通道，串行移位测试数据，由 ShiftDR 信号控制 MUX1 选择串行信号 S_{IN} 输入，ClockDR 持续运作逐个锁存各个串行位，然后移出。BSC 的输入为 S_{IN}，可来自于前一个 BSC 的 S_O，或外部输入 TDI（第一个 BSC）；输出为 S_O，作为下一个 BSC 的 S_{IN}，或外部输出 TDO（最末一个 BSC）。

（3）捕获模式。若要用 BSC 输出测试结果，则需要在 ClockDR 信号的作用下，将 IN 信号暂存于 FF_1，然后适时将它输送出去。

（4）更新模式。在 UpdateDR 信号的作用下，可以将暂存于 FF_1 中的数据更新到 FF_2，然后由 Mode 信号选择 FF_2，从 OUT 输出。比如要将测试样本施加到特定引脚，需要先用扫描通道将数据串行移位到相应位置，然后捕获至 FF_1，再将 FF_1 的数据更新到 FF_2，最后由 Mode 信号选择 FF_2 的信息输出。

上述 BSC 的控制信号 ShiftDR、ClockDR 和 UpdateDR 由 TAP 控制器产生，而 Mode 信号由指令寄存器解码产生。

3）指令寄存器 IR

指令寄存器对扫描指令进行译码，确定边界扫描测试的工作方式。边界扫描寄存器 BSR 中的测试数据和指令寄存器 IR 中的 JTAG 指令都通过 TDI 引脚串行移入，TAP 控制器可选择对哪个寄存器进行移位扫描。IEEE 1149.1 标准定义了多条指令，并允许器件厂商定义特定设计需求的指令来扩展测试逻辑的功能。这里只对执行内测试的 INTEST 和执行外测试的 EXTEST 两条指令进行简单介绍。

（1）INTEST 指令。INTEST 指令执行内部测试。内部测试时，测试向量从 TDI 移入，通过扫描通道移位施加到芯片核心逻辑的内部输入端，芯片核心逻辑的输出，即响应向量，被捕获至芯片输出引脚的 BSC，并从 TDO 移出。将移出的响应向量与预期输出进行比较，即可分析检测集成芯片内部的工作情况。

（2）EXTEST 指令。执行 EXTEST 指令可以进行外部测试。外部测试时，电路板上不同芯片的 BSR 相互串联构成一个更大的扫描通道，图 6.6.3 给出了两个芯片的外测试连接方式。测试向量通过芯片 1 的扫描通道移位施加到其输出引脚，由于芯片 2 的输入引脚与芯片 1 的输出引脚对应相连，因此芯片 2 的输入引脚状态即成为响应向量，捕获该响应向量并从芯片 2 的 TDO 移出，与预期值进行比较即可测试集成电路芯片间的连线故障。

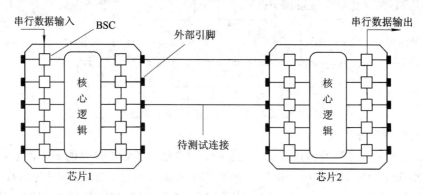

图 6.6.3　JTAG 测试

4）旁路寄存器和 TAP 控制器

旁路寄存器是一个移位寄存器，提供芯片内 TDI 到 TDO 的最短通路。当多个芯片的扫描通道相互串联构成更大的扫描通道时，若某个芯片的数据寄存器不参与扫描，可由旁路寄存器旁路掉，以减少不必要的扫描时间。TAP 控制器是一个有 16 种状态的状态机，用来决定芯片扫描电路所要进行的动作。TAP 控制器的一个特殊设计是，当 TMS 输入连续四个以上的逻辑 0 时，TAP 控制器就会处于闲置状态。这样的设计是为了不论 TAP 控制器处于哪一个状态，连续输入四个以上的逻辑 0，TAP 控制器都会回到闲置状态，从而不影响系统的正常工作。

3. JTAG 编程

JTAG 的边界扫描测试体系结构能够在芯片正常工作的情况下，测试芯片引脚间的连通性，或者是芯片内部的工作情况。同时，使用 JTAG 电路，将编程数据移入可编程逻辑器件，也能够实现可编程逻辑器件的在系统编程。基于 JTAG 接口的编程是目前可编程逻辑器件普遍支持的编程方式。

JTAG 编程使用测试存取口 TAP 所定义的 TDI、TDO、TMS 和 TCK 四个引脚完成。TDI 用来将编程数据移入可编程逻辑器件；TDO 用于将编程数据移出器件，主要用在多个器件构成 JTAG 编程链时，可将编程数据移到下一个器件；TMS 选择 TAP 控制器的工作状态；TCK 提供编程时钟。

使用 PC 机进行编程时，需要用下载电缆连接电路板的 JTAG 接口和 PC 机的并/串行口。PC 机通过安装的 EDA 软件生成可下载的编程文件，然后将编程文件下载至电路板上的 PLD 器件内,从而实现编程。多个 PLD 器件也可以构成一个编程链,通过同一个 JTAG 接口实现编程。图 6.6.4 给出了使用一个 JTAG 接口编程两个 PLD 器件的示意图。

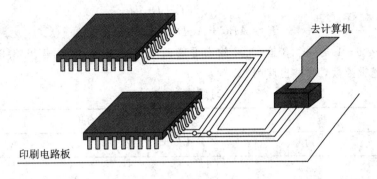

图 6.6.4　JTAG 编程连接示意图

值得注意的是,对于 FPGA 器件,其配置数据存储于 SRAM 单元中,由于 SRAM 的易失特性,因此必须在每次上电时都重新装载配置数据。配置数据写入 FPGA 的方式称为 FPGA 的配置模式。在实验环境或电路板的设计和调试阶段,通常都可以使用 PC 机,通过 FPGA 器件的 JTAG 接口对器件进行在系统的编程配置。而在设计完成之后的现场环境,则必须为 FPGA 器件配置一个非易失的配置存储器。用户设计并经过开发系统编译后产生的数据配置文件,必须事先写入配置存储器,才能在系统上电后写入 FPGA 的存储元。不同厂家、不同系列芯片支持的配置模式也有所不同,但总体上可分为被动模式和主动模式两大类。被动模式由配置存储器和 FPGA 之外的器件提供控制信号,控制配置过程。被动模式常用于带有智能主机(如 PC 机、嵌入式微处理器等)的系统中,由智能主机控制配置过程,从存储设备(如闪存、硬盘、RAM 等)读出配置数据并写入 FPGA。主动模式由目标 FPGA 控制配置过程,系统上电后,FPGA 产生同步信号,主动从配置存储器中读取配置数据。配合不同 FPGA 芯片的主动配置需求,各厂家也发布有相应的配置存储器件。配置存储器件如果支持 JTAG 接口,则可以通过 JTAG 接口进行在系统编程,否则就需要采用其他的方法,比如在安装于系统板之前使用专门的编程器进行预编程等。

习　题

1. 用 16×4 位的 PROM 芯片实现 8421BCD 码到余 3 码的转换,并画出阵列图。

2. 如果用 PROM 芯片实现 BCD 码到七段数码管的显示译码,需要多大容量的 PROM 芯片?(即需要 PROM 芯片有多少个字,每字多少位?)

3. 用 PLA 实现 1 位全减器,并画出阵列图。

4. 用 PLA 实现下面的多输出逻辑函数,并画出阵列图(要求使用最少的乘积项):

$$A(a, b, c) = \sum m(1, 2, 3, 5, 7)$$

$$B(a, b, c) = \sum m(1, 2, 4, 6)$$

$$C(a, b, c) = \sum m(2, 6)$$

$$D(a, b, c) = \sum m(0, 1, 6, 7)$$

5. 用图 6.3.9 所示的 PAL 器件实现下面的多输出逻辑函数：

$$F_1 = A\bar{B} + B\bar{D} + AC$$
$$F_2 = BC + D$$
$$F_3 = ABC + ACD + BC\bar{D} + \bar{A}\,\bar{B}$$

6. 习题表 6-1 是一个 3 输入、4 输出逻辑函数的真值表，试用图 6.3.9 所示的 PAL 器件实现该逻辑函数，并画出阵列图。

习题表 6-1

输	入		输	出		
A	B	C	X	Y	Z	W
0	0	0	0	1	1	0
0	0	1	0	1	1	1
0	1	0	1	0	0	0
0	1	1	1	0	1	0
1	0	0	1	1	0	0
1	0	1	1	0	0	1
1	1	0	0	0	1	1
1	1	1	0	1	0	1

7. 简述 PLD 的基本类型及分类方法。

8. 写出下列术语的英文全称及中文名称。

　　PLD　FPLA　PAL　GAL　CPLD　FPGA　ISP　JTAG

9. 简述 PAL 型 GAL 的基本组成及各部分的作用。

10. CPLD 一般由哪些部分组成？各部分的功能是什么？

11. 举例说明查找表 LUT 的工作原理。

12. FPGA 的结构主要由哪几部分组成？各部分的功能如何？

13. 试比较 CPLD 和 FPGA 在应用选择时各自的优缺点。

14. 什么是在系统可编程(ISP)？在系统可编程 PLD 在系统设计时具有哪些优势？

15. 简述 JTAG 编程的基本原理。

第 7 章 Verilog HDL 综合设计实例

前面的章节中介绍了采用中、小规模集成器件实现数字电路的原理和方法，同时对典型的组合逻辑和时序逻辑功能电路也给出了 Verilog HDL 描述的方法。本章通过几个设计实例使读者进一步掌握使用 Verilog HDL 设计并实现较大规模数字系统的方法和过程。

7.1 分频器的设计

分频器在数字系统中应用非常广泛，其功能是根据分频系数 N 将频率为 f 的输入信号进行 N 分频后输出，即输出信号的频率为 f/N。

对一个数字系统而言，时钟信号、选通信号、中断信号是很常用的，这些信号往往是由电路中具有较高频率的基本频率源经过分频电路产生的，分频器得到的信号与基本频率源具有相同的频率精度。按照分频系数的不同，可以将分频器分为偶数分频器、奇数分频器、小数分频器。

7.1.1 偶数分频器

偶数分频器是指分频系数是偶数，即分频系数 $N=2n(n=1, 2, \cdots)$。根据分频系数的不同又可分为：2^K 分频器和非 2^K 分频器；根据输出信号的占空比还可分为占空比 50% 和非占空比 50% 电路。

1. 非 2^K 分频器

1）非占空比 50% 分频器

这类电路的设计方法是首先设计一个模 N 的计数器，计数器的计数范围是 $0 \sim N-1$，当计数值为 $N-1$ 时，输出为 1，否则输出为 0。具体代码如代码 7.1.1 所示，其对应的功能仿真图见图 7.1.1。

代码 7.1.1 输出占空比为 $1/N$ 的偶数分频器。

```
module samp_7_1_1(clk, rst, clk_odd);          //odd1_division 的顶层调用模块
    input    clk;                              //输入时钟信号
    input    rst;                              //同步复位信号
    output   clk_odd;                          //输出信号

    odd1_division #(6) u1(clk, rst, clk_odd);  //分频系数为 6
endmodule

//偶数分频，输出占空比 1∶N 分频器的模块定义
```

```verilog
module odd1_division(clk, rst, clk_out);
    input       clk, rst;
    output      clk_out;
    reg         clk_out;
    reg[3:0]    count;
    parameter N = 6;

        always @ (posedge clk)
          if(! rst)
            begin
              count <= 1'b0;
              clk_out <= 1'b0;
            end
          else if(N%2==0)
            begin
              if (count < N-1)        //模 N 计数器
                begin
                  count <= count + 1'b1;
                  clk_out=1'b0;
                end
              else
                begin
                  count <= 1'b0;
                  clk_out <= 1'b1;
                end
            end
endmodule
```

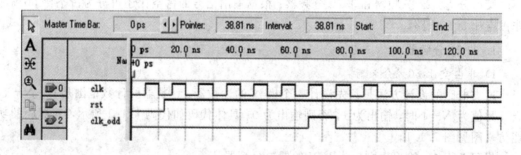

图 7.1.1   代码 7.1.1 的功能仿真图

仿真波形说明：图 7.1.1 是参数 $N=6$ 时的仿真情况，从图中可以看出，在复位信号为高电平时，输出信号 clk_odd 是输入时钟 clk 的 6 分频信号，且占空比为 $1:6$。

2) 占空比 50% 分频器

设计方法是设计一个模 $N/2$ 的计数器，计数器的计数范围是 $0 \sim N/2-1$，当计数值为 $N/2-1$ 时，输出进行翻转。模块实现见代码 7.1.2，其功能仿真如图 7.1.2 所示。

代码 7.1.2   输出占空比为 50% 的偶数分频器。

```verilog
module samp_7_1_2(clk, rst, clk_odd);          //odd2_division 的顶层调用模块
```

```verilog
    input        clk;            //输入时钟信号
    input        rst;            //同步复位信号
    output       clk_odd;        //输出信号

    odd2_division #(6) u1(clk, rst, clk_odd);
endmodule

//偶数分频，输出占空比 50%分频器的模块定义
module odd2_division(clk, rst, clk_out);
    input        clk, rst;       //输入时钟信号
    output       clk_out;
    reg          clk_out;
    reg[3:0]     count;
    parameter    N = 6;

    always @ (posedge clk)
      if(! rst)
        begin
          count <= 1'b0;
          clk_out <= 1'b0;
        end
      else if(N%2==0)
        begin
         if (count < N/2-1)               //模 N/2 计数器
            begin
              count <= count + 1'b1;
            end
          else
            begin
              count <= 1'b0;
              clk_out <= ~clk_out;        //输出信号翻转
            end
        end
endmodule
```

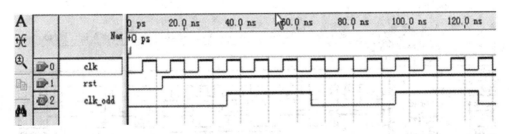

图 7.1.2 代码 7.1.2 的功能仿真图

仿真波形说明：图 7.1.2 也是在参数 $N=6$ 时的仿真情况，从图中可以看出，在复位信号为高电平时，输出信号 clk_odd 是输入时钟 clk 的 6 分频信号，且占空比为 50%。

2. 2^K 分频器

2^K 分频器可以采用非 2^K 分频器的实现方法，只是计数模值是 2^K，是计数器中的一种特例。利用这种特殊性其各个计数位也可被用来作为分频输出，且输出为方波。若计数器为 4 位，则计数器的最低位即可以实现 2 分频，最高位可以实现 16 分频。具体实现见代码 7.1.3，图 7.1.3 是其功能仿真图。

代码 7.1.3　多输出 2^K 分频器。

```
//odd3_division 的顶层调用模块
module samp_7_1_3 (clk, rst, clk_div2, clk_div4, clk_div16);
    input      clk, rst;                     //输入时钟信号和同步复位信号
    output     clk_div2, clk_div4, clk_div16;    //输出 2、4、16 分频信号

    odd3_division u1(clk, rst, clk_div2, clk_div4, clk_div16);
endmodule


//2^K 分频器的模块定义，输出 2、4、16 分频占空比为 50%信号
module odd3_division(clk, rst, clk_div2, clk_div4, clk_div16);
    input      clk, rst;
    output     clk_div2, clk_div4, clk_div16;
    reg[15:0] count;

    assign clk_div2 = count[0];              //2¹ 分频信号
    assign clk_div4 = count[1];              //2² 分频信号
    assign clk_div16 = count[3];             //2⁴ 分频信号


        always @ (posedge clk)
        if(! rst)
            begin
              count <= 1'b0;
            end
          else
            count <= count + 1'b1;
endmodule
```

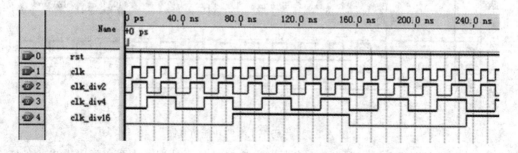

图 7.1.3　代码 7.1.3 的功能仿真图

仿真波形说明：图 7.1.3 可以产生占空比是 50% 的多个 2^K 分频信号。从代码中可看到，这主要是通过将计数器的各二进制位作输出来实现的。

7.1.2　奇数分频器

奇数分频器是指分频系数是奇数，即分频系数 $N = 2n + 1 (n = 1, 2, \cdots)$。对于奇数分频的电路，根据输出信号的占空比不同可分为占空比 50% 和非占空比 50% 电路。

非占空比 50% 奇数分频的实现方法与占空比 50% 的偶数分频器相同，这里不再赘述。下面主要介绍占空比是 50% 奇数分频器的实现方法（注意占空比 50% 奇数分频器要求输入时钟信号占空比也必须是 50%）。在设计过程中需要同时利用输入时钟信号的上升沿和下降沿来进行触发，比偶数分频器要略微复杂。

常用的实现方式是采用两个计数器，一个计数器用输入时钟信号的上升沿触发计数，另一个则用输入时钟信号的下降沿触发计数。这两个计数器的模均为 N，且各自控制产生一个 N 分频的电平信号，输出的分频信号对两个计数器产生的电平信号进行逻辑或运算，就可以得到占空比为 50% 的奇数分频器。

例如，一个 5 分频器的实现过程中，两个计数器的工作与输出信号的关系如图 7.1.4 所示。两个计数器分别是 count1 和 count2，clk_A、clk_B 分别是 count1、count2 控制的模 5 计数器输出，clk_even 是信号 clk_A 和 clk_B 的逻辑或输出。需要注意的是，该电路必须在一次复位信号有效后才能正常工作。

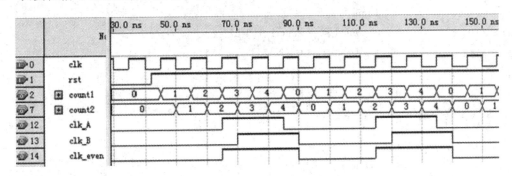

图 7.1.4　代码 7.1.4 的功能仿真图

奇数分频器的具体实现如代码 7.1.4 所示，其波形仿真如图 7.1.4 中的 clk、rst、clk_even 信号。

代码 7.1.4　输出占空比为 50% 的奇数分频器。

```
module samp_7_1_4(clk, rst, clk_even);        //even_division 的顶层调用模块
    input    clk, rst;                        //输入时钟和复位信号
    output   clk_even;                        //奇数分频输出信号

    even_division #(5) u1(clk, rst, clk_even);  //实现 5 分频
endmodule

//奇数分频，输出占空比 50% 分频器的模块定义
module even_division(clk, rst, clk_even);
```

```
input    clk, rst;
output   clk_even;

reg[3:0] count1, count2;
reg      clkA, clkB;
wire     clk_even;
parameterN = 5;

    assign clk_re = ~clk;                //生成 clk_re 信号
    assign clk_even = clkA | clkB;       //奇数分频方波输出信号

    always @(posedge clk)                //clk 上升沿触发产生 clkA
      if(! rst)
        begin
          count1 <= 1'b0;
          clkA <= 1'b0;
        end
      else if(N%2==1)
        begin
          if(count1 < (N − 1))
            begin
              count1 <= count1 + 1'b1;
              if(count1 == (N − 1)/2)
                begin
                  clkA <= ~clkA;
                end
            end
          else
            begin
              clkA <= ~clkA;
              count1 <= 1'b0;
            end
        end

    always @ (posedge clk_re)            //clk 下降沿触发产生 clkB
      if(! rst)
        begin
          count2 <= 1'b0;
          clkB <= 1'b0;
        end
      else if(N%2==1)
        begin
          if(count2 < (N − 1))
```

```
              begin
                count2 <= count2 + 1′b1;
                  if(count2 == (N − 1)/2)
                    begin
                      clkB <= ~clkB;
                    end
                end
                  else
                    begin
                      clkB <= ~clkB;
                      count2 <= 1′b0;
                    end
          end
            else
                clkB=1′b0;
      endmodule
```

通过上述对奇、偶分频器的分析可以看出，利用前面的方法可以很方便地实现分频系数任意，输出占空比为 50％的分频器。其模块实现见代码 7.1.5，其功能仿真见图 7.1.5。

代码 7.1.5　分频系数任意，输出占空比为 50％的分频器。

```
module samp7_1_5(clk, rst, clk_out, N);          // N_division 的顶层调用模块
    input       clk, rst;
    output      clk_out;
    input [3∶0] N;                                // N 是分频系数输入
    N_division  u2(clk, rst, clk_out, N);
endmodule

module N_division(clk, rst, clk_out, N);
    input       clk, rst;
    output      clk_out;
    input [3∶0]   N;
    reg[3∶0]  count1, count2;
    reg       clkA, clkB;
    wire      clk_out;

        assign clk_re = ~clk;
        assign clk_out = clkA | clkB;

        always @(posedge clk)
          if(! rst)
            begin
              count1 <= 1′b0;
              clkA <= 1′b0;
            end
          else if(N%2==1)
```

```
        begin
          if(count1 < (N - 1))
            begin
              count1 <= count1 + 1'b1;
              if(count1 == (N - 1)/2)
                begin
                  clkA <= ~clkA;
                end
            end
          else
            begin
              clkA <= ~clkA;
              count1 <= 1'b0;
            end
        end
      else
        begin
          if (count1 < N/2-1)
            begin
              count1 <= count1 + 1'b1;
            end
          else
            begin
              clkA <= ~clkA;
              count1 <= 1'b0;
            end
        end

  always @ (posedge clk_re)
      if(! rst)
        begin
          count2 <= 1'b0;
          clkB <= 1'b0;
        end
      else if(N%2==1)
        begin
          if(count2 < (N - 1))
            begin
              count2 <=count2 + 1'b1;
              if(count2==(N-1)/2)
                begin
                  clkB <= ~clkB;
                end
            end
        end
```

```
                      else
                         begin
                            clkB <= ~clkB；
                            count2 <= 1'b0；
                         end
                   end
                else
                   clkB=1'b0；
         endmodule
```

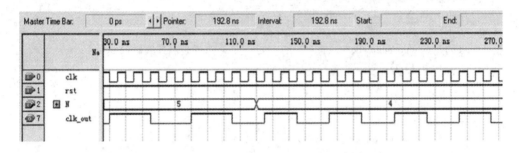

图 7.1.5　代码 7.1.5 的功能仿真图

仿真波形说明：从图 7.1.5 可以看出，当输入信号 $N=5$ 时，输出信号 clk_out 是输入时钟 clk 的 5 分频信号；当输入信号 $N=4$ 时，clk_out 是 clk 的 4 分频信号，可见，clk_out 受输入信号 N 控制，其输出占空比为 50% 的信号。

7.1.3　半整数分频器

小数分频器是分频系数为非整数的分频器，小数分频器可以分为半整数分频器和非半整数分频器。若分频系数的小数部分为 0.5，则称为半整数分频，反之，则称为非半整数分频。由于非半整数分频器在使用时会出现不稳定和毛刺现象，因此在实际设计时一般并不采用。半整数分频器输出比较稳定，本节只介绍半整数分频器。

半整数分频器是分频系数为 $N=(2n+1)/2(n=1, 2, \cdots)$ 的分频器，常用的半整数分频器的实现方法是先实现两个占空比为 50% 且分频系数为 $2N$ 的分频器，同时使这两个分频器的输出信号相差一个时钟周期，然后将这两个输出信号进行逻辑异或运算，这样就可以实现相应的半整数分频器。半整数分频器的 Verilog HDL 设计见代码 7.1.6。

代码 7.1.6　半整数分频器。

```
module samp_7_1_6(clk, rst, clk_N_5)；          //clk_N_5_div 的顶层调用模块
   input      clk, rst；
   output     clk_N_5；

   clk_N_5_div u1(clk, rst, clk_N_5)；
endmodule


//半整数分频模块
module clk_N_5_div(clk, rst, clk_N_5)；           //2.5 分频器模块定义
```

```
input          clk, rst;                      //输入时钟和复位信号
output         clk_N_5;                       //分频器输出信号

parameter N=5;

output reg[3:0] count1, count2;
reg clk_A1, clk_A2, clk_B1, clk_B2;

assign clk_N_1=clk_A1|clk_A2;
assign clk_N_2=clk_B1|clk_B2;
assign clk_N_5=clk_N_1^clk_N_2;

always @ (posedge clk)                         //N 进制计数器 count1
    if(! rst)
            count1 <= 1'b0;
    else
      begin
        if (count1 ==N-1)
        count1<=0;
        else
        count1<=count1+1'b1;
    end

always @ (posedge clk)                         //产生 clk_A1
        if (count1>(N-1)/2)
                clk_A1<=1'b1;
        else
                clk_A1<=1'b0;

always @ (posedge clk)                         //产生 clk_B1, 比 clk_A1 延迟一个时钟周期
        clk_B1<=clk_A1;

always @ (negedge clk)                         //N 进制计数器 count2
    if(! rst)
            count2 <= 1'b0;
    else
      begin
        if (count2 ==N-1)
        count2<=0;
        else
        count2<=count2+1'b1;
    end

always @ (negedge clk)                         //产生 clk_A2
```

```
        if (count2>(N-1)/2)
            clk_A2<=1′b1;
    else
            clk_A2<=1′b0；

    always @ （negedge clk）            //产生 clk_B2，比 clk_A2 延迟一个时钟周期
            clk_B2<=clk_A2；


endmodule
```

图 7.1.6 是代码 7.1.6 当 $N=2.5$ 时，即实现 2.5 分频的功能仿真图，为了使读者能够清楚地了解半整数分频器的工作原理，图中给出了 count1、count2、clk_A1、clk_B1、clk_A2、clk_B2 等中间信号的变化情况。

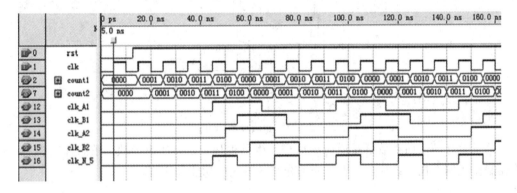

图 7.1.6　代码 7.1.6 的功能仿真图

7.2　乐 曲 播 放 器

乐曲由具有一定高低、长短和强弱关系的音调组成。在一首乐曲中，每个音符的音高、音长与频率和节拍有关，因此演奏乐曲时，组成乐曲的每个音符的频率和节拍是所需要的两个主要数据。表 7.2.1 列出了国际标准音符的频率。

表 7.2.1　国际标准频率表

低音	标准频率	中音	标准频率	高音	标准频率
1	261.63	1	523.25	1	1046.5
2	293.67	2	587.33	2	1174.66
3	329.63	3	659.25	3	1317.5
4	349.23	4	697.46	4	1396.92
5	391.99	5	783.99	5	1567.98
6	440	6	880	6	1760
7	493.88	7	987.76	7	1975.52

　　音符的持续时间可以根据乐曲的速度及每个音符的节拍来确定。在 4/4 拍中,以四分音符为 1 拍,每小节 4 拍,全音符持续 4 拍,二分音符持续 2 拍,四分音符持续 1 拍,八分音符持续半拍等。若以 1 s 作为全音符的持续时间,则二分音符的持续时间为 0.5 s,4 分音符的持续时间为 0.25 s,8 分音符的持续时间为 0.125 s。

　　了解乐曲中音符的频率和持续时间的关系,就可以先按照乐谱将每个音符的频率和持续时间转换成频率和节拍数据,并定义成一个表将其进行存储,然后依次取出表中的频率值和节拍值,控制蜂鸣器进行发声。

　　蜂鸣器的控制电路如图 7.2.1 所示。图中,蜂鸣器使用 PNP 三极管驱动,SP 是蜂鸣器的控制信号,SP 的不同频率可以控制蜂鸣器发出不同的声音。

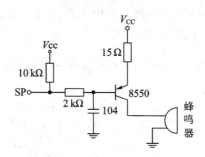

图 7.2.1　蜂鸣器控制电路

　　这里设计的乐曲播放器是由时钟信号发生器模块、音频产生模块、乐曲存储模块、乐曲控制模块四个模块组成的,下面分别介绍各模块的功能和实现。

7.2.1　时钟信号发生器模块

　　代码 7.2.1 中,clk_gen 模块的功能是利用系统板上 50 MHz 时钟信号产生 5 MHz 和 4 Hz 的时钟信号,这两个时钟信号分别作为音频发生器和节拍发生器的时钟信号。模块 clk_gen 的端口参数功能描述如下:

- reset_n:同步复位输入信号。
- clk50M:50 MHz 输入信号。
- clk_5MHz:5 MHz 输出信号。
- clk_4Hz:4 Hz 输出信号,这里一拍的持续时间定义为 1/4 s(0.25 s)。

　　代码 7.2.1　时钟信号发生器模块。

```verilog
module clk_gen(reset_n, clk50M, clk_5MHz, clk_4Hz);
    input reset_n;                  //同步复位信号(低电平有效)
    input clk50M;                   //输入时钟信号
    output reg clk_5MHz, clk_4Hz;   //输出时钟信号

    reg [20:0] count;
    reg [2:0] cnt;

    always@(posedge clk_5MHz)       //生成 4 Hz 时钟信号
        if(! reset_n)
```

```
                count<=0;
        else
                begin
                    count<=count+1;
                    if(count==21'h98968)
                begin
                    count<=0;
                    clk_4Hz<=~clk_4Hz;
                end
            end

    always@(posedge clk50M)              //生成 5 MHz 时钟信号
        if(!reset_n)
            cnt<=0;
        else
            begin
                cnt<=cnt+1;
                if(cnt==3'b101)
                    begin
                        cnt<=0;
                        clk_5MHz<=~clk_5MHz;
                    end
            end
    endmodule
```

7.2.2　音频产生器模块

音频产生器模块的功能是产生如表 7.2.1 所示的从低音 1~高音 7 的所有频率。各种音频是通过对该模块的 5 MHz 输入时钟信号分频产生 N_x，N_x 是根据各音符的频率得到的，其计算公式如下：

$$\frac{1}{5\times10^6\ \text{Hz}}\times N_x=\frac{1}{2f_x} \tag{7.2.1}$$

$$N_x=\frac{5\times10^6\ \text{Hz}}{2f_x}$$

其中：N_x 是加 1 计数器终值；f_x 为待生成信号的频率；5×10^6 Hz 是输入时钟信号频率。如中音"1"的 $f_{中音1}=523.25$ Hz，则

$$N_{中音1}=\frac{5\times10^6\ \text{Hz}}{2\times f_{中音1}}=(4778)_{10}=(12AA)_{16}$$

为了有效驱动扬声器，还需要对产生的信号进行整形，使其输出为方波。分频的方法是对 5 MHz 时钟信号进行加 1 计数，当计数值与待产生音符的计数值 N_x 相同时，对输出的信号取反，因此计数值应为标准音符频率的 2 倍频。计数器可以采用一个 14 位（由最大 N_x 位数决定）的计数器。各音符的索引值和对应的 2 倍频信号计数值如表 7.2.2 所示。

表 7.2.2　各音符 2 倍频计数值和对应的索引值

音符	1·	2·	3·	4·	5·	6·	7·
频率/Hz	261.63	293.67	329.63	349.23	391.99	440	493.88
计数值	9555	8513	7584	7159	6378	5682	5062
十六进制	2553	2141	1DA0	1BF7	18EA	1632	13C6
索引值	0	1	2	3	4	5	6
音符	1	2	3	4	5	6	7
频率/Hz	523.25	587.33	659.25	697.46	783.99	880	987.76
计数值	4778	4257	3792	3579	3189	2841	2531
十六进制	12AA	10A1	ED0	DFB	C75	B19	9E3
索引值	7	8	9	10	11	12	13
音符	1̇	2̇	3̇	4̇	5̇	6̇	7̇
频率/Hz	1046.5	1174.66	1317.5	1396.92	1567.98	1760	1975.5
计数值	2389	2128	1896	1790	1594	1420	1265
十六进制	955	850	768	6FE	63A	58C	4F1
索引值	14	15	16	17	18	19	20

音频产生器模块 tone_gen 的功能是根据输入音符的索引值，输出对应的音频信号，如代码 7.2.2 所示。该模块各端口信号描述如下：

- reset_n：输入同步复位信号。
- code：输入音符索引值。
- freq_out：code 对应的音频输出信号。

代码 7.2.2　产生各音符频率输出。

```
module tone_gen(reset_n, clk, code, freq_out);
    input reset_n, clk;
    input [4:0] code;
    output reg freq_out;

    reg[16:0] count, delay;
    reg[13:0] buffer[20:0];        //用于存放各音符的计数终值

    initial                        //初始化音符计数终值
      begin
      buffer[0]=14'H2553;
      buffer[1]=14'H2141;
      buffer[2]=14'H1DA0;
      buffer[3]=14'H1BF7;
```

```
        buffer[4]=14'H18EA;
        buffer[5]=14'H1632;
        buffer[6]=14'H13C6;
        buffer[7]=14'H12AA;
        buffer[8]=14'H10A1;
        buffer[9]=14'HED0;
        buffer[10]=14'HDFB;
        buffer[11]=14'HC75;
        buffer[12]=14'HB19;
        buffer[13]=14'H9E3;
        buffer[14]=14'H955;
        buffer[15]=14'H850;
        buffer[16]=14'H768;
        buffer[17]=14'H6FE;
        buffer[18]=14'H63A;
        buffer[19]=14'H58C;
        buffer[20]=14'H4F1;
      end

always@(posedge clk)
if(! reset_n)
            count<=0;
else
    begin
            count<=count+1'b1;
            if(count==delay&&delay!=1)
              begin
                    count<=1'b0;
                    freq_out<=~freq_out;
              end
            else if(delay==1)
                freq_out<=0;
            end

always@(code)
  if(code>=0&&code<=20)
        delay=buffer[code];
    else
        delay=1;

  endmodule
```

此模块实现时，当输入的音符索引值 code 在 0~20 之间时，输出对应音符的频率信号，否则输出低电平。

7.2.3　乐曲存储模块

要能演奏预存的歌曲，需要将歌曲的音符和节拍数据存储在存储器中，在本设计中采用了 Quartus Ⅱ 的内置存储器。为了使生成的存储器满足设计要求，在生成的过程中还需要设置存储器的参数。下面介绍在 Quartus Ⅱ 环境下，存储器模块和乐曲数据文件的生成过程。

具体过程介绍如下：

（1）选择菜单"tools//Mega Wizard Plug-In Manager..."，打开如图 7.2.2 所示的功能模块添加向导，进入向导页第一页，选择"Create a new custom megafunction variation"。

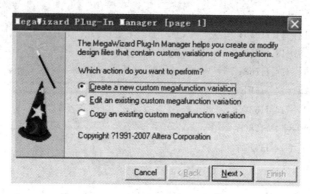

图 7.2.2　添加存储器功能模块向导对话框(第一页)

（2）在图 7.2.2 中按"Next"键进入向导页第二页。按照图 7.2.3 所示进行选择和配置。

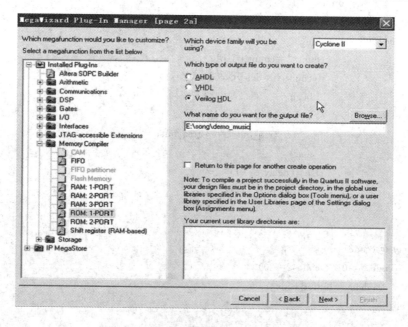

图 7.2.3　添加存储器功能模块向导对话框(第二页)

在窗口左侧的"Select a megafunction from the list below"列表中选择"Memory Compiler"，再在其下选择"ROM：1-PORT"，表示要建立一个 1 端口的 ROM 存储器。在右侧选择器件系列、生成的输出文件描述类型以及输出文件的名称。这里设置的输出文件类型是

Verilog HDL，文件名是 demo_music，存放路径是 E:\song。

（3）在图 7.2.3 中按"Next"键进入如图 7.2.4 所示的单端口存储器设置向导第一页。在这一页可以设置存储器的位宽、存储单元数量、存储器所占资源类型以及时钟控制方式等，按照图 7.2.4 设置各参数，生成一个 256×8 的存储器。

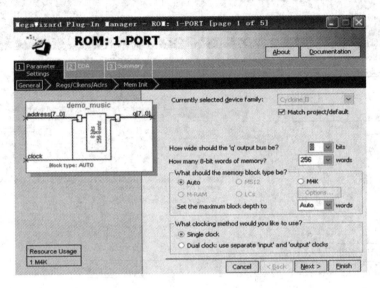

图 7.2.4　单端口存储器设置向导（第一页）

（4）在图 7.2.4 中按"Next"键进入如图 7.2.5 所示的单端口存储器设置向导第二页。此向导页可以根据需要确定存储器端口是否具有寄存功能、是否设置使能控制端口和异步清零端口。按图 7.2.5 所示进行设置。

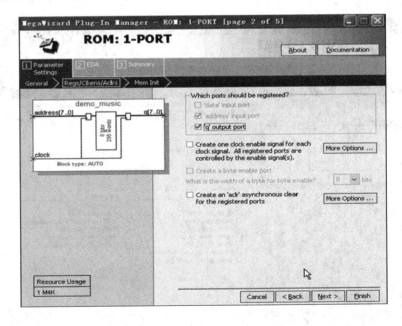

图 7.2.5　单端口存储器设置向导（第二页）

（5）在图 7.2.5 中按"Next"键进入如图 7.2.6 所示的单端口存储器设置向导第三页。

此向导页用于设置存储器数据的初始化文件。按图 7.2.6 设置初始化文件名为 music_file.mif，该文件用于存放乐谱中每个音符的频率和节拍数据。

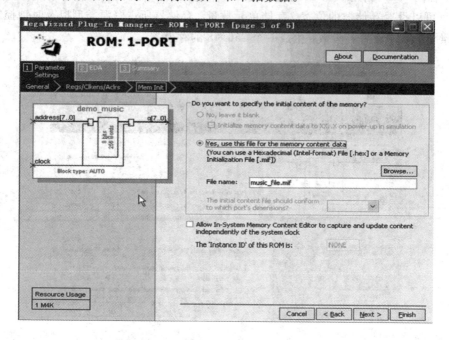

图 7.2.6　单端口存储器设置向导(第三页)

（6）在图 7.2.6 中按"Next"键进入存储器设置向导第四页，该页显示生成的存储器端口，并列出使用的资源和仿真时需要的库文件。再按"Next"键进入存储器设置向导第五页，如图 7.2.7 所示。该页显示生成器件所产生的文件，并对文件进行简要的说明。

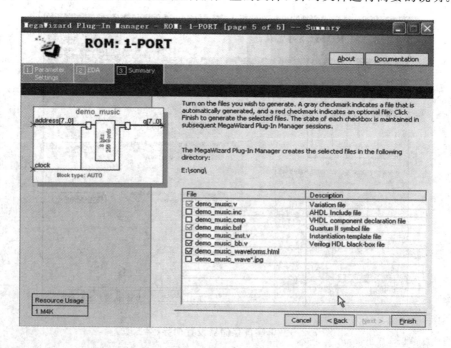

图 7.2.7　单端口存储器设置向导(第五页)

结束以上操作会生成 ROM 的模块定义文件 demo_music. v 和符号文件 demo_music. bsf，供用户使用。代码 7.2.3 是 Quartus Ⅱ 生成的 demo_music. v 文件的完整内容。

代码 7.2.3　Quartus Ⅱ 生成的 ROM 模块对应的 Verilog 文件。

```verilog
//megafunction wizard：%ROM：1 - PORT%
//GENERATION：STANDARD
//VERSION：WM1.0
//MODULE：altsyncram


//==================================
//File Name：demo_music. v
//Megafunction Name(s)：
//          altsyncram
//
//Simulation Library Files(s)：
//          altera_mf
// ==================================
// * * * * * * * * * * * * * * * * * * * * * * * * * * * * * * * * * *
//THIS IS A WIZARD - GENERATED FILE. DO NOT EDIT THIS FILE!
//
//7.2 Build 151 09/26/2007 SJ Full Version
// * * * * * * * * * * * * * * * * * * * * * * * * * * * * * * * * * *



//Copyright (C) 1991－2007 Altera Corporation
//Your use of Altera Corporation's design tools，logic functions
//and other software and tools，and its AMPP partner logic
//functions，and any output files from any of the foregoing
//(including device programming or simulation files)，and any
//associated documentation or information are expressly subject
//to the terms and conditions of the Altera Program License
//Subscription Agreement，Altera MegaCore Function License
//Agreement，or other applicable license agreement，including，
//without limitation，that your use is for the sole purpose of
//programming logic devices manufactured by Altera and sold by
//Altera or its authorized distributors. Please refer to the
//applicable agreement for further details.



//synopsys translate_off
'timescale 1 ps / 1 ps
//synopsys translate_on
module demo_music (
```

```
        address,
        clock,
        q);

        input  [7:0] address;
        input    clock;
        output[7:0] q;

        wire [7:0] sub_wire0;
        wire [7:0] q = sub_wire0[7:0];

        altsyncram altsyncram_component (
                . clock0 (clock),
                . address_a (address),
                . q_a (sub_wire0),
                . aclr0 (1'b0),
                . aclr1 (1'b0),
                . address_b (1'b1),
                . addressstall_a (1'b0),
                . addressstall_b (1'b0),
                . byteena_a (1'b1),
                . byteena_b (1'b1),
                . clock1 (1'b1),
                . clocken0 (1'b1),
                . clocken1 (1'b1),
                . clocken2 (1'b1),
                . clocken3 (1'b1),
                . data_a ({8{1'b1}}),
                . data_b (1'b1),
                . eccstatus (),
                . q_b (),
                . rden_a (1'b1),
                . rden_b (1'b1),
                . wren_a (1'b0),
                . wren_b (1'b0));
        defparam
            altsyncram_component. clock_enable_input_a = "BYPASS",
            altsyncram_component. clock_enable_output_a = "BYPASS",
            altsyncram_component. init_file = "music_file. mif",
            altsyncram_component. intended_device_family = "Cyclone II",
            altsyncram_component. lpm_hint = "ENABLE_RUNTIME_MOD=NO",
            altsyncram_component. lpm_type = "altsyncram",
            altsyncram_component. numwords_a = 256,
```

```
                altsyncram_component. operation_mode = "ROM",
                altsyncram_component. outdata_aclr_a = "NONE",
                altsyncram_component. outdata_reg_a = "CLOCK0",
                altsyncram_component. widthad_a = 8,
                altsyncram_component. width_a = 8,
                altsyncram_component. width_byteena_a = 1;
endmodule
// ========================================
// CNX file retrieval info
// ========================================
// Retrieval info: PRIVATE: ADDRESSSTALL_A NUMERIC "0"
// Retrieval info: PRIVATE: AclrAddr NUMERIC "0"
// Retrieval info: PRIVATE: AclrByte NUMERIC "0"
// Retrieval info: PRIVATE: AclrOutput NUMERIC "0"
// Retrieval info: PRIVATE: BYTE_ENABLE NUMERIC "0"
// Retrieval info: PRIVATE: BYTE_SIZE NUMERIC "8"
// Retrieval info: PRIVATE: BlankMemory NUMERIC "0"
// Retrieval info: PRIVATE: CLOCK_ENABLE_INPUT_A NUMERIC "0"
// Retrieval info: PRIVATE: CLOCK_ENABLE_OUTPUT_A NUMERIC "0"
// Retrieval info: PRIVATE: Clken NUMERIC "0"
// Retrieval info: PRIVATE: IMPLEMENT_IN_LES NUMERIC "0"
// Retrieval info: PRIVATE: INIT_FILE_LAYOUT STRING "PORT_A"
// Retrieval info: PRIVATE: INIT_TO_SIM_X NUMERIC "0"
// Retrieval info: PRIVATE: INTENDED_DEVICE_FAMILY STRING "Cyclone II"
// Retrieval info: PRIVATE: JTAG_ENABLED NUMERIC "0"
// Retrieval info: PRIVATE: JTAG_ID STRING "NONE"
// Retrieval info: PRIVATE: MAXIMUM_DEPTH NUMERIC "0"
// Retrieval info: PRIVATE: MIFfilename STRING "music_file. mif"
// Retrieval info: PRIVATE: NUMWORDS_A NUMERIC "256"
// Retrieval info: PRIVATE: RAM_BLOCK_TYPE NUMERIC "0"
// Retrieval info: PRIVATE: RegAddr NUMERIC "1"
// Retrieval info: PRIVATE: RegOutput NUMERIC "1"
// Retrieval info: PRIVATE: SYNTH_WRAPPER_GEN_POSTFIX STRING "0"
// Retrieval info: PRIVATE: SingleClock NUMERIC "1"
// Retrieval info: PRIVATE: UseDQRAM NUMERIC "0"
// Retrieval info: PRIVATE: WidthAddr NUMERIC "8"
// Retrieval info: PRIVATE: WidthData NUMERIC "8"
// Retrieval info: PRIVATE: rden NUMERIC "0"
// Retrieval info: CONSTANT: CLOCK_ENABLE_INPUT_A STRING "BYPASS"
// Retrieval info: CONSTANT: CLOCK_ENABLE_OUTPUT_A STRING "BYPASS"
// Retrieval info: CONSTANT: INIT_FILE STRING "music_file. mif"
// Retrieval info: CONSTANT: INTENDED_DEVICE_FAMILY STRING "Cyclone II"
// Retrieval info: CONSTANT: LPM_HINT STRING "ENABLE_RUNTIME_MOD=NO"
```

```
// Retrieval info：CONSTANT：LPM_TYPE STRING "altsyncram"
// Retrieval info：CONSTANT：NUMWORDS_A NUMERIC "256"
// Retrieval info：CONSTANT：OPERATION_MODE STRING "ROM"
// Retrieval info：CONSTANT：OUTDATA_ACLR_A STRING "NONE"
// Retrieval info：CONSTANT：OUTDATA_REG_A STRING "CLOCK0"
// Retrieval info：CONSTANT：WIDTHAD_A NUMERIC "8"
// Retrieval info：CONSTANT：WIDTH_A NUMERIC "8"
// Retrieval info：CONSTANT：WIDTH_BYTEENA_A NUMERIC "1"
// Retrieval info：USED_PORT：address 0 0 8 0 INPUT NODEFVAL address[7..0]
// Retrieval info：USED_PORT：clock 0 0 0 0 INPUT NODEFVAL clock
// Retrieval info：USED_PORT：q 0 0 8 0 OUTPUT NODEFVAL q[7..0]
// Retrieval info：CONNECT：@address_a 0 0 8 0 address 0 0 8 0
// Retrieval info：CONNECT：q 0 0 8 0 @q_a 0 0 8 0
// Retrieval info：CONNECT：@clock0 0 0 0 0 clock 0 0 0 0
// Retrieval info：LIBRARY：altera_mf altera_mf. altera_mf_components. all
// Retrieval info：GEN_FILE：TYPE_NORMAL demo_music. v TRUE
// Retrieval info：GEN_FILE：TYPE_NORMAL demo_music. inc FALSE
// Retrieval info：GEN_FILE：TYPE_NORMAL demo_music. cmp FALSE
// Retrieval info：GEN_FILE：TYPE_NORMAL demo_music. bsf TRUE FALSE
// Retrieval info：GEN_FILE：TYPE_NORMAL demo_music_inst. v FALSE
// Retrieval info：GEN_FILE：TYPE_NORMAL demo_music_bb. v TRUE
// Retrieval info：GEN_FILE：TYPE_NORMAL demo_music_waveforms. html TRUE
// Retrieval info：GEN_FILE：TYPE_NORMAL demo_music_wave * . jpg FALSE
// Retrieval info：LIB_FILE：altera_mf
```

乐曲的演奏就是按照乐谱中的每个音符和节拍进行发声，因此首先需要将乐谱转换为演奏所需要的音阶和节拍数据。由于从低音到高音共有 21 个音符，因此表示音符需要 5 位二进制数；节拍是以 1/4 s 为基本单位，即以 4 分音符为一拍，2 分音符为二拍，因此节拍用 3 位二进制数表示。所以，音符和节拍合起来可以用 8 位二进制数表示，如图 7.2.8 所示。如 3 是 4 分音符，为 1 拍，音符的索引号是 9，其二进制数是 001_01001，对应的十进制数是 41。

节拍	音符
3位	5位(0~20)

图 7.2.8　音符和节拍的数据表示

这里以图 7.2.9 所示的"北京欢迎你"的乐曲为例，说明乐谱音符和节拍数据的生成过程。"北京欢迎你"的第一小节是 3 5　3 2，每个音符都是 4 分音符，节拍数都是 1 拍，即 001，音符对应的索引值分别是 9、11、9、8，因此这一小节对应的节拍和音符数据是 001_01001、001_01011、001_01001、001_01000，对应的十进制数是 41、43、41、40；第八小节是 2 1·，第一个音符是 1 拍，第二个音符是 3 拍，节拍数据是 001 和 011，音符对应的索引值是 8 和 7，因此这一小节的节拍和音符数据是 001_01000、011_00111，对应的十进制数是 40、103。用此方法可将乐谱的所有小节转换成频率和节拍数据，然后将其存储在

ROM 的初始化文件 music_file.mif 中，在 Quatus Ⅱ 环境下生成 music_file.mif 数据文件的截图如图 7.2.10 所示。这里需要注意的有两点：其一，乐曲中的休止符"0"，数据表用索引值 21 表示，因为音频控制器在设计时只对索引值在 0～20 时有信号输出，其余输出均为 0 电平，即不发声；其二，乐曲用 255 作为结束标志。

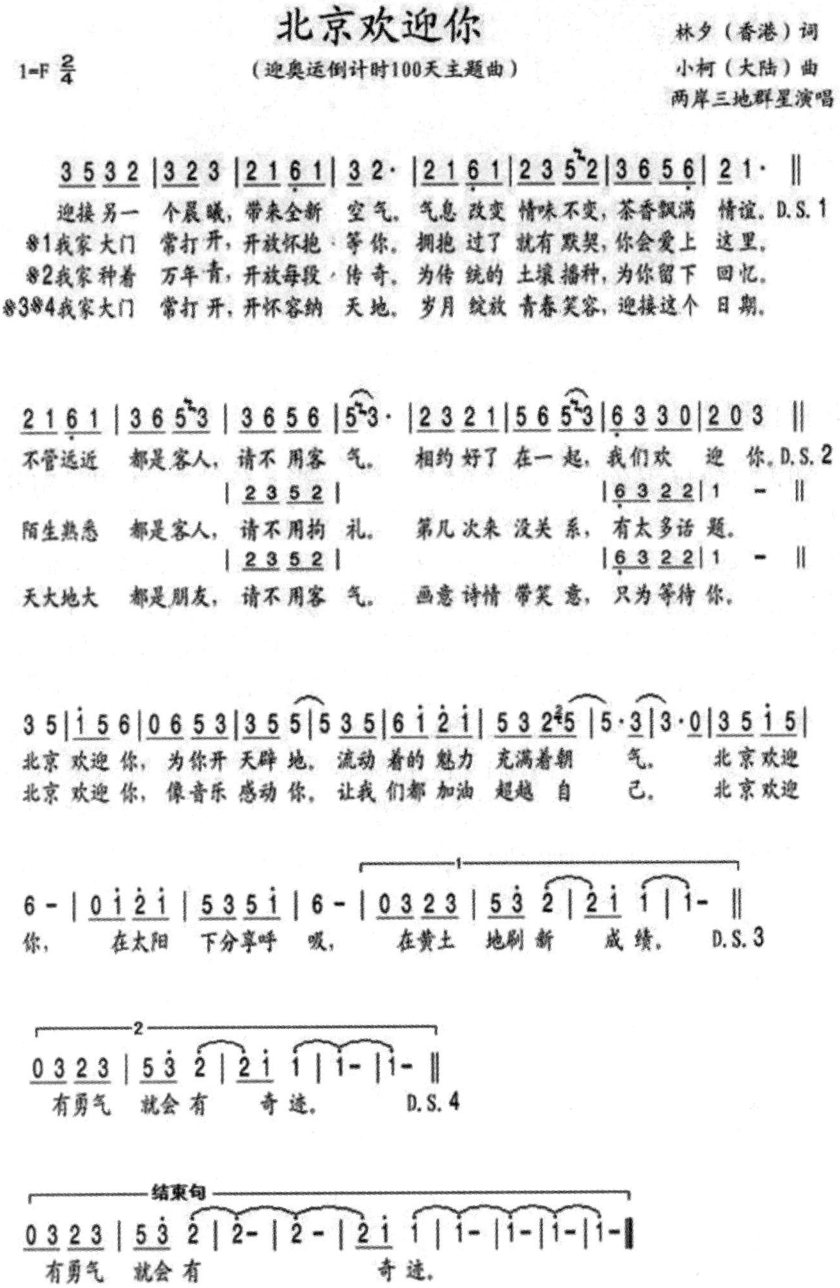

图 7.2.9 "北京欢迎你"乐谱

Addr	+0	+1	+2	+3	+4	+5	+6	+7
0	41	43	41	40	41	40	73	40
8	39	37	39	41	104	40	39	37
16	39	40	41	43	40	41	44	43
24	37	40	103	40	39	37	39	41
32	44	43	41	41	44	43	44	43
40	105	40	41	40	39	43	44	43
48	41	37	41	41	53	40	53	73
56	73	75	46	43	76	53	44	43
64	41	41	43	75	75	41	43	44
72	46	47	46	43	41	40	43	107
80	41	105	32	41	43	46	43	140
88	32	46	47	46	43	41	43	46
96	140	53	41	40	41	43	48	79
104	47	46	76	142	53	41	40	41
112	43	48	79	47	46	88	142	142
120	53	41	40	41	43	48	79	143
128	143	47	46	78	142	142	142	142
136	255	0	0	0	0	0	0	0
144	0	0	0	0	0	0	0	0
152	0	0	0	0	0	0	0	0
160	0	0	0	0	0	0	0	0
168	0	0	0	0	0	0	0	0

图 7.2.10　乐曲存储器的初始化数据文件截图

7.2.4　乐曲控制模块

乐曲控制模块的功能是依次从乐曲存储器中取得一个音符的索引值和节拍数据，在乐曲节拍持续时间内输出该音符对应的频率信号，直到乐曲结束。

代码 7.2.4 中的 demo_play 模块用于读取 ROM 存储器中的乐曲数据，根据每一个数据中的节拍数据和音符进行输出控制。具体方法是，利用一个计数器生成存储器的地址，依次读取 ROM 中的每一个数据。该数据的低 5 位是音符的索引值，高 3 位是该音符持续的节拍，在此节拍对应的时间中输出其音符索引值，当节拍持续时间结束时计数器加 1，读取下一个存储单元数据。该模块时钟信号采用时钟信号发生模块产生的 4 Hz 信号来控制节拍的持续时间，在时钟的上升沿对节拍数据减 1，若节拍数据减到 0，则存储地址加 1 计数来取得下一个音符的数据。若存储器中的数据为 255，则表示乐曲演奏结束。

demo_play 模块各端口信号描述如下：

- reset_n：同步复位输入信号。
- clk_4hz：输入时钟信号。
- code_out：音符的索引值输出信号。

代码 7.2.4　乐曲控制模块代码。

```verilog
module demo_play(reset_n, clk_4hz, code_out);
    input reset_n;                    //复位信号
    input clk_4hz;                    //时钟信号，4分音符为一拍
    output reg [4:0] code_out;        //音符索引值
    reg [7:0] count;                  //地址计数器
    reg [2:0] delay;                  //节拍数据

    wire [7:0] play_data;
    wire read_flag;
    reg over;
```

```
always@(posedge clk_4hz)
    if(! reset_n)
      begin
        count<=8'h00;
        delay<=3'b000;
        over<=0;
      end
    else
      if(~over)
        begin
          delay<=delay-1'b1;
          if(delay==0)
            begin
              if(play_data==255)        //乐曲结束数据标志
                over<=1;
               delay<=play_data[7:5];    //更新节拍数据
               code_out<=play_data[4:0];  //更新音符数据
               count<=count+1'b1;
            end
        end
//在时钟下降沿从乐曲存储器中读取乐曲数据
    demo_music u1(.address(count),.clock(~clk_4hz),.q(play_data));
endmodule
```

7.2.5　乐曲播放器顶层模块

前面已经介绍了乐曲演奏模块的原理和实现代码，再使用图形设计文件将它们连接起来就构成了顶层模块。在 Quartus Ⅱ 环境下的顶层模块原理图文件截图如图 7.2.11 所示。

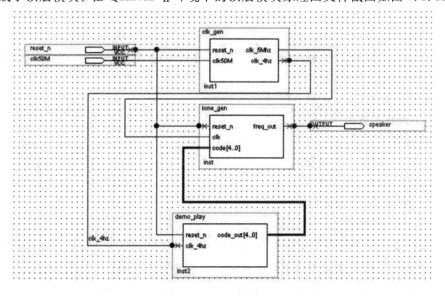

图 7.2.11　乐曲播放器图形设计顶层文件截图

　　图 7.2.11 中可以看到 clk_gen、tone_gen 和 demo_play 三个模块的实例 inst1、inst 和
inst2；clk_gen 的实例 inst 对 50 MHz 的时钟信号 clk50M 进行分频后产生 5 MHz 和 4 Hz
的输出信号，这两个信号分别作为 tone_gen 实例 inst1 和 demo_play 实例 inst2 的时钟输
入信号。其工作过程是 inst2 依次读取 ROM 中的数据，并对节拍和音符索引值数据进行分
解，然后根据节拍数据输出音频索引值，由索引值控制 inst 输出其对应音符的频率信号，
以控制扬声器发声。

7.3　电　子　表

　　本节介绍电子表的模块化设计方法，希望通过这个实例的叙述进一步说明自顶向下的
设计方法和实现一个项目的设计步骤。这里设计实现的电子表具有显示和调时的基本功
能，可以显示时、分、秒和毫秒；可以通过按键进行工作模式选择，工作模式有四种，分别
是正常显示模式、调时模式、调分模式、调秒模式。
　　构成电子表的基本模块有四个，分别是：
　　(1) 时钟调校及计时模块 myclock。
　　(2) 整数分频模块 int_div。
　　(3) 时钟信号选择模块 clkgen。
　　(4) 七段显示模块 disp_dec。
　　下面分别对这四个模块的功能和实现过程进行说明。

7.3.1　时钟调校及计时模块

　　时钟调校及计时模块 myclock 可以根据当前的工作状态，进行时、分、秒的调整和正
常的计时功能。首先对其端口信号进行说明。
　　输入信号有：
　　• RSTn：复位信号。
　　• CLK：1000 Hz 时钟信号。
　　• FLAG：工作模式控制信号。模式定义为：00 正常显示；01 调时；10 调分；11
调秒。
　　• UP：调校模式时＋1 调节信号。
　　• DN：调校模式时－1 调节信号。
　　输出信号有：
　　• H："时"数据(十六进制)。
　　• M："分"数据(十六进制)。
　　• S："秒"数据(十六进制)。
　　• MS："毫秒"数据(十六进制)。
　　该模块的设计思路是当复位信号 RSTn 有效时，时分秒信号清零，否则，根据工作模
式控制信号 FLAG 的值决定当前的工作状态。当 FLAG＝00 时，电子表工作在正常计时状
态，对输入的 1000 Hz 时钟信号 CLK 进行计数，修改当前的毫秒 MS、秒 S、分 M 和时 H
的计数值；当 FLAG＝01 时，电子表工作在"时"校正状态，若此时 UP 信号有效，则 H 加

1，若此时 DN 信号有效，则 H 减 1；当 FLAG=10 时，电子表工作在"分"校正状态，若此时 UP 信号有效，则 M 加 1，若此时 DN 信号有效，则 M 减 1；当 FLAG=11 时，电子表工作在"秒"校正状态，受 UP 和 DN 信号的控制过程与"时"、"秒"类似。代码 7.3.1 是时钟调校及计时模块的 Verilog HDL 程序。

代码 7.3.1　时钟调校及计时模块。

```verilog
module myclock(RSTn, CLK, FLAG, UP, DN, H, M, S, MS);
input RSTn, CLK, UP, DN;
output [7:0] H, M, S;
output [7:0] MS;
input [1:0] FLAG;

reg [5:0] m_H, m_M, m_S;
reg [6:0] m_MS;

assign H=m_H;
assign M=m_M;
assign S=m_S;
assign MS=m_MS;

always@(posedge CLK)
if(~RSTn)
    begin                    //同步复位
        m_H<=8'b000000;
        m_M<=8'b000000;
        m_S<=8'b000000;
        m_MS<=8'b0000000;
    end
else if(FLAG==2'b01)
    begin                    //调时状态
      if(UP)
            begin
              m_H<=m_H+1'b1;
              if(m_H==8'd24)
                m_H<=8'd0;
            end
            else if(DN)
                begin
                  m_H<=m_H-1'b1;
                  if(m_H==8'h3f)
                    m_H<=8'd23;
                end
        end
```

```
              else if(FLAG==2'b10)
                      begin              //调分状态
                      if(UP)
                        begin
                          m_M<=m_M+1'b1;
                          if(m_M==8'd59)
                            m_M<=8'd0;
                        end
                      else if(DN)
                        begin
                            m_M<=m_M-1;
                          if(m_M==8'h3f)
                            m_M<=8'd59;
                      end
                  end
              else if(FLAG==2'b11)
                      begin              //调秒状态
                      if(UP)
                        begin
                          m_S<=m_S+1'b1;
                          if(m_S==8'd59)
                                m_S<=8'b0;
                        end
                      else if(DN)
                        begin
                          m_S<=m_S-1'b1;
                        if(m_S==8'h3f)
                          m_S<=8'd59;
                      end
                  end
              else
                      begin              //正常显示
                      m_MS<=m_MS+1'b1;
                      if(m_MS==8'd1000)
                        begin
                          m_MS<=8'd0;
                            m_S<=m_S+1'd1;
                        end
                      if(m_S==8'd60)
                        begin
                          m_S<=8'd0;
                          m_M<=m_M+8'd1;
                        end
```

```
            if(m_M==8'd60)
              begin
                m_M<=8'd0;
                m_H<=m_H+8'd1;
              end
            if(m_H==8'd24)
              begin
                m_H<=8'd0;
              end
          end


    endmodule
```

7.3.2　整数分频模块

由于数字系统提供的时钟信号的频率往往比较高，因此需要分频模块产生所需的频率信号，如上面时钟调校及计时模块所需的 1000 Hz 的时钟信号。整数分频模块 int_div 可以实现对输入时钟 clock 进行 F_DIV 分频后输出 clk_out。F_DIV 分频系数范围为 $1 \sim 2^n$（$n =$ F_DIV_WIDTH），若要改变分频系数，改变参数 F_DIV 或 F_DIV_WIDTH 到相应范围即可。若分频系数为偶数，则输出时钟占空比为 50%；若分频系数为奇数，则输出时钟占空比取决于输入时钟占空比和分频系数（当输入为 50% 时，输出也是 50%）。int_div 模块的实现见代码 7.3.2。

代码 7.3.2　整数分频模块。

```
    module int_div(clock，clk_out);
    input clock;                  //输入时钟
    output clk_out;               //输出时钟

    reg clk_p_r;
    reg clk_n_r;
    reg[F_DIV_WIDTH − 1:0] count_p;
    reg[F_DIV_WIDTH − 1:0] count_n;

    parameter F_DIV = 48000000;   //分频系数
    parameter F_DIV_WIDTH = 32;   //分频计数器宽度

    wire full_div_p;              //上升沿计数满标志
    wire half_div_p;              //上升沿计数半满标志
    wire full_div_n;              //下降沿计数满标志
    wire half_div_n;              //下降沿计数半满标志

    //判断计数标志位置位与否
    assign full_div_p = (count_p < F_DIV−1);
    assign half_div_p = (count_p < (F_DIV>>1)−1);
```

```
    assign full_div_n = (count_n < F_DIV-1);
    assign half_div_n = (count_n < (F_DIV>>1)-1);

    //时钟输出
    assign clk_out = (F_DIV == 1) ? clock : (F_DIV[0] ? (clk_p_r & clk_n_r) : clk_p_r);

    always @(posedge clock)          //上升沿脉冲计数
    begin
        if(full_div_p)
        begin
            count_p <= count_p + 1'b1;
            if(half_div_p)
                clk_p_r <= 1'b0;
            else
                clk_p_r <= 1'b1;
        end
        else
        begin
            count_p <= 0;
            clk_p_r <= 1'b0;
        end
    end


    always @(negedge clock)          //下降沿脉冲计数
    begin
        if(full_div_n)
        begin
            count_n <= count_n + 1'b1;
            if(half_div_n)
                clk_n_r <= 1'b0;
            else
                clk_n_r <= 1'b1;
        end
        else
        begin
            count_n <= 0;
            clk_n_r <= 1'b0;
        end
    end
endmodule
```

7.3.3　时钟信号选择模块

　　时钟信号选择模块 clkgen 实际上是一个二选一电路,用于提供时钟调校及计时模块所需的时钟脉冲。当电子表工作在时间显示状态时选择 1000 Hz 时钟信号。当电子表工作在调时、调分、调秒三种设置模式时，为了便于人为按键，控制采用了 2 Hz 的时钟信号。代码 7.3.3 是 clkgen 模块的代码。

clkgen 模块的端口信号定义如下：

- flag：时钟选择输入信号。
- clk_1000Hz：输入 1000 Hz 时钟信号。
- clk_2Hz：输入 2 Hz 时钟信号。
- clkout：输出时钟信号。

代码 7.3.3　时钟信号选择模块。

```
module clkgen(flag, clk_1000Hz, clk_2Hz, clkout);
    input [1:0] flag;
    input clk_1000Hz, clk_2Hz;
    output clkout;

    assign clkout=(flag==2'b00)? clk_1000Hz:clk_2Hz;
endmodule
```

7.3.4　七段显示模块

为了对时、分、秒和毫秒数据输出显示，需要将时、分、秒和毫秒的二进制数转换为十进制数。由于时、分、秒最大到 60，毫秒最大到 99，所以十进制数选择 2 位就能满足要求。为了在七段数码管输出时间数据，还需要将显示的十进制数转换为七段段码。以上功能分别由 BCD 码显示模块和七段译码两个模块来实现。

1. BCD 码显示模块

BCD 码显示模块的功能是将 8 位二进制数转换为 2 位十进制数后，进行七段译码显示。为了实现显示功能，在其内部调用了 dual_hex 2 位七段显示模块。BCD 码显示模块的实现见代码 7.3.4。

BCD 码显示模块端口信号说明如下。

- 输入信号 hex：2 位 8421BCD 码输入。
- 输出信号 dispout：2 位 8421BCD 码对应的七段数码管段码。

代码 7.3.4　BCD 码显示模块。

```
module disp_dec(hex, dispout);
    input [7:0] hex;                    //8 位二进制输入数据
    output [15:0] dispout;              //2 位十进制数的七段段码显示数据
    reg [7:0] dec;

    always@(hex)
        begin                          //8 位二进制数转换为 2 位 BCD 码
        dec[7:4]=hex/4'd10;
        dec[3:0]=hex%4'd10;
        end
```

```verilog
    dual_hex u1(1'b0, dec, dispout);      //调用2位七段显示模块
endmodule
```

2. 2 位七段显示

2 位七段显示模块的功能是将 2 位十进制或十六进制数据转换为对应的七段段码,内部调用了 1 位七段译码模块 seg_decoder。代码 7.3.5 是 2 位七段显示模块的代码。

代码 7.3.5　2 位七段显示模块。

```verilog
module dual_hex(iflag, datain, dispout);
    input iflag;                          //共阴或共阳输出选择
    input [7:0] datain;                   //2 位的十进制或十六进制数据
    output [15:0] dispout;                //两个七段段码数据

    seg_decoder u1 (iflag, datain[7:4], dispout[15:8]);
    seg_decoder u2 (iflag, datain[3:0], dispout[7:0]);
endmodule
```

3. 1 位七段译码

1 位七段译码模块的功能是将 4 位二进制数转换为对应的共阴或共阳七段段码。该模块的实现见代码 7.3.6。

代码 7.3.6　1 位七段译码模块。

```verilog
module seg_decoder (iflag, iA, oY);
    input iflag;                          //共阴或共阳输出选择
    input[3:0] iA;                        //4 位二进制数据
    output reg [7:0] oY;                  //七段段码显示数据

    always@(iflag, iA)
    begin
        case(iA)                          //共阴极七段输出
            4'b0000:oY=8'h3f;
            4'b0001:oY=8'h06;
            4'b0010:oY=8'h5b;
            4'b0011:oY=8'h4f;
            4'b0100:oY=8'h66;
            4'b0101:oY=8'h6d;
            4'b0110:oY=8'h7d;
            4'b0111:oY=8'h27;
            4'b1000:oY=8'h7f;
            4'b1001:oY=8'h6f;
            4'b1010:oY=8'h77;
            4'b1011:oY=8'h7c;
            4'b1100:oY=8'h58;
            4'b1101:oY=8'h5e;
            4'b1110:oY=8'h79;
```

```
            4′b1111:oY＝8′h71;
        endcase
        if(!iflag)
            oY＝~oY;                        //共阳极七段输出
    end
endmodule
```

7.3.5　顶层模块的实现

顶层模块将各功能模块连接起来，实现电子表的完整功能。顶层模块 clock 的 Verilog HDL 实现见代码 7.3.7。

代码 7.3.7　电子表顶层模块。

```
module clock(iCLK_50, RSTn, FLAG, UP, DN, H_dis, M_dis, S_dis, MS_dis, Mode);
    input iCLK_50;                    //50 MHz 的外部时钟信号
    input RSTn, UP, DN;               //复位信号，调时加减控制
    input [1:0] FLAG;                 //状态控制开关：00 电子表；01 调时；10 调分；11 调秒
    output [1:0] Mode;                //用于状态输出显示
    output [15:0] H_dis, M_dis, S_dis, MS_dis;   //时、分、秒的十进制七段显示输出信号

    wire [7:0] H, M, S, MS;
    wire clk_1000hz, clk_2hz;
    wire clk;

    assign Mode＝FLAG;

    int_div ♯(50000, 32) nclk100(iCLK_50, clk_1000hz); //用 50 MHz 信号产生 1000 Hz 时钟信号
    int_div ♯(50000000, 32) nclk2(iCLK_50, clk_2hz); //用 50 MHz 信号产生 2 Hz 时钟信号
    clkgen u0(FLAG, clk_1000hz, clk_2hz, clk);        //时钟选择控制
    myclock u1(RSTn, clk, FLAG, ~UP, ~DN, H, M, S, MS);       //电子表
    disp_dec Hour(H, H_dis);                          //显示时
    disp_dec Minute(M, M_dis);                        //显示分
    disp_dec Second(S, S_dis);                        //显示秒
    disp_dec msecond(MS, MS_dis);                     //显示毫秒
endmodule
```

7.4　VGA 控制器

7.4.1　VGA 显示原理

随着计算机显示技术的快速发展，计算机业界制定了许多种显示接口协议，从最初的 MDA 接口协议到目前主流的 VGA 接口协议。在 VGA 接口协议框架中，根据不同的分辨率和刷新频率，又分为不同的显示模式：VGA(640×480)、SVGA(800×600)和 SVGA

(1024×768)。

　　计算机端的 VGA 输出是一个 15 针的 D‑sub 接口，如图 7.4.1 所示。接口中各信号引脚定义如表 7.4.1 所示。其引出线有 5 个常用模拟信号：R、G、B 三基色信号，HS 行同步信号，VS 场同步信号，电压范围为 0～0.7 V。

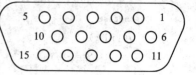

图 7.4.1　计算机端 VGA 接口

表 7.4.1　VGA 接口信号定义

引脚序号	1	2	3	6	7	8	10	13	14
信号	RED	GREEN	BLUE	RGND	GGND	BGND	SGND	HS	VS
说明	红	绿	蓝	红地	绿地	蓝地	同步地	行同步	场同步
方向	输入	输入	输入					输入	输入

　　VGA 显示器的彩色是由 R、G、B 三基色组成的，控制信号即为表 7.4.1 中的行同步信号和场同步信号。工业标准中的 VGA 显示器分辨率是 640×480，每秒显示 60 帧，行频为 31 469 Hz，场频为 59.94 Hz，像素时钟频率为 25.175 MHz。VGA 显示器进行显示时采用逐行扫描方式，从屏幕的左上方开始逐点扫描，每行(640 个点)扫描完成后，产生行同步负脉冲，并进行行消隐，接着回到下一行的最左边，开始新一行的扫描，直到扫描到屏幕的最右下方，即扫描完一帧图像(共 480 行)，然后产生场同步负脉冲，并进行场消隐，最后又回到屏幕的最左上方，开始下一帧的扫描。在设计驱动时要注意行、场同步信号的时序和电位关系。对 VGA 颜色的控制是通过对红(R)、绿(G)、蓝(B)三个颜色通道的变化以及它们相互之间的叠加来实现的。

　　VGA 640×480 显示模式的行、场扫描时序如图 7.4.2 所示。图 7.4.2(a)画出的是行扫描时序的要求，单位是像素，即输出一个像素(pixel)的时间间隔。图中各时间段的像素时间分别是：Ta(行同步头)＝96，Tb＝40，Tc＝8，Td(行图像)＝640，Te＝8，Tf＝8，Tg(行周期)＝800。图 7.4.2(b)画出的是场扫描时序的要求，单位是行，即输出一行图像(Line)的时间间隔。图中各时间段的 Ta(场同步头)＝2，Tb＝25，Tc＝8，Td(场图像)＝480，Te＝8，Tf＝2，Tg(场周期)＝525。

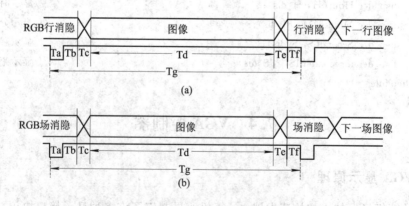

图 7.4.2　VGA 的行、场扫描时序图

图 7.4.3 所示为 VGA 图像显示扫描示意图，在设计时可用两个计数器分别作为行和

场扫描计数器。行计数器的计数时钟可以采用 25.2 MHz 的信号，行计数器的溢出信号可作为场计数器的计数时钟。由行场计数器控制行、场同步信号的产生，并在图像显示区域输出对应像素点的 RGB 数据，这样就能显示出相应的图像。需要注意的是，在行、场消隐期间输出的数据应为 0。

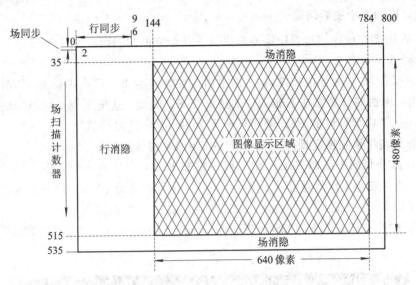

图 7.4.3　VGA 显示扫描示意图

在 VGA 接口协议中，不同的显示模式因为有不同的分辨率或不同的刷新频率，所以其时序也不相同。对于每种显示模式的时序，VGA 都有严格的工业标准。表 7.4.2 所示即为 Xilinx 公司制定的 VGA 时序标准。

表 7.4.2　VGA 时序工业标准(Xilinx Inc.)

显示模式	时钟信号/MHz	水平参数(单位：像素)				垂直参数(单位：行)			
		有效区域	前肩脉冲	同步脉冲	后肩脉冲	有效区域	前肩脉冲	同步脉冲	后肩脉冲
640×480,60 Hz	25	640	16	96	48	480	10	2	33
640×480,72 Hz	31	640	24	40	128	480	9	3	28
640×480,75 Hz	31	640	16	96	48	480	11	2	32
640×480,85 Hz	36	640	42	48	112	480	1	3	25
800×600,56 Hz	38	800	42	128	128	600	1	4	14
800×600,60 Hz	40	800	40	128	88	600	1	4	23
800×600,72 Hz	50	800	56	120	64	600	37	6	23
800×600,75 Hz	49	800	16	80	160	600	1	2	21
800×600,85 Hz	56	800	32	64	152	600	1	3	27
1024×768,60 Hz	65	1024	24	136	160	768	3	6	29
1024×768,70 Hz	75	1024	24	136	144	768	3	6	29
1024×768,75 Hz	78	1024	16	96	176	768	1	3	28
1024×768,85 Hz	94	1024	48	96	208	768	1	3	36

7.4.2　VGA 控制信号发生器

根据 VGA 的显示原理，VGA 控制器需要产生的 VGA 驱动信号有红基色、绿基色、蓝基色、水平同步信号和垂直同步信号。

1. 设计时的几个主要问题

VGA 控制器在设计的过程中需要解决以下几个方面的问题。

1) 时钟信号的产生

当显示模式为 VGA 640×480 时，像素时钟频率应为 25.175 MHz。由于时钟精度要求较高，用前面讲的分频方法不能满足其精度要求，因此，这里采用 27 MHz 的时钟信号经过 Quartus Ⅱ 内部提供的 PLL 锁相环产生 25.2 MHz 的时钟信号。

下面介绍利用锁相环实现产生 25.175 MHz 像素时钟的过程。

在 Altera 公司的中高档 FPGA 中一般都带有 PLL，数量为一个或多个。PLL 的设计方法灵活，能有效地实现信号分频、倍频处理。这里详细介绍 PLL 实现分频的设置步骤。

(1) 在 Quartus Ⅱ 环境下，创建一个工程，并新建一个原理图文件。

(2) 选择"Tools"菜单中的"MegaWizard Plug-In Manager..."，出现如图 7.4.4 所示的界面。

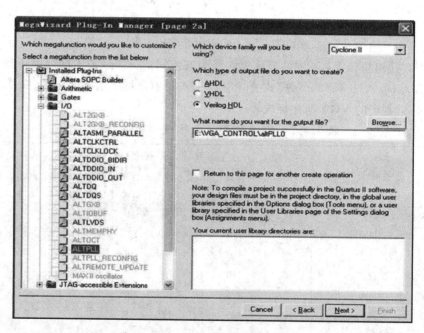

图 7.4.4　选择 ALTPLL 模块

在左边模块列表中选择 I/O 中的 ALTPLL，并选择输出的 HDL 语言为 Verilog HDL，设置输出文件为 altPLL0.v，然后点击"Next"按钮进行下一步设置，如图 7.4.5 所示。

(3) 在弹出的对话框中进行 FPGA 速率和输入时钟频率的设置，按照图 7.4.5 所示设置完毕后，点击"Next"按钮进行下一步设置，如图 7.4.6 所示。

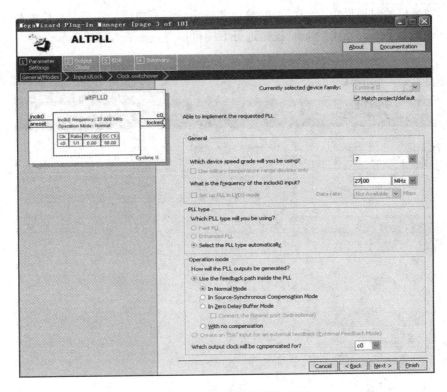

图 7.4.5　PLL 参数设置界面(1)

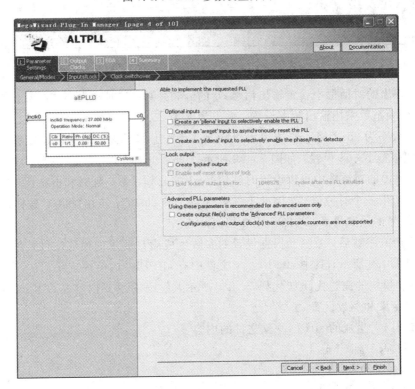

图 7.4.6　PLL 参数设置界面(2)

　　(4) 在弹出的对话框中设置可选的输入和输出信号，如使能信号、复位信号等。按照图 7.4.6 进行设置后，点击"Next"按钮进行下一步设置，如图 7.4.7 所示。

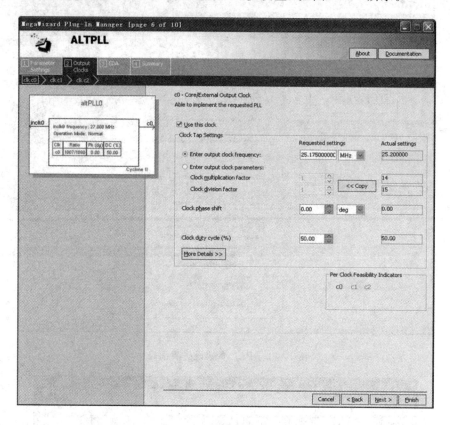

图 7.4.7　PLL 参数设置界面(3)

　　(5) 在弹出的对话框中设置输出信号 c0 的分频系数、延时和占空比参数。图 7.4.7 中的 PLL 的分频系数采用输出频率设置，输出频率为 25.175 MHz。从图中可以看到，实际产生的时钟频率为 25.2 MHz，这也可以满足 VGA 工作时钟的要求。设置完毕后，点击"Next"按钮进行下一步设置，如图 7.4.8 所示。

　　(6) 在弹出的对话框中可以设置时钟信号 c1 的分频系数、延时和占空比参数。由于本例中只需要产生一个时钟信号，因此不选中"Use this clock"。点击"Next"按钮还会出现 c2 和 c3 时钟信号的设置界面，与图 7.4.8 相似。

　　设置完所有参数后，系统会根据设置的参数生成满足要求的模块文件，各文件的名称及功能如图 7.4.9 所示，其中 altPLL0.v 文件中有 altPLL0 的模块定义。

　　altPLL0 模块的完整代码如代码 7.4.1 所示，代码的主要内容是模块 altpll_component 的端口定义和参数设置。

　　代码 7.4.1　生成的 altPLL0.v 文件的内容。

```
'timescale 1 ps / 1 ps
//synopsys translate_on
module altPLL0 (inclk0，c0)；
    input inclk0；
```

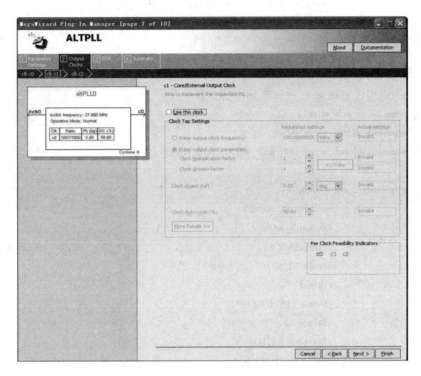

图 7.4.8　PLL 参数设置界面(4)

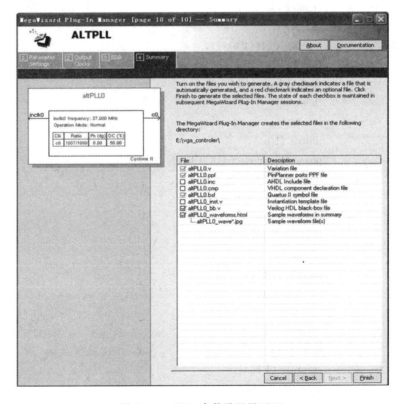

图 7.4.9　PLL 参数设置界面(5)

```
output c0；

wire [5:0] sub_wire0；
wire [0:0] sub_wire4 = 1'h0；
wire [0:0] sub_wire1 = sub_wire0[0:0]；
wire c0 = sub_wire1；
wire sub_wire2 = inclk0；
wire [1:0] sub_wire3 = {sub_wire4, sub_wire2}；

altpll altpll_component (
            .inclk (sub_wire3),
            .clk (sub_wire0),
            .activeclock (),
            .areset (1'b0),
            .clkbad (),
            .clkena ({6{1'b1}}),
            .clkloss (),
            .clkswitch (1'b0),
            .configupdate (1'b0),
            .enable0 (),
            .enable1 (),
            .extclk (),
            .extclkena ({4{1'b1}}),
            .fbin (1'b1),
            .fbmimicbidir (),
            .fbout (),
            .locked (),
            .pfdena (1'b1),
            .phasecounterselect ({4{1'b1}}),
            .phasedone (),
            .phasestep (1'b1),
            .phaseupdown (1'b1),
            .pllena (1'b1),
            .scanaclr (1'b0),
            .scanclk (1'b0),
            .scanclkena (1'b1),
            .scandata (1'b0),
            .scandataout (),
            .scandone (),
            .scanread (1'b0),
            .scanwrite (1'b0),
            .sclkout0 (),
            .sclkout1 (),
```

```
                    .vcooverrange (),
                    .vcounderrange ());
    defparam
        altpll_component.clk0_divide_by = 1080,
        altpll_component.clk0_duty_cycle = 50,
        altpll_component.clk0_multiply_by = 1007,
        altpll_component.clk0_phase_shift = "0",
        altpll_component.compensate_clock = "CLK0",
        altpll_component.inclk0_input_frequency = 37037,
        altpll_component.intended_device_family = "Cyclone II",
        altpll_component.lpm_hint = "CBX_MODULE_PREFIX=altPLL0",
        altpll_component.lpm_type = "altpll",
        altpll_component.operation_mode = "NORMAL",
        altpll_component.port_activeclock = "PORT_UNUSED",
        altpll_component.port_areset = "PORT_UNUSED",
        altpll_component.port_clkbad0 = "PORT_UNUSED",
        altpll_component.port_clkbad1 = "PORT_UNUSED",
        altpll_component.port_clkloss = "PORT_UNUSED",
        altpll_component.port_clkswitch = "PORT_UNUSED",
        altpll_component.port_configupdate = "PORT_UNUSED",
        altpll_component.port_fbin = "PORT_UNUSED",
        altpll_component.port_inclk0 = "PORT_USED",
        altpll_component.port_inclk1 = "PORT_UNUSED",
        altpll_component.port_locked = "PORT_UNUSED",
        altpll_component.port_pfdena = "PORT_UNUSED",
        altpll_component.port_phasecounterselect = "PORT_UNUSED",
        altpll_component.port_phasedone = "PORT_UNUSED",
        altpll_component.port_phasestep = "PORT_UNUSED",
        altpll_component.port_phaseupdown = "PORT_UNUSED",
        altpll_component.port_pllena = "PORT_UNUSED",
        altpll_component.port_scanaclr = "PORT_UNUSED",
        altpll_component.port_scanclk = "PORT_UNUSED",
        altpll_component.port_scanclkena = "PORT_UNUSED",
        altpll_component.port_scandata = "PORT_UNUSED",
        altpll_component.port_scandataout = "PORT_UNUSED",
        altpll_component.port_scandone = "PORT_UNUSED",
        altpll_component.port_scanread = "PORT_UNUSED",
        altpll_component.port_scanwrite = "PORT_UNUSED",
        altpll_component.port_clk0 = "PORT_USED",
        altpll_component.port_clk1 = "PORT_UNUSED",
        altpll_component.port_clk2 = "PORT_UNUSED",
        altpll_component.port_clk3 = "PORT_UNUSED",
        altpll_component.port_clk4 = "PORT_UNUSED",
```

```
            altpll_component. port_clk5 = "PORT_UNUSED",
            altpll_component. port_clkena0 = "PORT_UNUSED",
            altpll_component. port_clkena1 = "PORT_UNUSED",
            altpll_component. port_clkena2 = "PORT_UNUSED",
            altpll_component. port_clkena3 = "PORT_UNUSED",
            altpll_component. port_clkena4 = "PORT_UNUSED",
            altpll_component. port_clkena5 = "PORT_UNUSED",
            altpll_component. port_extclk0 = "PORT_UNUSED",
            altpll_component. port_extclk1 = "PORT_UNUSED",
            altpll_component. port_extclk2 = "PORT_UNUSED",
            altpll_component. port_extclk3 = "PORT_UNUSED";
    endmodule
```

2) VGA 显示参数的设置

因为不同的分辨率有不同的时序，根据图 7.4.2 所示的 VGA 时序工业标准(Xilinx Inc.)编写"VGA_Param. h"文件，将要用到的数据定义成为常量，可以有宏定义语句调用 `include "VGA_Param. h"。控制模块根据 VGA 的参数控制时序并产生所需信号。这样操作的好处是可以在采用不同的显示模式时只修改该包含文件的数据，为控制模块提供该模式的时钟信号就行了。"VGA_Param. h"文件按照 VGA 640×480 模式对各参数进行设置，其内容见代码 7.4.2 所示。

代码 7.4.2　　"VGA_Param. h"的文件内容。

```
    //Horizontal Parameter( Pixel )
    parameterH_SYNC_CYC=96;              //水平同步脉冲数
    parameterH_SYNC_BACK=48;             //水平后肩脉冲数
    parameterH_SYNC_ACT=640;             //水平像素数
    parameterH_SYNC_FRONT=16;            //水平前肩脉冲数
    parameterH_SYNC_TOTAL=800;           //水平脉冲总数
    //Virtical Parameter(Line)
    parameterV_SYNC_CYC=2;               //垂直同步脉冲数
    parameterV_SYNC_BACK=33;             //垂直后肩脉冲数
    parameterV_SYNC_ACT=480;             //垂直像素数
    parameterV_SYNC_FRONT=10;            //垂直后肩脉冲数
    parameterV_SYNC_TOTAL=525;           //垂直脉冲总数
    //Start Offset
    //显示区域水平起始坐标
    parameter X_START=H_SYNC_CYC+H_SYNC_BACK ;
    //显示区域垂直起始坐标
    parameter Y_START=V_SYNC_CYC+V_SYNC_BACK;
```

3) 水平和垂直计数器及行场同步信号

在设计时采用两个计数器分别作为水平扫描计数器和垂直扫描计数器，行计数器的计数时钟采用 PLL 生成的 25.2 MHz 信号，行计数器的溢出信号作为场计数器的计数时钟。水平扫描计数器计数值 H_Cont 和垂直扫描计数器计数值 V_Cont 分别表示屏幕扫描过程中的位置，由这两个计数器的值确定当前扫描屏幕的位置、当前像素点的颜色等。

水平计数器对时钟信号 iCLK(25.2 MHz)计数，是一个 H_SYNC_TOTAL 进制计数器，当 H_Cont 小于 H_SYNC_TOTAL 常量时进行加 1 计数，否则清零。垂直计数器只有当 H_Cont 等于 0 时才进行加 1 计数，是一个 V_SYNC_TOTAL 进制计数器。当 H_Cont 大于 H_SYNC_CYC 常量时产生一个行同步信号；当 V_Cont 大于 V_SYNC_CYC 常量时产生一个场同步信号。具体实现代码段见代码 7.4.3 和代码 7.4.4。

代码 7.4.3　水平计数器和行同步信号产生代码。

```
if(H_Cont < H_SYNC_TOTAL)
    H_Cont<=H_Cont+1;
else
    H_Cont<=0;
//  H_Sync Generator
if(H_Cont < H_SYNC_CYC)
  oVGA_H_SYNC<=0;
else
  oVGA_H_SYNC<=1;
```

注：oVGA_H_SYNC 是行同步信号。

代码 7.4.4　垂直计数器和场同步信号产生代码。

```
if(H_Cont==0)
  begin
    if(V_Cont<V_SYNC_TOTAL)
        V_Cont<=V_Cont+1;
    else
      V_Cont<=0;
    if(V_Cont<V_SYNC_CYC)
      oVGA_V_SYNC<=0;
    else
      oVGA_V_SYNC<=1;
  end
```

注：oVGA_V_SYNC 是场同步信号。

4) 当前屏幕坐标的确定

当水平和垂直计数器的值都在图像显示有效区域时，就产生输出地址信号，实现代码见代码 7.4.5。

代码 7.4.5　有效像素坐标的产生。

```
if(H_Cont>=X_START && H_Cont<X_START+H_SYNC_ACT &&
      V_Cont>=Y_START && V_Cont<Y_START+V_SYNC_ACT)
    begin
        oCoord_X<=H_Cont-X_START;
        oCoord_Y<=V_Cont-Y_START;
        oAddress<=oCoord_Y * H_SYNC_ACT+oCoord_X-3;
    end
```

其中，oCoord_X 和 oCoord_Y 是水平和垂直坐标；oAddress 是输出地址，可用于存储器数据访问。

2. VGA 控制信号发生器模块的实现

VGA 控制器主控模块的具体完整实现代码见代码 7.4.6。下面对输入和输出端口信号及其功能进行说明。

输入端口：

- iCLK：输入时钟信号。
- iRST_N：复位信号，低电平有效。
- RGB_EN：红、绿、蓝三基色控制使能信号。
- iRed、iGreen、iBlue：红、绿、蓝三基色输入数据。

输出端口：

- oAddress：像素绝对地址(按行排列顺序)。
- oCoord_X：像素水平图像坐标。
- oCoord_Y：像素垂直图像坐标。
- oVGA_R、oVGA_G、oVGA_B：红、绿、蓝三基色输出数字量数据。
- oVGA_H_SYNC、oVGA_V_SYNC：行、场同步输出信号。
- oVGA_BLANK：行或场同步输出有效信号。
- oVGA_CLOCK：视频时钟输出信号。

VGA 控制器主控模块的功能是在图像显示区域内输出指定的像素颜色，这就需要输入的三基色数据 iRed、iGreen、iBlue 与当前的像素坐标 oCoord_X、oCoord_Y 具有严格同步关系。模块中的输出信号 oVGA_BLANK、oVGA_CLOCK 是为了方便采用集成视频数模转换芯片而产生的。

代码 7.4.6　VGA 控制信号发生器模块。

```
module VGA_Controller(RGB_EN,
                      iRed,
                      iGreen,
                      iBlue,
                      oAddress,
                      oCoord_X,
                      oCoord_Y,
                      oVGA_R,
                      oVGA_G,
                      oVGA_B,
                      oVGA_H_SYNC,
                      oVGA_V_SYNC,
                      oVGA_BLANK,
                      oVGA_CLOCK,
                      iCLK,
                      iRST_N);

        'include "VGA_Param.h"
```

//主控制端信号

output reg [19:0]oAddress;

output reg [9:0]oCoord_X;

output reg [9:0]oCoord_Y;

input [2:0]RGB_EN;

input [9:0]iRed;

input [9:0]iGreen;

input [9:0]iBlue;

//VGA 端信号

output [9:0]oVGA_R;

output [9:0]oVGA_G;

output [9:0]oVGA_B;

output reg oVGA_H_SYNC;

output reg oVGA_V_SYNC;

output oVGA_BLANK;

output oVGA_CLOCK;

//时钟和复位信号

input iCLK;

input iRST_N;

//内部信号

reg [9:0] H_Cont;

reg [9:0] V_Cont;

reg [9:0] Cur_Color_R;

reg [9:0] Cur_Color_G;

reg [9:0] Cur_Color_B;

wire mCursor_EN;

wire mRed_EN;

wire mGreen_EN;

wire mBlue_EN;

assign oVGA_BLANK=oVGA_H_SYNC & oVGA_V_SYNC;

assign oVGA_CLOCK=iCLK;

assign mRed_EN=RGB_EN[2];

assign mGreen_EN=RGB_EN[1];

assign mBlue_EN=RGB_EN[0];

assign oVGA_R=(H_Cont>=X_START+9 && H_Cont<X_START+H_SYNC_ACT+9
&&V_Cont>=Y_START && V_Cont<Y_START+V_SYNC_ACT) ?
(mRed_EN? Cur_Color_R:0):0;

assign oVGA_G=(H_Cont>=X_START+9 && H_Cont<X_START+H_SYNC_ACT+9
&& V_Cont>=Y_START && V_Cont<Y_START+V_SYNC_ACT) ?
(mGreen_EN? Cur_Color_G:0):0;

assign oVGA_B=(H_Cont>=X_START+9 && H_Cont<X_START+H_SYNC_ACT+9
&& V_Cont>=Y_START && V_Cont<Y_START+V_SYNC_ACT) ?

```
                    (mBlue_EN? Cur_Color_B:0):0;


//产生像素地址
always@(posedge iCLK or negedge iRST_N)
begin
    if(！iRST_N)
    begin
        oCoord_X<=0;
        oCoord_Y<=0;
        oAddress<=0;
    end
    else
    begin
        if(H_Cont>=X_START && H_Cont<X_START+H_SYNC_ACT &&
            V_Cont>=Y_START && V_Cont<Y_START+V_SYNC_ACT)
        begin
            oCoord_X<=H_Cont-X_START;
            oCoord_Y<=V_Cont-Y_START;
            oAddress<=oCoord_Y * H_SYNC_ACT+oCoord_X-3;
        end
    end
end


//颜色控制
always@(posedge iCLK or negedge iRST_N)
begin
    if(！iRST_N)
    begin
        Cur_Color_R<=0;
        Cur_Color_G<=0;
        Cur_Color_B<=0;
    end
    else
    begin
        if(H_Cont>=X_START+8 && H_Cont<X_START+H_SYNC_ACT+8 &&
            V_Cont>=Y_START && V_Cont<Y_START+V_SYNC_ACT)
        begin
            Cur_Color_R<=iRed;
            Cur_Color_G<=iGreen;
            Cur_Color_B<=iBlue;
        end
    end
end
```

//水平扫描控制，相对于时钟频率为 25.175 MHz 的时钟信号
```verilog
always@(posedge iCLK or negedge iRST_N)
begin
    if(!iRST_N)
    begin
        H_Cont<=0;
        oVGA_H_SYNC<=0;
    end
    else
    begin
        if( H_Cont < H_SYNC_TOTAL )
            H_Cont<=H_Cont+1;
        else
            H_Cont<=0;
        if( H_Cont < H_SYNC_CYC )
            oVGA_H_SYNC<=0;
        else
            oVGA_H_SYNC<=1;
    end
end
```

//垂直扫描控制，相对于行扫描
```verilog
always@(posedge iCLK or negedge iRST_N)
begin
    if(!iRST_N)
    begin
        V_Cont<=0;
        oVGA_V_SYNC<=0;
    end
    else
    begin
        //When H_Sync Re-start
        if(H_Cont==0)
        begin
            if(V_Cont<V_SYNC_TOTAL)
            V_Cont<=V_Cont+1;
            else
            V_Cont<=0;
            if(V_Cont < V_SYNC_CYC)
            oVGA_V_SYNC<=0;
            else
            oVGA_V_SYNC<=1;
```

```
                    end
                end
            end
        endmodule
```

7.4.3　像素点 RGB 数据输出模块

前面提到图像显示时的三基色数据 iRed、iGreen、iBlue 与当前的像素坐标 oCoord_X、oCoord_Y 应当具有严格的同步关系。通常情况下，三基色的数据是取自显示缓冲存储器的，这里为了说明其中的关系，显示一个色彩渐变的马赛克图形。

模块 VGA_Pattern 的功能是根据输入的坐标位置确定输出像素的三基色数据。具体实现见代码 7.4.7。

模块 VGA_Pattern 的端口信号说明如下。

输入端口：

* iVGA_X，iVGA_Y：像素坐标。
* iVGA_CLK：时钟信号。
* iRST_N：复位信号。

输出端口：

* oRed、oGreen、oBlue：红、绿、蓝三基色数据。

代码 7.4.7　输出色彩渐变的马赛克图片数据。

```verilog
module VGA_Pattern(oRed, oGreen, oBlue,
                   iVGA_X, iVGA_Y,
                   iVGA_CLK,
                   iRST_N);
output    reg[9:0]oRed;
output    reg[9:0]oGreen;
output    reg[9:0]oBlue;
input     [9:0]       iVGA_X;
input     [9:0]       iVGA_Y;
input                 iVGA_CLK;
input                 iRST_N;

always@(posedge iVGA_CLK or negedge iRST_N)
begin
    if(!iRST_N)
    begin
        oRed<=0;
        oGreen<=0;
        oBlue<=0;
    end
    else
```

```
        begin
            oRed<=    (iVGA_Y<120)                          ?    256:
                      (iVGA_Y>=120 && iVGA_Y<240)          ?    512:
                      (iVGA_Y>=240 && iVGA_Y<360)          ?    768:
                                                                1023;

            oGreen<= (iVGA_X<80)                            ?    128:
                      (iVGA_X>=80 && iVGA_X<160)           ?    256:
                      (iVGA_X>=160 && iVGA_X<240)          ?    384:
                      (iVGA_X>=240 && iVGA_X<320)          ?    512:
                      (iVGA_X>=320 && iVGA_X<400)          ?    640:
                      (iVGA_X>=400 && iVGA_X<480)          ?    768:
                      (iVGA_X>=480 && iVGA_X<560)          ?    896:
                                                                1023;

            oBlue<=   (iVGA_Y<60)                           ?    1023:
                      (iVGA_Y>=60 && iVGA_Y<120)           ?    896:
                      (iVGA_Y>=120 && iVGA_Y<180)          ?    768:
                      (iVGA_Y>=180 && iVGA_Y<240)          ?    640:
                      (iVGA_Y>=240 && iVGA_Y<300)          ?    512:
                      (iVGA_Y>=300 && iVGA_Y<360)          ?    384:
                      (iVGA_Y>=360 && iVGA_Y<420)          ?    256:
                                                                128;

        end
    end
    endmodule
```

7.4.4　顶层模块的设计与实现

顶层模块的功能是将 altPLL0、VGA_Controller 和 VGA_Pattern 进行连接,具体实现见代码 7.4.8。

代码 7.4.8　VGA 控制器的 VGA_TOP 顶层模块。

```
module VGA_TOP
    (
        Reset_n,
        CLOCK_50,                  //50 MHz
        VGA_HS,                    //VGA H_SYNC
        VGA_VS,                    //VGA V_SYNC
        VGA_R,                     //VGA Red[3:0]
        VGA_G,                     //VGA Green[3:0]
        VGA_B,                     //VGA Blue[3:0]
    );
    input        Reset_n;          //reset
```

```
input          CLOCK_50;              //50 MHz
output         VGA_HS;                //VGA H_SYNC
output         VGA_VS;                //VGA V_SYNC
output  [3:0]VGA_R;                   //VGA Red[3:0]
output  [3:0]VGA_G;                   //VGA Green[3:0]
output  [3:0]VGA_B;                   //VGA Blue[3:0]


wireVGA_CTRL_CLK;
wire[9:0]mVGA_X;
wire[9:0]mVGA_Y;
wire[9:0]mVGA_R;
wire[9:0]mVGA_G;
wire[9:0]mVGA_B;
wire[9:0]mPAR_R;
wire[9:0]mPAR_G;
wire[9:0]mPAR_B;
wire[9:0]oVGA_R;
wire[9:0]oVGA_G;
wire[9:0]oVGA_B;
wire[19:0]mVGA_ADDR;
assign mVGA_R=mPAR_R;
assign mVGA_G=mPAR_G;
assign mVGA_B=mPAR_B;
altPLL0 u0(.inclk0(CLOCK_50), .c0(VGA_CTRL_CLK));
VGA_Controller   u1(  .RGB_EN(3'h7),
                      .oAddress(mVGA_ADDR),
                      .oCoord_X(mVGA_X),
                      .oCoord_Y(mVGA_Y),
                      .iRed(mVGA_R),
                      .iGreen(mVGA_G),
                      .iBlue(mVGA_B),
                      .oVGA_R(oVGA_R),
                      .oVGA_G(oVGA_G),
                      .oVGA_B(oVGA_B),
                      .oVGA_H_SYNC(VGA_HS),
                      .oVGA_V_SYNC(VGA_VS),
                      .iCLK(VGA_CTRL_CLK),
                      .iRST_N(Reset_n));

VGA_Pattern   u2(    .oRed(mPAR_R),
                     .oGreen(mPAR_G),
                     .oBlue(mPAR_B),
                     .iVGA_X(mVGA_X),
                     .iVGA_Y(mVGA_Y),
```

```
        .iVGA_CLK(VGA_CTRL_CLK),
        .iRST_N(Reset_n));

endmodule
```

7.4.5　RGB 模拟信号的产生

　　VGA_TOP 输出的 RGB 三基色数字信号需要转换为模拟信号后才能与 VGA 接口相连。图 7.4.10 所示是将 VGA_TOP 模块输出的红色数字信号 VGA_R[3:0] 利用排阻转换为红色模拟信号的电路图。绿色和蓝色转换电路类似。也可以采用专用的视频转换芯片，如 ADV7123 等实现数模转换。

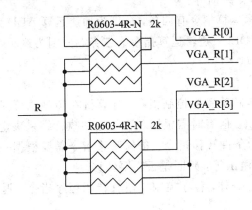

图 7.4.10　红色数模转换电路

7.5　简单模型机设计

　　模型机就是具备计算机基本功能的一个简单的计算机。本节以一个简单的模型机为例说明处理器的设计过程。该模型机具有完整的指令系统，能够自动从存储器中读出指令，并根据所取出的指令执行相应的操作。在本节的最后用软件仿真波形图说明在指令执行过程中，控制计算机各部件的控制信号的产生及时序关系。本节给出的代码是一个完整的、可实现的代码，因此可以根据硬件环境进行引脚分配，并生成配置文件后下载到硬件，直接观察程序的执行过程，从而更加深入地了解计算机的工作原理。

7.5.1　指令系统设计

　　一台计算机中所有指令的集合称为该机的指令系统。不同的机器具有不同的指令系统，但按照指令功能划分，可分为数据传送指令、算术/逻辑运算指令、输入/输出指令和其他指令。

　　指令系统是模型机设计的依据，此处要设计的模型机共定义了 15 条指令、具备上述的各类指令。

1. 指令类型

1) 数据传送指令

数据传送指令用于将数据从一个部件传送到另一个部件，通常在程序中占有较大的比重。例如,实现寄存器与寄存器、寄存器与主存单元以及主存单元与主存单元之间的数据传送等。主要的数据传送类指令包括取数指令、存数指令、传送指令、累加器清零指令等。

该模型机中定义的数据传送类指令有三条,分别为清零指令 CLR、取数指令 LDA 和存数指令 STA。

2)算术/逻辑运算指令

算术/逻辑运算指令的主要功能是实现数据信息加工。算术运算类指令主要包括二进制定点、浮点的加减乘除指令、求补指令、算术移位和比较指令;十进制加、减指令等。逻辑运算类指令包括逻辑加、逻辑乘、逻辑非、逻辑异或、逻辑移位等指令,主要用于无符号数的位操作,代码的转换、判断等。

该模型机定义的算术运算指令有四条,分别为加法运算 ADD、减法运算 SUB、自加 1 指令 INC 和自减 1 指令 DEC。逻辑运算指令有三条,分别为逻辑与指令 AND、逻辑或指令 OR 和逻辑非指令 NOT。

3)程序控制类指令

控制程序转移的指令称为程序控制指令。计算机在顺序执行程序时,下一条指令的地址由程序计数器直接提供。但有时需根据现行指令的执行结果决定程序的流向,如分支和循环指令,这种指令称为条件转移指令。条件转移指令需要根据一些标志位,如进位、结果为 0、结果为负、结果溢出等,判断是否需要转移。

除了各种条件转移指令外,程序控制类还有转子程序指令、返回主程序指令、中断返回指令和无条件转移指令。

该模型机中定义的程序控制类指令有两条,分别为无条件转移指令 JMP 和结果不为 0 转移指令 JNZ。

4)输入/输出指令

处理器往往需要与外部设备进行数据交换,这个任务是使用输入/输出指令来完成的。输入/输出指令的功能主要有三个:

(1)控制外围设备的动作,如启动、停机等。

(2)检查测试外围设备的工作状态,如忙、就绪等。

(3)实现外设与主机之间的信息传送。

在双总线和三总线结构的机器中,一般都设置有输入与输出指令,但在单总线结构的机器中,访问主存与外设均用传送指令来实现。

该模型机定义的输入/输出指令包括:输入指令 IN 和输出指令 OUT。

5)其他指令

除了以上四大类指令外,一般的指令系统还包括字符串处理指令、特权指令、程序状态字寄存器置位与复位指令、测试指令、暂停指令等。字符串处理指令是非数值处理指令,包括字符串传送、转换、比较、查找和替换等。特权指令是具有特殊权限的指令,它主要用于系统资源的分配和管理,一般不直接提供给用户使用。

本系统的该类指令有一条,为空操作指令 NOP。

2. 指令格式

1)指令的基本格式

通常,一条指令包括操作码和地址码两部分,其基本格式如下:

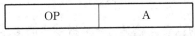

操作码字段　　　　操作数地址字段

操作码 OP 用于指示指令的操作性质及功能，用二进制代码表示，不同的指令具有不同的操作码编码。地址码用来指定操作对象，通常是操作数的地址或存放操作结果的地址。

模型机采用单字长和双字长两种指令，该模型机的指令格式设计如表 7.5.1 所示。

表 7.5.1　指令格式设计

指令助记符	指令格式				功　能
	OP (4b)	Rd (2b)	Rs (2b)	M (8b)	
CLR	0000	—	Rs		0→Rs
NOP	0001	—	—		空操作，程序暂停执行
ADD	0010	Rd	Rs		加法，Rs＋Rd→Rd
SUB	0011	Rd	Rs		减法，Rs－Rd→Rd
INC	0100	—	Rs		自加 1，Rs＋1→Rs
DEC	0101	—	Rs		自减 1，Rs－1→Rs
AND	0110	Rd	Rs		逻辑与，Rs&Rd→Rd
OR	0111	Rd	Rs		逻辑或，Rs|Rd→Rd
NOT	1000	—	Rs		逻辑非，～Rs→Rs
JMP	1001	—	—	M	无条件转移，(M)→PC
JNZ	1010	—	—	M	结果为 0 转移，(M)→PC
LDA	1011	Rd		M	取数，(M)→Rd
STA	1100	—	Rs	M	存数，Rs→(M)
IN	1101	Rd	—		输入，Port→Rd
OUT	1110		Rs		输出，Rs→Port

表 7.5.1 中，OP 为操作码，用 4 位表示；Rd 字段为目的地址寄存器，用 2 位表示；Rs 字段为源地址寄存器，用 2 位表示；M 字段表示内存地址，用 8 位表示；功能字段 Port 为输入或输出端口，该模型机输入输出设备只设定了一个，所以未进行编码表示；"—"表示该位无效，即该位的内容与指令功能无关。

Rd、Rs 寄存器表示为：00：R0；01：R1；10：R2；11：R3。

2) 指令的操作码格式

目前，在指令操作码设计上主要有固定长度操作码和可变长度操作码两种编码方法。该模型机采用的是固定长度操作码。

3) 指令的地址码格式

指令中地址码格式涉及的主要问题是：一条指令指明多少个地址；操作数地址采用什么方式给出。后者属寻址方式范畴。

该模型采用二地址指令格式，指令长度为 8 位。二地址指令格式如下：

OP	A1	A2

指令意义：(A1)OP(A2)→A1。

指令的功能是把由 A1、A2 分别指出的两个操作数进行 OP 所指定的操作，产生的结果存入 A1 中，替代原来的操作数 A1。A1 称为目的地址，A2 称为源地址。这是最常用的指令格式，它适用于中、小、微型机。

模型机的单字长指令有：加法指令 ADD、减法指令 SUB 和逻辑与指令 AND。双字长指令有：取数指令 LDA、存数指令 STA、程序跳转指令 JMP 及 JNZ。模型机中的输入指令 IN、输出指令 OUT、逻辑非指令 NOT 等仍采用二地址指令格式，因为它们的指令长度仍是 8 位，只是地址码部分无效而已。

3. 寻址方式

1) 指令的寻址方式

指令的寻址方式分为两种，一种是顺序寻址；另一种是跳跃寻址。

(1) 顺序寻址方式。指令的顺序寻址方式就是将指令按顺序逐条取出存放在内存中，并依次执行。通常由程序计数器 PC 加 1 提供要执行的指令地址。

(2) 跳跃寻址方式。在程序的执行过程中，有时需要根据实际情况改变程序的执行顺序，让程序从某一指定的位置执行，如程序转移操作指令 JMP、JNZ。当程序执行到此类指令时，程序的执行顺序将会发生改变，程序将会转移到该类指令所指定的位置处执行，而不是继续执行 PC 加 1 所指向的地址处的指令。这种由于执行了程序控制类指令，从而改变原来指令执行顺序的寻址方式称为指令的跳跃寻址方式。

跳跃寻址方式的实现是将要执行的指令的地址值赋给 PC，由 PC 指向一个新的地址，然后按照新的地址顺序执行，直到再次执行程序转移指令。

该模型机的指令系统中包括了这两种指令寻址方式。其中跳跃寻址方式有条件转移和无条件转移方式两种。

2) 操作数的寻址方式

指令在执行过程中，寻找操作数存放位置的方法称为操作数的寻址方式。

指令在执行过程中所需要的操作数(对目的地址是指运算结果所存放的单元)通常有以下几个来源：

(1) 立即寻址。直接在指令中给出操作数，称为立即数寻址方式。这种寻址方式的优点是不需要数据存储单元，指令的执行速度快。

(2) 寄存器寻址。指令在执行过程中所需要的操作数来源于寄存器，运算结果也写回到寄存器中。这种寻址方式在所有的 RISC 计算机及大部分的 CISC 计算机中得到了广泛的应用，因为目前的处理机中通常都有几十个、几百个甚至几千个寄存器。

(3) 主存寻址。这是几乎所有的计算机中都必须采用的一类寻址方式，其寻址种类也最为复杂。主存寻址方式主要包括直接寻址方式、间接寻址方式和变址寻址方式三种类型。

直接寻址方式是在指令中直接给出参加运算的操作数及运算结果所存放的主存地址，即在指令中直接给出有效地址。

间接寻址方式是在指令中给出存放操作数地址的地址，必须经过两次或两次以上访问主存操作才能得到操作数。间接寻址方式可以进行一次，也可以进行多次。采用间接寻址方式时，指令中需要表示的地址码的长度可以很短。另外，也可以用寄存器来存放间接地址，这样，指令中需要表示的地址码的长度就更短。

变址寻址方式需要设置一个或多个变址寄存器。变址寄存器的长度由主存储器的寻址空间决定，也可以把某一个或几个通用寄存器作为变址寄存器来使用。变址寄存器的主要作用是存放数据的基地址。

在该模型机的数据寻址方式中，数据寻址采用寄存器寻址和直接寻址。

（1）寄存器寻址即指令中所需的操作数都存放在寄存器中。如加法指令 ADD，将两个寄存器的值相加，结果送入目的寄存器。

OP	Rd	Rs

又如输入指令 IN，直接从端口读入数据到目的寄存器 R，指令的源寄存器位无效。

OP	Rd	—

（2）存储器寻址即指令中所需的操作数存放在存储器中，模型机的存储器寻址方式采用直接寻址方式。如取数指令 LDA，将内存地址为 M 处存放的值送入目的寄存器，源寄存器无效。

OP	Rd	—
M		

又如程序跳转指令 JMP，将程序计数器 PC 的值设为内存地址为 M 处存放的值，源寄存器和目的寄存器均无效。

OP	—	—
M		

4．指令执行流程

计算机工作的过程就是周而复始地进行取指令、分析指令以及执行指令。

1）取指令

取指令阶段完成将现行指令从内存中取出来并送到指令寄存器中的操作，具体操作可分为以下几个步骤：

（1）将程序计数器 PC 中的内容通过地址总线送至内存地址寄存器。

（2）向内存发读命令。

（3）从内存中取出的指令经数据寄存器、数据总线送到指令寄存器中。

（4）将 PC 的内容递增，为取下一条指令做好准备。

2）分析指令

取出指令后，机器立即进入分析及取数阶段，指令译码器可根据不同的操作码以及不同的寻址方式取出操作数,为指令的执行做准备。

由于各条指令功能不同,寻址方式也可能不同,因此每条指令的分析与取数操作可能是不同的。比如在该模型机中,加法指令 ADD 和程序转移指令 JMP 就是两个不同的过程。

加法指令 ADD 是单字长指令,在进行译码、取数操作后立即进入执行状态,这些操作在一个 CPU 周期内即可完成。程序转移指令 JMP 译码后并没有进入执行状态,而是又通过另外两个阶段将偏移地址值赋给 PC,实现程序的转移。但是逻辑与操作指令 AND 的执行过程却和加法指令的执行过程相同。由此可以看出,译码过程因指令而异。

3)执行指令

分析指令完成后,在执行阶段,控制器根据不同的操作码产生指令执行时所需的各种控制信号,以完成指令规定的各种动作。

在该模型机中,由于指令系统中所定义的指令长度不同,寻址方式也不尽相同,因此指令的执行过程并不是等长的 CPU 周期,而是根据具体的指令花费不同的时间完成指令的执行。

7.5.2　数据通路设计

1. 模型机系统基本组成

该模型机采用的是存储程序控制方式,程序以及数据预先存放在存储器中,指令是在控制器的控制下执行的,数据的算术和逻辑运算是在运算器中进行的,系统中数据和指令是通过系统总线传输的。同时,系统可与外界通过输入输出进行交互。

该模型机的硬件主要包括:存储器、运算器、控制器以及输入输出设备。存储器、运算器以及控制器是使用 Verilog HDL 硬件描述语言进行设计的,由此生成的系统通过接口与外设进行通信,数据可从外设传入到系统中,系统的结果也可以通过外设显示出来。

1)存储器

存储器是用来存储程序和数据的部件。在模型机中,程序预先存储在存储器中,在指令的执行过程中,控制器不断地从存储器取出指令,并根据指令所定义的操作进行执行。

该模型机中设计的存储器包括地址寄存器 AR 和存储体 Memory,数据寄存器被整合在存储体中。

2)运算器

运算器是计算机数据处理的核心部件。计算机的主要功能就是数据处理,数据运算主要是算术运算和逻辑运算,这些操作都是在运算器内完成的。

该模型机的运算器包括:算术/逻辑运算部件 ALU、多路选择器(三路选择器 Mux_3 及五路选择器 Mux_5)和锁存器 LA、程序状态寄存器 ZFlag 以及通用寄存器组(R0、R1、R2 和 R3)。

3)控制器

控制器是计算机中最复杂的部件之一,它控制着整个计算机的工作流程。控制器按照程序预定的指令执行顺序,从内存取出一条指令,按该指令的功能,用硬件产生所需的带有时序标志的一系列微操作信号,控制运算器内各功能部件及其他部件,如主存、外设的操作,协调整个计算机完成指令的功能。

该模型机的控制器包括：程序计数器 PC、指令寄存器 IR 和微操作信号发生器 Controller。控制器中的译码器、时序发生器包含在微操作信号发生器中。

4）输入输出设备

输入输出设备是计算机系统的重要组成部分，是实现计算机与外部设备交互的主要手段，它是计算机中不可缺少的组成部分。

该模型机中的输入与输出设备各有一个，在实现输入输出时添加了锁存器，避免总线上产生数据冲突。

2. 系统数据通路

在数字系统中，各个子系统通过数据总线连接形成的数据传送路径称为数据通路。总线是连接计算机有关部件的一组信号线，是计算机中用来传送信息代码的公共通道。

根据指令系统的设计和系统组成，该模型机数据通路设计如图 7.5.1 所示。

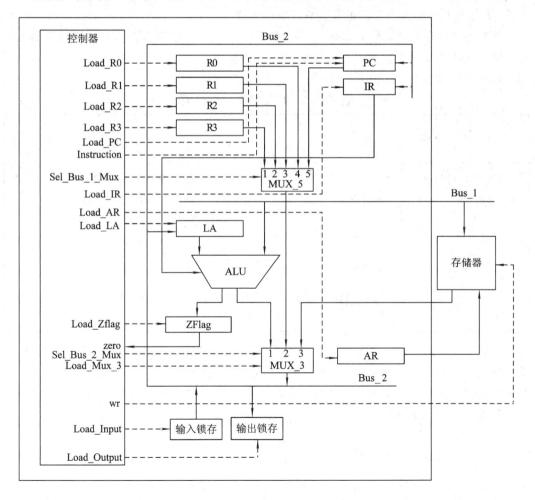

图 7.5.1　模型机系统数据通路图

从图 7.5.1 中可以清楚地看到该系统的数据通路：微操作信号发生器产生一系列控制线，它们对各部件进行时序控制和数据通路控制；系统中的指令和数据通过总线 Bus_1 和 Bus_2 进行传输；通用寄存器、程序计数器 PC 的数据可通过多路选择器 MUX_5 的选择传入总线 Bus_1；ALU 的运算结果、Bus_1 上的数据以及存储器中的数据可通过多路选择器 MUX_3 的选择传入总线 Bus_2。

7.5.3　系统各功能模块设计

下面介绍模型机各部件的设计和实现过程。

1. 存储器

存储器主要对数据和程序进行存储，该模型机采用了存储程序控制的方式设计存储器。程序存放在存储器中，根据地址从存储器中读取指令和数据，并根据所取的指令及数据进行相应的操作，程序运行结果也可送回存储器中。存储器在构成上包括地址寄存器 AR、存储体、数据寄存器 DR 和读写控制逻辑部分。

存储器按照存取方式可分为三大类：随机存取存储器、顺序存取存储器和直接存取存储器。该模型机的存储器采用的是随机存取的方式。

该模型机的存储器容量为 256×8 位。存储器包括地址寄存器 AR(与通用寄存器的设计相同)、存储体，其中数据寄存器被整合进存储体。

存储器各接口说明如表 7.5.2 所示。

表 7.5.2　存储器各接口说明

接口名	接口类型	位数	数据流向	说　　明
address	输入	8	来自地址寄存器 AR	地址线，根据地址对存储器的指定单元进行访问
data_in	输入	8	来自总线 Bus_1	数据输入，该端口值存入存储器
wr	输入	1	来自控制器 Controller	读写信号，决定对存储器进行的是读操作还是写操作，高电平为写，低电平为读
clk	输入	1	来自控制器 Controller	时钟信号，进行时序控制
data_out	输出	8	数据送往多路选择器 MUX_3	数据输出，该端口值为存储器中存储的数据或指令

存储器在工作时根据输入的地址对存储器中指定的存储单元进行读写，通过数据输入端口将数据或指令存入存储器中，或者从存储器中取出数据或指令送入数据输出端口。读写信号及时钟信号对存储器的读写方式及读写时间进行控制。

代码 7.5.1 是存储器模块的 Verilog HDL 程序。

代码 7.5.1　存储器模块。

```
module Memory_Unit(address, data_in, data_out, wr, clk);
    input [7:0] address;
    input [7:0] data_in;
    output [7:0] data_out;
    input wr, clk;
    reg [7:0] mem[8'd255:0];
    reg [8:0] k;
```

```
        assign data_out = mem[address];
        always@(posedge clk)
            if(wr)
              mem[address]=data_in;
    endmodule
```

由 Verilog HDL 生成的存储体硬件结构块图如图 7.5.2 所示。

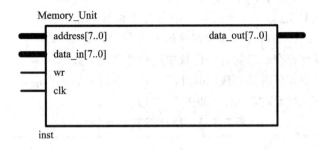

图 7.5.2　存储器存储体硬件结构块图

对存储器进行仿真,得到的仿真波形如图 7.5.3 所示。

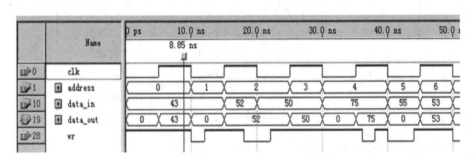

图 7.5.3　存储器功能仿真波形

仿真波形说明:clk 是时钟信号,上升沿有效;wr 是读写控制信号,高电平表示对存储器进行写操作,低电平表示对存储器进行读操作;data_in 是数据输入端;data_out 是数据输出端;address 是访问的存储单元地址。图 7.5.3 中,第一个时钟信号上升沿到来时,wr 信号为高电平,执行写操作,此时 address 为 0,输入数据 data_in 为 43,因此,执行的操作是在地址为 0 的单元中写入 43。此后,wr 变为低电平,表示对存储器进行读操作,地址为 0 单元中的数据,data_out 输出为 0(功能仿真时所有的存储单元初始化为 0)。从图中可以看出,存储器实现的功能是:在 clk 上升沿,若 wr=1,则将 data_in 的数据写入 address 指定的单元中,否则从 data_out 输出 address 单元的数据。

2. 运算器设计

运算器是计算机中用于实现数据加工处理的部件。其核心部件是多功能算术逻辑单元 ALU。此外,还包括 ALU 输入端的多路选择器(MUX)和锁存器 LA、程序状态寄存器 ZFlag 以及通用寄存器组(R0、R1、R2 和 R3)。

计算机中的运算器通常要执行多种算术运算和逻辑运算。ALU 要进行哪种算术和逻辑运算,是受控制器发出的微操作信号控制的。而控制器是按指令的要求来发微操作信号的,例如,执行定点的二进制加法指令,应向 ALU 发出 0010 的控制信号,以保证 ALU 完成的是一次加法运算。

ALU 的结构如图 7.5.4 所示。其中,data1 和 data2 是 ALU 的两个数据输入端口,OP 为操作控制信号,result 为运算结果。该模型机的 ALU 输出端除了运算结果 result,还设置有一个标志结果是否为零的标志位 zflag。

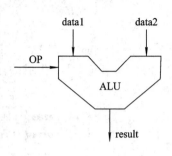

图 7.5.4 ALU 结构图

该模型机的 ALU 定义了 8 种运算,分别为 4 种算术运算指令(加、减、自加 1、自减 1)、3 种逻辑运算指令(与、或、非)以及 1 种清零操作指令。当只对一位数据进行处理时,数据来自端口 data2,即来自内部总线 Bus_1。

各运算对应指令的操作控制信号如表 7.5.3 所示。

表 7.5.3 操作控制信号说明

操作控制信号	运算功能	说明
0000	result=0	清 0 操作
0010	result=data1+data2	加法运算
0011	result=data1-data2	减法运算
0100	result=data2+1	自加 1
0101	result=data2-1	自减 1
0110	result=data1&data2	逻辑与
0111	result=data1∣data2	逻辑或
1000	result=~data2	逻辑非

运算器模块端口信号说明如表 7.5.4 所示,代码 7.5.2 是运算器模块的 Verilog HDL 程序。

表 7.5.4 ALU 各接口说明

接口名	接口类型	位数	数据流向	说 明
data1	输入	8	来自锁存器 LA	待处理的数据之一
data2	输入	8	来自通用寄存器或总线 Bus_1	待处理的数据之一,当运算只涉及一个数据时,数据来自该端口
op	输入	4	来自指令寄存器 IR	操作控制信号,确定对当前数据进行何种运算
result	输出	8	送往多路选择器 MUX_3	数据运算结果
zflag	输出	1	送往控制器	零状态寄存器,当 ALU 的运算结果为 0 时,值为 1,否则为 0,控制器根据该值确定部分指令执行流程

代码 7.5.2 运算器模块。

```
module ALU_Unit(zflag, result, data1, data2, op);
    input [7:0] data1, data2;
    input [3:0] op;
    output [7:0] result;
    output zflag;
    reg[7:0] result;
    parameter CLR=0, ADD=2, SUB=3, INC=4, DEC=5, AND=6, OR=7, NOT=8;
    assign zflag=~|result;
    always@(data1 or data2 or op)
        case(op)
            CLR:result=0;
            ADD:result=data1+data2;
            SUB:result=data1-data2;
            INC:result=data2+1;
            DEC:result=data2-1;
            AND:result=data1&data2;
            OR:result=data1|data2;
            NOT:result=~data2;
            default:result=8'bx;
        endcase
endmodule
```

由代码 7.5.2 生成的 ALU 硬件结构如图 7.5.5 所示。

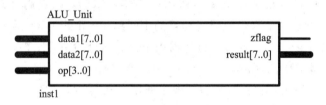

图 7.5.5　ALU 硬件结构块图

ALU 仿真波形如图 7.5.6 和图 7.5.7 所示。

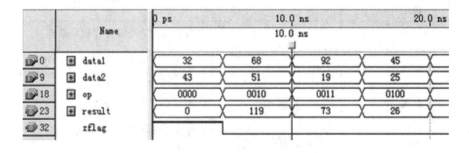

图 7.5.6　ALU 仿真波形 1

图 7.5.6 的仿真波形说明：图 7.5.6 中，op 是运算控制信号，数据均为十进制表示。op 信号为 0000 时，表示清零操作，result 结果输出为 0，zflag 置 1；op 信号为 0010 时，表

示加法运算，执行 data1(68)＋data2(51)，结果为 119，zflag 置 0；op 信号为 0011 时，表示减法操作，执行 data1(92)－data2(19)，结果为 73，zflag 置 0；op 信号为 0100 时，表示自加 1 操作，data1 无效，只对 data2(25)运算，结果为 26，zflag 置 0。

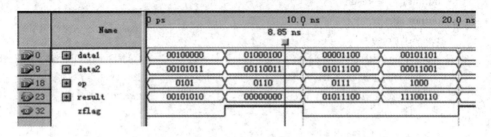

图 7.5.7　ALU 仿真波形 2

　　图 7.5.7 的仿真波形说明：为了方便说明，在图 7.5.7 中，输入、输出数据均采用二进制表示。op 信号为 0101 时，表示自减 1 操作，data1 无效，只对 data2(00101011)运算，结果为 00101010，zflag 置 0；op 信号为 0110 时，表示逻辑与操作，执行 data(101000100)、data2(00110011)按位与运算，结果为 0，zflag 置 1；op 信号为 0111 时，表示逻辑或操作，执行 data(00001100)、data2(01011100)按位或运算，结果为 01011100，zflag 置 0；op 信号为 1000 时，表示逻辑非操作，data1 无效，只对 data2(00011001)运算，结果为 11100110，zflag 置 0。

3. 通用寄存器组 GRS

　　在计算机系统中，一般设置很多的通用寄存器(GRS)，以提高计算机的执行速度。GRS 可用来存放参加运算的操作数或者运算的中间结果。由于 GRS 的工作速度远远高于主存，与 CPU 匹配，因此大量的通用寄存器用于存放运算的中间结果，可减少访问内存的次数，达到提高机器运算能力的目的。

　　该模型机定义的通用寄存器组中包括 4 个通用寄存器(R0、R1、R2 和 R3)。通用寄存器各接口说明如表 7.5.5 所示，模块定义见代码 7.5.3。

表 7.5.5　通用寄存器各接口说明

接口名	接口类型	位数	数据流向	说　明
data_in	输入	8	来自总线	数据输入，是需要存储的数据
load	输入	1	来自控制器	载入信号，load 信号为 1 时该部件工作，为 0 时该部件不工作
clk	输入	1	来自控制器	时钟信号，进行时序控制
rst	输入	1	来自控制器	复位信号，当该位为 1 时，系统正常工作，为 0 时系统复位
data_out	输出	8	送往多路选择器	数据输出

　　代码 7.5.3　通用寄存器模块。

```
module Register(data_out, data_in, load, clk, rst);
    input [7:0] data_in;
    input load, clk, rst;
    output [7:0] data_out;
    reg [7:0] data_out;
    always@(posedge clk or negedge rst)
        if(rst==0)
            data_out=0;
        else if(load)
            data_out=data_in;
endmodule
```

由 Verilog HDL 生成的通用寄存器硬件结构如图 7.5.8 所示。

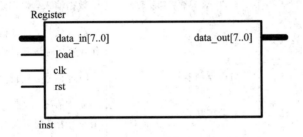

图 7.5.8　通用寄存器硬件结构块图

通用寄存器的仿真波形如图 7.5.9 所示。

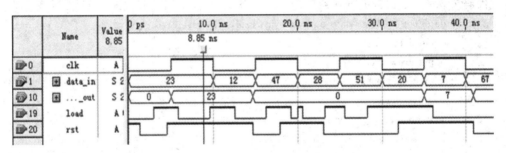

图 7.5.9　通用寄存器仿真波形

仿真波形说明：时钟信号 clk 上升沿有效。当 rst 为低电平时，系统复位，data_out 值为 0；当 rst 为高电平时，系统正常工作，当时钟信号上升沿到来，并且 load 为高电平时，输出寄存器存储的值，如 23、7，而当 load 为低电平时，输出为 0。

4. 锁存器 LA

LA 用于锁存要操作的数据。来自 GRS、PC 或 IR 的偏移量等功能部件的数据，在微操作信号的控制下，经多路选择器进入 LA，由 ALU 进行加工处理。

该模型机采用的是单总线结构，锁存器 LA 不能用指令进行访问，因而它对于程序员是透明的。

该模型机运算器中的锁存器采用与通用寄存器相同的设计方法，锁存器结构框图和仿真波形与通用寄存器相同。

5. 零状态字寄存器 ZFlag

指令系统中一般都设置一些标志位,用来反映程序的运行状态,比如结果的符号位、溢出标志位、进位或借位标志、结果为 0 标志等。这些标志位在程序控制类指令中用得较多,如条件转移指令等。

该模型机指令系统中涉及结果不为 0 的程序转移指令 JNZ,因此设置了一个零状态字寄存器,标志结果是否为 0。

零状态字寄存器各接口说明如表 7.5.6 所示,模块实现见代码 7.5.4。

表 7.5.6　零状态字寄存器接口说明

接口名	接口类型	位数	数据流向	说　　明
data_in	输入	1	来自 ALU 的 zflag 输出	数据输入,是需要存储的数据
load	输入	1	来自控制器	载入信号,load 信号为 1 时该部件工作,为 0 时该部件不工作
clk	输入	1	来自控制器	时钟信号,进行时序控制
rst	输入	1	来自控制器	复位信号,当该位为 1 时,系统正常工作,为 0 时系统复位
data_out	输出	1	送往控制器	数据输出

代码 7.5.4　零状态字寄存器。

```
module ZFlag_Register(data_out, data_in, load, clk, rst);
    input data_in;
    input load, clk, rst;
    output data_out;
    reg data_out;
    always@(posedge clk or negedge rst)
        if(rst==0)
            data_out=0;
        else if(load==1)
            data_out=data_in;
endmodule
```

由代码 7.5.4 生成的零状态字寄存器硬件结构如图 7.5.10 所示。

零状态字寄存器的仿真波形如图 7.5.11 所示。

仿真波形说明:当系统不复位,并且 load 信号一直为高电平时,数据输出为 clk 上升沿到来时所存储的数据。例如,当第一个和第二个 clk 上升沿到来时,存储值 data_in 都是 0,所以输出为 0,当第三个时钟信号上升沿到来时,data_in 为 1,输出值 data_out 为 1。

6. 多路选择器

多路选择器用来控制数据的流向,是数据通路的重要部件。

该模型机中定义了两个多路选择器:一个是 5 路选择器 MUX_5;另一个是 3 路选择

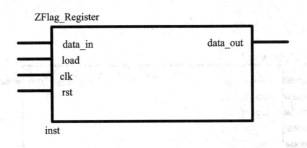

图 7.5.10　零状态字寄存器硬件结构块图

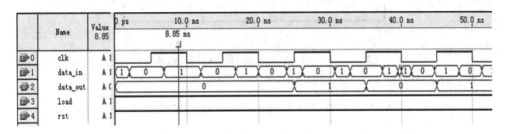

图 7.5.11　零状态字寄存器仿真波形

器 MUX_3。MUX_5 所选择的数据送往总线 Bus_1；MUX_3 所选择的数据送往总线 Bus_2。

多路选择器 MUX_5 接口说明如表 7.5.7 所示，模块实现见代码 7.5.5。

表 7.5.7　Multiplexer_5 接口说明

接口名	接口类型	位数	数据流向	说　　明
data_a	输入	8	来自 R0	多路选择器 MUX_5 的数据输入
data_b	输入	8	来自 R1	多路选择器 MUX_5 的数据输入
data_c	输入	8	来自 R2	多路选择器 MUX_5 的数据输入
data_d	输入	8	来自 R3	多路选择器 MUX_5 的数据输入
data_e	输入	8	来自 PC	多路选择器 MUX_5 的数据输入
select	输入	3	来自控制器	数据选择信号，可指定所输入某个数据进入多路选择器 MUX_5
mux_out	输出	8	送往总线 Bus_1，由 Bus_1 可送往其他部件	数据输出，将指定的输入数据送往总线 Bus_1

代码 7.5.5　五选一选择器。

```
module Multiplexer_5(mux_out, data_a, data_b, data_c, data_d, data_e, select);
    input [7:0] data_a, data_b, data_c, data_d, data_e;
    input [2:0] select;
    output [7:0] mux_out;
    assign mux_out=(select==0)? data_a:(select==1)? data_b:(select==2)? data_c:
(select==3) ? data_d:(select==4)? data_e:'bx;
```

endmodule

由代码 7.5.5 生成的 MUX_5 硬件结构如图 7.5.12 所示。

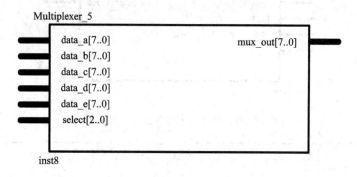

图 7.5.12　多路选择器 MUX_5 的硬件结构块图

多路选择器 MUX_5 的仿真波形如图 7.5.13 所示。

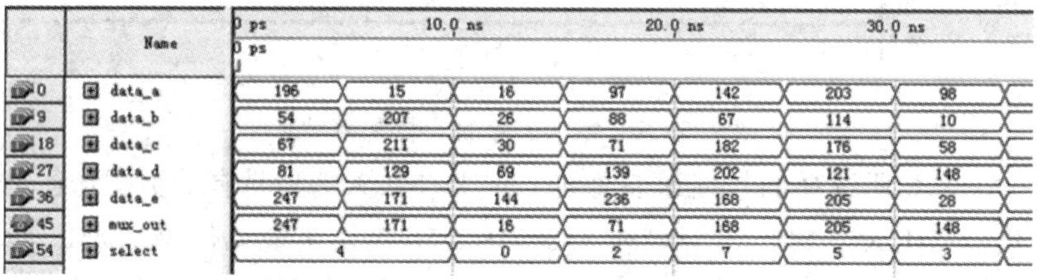

	Name	0 ps	10.0 ns	20.0 ns	30.0 ns			
0	data_a	196	15	16	97	142	203	98
9	data_b	54	207	26	88	67	114	10
18	data_c	67	211	30	71	182	176	58
27	data_d	81	129	69	139	202	121	148
36	data_e	247	171	144	236	168	205	28
45	mux_out	247	171	16	71	168	205	148
54	select	4		0	2	7		3

图 7.5.13　多路选择器 MUX_5 的仿真波形

仿真波形说明：当 select 的值为 4 时，输出为 data_e，即 247 和 171；当 select 的值为 0 时，输出为 data_a，即 16；当 select 的值为 7 时，默认输出为 data_e，即 168。

在该模型机中，MUX_3 的设计和 MUX_5 的设计基本相同，但由于 Bus_2 上数据来源除了 MUX_3 以外，还有输入端口送往总线的值，因此 MUX_3 上要有一个控制使能的信号 Load_MUX_3，以使数据流向不会发生冲突。

多路选择器 MUX_3 的接口说明如表 7.5.8 所示，模块实现见代码 7.5.6。

表 7.5.8　多路选择器 MUX_3 接口说明

接口名	接口类型	位数	数据流向	说　明
data_a	输入	8	来自 ALU 的运算结果	多路选择器 MUX_3 的数据输入
data_b	输入	8	来自 MUX_5 所输出的数据	多路选择器 MUX_3 的数据输入
data_c	输入	8	来自存储器 Memory	多路选择器 MUX_3 的数据输入
select	输入	3	来自控制器	数据选择信号，可指定所输入某个数据进入多路选择器 MUX_3
load	输入	1	来自控制器	控制 MUX_3 是否输出数据到总线 Bus_2 上
mux_out	输出	8	送往总线 Bus_2，由 Bus_2 可送往其他部件	数据输出，将指定的输入数据送往总线 Bus_2

代码 7.5.6　三选一选择器。

```
module Multiplexer_3(mux_out, data_a, data_b, data_c, select, load);
    input [7:0] data_a, data_b, data_c;
    input [1:0] select;
    input load;
    output [7:0] mux_out;
    reg [7:0]mux_out;

    always@(load)
      if(load==1)
        mux_out=(select==0)? data_a:(select==1)? data_b:(select==2)? data_c:'bzz;
      else
        mux_out=2'bzz;

endmodule
```

由代码 7.5.6 生成的 MUX_3 的硬件结构如图 7.5.14 所示。

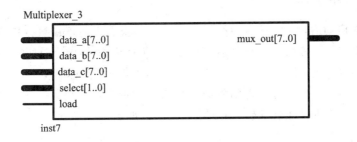

图 7.5.14　MUX_3 的硬件结构块图

MUX_3 的仿真波形如图 7.5.15 所示。

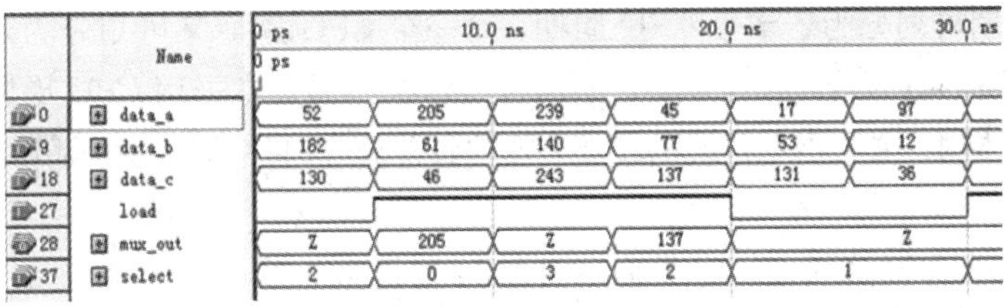

图 7.5.15　MUX_3 的仿真波形

仿真波形说明：当 load 信号为高电平时，输出为所选择的数据；当 load 为低电平时，输出高阻状态。select 为数据输入选择信号，当 select 值为 0，并且 load 为高电平时，输出为 data_a，即 52；当 select 值为 2，并且 load 为低电平时，输出为 data_b，即 137；当 select 为 3 时，输出高阻。

7. 总线 BUS

总线 BUS 是多个功能部件传送信息的一组信号传输线。运算器内的总线（数据通路）称为内部总线。如果总线连接的不是 CPU，而是主存和外围设备，则称为外部总线或系统总线。CPU 与主存、外设交换数据一定要通过总线才能进行。同样，CPU 内部的信息传送，也一定要经过总线才能完成。

在该模型机中，共设计了两条总线，Bus_1 和 Bus_2 既作为地址线又作为数据线。

8. 输入输出

输入输出设备是计算机系统的重要组成部分，是计算机与外部设备交互的主要手段。

该模型机的输入、输出只涉及四个端口：输入端口时钟信号 clk、复位信号 rst、数据输入 input 及输出端口 output。

该模型机是在 DE2-70 开发板上实现的，时钟信号 clk 通过开发板上的晶振部件产生，复位信号 rst 通过开发板上的开关 sw0 控制，数据输入 input 由开发板上的一组开关（sw17~sw10)实现，数据是通过开发板上的 LED 灯显示的。

数据进行输入输出时，需要一个锁存器，对当前要输入输出的数据进行存储，否则会使总线上的数据发生冲突。除时钟信号和复位信号外，该模型机的输入输出锁存器和通用寄存器的设计基本一致。当输入输出锁存器的使能端为低电平时，锁存器的输出为高阻。这里不再对锁存器设计进行说明。

7.5.4　指令时序设计

计算机加电启动后，在时钟脉冲作用下，CPU 将根据当前正在执行指令的需要，产生时序控制信号，控制计算机各个部件有序地工作。计算机执行指令时所需要的程序及数据都是在存储器中存放的，因此，计算机在执行指令时就必须能够区分指令和数据，并且要对各功能部件进行有序的控制，否则将会出现系统的混乱。正是因为在 CPU 中有一个时序信号产生器，计算机才能够准确、迅速、有条不紊地工作。

1. 时序体制

计算机要使各功能部件协调工作，就需要时间标志，而时间标志则是通过时序信号来体现的，时序信号的变化体现了时序体制。

一个指令周期可划分为若干个 CPU 周期，而一个 CPU 周期又可划分为若干个节拍电位，一个节拍电位还可划分为若干个节拍脉冲。组合逻辑控制器经常采用 CPU 周期、节拍电位、节拍脉冲三级时序体制。按照指令系统的功能，硬件各部分在时序信号的协调下有序地工作。

1）时钟周期

时钟周期也称为振荡周期，定义为时钟脉冲的倒数，是计算机中最基本的、最小的时间单位。在一个时钟周期内，CPU 仅完成一个最基本的动作。

2）机器周期

机器周期也称为 CPU 周期。在计算机中，为了便于管理，常把一条指令的执行过程划分为若干个阶段，每一阶段完成一项工作。例如，取指令、存储器读、存储器写等，这每一项工作称为一个基本操作。完成一个基本操作所需要的时间称为机器周期。一般情况下，一个机器周期由若干个时钟周期组成。

3）指令周期

执行一条指令所需要的时间，一般由若干个机器周期组成。指令不同，所需的机器周期数也不同。对于一些简单的单字节指令，在取指令周期中，指令取出到指令寄存器后，立即译码执行，不再需要其他的机器周期。对于一些比较复杂的指令，如转移指令、取数指令，则需要两个或者两个以上的机器周期。通常情况下，含一个机器周期的指令称为单周期指令，包含两个机器周期的指令称为双周期指令。

2. 指令执行时序

1）指令执行状态

该模型机的控制器是一个状态机。在指令的整个执行过程中，系统都处在控制器中所定义的某一个状态下，当该状态下的操作完成后，系统进入下一个状态，然后再在下一状态下继续执行，具有严格的时序先后关系。该模型机就是在这种状态变化的时序下完成各指令的执行的。

该模型机共定义了12种状态，各状态说明如表7.5.9所示。

表 7.5.9　系 统 状 态

状态名称	状态值	说　　　明
S_idle	0	空闲
S_fet_address	1	取地址
S_fet_instruction	2	取指令
S_decode	3	译码
S_execution	4	执行
S_read_1	5	读操作阶段1，将指定的内存地址值传给地址寄存器
S_read_2	6	读操作阶段2，根据读操作阶段1所送入地址寄存器的地址值，从内存中取出数据
S_write_1	7	写操作阶段1，将指定的内存地址值传给地址寄存器
S_write_2	8	写操作阶段2，根据写操作阶段1所送入地址寄存器的地址值，将数据写入内存
S_jmp_1	9	程序跳转操作阶段1，根据指定的内存地址从内存中读出要转移到的内存地址
S_jmp_2	10	程序跳转操作阶段2，将由程序跳转操作阶段1所得到的内存地址值赋给程序计数器PC，由PC指向要转到的指令地址
S_halt	11	停机

所有指令都是在这12种状态下执行的，而且都必须经过 S_fet_address、S_fet_instruction 和 S_decode 这三个状态，一条指令执行完成后，下一状态一定为 S_address，重新进行取地址、取指令等操作。在指令的执行过程中，由于各指令功能不同，指令执行过程中所处的状态转移方法也不尽相同。

2）取地址及取指令状态

该模型机中所有的指令都经过取地址和取指令这两个相同的状态，即 S_fet_address 和 S_fet_instruction，这两个状态的执行过程如表7.5.10所示。

表 7.5.10　S_fet_address 和 S_fet_instruction 状态

状　态	选通信号	下一状态	说　明
S_fet_address	Sel_PC＝1 Sel_Bus_1＝1 Load_AR＝1 Load_Mux_3＝1	S_fet_instruction	取地址,将 PC 值赋给 AR
S_fet_instruction	Sel_Memory＝1 Load_IR＝1 Inc_PC＝1 Load_Mux_3＝1	S_decode	取指令,根据地址从存储器中取出指令,PC 加 1,指向下一条指令地址

3) 各指令其他状态

取地址和取指令状态对于所有的指令都是相同的,取指令状态结束后即进入译码状态。按照指令格式的不同,各指令的执行状态可分为以下几大类:

(1) NOP。NOP 指令为空操作,不使用部件,只是将下一状态设为 S_fet_address。

(2) CLR、INC、DEC、NOT。CLR、INC、DEC、NOT 指令执行期间的状态变化过程如表 7.5.11 所示。

表 7.5.11　CLR、INC、DEC、NOT 指令执行期间的状态变化过程

状态	选通信号	下一状态	说　明
S_decode	Sel_Bus_1＝1 Load_ZFlag＝1 Sel_ALU＝1 Load_Mux_3＝1 源寄存器	S_fet_address	译码并执行指令,该类指令只涉及一个操作数,并且源地址和目的地址相同

(3) ADD、SUB、AND、OR。ADD、SUB、AND、OR 指令执行期间的状态变化过程如表 7.5.12 所示。

表 7.5.12　ADD、SUB、AND、OR 指令执行期间的状态变化过程

状　态	选通信号	下一状态	说　明
S_decode	Sel_Bus_1＝1 Load_LA＝1 Load_Mux_3＝1 源寄存器	S_execution	译码,并将一个操作数由源寄存器送入锁存器 LA,另一个操作数送往总线 Bus_1
S_execution	Load_ZFlag＝1 Sel_ALU＝1 Load_Mux_3＝1	S_fet_address	执行

(4) JMP、JNZ。当运算结果不为 0 时,JNZ 和 JMP 指令的执行过程完全相同;当结果为 0 时,JNZ 的下一状态为 S_fet_address,并且(PC)＋1。

JMP 指令执行期间的状态变化过程如表 7.5.13 所示。

表 7.5.13　JMP 指令执行期间的状态变化过程

状态	选通信号	下一状态	说　明
S_decode	Sel_PC=1 Sel_Bus_1=1 Load_AR=1 Load_Mux_3=1	S_jmp_1	译码，将 PC 值赋给 AR
S_jmp_1	Sel_Memory=1 Load_AR=1 Load_Mux_3=1	S_jmp_2	取出要转移的指令在存储器中的地址
S_jmp_2	Sel_Memory=1 Load_PC=1 Load_Mux_3=1	S_fet_address	从存储器中读出要转移的地址值，赋给 PC

（5）LDA。LDA 指令执行期间的状态变化过程如表 7.5.14 所示。

表 7.5.14　LDA 指令执行期间的状态变化过程

状态	选通信号	下一状态	说　明
S_decode	Sel_PC=1 Sel_Bus_1=1 Load_AR=1 Load_Mux_3=1	S_read_1	译码，将 PC 值赋给 AR
S_read_1	Sel_Memory=1 Load_AR=1 Inc_PC=1 Load_Mux_3=1	S_read_2	PC 值加 1，将指令中指定的地址送往 AR
S_read_2	Sel_Memory=1 Load_Mux_3=1 目的寄存器	S_fet_address	根据指定地址从存储器中读出数据送往目的寄存器

（6）STA。STA 指令执行期间的状态变化过程如表 7.5.15 所示。

表 7.5.15　STA 指令执行期间的状态变化过程

状态	选通信号	下一状态	说　明
S_decode	Sel_PC=1 Sel_Bus_1=1 Load_AR=1 Load_Mux_3=1	S_write_1	译码，将 PC 值赋给 AR
S_write_1	Sel_Memory=1 Load_AR=1 Inc_PC=1 Load_Mux_3=1	S_write_2	PC 值加 1，将指令中指定的地址送往 AR
S_write_2	wr=1 Load_Mux_3=1 源寄存器	S_fet_address	将源寄存器的值写入存储器指定单元

(7) IN。IN 指令执行期间的状态变化过程如表 7.5.16 所示。

表 7.5.16　IN 指令执行期间的状态变化过程

状态	选通信号	下一状态	说　明
S_decode	Load_Input＝1 目的寄存器	S_fet_address	将输入端口值送目的寄存器

(8) OUT。OUT 指令执行期间的状态变化过程如表 7.5.17 所示。

表 7.5.17　OUT 指令执行期间的状态变化过程

状态	选通信号	下一状态	说　明
S_decode	Load_Output＝1 Load_Mux_3＝1 Sel_Bus_1＝1 源寄存器	S_fet_address	将源寄存器值送输出端口

7.5.5　控制器设计

控制器是模型机的控制核心,每条指令执行时需要相关部件协调工作,而各部件之间的相互配合正是由控制器产生的时序信号和控制信号实现的。

1. 控制器的基本功能及其组成

1) 控制器的基本功能

控制器是 CPU 中另一个重要组成部分,它是计算机的控制中心。控制程序按预定的指令顺序执行,从内存取出一条指令,按该指令的功能,用硬件产生所需的带有时序标志的一系列微操作信号,控制运算器内各功能部件及其他部件,如主存、外设的操作,协调整个计算机完成指令的功能。例如,要执行一条加法指令,控制器必须依照指令提供的操作数地址,用有效的微操作信号取出操作数,建立数据的流动路径,准确送到 ALU 以完成加法运算,然后建立运算结果流动路径,使指定的目标部件,如主存某单元,接收运算的结果。可见,这些依时间先后出现的微操作控制信号,就是指令的硬件执行逻辑。

2) 控制器的基本组成

控制器包括的主要功能部件有程序计数器 PC、指令寄存器 IR、指令译码器、时序部件、微操作信号发生器及中断机构等。

程序计数器 PC 又称为指令计数器,用来存放当前要执行的指令地址。程序启动时,可通过控制台指令把要执行的程序的第一条指令地址送给 PC。这时就可以根据 PC 从内存取出第一条指令执行,同时,CPU 将控制 PC 自动递增,若为单字长指令,则(PC)＋1,若为双字长指令,则(PC)＋2,以此类推。修改后的 PC 指定下一条顺序执行的指令地址。如果遇到执行的指令是无条件转移指令或条件转移指令,且条件符合时,则将有效地址送给PC,改变原来程序的执行顺序。

指令寄存器 IR 用来保存当前正在执行的指令。通常 IR 中的指令在指令执行期间保持不变,由它来控制当前指令正在执行的操作。

　　计算机的工作过程是周而复始地取出指令、解释指令和执行指令的过程。这一过程是在带有时序标志的微操作信号控制下进行的,各种时序标志称为时序信号,它们是由 CPU 中的时序发生器产生的。有了这些时序信号,就能控制计算机各部件的协调工作,达到高速准确、有条不紊地工作的目的。

　　指令译码器对 IR 中的指令进行译码,每一条指令的基本操作是由操作码 OP 指定的。在组合逻辑控制的计算机中,由指令译码器对不同的 OP 产生不同的控制电位,以形成不同的微操作系列;在微程序控制的计算机中,则是用 OP 找到执行指令的微程序入口。此外,指令译码器有时还要对寻址方式等进行译码,以保证得到正确的操作数,从而完成指令的功能。

2. 控制器的基本控制方式

　　不同指令的指令周期常常包含不同的 CPU 周期数,CPU 周期的多少反映了指令动作的复杂程度,即操作控制信号的多少。为了使机器能够正确执行指令,控制器必须能够按正确的时序产生操作控制信号。控制不同操作序列时序信号的方法称为控制器的控制方式。

　　常用的控制方式有同步控制、异步控制和联合控制三种方式,其实质反映了时序信号的定时方式。同步控制方式是指控制操作系列中每步操作的执行,都由确定的具有基准的时序信号控制。其特点是系统有一个统一的时钟,所有的控制信号均来自这个统一的时钟信号。定长时序信号的结束意味着所要求操作已经完成。

　　同步控制方式有以下三种方式。

　　1) 定长指令周期

　　定长指令周期同步控制方式的所有指令都含有相同的 CPU 周期数,每个 CPU 周期含有相同的节拍电位,即每条指令的执行时间相等。其特点是时序发生器简单,但在指令周期,是以最慢的指令为基准设置的,因此,定长指令周期的同步方式现在很少被采用。

　　2) 不定长指令周期、定长 CPU 周期

　　不定长指令周期、定长 CPU 周期同步控制方式指令周期不固定,但所包含的每个 CPU 周期都相等,且一般等于主存的存储周期。

　　3) 变长 CPU 周期、定长节拍电位

　　变长 CPU 周期、定长节拍电位同步控制方式的指令周期、CPU 周期都不固定,含有的节拍电位根据需要而定。这种方式根据指令的具体要求和执行步骤,确定安排哪几个 CPU 周期以及每个 CPU 周期中安排多少个节拍电位和节拍脉冲,这是一种量体裁衣的方式,不会造成时间的浪费,对指令系统的设计也没有多少要求。

　　该模型机的指令是不定长的,因此采用变长 CPU 周期、定长节拍电位的同步控制方式。

3. 控制器设计

　　在该模型机中,指令译码器被集成在控制器中,因此,没有设置单独的指令译码部件,由于该模型机指令系统的输入与输出不涉及程序的中断,因此也没有设置中断机构。模型机的控制器部件包括程序计数器 PC、指令寄存器 IR、微操作信号发生器等。

　　1) 程序计数器 PC

　　PC 应具有两种工作方式:计数器方式(顺序方式),PC 自动递增;接收方式,PC 从总

线接收转移地址,有的机器 PC 的递增是通过 ALU 来实现的。在该模型机中,PC 接收方式是通过总线接收转移地址实现的。

程序计数器 PC 的接口说明如表 7.5.18 所示,模块定义见代码 7.5.7。

表 7.5.18　程序计数器 PC 接口说明

接口名	接口类型	位数	数据流向	说　　明
data_in	输入	8	微操作控制发生器	地址输入,当程序发生转移时,该值为所要转移到的地址
Load_pc	输入	1	微操作控制发生器	载入信号,当 PC 值需要改变时,该值为 1
Inc_pc	输入	1	微操作控制发生器	PC 加 1 信号,该值为 1 时,PC 值自加 1
clk	输入	1	微操作控制发生器	时钟信号
rst	输入	1	微操作控制发生器	复位信号
count	输出	8	地址寄存器 AR	地址输出,为所要执行指令的地址

代码 7.5.7　程序计数器 PC。

```verilog
module Program_Counter(count, data_in, Load_pc, Inc_pc, clk, rst);
    input [7:0] data_in;
    output [7:0] count;
    input Load_pc, Inc_pc, clk, rst;
    reg [7:0]count;
    always@(posedge clk or negedge rst)
        if(rst==0)
            count<=0;
        else if(Load_pc)
            count=data_in;
        else if(Inc_pc)
            count=count+1;
endmodule
```

由代码 7.5.7 生成的 PC 的硬件结构如图 7.5.16 所示。

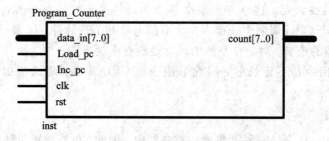

图 7.5.16　程序计数器 PC 的硬件结构块图

程序计数器 PC 的仿真波形如图 7.5.17 所示。

仿真波形说明:时钟信号 clk 上升沿有效。当 Load_pc 信号为低电平,并且 Inc_pc 信号为高电平时,count 自加 1,指向下一条指令地址,程序顺序执行;当 Load_pc 为高电平

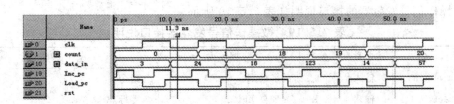

图 7.5.17　程序计数器 PC 的仿真波形

时，count 为输入数据 data_in。

2) 指令寄存器 IR

该模型机的指令寄存器采用和通用寄存器相同的设计方法，其模块定义见代码 7.5.8。

代码 7.5.8　指令寄存器。

```
module Instruction_Register(data_out, data_in, load, clk, rst);
    input [7:0] data_in;
    input clk, load, rst;
    output [7:0] data_out;
    reg [7:0] data_out;

    always@(posedge clk or negedge rst)
        if(rst==0)
            data_out=0;
        else if(load)
            data_out=data_in;
endmodule
```

3) 控制信号发生器

该模型机的控制信号发生器是对系统各部件进行控制，指挥计算机正确执行指令的重要部件，是控制器的核心。控制信号发生器的基本设计思路是从内存中取出指令，然后根据指令的操作码依次进入后续的工作状态，完成相应的操作，当该条指令执行完毕后再取下一条指令。

控制信号发生器的 Verilog HDL 模块定义如下：

```
module Controller_Unit(Load_R0, Load_R1, Load_R2, Load_R3, Load_PC,
Inc_PC, Sel_Bus_1_Mux, Sel_Bus_2_Mux, Load_IR, Load_AR, Load_LA, Load_ZFlag, Load_
Mux_3, Load_Input, Load_Output,
    wr, instruction, zero, clk, rst);
        input [7:0] instruction;
        input zero, clk, rst;
        output Load_R0, Load_R1, Load_R2, Load_R3, Load_PC, Inc_PC;
        output [2:0] Sel_Bus_1_Mux;
        output [1:0] Sel_Bus_2_Mux;
        output Load_AR, Load_IR;
        output Load_LA, Load_ZFlag;
        output Load_Mux_3, Load_Input, Load_Output;
        output wr;
```

微操作信号发生器的接口说明如表 7.5.19 所示。

表 7.5.19　微操作信号发生器接口说明

接口名	接口类型	位数	数据流向	说　明
instruction	输入	8	来自 IR	指令
Zero	输入	1	来自 ZFlag	零标志
Clk	输入	1	来自外部时钟输入	时钟信号
rst	输入	1	来自外部输入	复位信号,高电平正常工作,低电平复位
Load_R0	输出	1	送往 R0	载入 R0
Load_R1	输出	1	送往 R1	载入 R1
Load_R2	输出	1	送往 R2	载入 R2
Load_R3	输出	1	送往 R3	载入 R3
Load_PC	输出	1	送往 PC	载入 PC
Inc_PC	输出	1	送往 PC	使 PC 加 1
Sel_Bus_1_Mux	输出	3	送往 MUX_5	数据选择
Sel_Bus_2_Mux	输出	2	送往 MUX_3	数据选择
Load_IR	输出	1	送往 IR	载入 IR
Load_AR	输出	1	送往 AR	载入 AR
Load_LA	输出	1	送往 LA	载入 LA
Load_ZFlag	输出	1	送往 ZFlag	载入 ZFlag
Load_Mux_3	输出	1	送往 MUX_3	载入 MUX_3
Load_Input	输出	1	送往输入锁存器 Input Latch	载入输入锁存器
Load_Output	输出	1	送往输出锁存器 Output Latch	载入输出锁存器
wr	输出	1	送往存储器 Memory	读写控制,高电平为写,低电平为读

控制信号发生器的 Verilog HDL 程序见代码 7.5.9。

代码 7.5.9　控制信号发生器。

```
module Controller_Unit(
Load_R0, Load_R1, Load_R2, Load_R3,
Load_PC, Inc_PC, Sel_Bus_1_Mux, Sel_Bus_2_Mux, Load_IR, Load_AR, Load_LA,
Load_ZFlag, Load_Mux_3, Load_Input, Load_Output,
wr, instruction, zero, clk, rst);

parameter
S_idle=0, S_fet_address=1, S_fet_instruction=2, S_decode=3, S_execution=4, S_read_1=5,
S_read_2=6, S_write_1=7, S_write_2=8, S_jmp_1=9, S_jmp_2=10, S_halt=11;
```

```verilog
parameter
CLR=0, NOP=1, ADD=2, SUB=3, INC=4, DEC=5, AND=6, OR=7, NOT=8, JMP=
9, JNZ=10, LDA=11, STA=12, IN=13, OUT=14;

parameter R0=0, R1=1, R2=2, R3=3;

    input [7:0] instruction;
    input zero;
    input clk, rst;
    output Load_R0, Load_R1, Load_R2, Load_R3, Load_PC, Inc_PC;
    output [2:0] Sel_Bus_1_Mux;
    output [1:0] Sel_Bus_2_Mux;
    output Load_AR, Load_IR;
    output Load_LA, Load_ZFlag;
    output Load_Mux_3, Load_Input, Load_Output;
    output wr;
    reg [3:0] state, next_state;
    reg Load_R0, Load_R1, Load_R2, Load_R3, Load_PC, Inc_PC;
    reg Load_AR, Load_IR, Load_LA, Load_ZFlag;
    reg Load_Mux_3, Load_Input, Load_Output;
    reg Sel_ALU, Sel_Bus_1, Sel_Memory;
    reg Sel_R0, Sel_R1, Sel_R2, Sel_R3, Sel_PC;
    reg wr, error_flag;
    wire [3:0] op=instruction[7:4];
    wire [1:0] dest=instruction[3:2];
    wire [1:0] src=instruction[1:0];
    assign Sel_Bus_1_Mux[2:0]=Sel_R0? 0:Sel_R1? 1:Sel_R2? 2:Sel_R3? 3:Sel_PC? 4:3'bx;
    assign Sel_Bus_2_Mux[1:0]=Sel_ALU? 0:Sel_Bus_1? 1:Sel_Memory? 2:2'bx;
    always@(posedge clk or negedge rst)
        begin
        if(rst==0)
            state<=S_idle;           //初始状态
        else
            state<=next_state;       //进入下一状态
        end

always@(state or op or src or dest or zero)
    begin
        //使所有控制信号无效
        Sel_R0=0; Sel_R1=0; Sel_R2=0; Sel_R3=0; Sel_PC=0;
        Load_R0=0; Load_R1=0; Load_R2=0; Load_R3=0; Load_PC=0;
        Load_AR=0; Load_IR=0; Load_LA=0; Load_ZFlag=0;
```

```verilog
Load_Mux_3=0; Load_Input=0; Load_Output=0;
Inc_PC=0; Sel_Bus_1=0; Sel_ALU=0; Sel_Memory=0;
wr=0; error_flag=0; next_state=state;
//对当前状态进行相应的操作
case(state)
    S_idle:                        //空闲状态
        next_state=S_fet_address;
    S_fet_address:                 //取地址
        begin
            next_state=S_fet_instruction;
            Sel_PC=1;
            Sel_Bus_1=1;
            Load_AR=1;
            Load_Mux_3=1;
        end
    S_fet_instruction:             //取指令
        begin
            next_state=S_decode;
            Sel_Memory=1;
            Load_IR=1;
            Inc_PC=1;
            Load_Mux_3=1;
        end
    S_decode:          //指令译码,根据每条指令的执行过程分别进行状态设置
        case(op)
            NOP:next_state=S_fet_address;
            CLR, INC, DEC, NOT:
              begin
                next_state=S_fet_address;
                Sel_Bus_1=1;
                Load_ZFlag=1;
                Sel_ALU=1;
                Load_Mux_3=1;
                case(src)
                    R0:begin Sel_R0=1; Load_R0=1; end
                    R1:begin Sel_R1=1; Load_R1=1; end
                    R2:begin Sel_R2=1; Load_R2=1; end
                    R3:begin Sel_R3=1; Load_R3=1; end
                    default:error_flag=1;
                endcase
              end
            ADD, SUB, AND, OR:
              begin
```

```
            next_state=S_execution;
            Sel_Bus_1=1;
            Load_LA=1;
            Load_Mux_3=1;
            case(src)
              R0:Sel_R0=1;
              R1:Sel_R1=1;
              R2:Sel_R2=1;
              R3:Sel_R3=1;
              default:error_flag=1;
            endcase
          end
      JMP:
        begin
          next_state=S_jmp_1;
          Sel_PC=1;
          Sel_Bus_1=1;
          Load_AR=1;
          Load_Mux_3=1;
        end
      JNZ:
        if(zero==0)
          begin
            next_state=S_jmp_1;
            Sel_PC=1;
            Sel_Bus_1=1;
            Load_AR=1;
            Load_Mux_3=1;
          end
        else
          begin
            next_state=S_fet_address;
            Inc_PC=1;
          end
      LDA:
        begin
          next_state=S_read_1;
          Sel_PC=1;
          Sel_Bus_1=1;
          Load_AR=1;
          Load_Mux_3=1;
        end
      STA:
```

```
            begin
                next_state=S_write_1;
                Sel_PC=1;
                Sel_Bus_1=1;
                Load_AR=1;
                Load_Mux_3=1;
            end

        IN:
            begin
                next_state=S_fet_address;
                Load_Input=1;
                case(dest)
                    R0:Load_R0=1;
                    R1:Load_R1=1;
                    R2:Load_R2=1;
                    R3:Load_R3=1;
                    default:error_flag=1;
                endcase
            end
        OUT:
            begin
                next_state=S_fet_address;
                Load_Output=1;
                Load_Mux_3=1;
                Sel_Bus_1=1;
                case(src)
                    R0:Sel_R0=1;
                    R1:Sel_R1=1;
                    R2:Sel_R2=1;
                    R3:Sel_R3=1;
                    default:error_flag=1;
                endcase
            end
        default:next_state=S_halt;
        endcase
    S_execution:
        begin
            next_state=S_fet_address;
            Load_ZFlag=1;
            Sel_ALU=1;
            Load_Mux_3=1;
            case(dest)
```

```
            R0:begin Sel_R0=1; Load_R0=1; end
            R1:begin Sel_R1=1; Load_R1=1; end
            R2:begin Sel_R2=1; Load_R2=1; end
            R3:begin Sel_R3=1; Load_R3=1; end
            default:error_flag=1;
          endcase
        end
S_read_1:
    begin
        next_state=S_read_2;
        Sel_Memory=1;
        Load_AR=1;
        Inc_PC=1;
        Load_Mux_3=1;
    end
S_write_1:
    begin
        next_state=S_write_2;
        Sel_Memory=1;
        Load_AR=1;
        Inc_PC=1;
        Load_Mux_3=1;
    end
S_read_2:
    begin
        next_state=S_fet_address;
        Sel_Memory=1;
        Load_Mux_3=1;
        case(dest)
            R0:Load_R0=1;
            R1:Load_R1=1;
            R2:Load_R2=1;
            R3:Load_R3=1;
            default:error_flag=1;
        endcase
    end
S_write_2:
    begin
        next_state=S_fet_address;
        wr=1;
        Load_Mux_3=1;
        case(src)
            R0:Load_R0=1;
```

```
                    R1:Load_R1=1;
                    R2:Load_R2=1;
                    R3:Load_R3=1;
                    default:error_flag=1;
                endcase
            end
        S_jmp_1:
            begin
                next_state=S_jmp_2;
                Sel_Memory=1;
                Load_AR=1;
                Load_Mux_3=1;
            end
        S_jmp_2:
            begin
                next_state=S_fet_address;
                Sel_Memory=1;
                Load_PC=1;
                Load_Mux_3=1;
            end
        S_halt:next_state=S_halt;
        default:next_state=S_idle;
        endcase
    end
endmodule
```

由代码 7.5.9 生成的微操作信号发生器的硬件结构如图 7.5.18 所示。

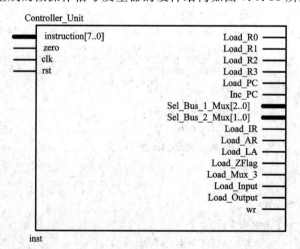

图 7.5.18　微操作信号发生器的硬件结构块图

4. 控制器仿真验证

将以上各模块组合成如图 7.5.1 所示的系统图，并将如下二进制表示的 6 条指令存入存储器后，对模型机的功能进行仿真验证。

```
1  mem[0]＝8'b10110000;        //LDA R0,[128]
   mem[1]＝128;
2  mem[2]＝8'b11010100;        //IN R1
3  mem[3]＝8'b00100001;        //ADD R0,R1
4  mem[4]＝8'b01010001;        //DEC R1
5  mem[5]＝8'b10100000;        //JNZ [130]
   mem[6]＝130;
6  mem[7]＝8'b11100000;        //OUT R0
   mem[128]＝0;                //数据存储
   mem[130]＝3;
```

该指令完成的是一个加法求和运算($1＋2＋\cdots＋n$，n 是由外部输入的一个数据），求出运算结果后输出显示。该数据是用十六进制表示的，模型机执行以上指令得到的仿真波形如图 7.5.19、图 7.5.20 和图 7.5.21 所示。

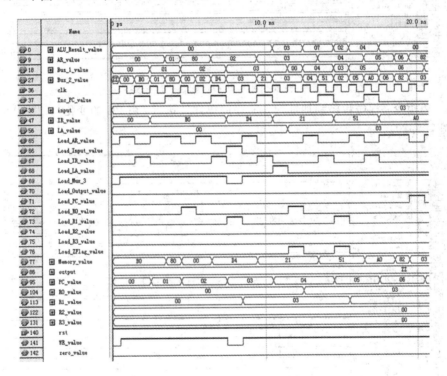

图 7.5.19　指令执行过程仿真波形(1)

指令执行过程中，由仿真波形可以看出该指令执行结果是否正确。

第 1 条指令：将内存单元为 128 存储的 0 值赋给通用寄存器 R0。R0 的值为 0，结果正确（见图 7.5.19）。

第 2 条指令：将输入数据 3 赋给通用寄存器 R1。R1 的值变为 3，结果正确（见图 7.5.19）。

第 3 条指令：将 R1 的值 3 与 R0 的值 0 相加，结果存入 R0。R0 的值为 3，结果正确（见图 7.5.19）。

第 4 条指令：R1 的值减 1。R1 值为 2，结果正确（见图 7.5.20）。

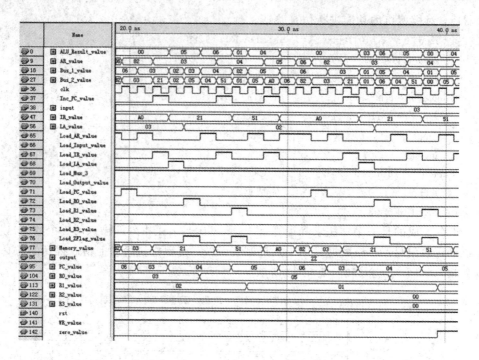

图 7.5.20　指令执行过程仿真波形(2)

第 5 条指令:程序转移到地址为 3 的存储单元处执行。由 PC 的变化可以看出,结果正确(见图 7.5.20)。

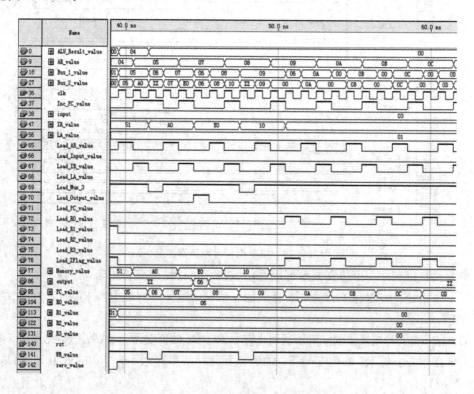

图 7.5.21　指令执行过程仿真波形(3)

第 6 条指令：将运算结果输出。output 值为 6，运算结果正确（见图 7.5.21）。

由以上分析可以看出，该模型机各模块组合之后能够有序、正常地工作，可以很好地完成对存储程序的执行。

习　　题

1. 设计一个 Verilog 模块，该模块能把 8 位并行数据转换为符合协议的串行数据流：输入并行数据 data[7:0]，输出的串行数据流采用 sclk 和 sdata 两条线传输，sclk 是输入的时钟信号，sdata 是串行输出数据，实现的功能是在输入 en 信号的控制下对 data 进行同步锁存，然后在时钟信号 sclk 的控制下在 sdata 端依次从高到低输出数据 data。

2. 设计一个 Verilog 模块，该模块能够把收到的串行数据转换为 8 并行数据。输入的串行数据是 sdata，输出的并行数据是 data[7:0]，sclk 是输入的时钟信号。实现的功能是在时钟信号 sclk 的控制下以此将 sdata 收到的数据 8 位一组进行组装，在输出信号 en 的控制下对 data 进行异步输出。

3. 设计一个电路，该电路能计算操作数 N（存于寄存器中）以 2 为底的对数 $l_b N$。编写表述该电路的 Verilog 代码。

4. 设有一个数字系统包含了 16 个 8 位寄存器，试设计一个控制电路，实现将任意两个指定寄存器的内容进行交换的功能，并编写 Verilog 模块实现控制电路。

5. 为本章中的电子表增加闹铃功能。

6. 设计一个秒表，该秒表具有如下特征：

(1) 功能为显示计时时间（能显示分、秒、百分秒的功能）。

(2) 具有正向和反向计时控制功能。

(3) 具有开始、暂停和结束控制功能。

(4) 若进行倒计时，可以设置倒计时开始时间。

7. 设计并实现一个交通信号灯控制器，具有如下基本功能：

(1) 主、次干道红、黄、绿灯点亮控制。

(2) 主、次干道红、黄、绿灯倒计时数码显示。

(3) 主、次干道有不同的红绿灯时间长度（主干道绿灯时间长）。

(4) 能够控制主次道路各通行时间。

8. 设计一个 256×8 的 RAM 存储器，该存储器能够在 CS 信号有效的情况下，对给定地址的存储单元进行读或写操作。

第 8 章　Quartus Ⅱ 开发环境简介

8.1　Quartus Ⅱ 简介

Quartus Ⅱ 是 Altera 公司提供的用于可编程片上系统(SOPC)设计的集成开发环境。在 Altera 被 Intel 收购之后,该工具被重新命名为 Intel Quartus Prime。Quartus Ⅱ 集成开发环境支持 PLD 的全过程,包括设计输入、逻辑综合、布局与布线、仿真、时序分析、器件编程等,还提供了更优化的综合和适配功能,同时支持如 Synplify、Modelsim 等第三方 EDA 工具来完成设计任务的综合和仿真。此外,Quartus Ⅱ 还可以与 Matlab、DSP Builder 开发工具结合进行基于 FPGA/CPLD 的 DSP 开发。Quartus Ⅱ 是可编程逻辑器件开发工具中的主流软件,适合大规模 FPGA/CPLD 的开发。

8.1.1　Quartus Ⅱ 软件的版本

Quartus Ⅱ 目前最新的版本是 Quartus Prime 17.1,提供三个版本以满足不同的设计要求:专业版、标准版和精简版。

Quartus Prime 专业版软件进行了专门优化,支持 Stratix 10、Arria 10 和 Cyclone 10GX 设备家族的下一代 FPGA 和片上系统的高级特性。

Quartus Prime 标准版软件包含对早期设备家族的广泛支持,包括 Stratix ® Ⅳ-Ⅴ、Arria ® Ⅱ-Ⅴ-10、Intel MAX Ⅱ-Ⅴ-10 和 Intel Cyclone Ⅳ-Ⅴ-10LP 设备系列。

Quartus Prime 精简版软件只支持一些低成本的 FPGA 系列芯片,包括 MAX Ⅱ-Ⅴ-10、Cyclone Ⅳ-Ⅴ-10LP 和 Arria Ⅱ 芯片系列。Quartus Prime 精简版软件可以免费下载,无须许可文件。

8.1.2　Quartus Ⅱ 软件的主要特性

Quartus Ⅱ 软件具有开放性、结构无关性、完全集成化等特点,并具有丰富的设计库和模块化工具。Quartus Ⅱ 软件能够在设计过程的每个步骤中引导设计者将注意力放在设计上,同时能够自动完成错误定位、错误和警告信息提示,使设计者的设计过程变得更加简单和快捷。

Quartus Ⅱ 软件主要具有以下特点:

(1) 支持多种设计的输入方式。

Quartus Ⅱ 软件支持原理图、VHDL、Verilog HDL 以及 AHDL(Altera Hardware Description Language)等多种设计输入形式。

（2）提供基于模块的设计方法。

Quartus Ⅱ软件为用户提供了基于模块的设计方法，用户可以独立设计、实施和验证各种设计模块，然后再将模块集成到顶层工程中。这样做可以显著缩短系统的设计和验证周期。

（3）提供多种形式的 IP 模块。

Quartus Ⅱ软件中的 MegaWizard Plug-In Manager 可对软件中所包括的参数化模块库（LPM）或 Altera/AMPP SM 合作伙伴的 IP Megafunctions 进行参数设置和初始化操作，从而节省设计输入时间，优化设计性能。

（4）提供系统集成工具。

Quartus Ⅱ 软件包含了 Qsys（在 Quartus Ⅱ 11.0 之前被称为 SOPC Builder）工具。Qsys 为用户提供了片上系统的集成工具，用户可以根据需求选择各种 IP 核（包括嵌入式处理器、协处理器、外设、存储器和用户设定的逻辑），Qsys 会自动完成 IP 核的添加、参数设置和连接等操作，使设计人员能够在几分钟内将概念转化成为可运作的系统，快速地构建可编程片上系统。

（5）易于引脚分配和时序约束。

Quartus Ⅱ软件可以进行预先的 I/O 分配和验证操作（无论顶层的模块是否已经完成），这样就可以在整个设计流程中尽早开始印刷电路板（PCB）的布局和布线设计工作。软件还提供各种分配编辑的功能，设计人员可以在任何时间对引脚的分配进行修改和验证，简化了引脚分配的管理。

（6）支持市场主流的众多器件。

Quartus Ⅱ软件支持 MAX Ⅱ系列、Cyclone 系列、Arria 系列、Stratix Ⅱ系列、Cyclone 系列等。

（7）提供对第三方 EDA 工具的支持。

Quartus Ⅱ软件对第三方 EDA 工具的良好支持也使用户可以在设计流程的各个阶段使用熟悉的第三方 EDA 工具。Quartus Ⅱ支持一个工作组环境下的设计要求，其中包括支持基于 Internet 的协作设计。Quartus 平台与 Cadence、ExemplarLogic、MentorGraphics、Synopsys 和 Synplicity 等 EDA 供应商的开发工具相兼容。

（8）支持多种操作系统。

Quartus Ⅱ软件支持 Windows、Solaris、Linux 等众多的操作系统。

8.1.3　Quartus Ⅱ 软件的开发流程

在 Quartus Ⅱ环境下，完整的开发流程如图 8.1.1 所示。

1. 设计输入

如图 8.1.1 所示，设计输入是对开发系统需求进行描述的一种方式。Quartus Ⅱ软件支持多种形式的设计输入，包括原理图方式、HDL 文本方式、状态机方式等。

1）原理图方式

原理图方式是指用"电路图"这种图形化的形式对系统进行描述。原理图是传统的系统设计方式，这种方式可以清楚地表示系统中各个部件的连接和接口关系，具有直观、易用的特点，但是这种方式需要器件库的支撑，要求器件库能够提供各种功能型号的标准元器

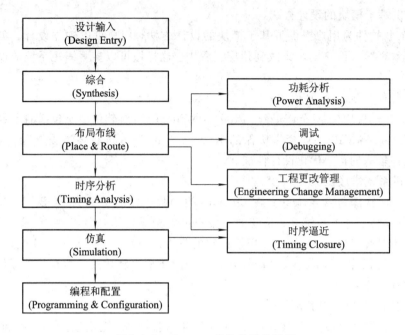

图 8.1.1　Quartus Ⅱ 软件开发流程

件。由于标准元器件的功能是固定的,因此这种设计方式的移植性和可修改性较差。当电路图中的某个元件需要更换时,整个原理图需要进行很大的修改甚至需要重新设计,因此原理图方式常作为辅助的设计方式,它更多地应用在混合设计和模块设计中。

2）HDL 文本方式

HDL 文本方式是利用硬件描述语言来对系统进行描述,然后通过 EDA 工具对设计文件进行综合和仿真,最后变为目标文件后在 ASIC 或 FPGA/CPLD 中具体实现。这种设计方法是目前普遍采用的主流设计方法。

3）状态机方式

状态机方式是指用状态图的方式进行功能系统描述。Quartus Ⅱ 软件自带图形化的状态机输入工具,在图形界面里可以通过状态设置、输入输出端口设置、状态转移条件设置等完成状态机的绘制等,也可以使用 Quartus Ⅱ 软件提供的状态机生成向导按步骤绘制状态机,最终生成的状态机文件(* . smf)可以转换成 HDL 文件。

2. 综合

综合的定义是将设计的较高抽象层次描述转换成较低抽象层次描述的过程。综合的任务就是将 HDL 语言、原理图等设计输入,转换成由基本门电路(与、或、非门等)及器件库提供的基本单元所组成的网表,并根据目标与要求(约束条件)优化所生成的逻辑连接,最后形成 . elf 或 . vqm 等标准格式的网表文件,供布局布线器进行实现。

随着 FPGA/CPLD 复杂度的提高,硬件系统性能的要求越来越高,高级综合是设计流程中的关键环节,综合结果的优劣直接影响了布局布线的结果。好的综合工具能够使设计占用芯片的物理面积最小、工作效率最高。

综合有以下几种表示形式:

(1) 高层次综合:将算法级的行为描述转换为 RTL 级描述。

（2）逻辑综合：从 RTL 级描述转换为逻辑门级（可包括触发器）表示。

（3）版图综合。将逻辑门表示转换为版图表示，或转换为 PLD 器件的配置网表表示。根据版图信息进行 ASIC 生产，有了配置网表可在 PLD 器件上实现系统功能。

在 Quartus Ⅱ 软件中，除了可以使用自带的"Analysis&Synthesis"命令进行综合外，也可以使用第三方综合工具。目前用得比较多的第三方综合工具为 Synopsys 公司的FPGA Compiler Ⅱ、Exemplar Logic 公司的 Leonardo Spectrum、Synplicity 公司的 Synplify/Synplify Pro 等软件。

3. 布局布线

Quartus Ⅱ 软件中的布局布线，是由"Fitter"（适配器）执行的，其功能是使用综合生成的网表文件，将工程的逻辑和时序的要求与器件的可用资源相匹配。它将每个逻辑功能分配给最合适的逻辑单元进行布线，并选择相应的互连路径和引脚分配。如果在设计中执行了资源分配，则布局布线器将试图使这些资源与器件上的资源相匹配，努力满足用户设置的其他约束条件并尽可能地优化设计中的其余逻辑。如果没有对设计设置任何约束条件，则布局布线器将自动对设计进行优化。如果适配不成功，则 Fitter 会终止编译，并给出错误信息。

Quartus Ⅱ 软件中布局布线包含分析适配结果、优化适配和通过反标保留分配等。

4. 时序分析

时序分析是指为整个工程、特定的设计实体或个别实体、节点和引脚所需的速度性能进行分析。Quartus Ⅱ 软件中的时序分析可用于分析设计中的所有逻辑，并有助于指导 Fitter 达到设计中的时序要求。默认情况下，时序分析作为完整编译的一部分自动运行，分析、报告时序信息，例如，建立时间（t_{SU}）、保持时间（t_H）、时钟至输出延时（t_{CO}）和最小时钟至输出延时、引脚至引脚延时（t_{PD}）、最大时钟频率（f_{MAX}）以及设计的其他时序特性。当提供时序约束或者默认设置有效时，时序分析会报告迟滞时间。可以使用时序分析报告分析、调试和验证设计的时序性能。

5. 仿真

仿真的目的是在软件环境下，验证电路的设计结果是否和设想中的功能一致。在如图 8.1.1 所示的设计流程中，设计者在完成了设计输入、综合、布局布线后，需要验证系统的功能是否能够满足设计要求以及各部分的时序配合是否准确。

仿真可以分为功能仿真和时序仿真。功能仿真是在不考虑信号延时等因素的条件下，分析输入和输出之间关系的一种方式，又称为行为仿真或前仿真。时序仿真又叫后仿真，它是将设计映射到特定的工艺环境（如具体器件）中，并在完成了布局布线后进行的包括信号时延的仿真。由于不同器件的内部时延不一样，不同的布局布线方案会对时延造成很大的影响，因此在设计功能实现后，需要对设计进行时序仿真，分析信号间的时序关系，验证实现后的逻辑功能是否正确，延迟是否导致错误等。如果存在逻辑和时序的问题，就可以对设计进行修改，从而避免错误。

6. 编程和配置

将成功编译、正确仿真后的编程文件下载到可编程器件的过程称为配置。在配置前，首先需将下载电缆、硬件开发板和电源准备好，再设置配置选项，随后就可以对可编程器件进行配置。

Quartus Ⅱ 软件的编译工具(Compiler Tool)中的汇编器(Assembler)用于生成配置所需的编程文件,会自动产生 .sof 文件(SRAM Object File)和 .pof(Programmer Object File)文件。.sof 文件用于通过连接在计算机上的下载电缆对硬件开发板上的 FPGA 芯片进行配置,.pof 文件用于配置专用配置芯片。

Quartus Ⅱ 软件的 Programmer 编程器在下载电缆的配合下使用生成的 .sof 文件和 .pof 文件对 FPGA/CPLD 器件进行配置。

8.2　Quartus Ⅱ 开发环境的建立

建立 Quartus Ⅱ 开发环境需要安装软件和硬件驱动程序。

8.2.1　系统配置要求

为了使 Quartus Ⅱ 软件的性能达到最佳,建议 PC 计算机的最低配置如下:

(1) 1 GB 以上系统内存。

(2) 大于 3 GB 的安装 Quartus Ⅱ 软件所需的硬盘空间。

(3) 操作系统:Windows 或 Linux。

(4) 至少有下面的端口之一:

① 用于 ByteBlaster Ⅱ 或 ByteBlaster MV 下载电缆的并行口(LPT 口);

② 用于 MasterBlaster 通信电缆的串行口;

③ 用于 USB-Blaster 下载电缆、MasterBlaster 通信电缆以及 APU(Altera Programming Unit)的 USB 口(仅用于 Windows 2000 和 Windows XP)。

8.2.2　Quartus Ⅱ 软件的下载

在满足系统配置的计算机上,可以按照下面的步骤安装 Quartus Ⅱ 软件(这里以安装 Quartus Ⅱ 13.0 为例)。

在 Altera 的官方网站 https://www.altera.com/downloads/download-center.html 下载所需版本的 Quartus 软件,如图 8.2.1 所示。

在选择 Quartus Ⅱ 软件版本之后,网站提供了该版本软件的三种下载方式,如图 8.2.2 中的标签页所示,分别是:组合文件下载(Combined Files)、定制文件下载(Individual Files)和光盘文件下载(DVD Files)。

定制文件下载的方式使用户可以在"系统软件"、"器件库"和"其他软件"中自主选择所需的软件,这样可以有效地减少下载包的占用空间。定制方式可以根据需要选择"Quartus Ⅱ Subscription Edit"、"Devices"和"Additional Software"中提供的软件包。Quartus Ⅱ Software、Devices(选用的可编程器件所属的开发包)是必需的,其他软件可以根据需要选择。

需要说明的是,在下载软件时还要根据所选用的可编程芯片下载支持该芯片的器件库。这里,由于硬件选用的是 DE2 - 70 开发板,板上的 FPGA 芯片是 Cyclone Ⅱ 系列 EP2C70F896C6 芯片,因此下载开发包时需要选择 Cyclone Ⅱ 系列的器件库。

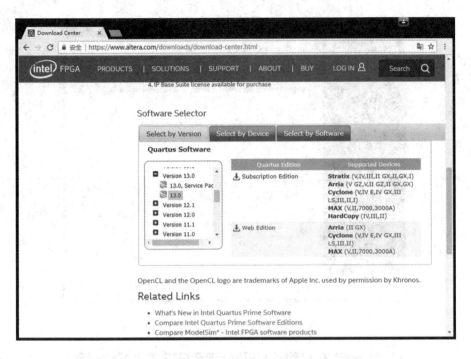

图 8.2.1　选择 Quartus Ⅱ 软件的下载版本

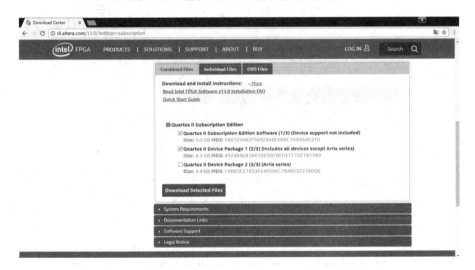

图 8.2.2　选择软件的下载方式

8.2.3　Quartus Ⅱ 软件的安装

首先找到事先下载的 Quartus Ⅱ 13.0 安装包，双击"QuartusSetup.exe"开始运行安装程序，出现如图 8.2.3 所示的安装界面。

在图 8.2.3 中点击"Next"，并选择"同意许可证协议"后，会出现图 8.2.4 所示的软件安装路径设置界面。安装 Quartus Ⅱ 软件时，请务必注意设置的安装路径不要包括中文和空格。由于软件占用的硬盘空间比较大，选择安装路径时要保证有足够大的安装空间。

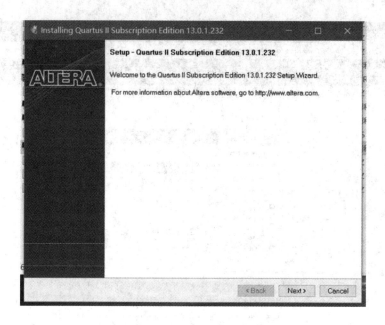

图 8.2.3　Quartus Ⅱ软件安装首页

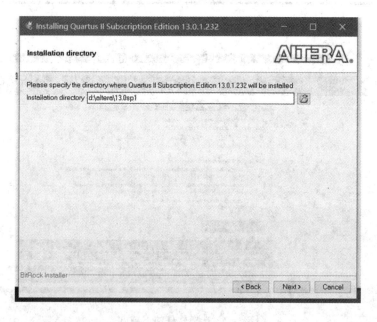

图 8.2.4　设置软件安装路径

将图 8.2.4 中的安装路径设置为"d：\altera\13.0sp1"，点击"Next"按钮，出现如图 8.2.5 所示的选择界面。在选择完需要安装的系统软件、器件库和仿真软件后，点击"Next"按钮，系统会出现一个软件正式安装前的报告界面，报告中显示软件安装目录、所需空间和可用空间。继续点击"Next"按钮，就会开始 Quartus Ⅱ软件的安装了，安装界面如图8.2.6 所示。

软件安装完毕后，可以进行快捷方式、启动运行等选择，根据需要勾选，然后点击"Finish"按钮就完成了。

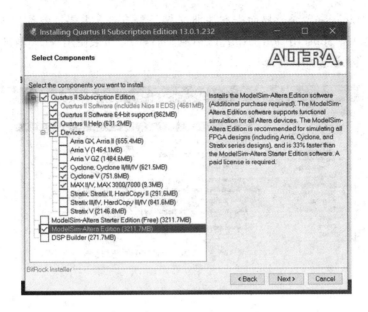

图 8.2.5　选择需要安装的软件

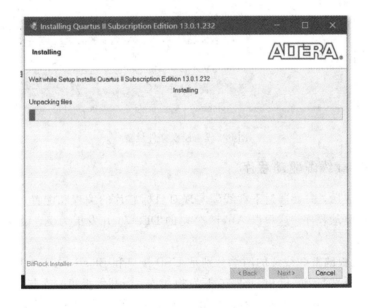

图 8.2.6　软件安装过程界面

安装完 QuartusⅡ软件之后，在首次运行它之前，还必须要有 Altera 公司提供的授权文件(license.dat)。授权文件包括对 Altera 综合与仿真工具的授权。Altera 公司对 QuartusⅡ软件的授权有两种形式，一种是单机版的 node-locked license，另一种是网络版的 network license。这里只介绍单机版 node-locked license 的设置方法。

在获得授权文件后可以通过如下的方式在 Quartus Ⅱ 软件中指定授权文件位置。

(1) 启动 QuartusⅡ软件。

(2) 选择主菜单"Tools"→"License Setup"进行授权文件的设置，如图 8.2.7 所示。

在"License File"对应的文本框中输入授权文件的路径和名称，点击"OK"按钮退出，然后重新进入"License Setup"界面查看注册文件是否有效，主要查看注册文件的 License Type(版本类型)和 Subscription Expiration(到期日期)，如果使用 30 天测试版本，那么会有许多系统功能无法使用。

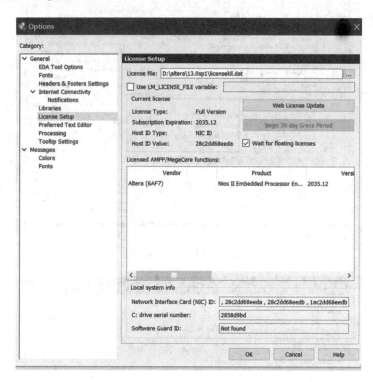

图 8.2.7 授权文件设置

8.2.4 安装下载线缆驱动程序

硬件设计完成后，需要通过下载线缆实现对目标芯片的编程和配置，因此还必须安装下载线缆的硬件驱动程序。这里以 Altera 公司的 DE2-70 开发板为例，说明下载线缆驱动程序的安装过程。

DE2-70 开发板的下载线缆的两端分别是 USB 接口和 Blaster 接口，USB-Blaster 线缆通过这两个接口分别与 PC 机和 DE2-70 开发板相连。当开发板第一次与 PC 连接时，如果之前没有安装 USB-Blaster 的驱动程序，就会在电脑的设备驱动程序中出现如图8.2.8所示的 USB-Blaster 设备图标。

图 8.2.8 设备管理器中的 USB-Blaster 图标

选中"USB-Blaster"并双击，会出现如图 8.2.9 所示驱动程序安装界面。在图 8.2.9 中点击"更新驱动程序(U)..."，会出现驱动程序搜索方式选择界面，如图 8.2.10 所示。

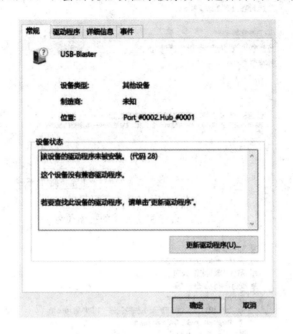

图 8.2.9　更新设备驱动程序

图 8.2.10　选择驱动程序的搜索方式

在图 8.2.10 中点击"浏览我的计算机以查找驱动程序软件(R)"，手工设置驱动程序所在的位置，会出现如图 8.2.11 所示的驱动程序路径设置界面。

USB-Blaster 的驱动程序已经被存放在 Quartus Ⅱ 软件安装目录中的"quartus\drivers\usb-blaster"目录下，因此设置如图 8.2.11 所示的搜索位置后，点击"下一步(N)"，系统会根据搜索位置自动安装驱动程序。安装完成后，USB-Blaster 在"设备管理器"中显示如图 8.2.12 所示。

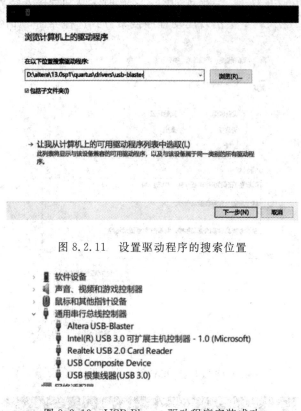

图 8.2.11　设置驱动程序的搜索位置

图 8.2.12　USB-Blaster 驱动程序安装成功

8.3　Quartus Ⅱ 软件的开发过程

8.3.1　建立新项目

Quartus Ⅱ 软件提供的新建工程指南会引导用户建立一个工程项目。新建工程的过程中包含对工程名称、工程文件、器件和第三方 EDA 工具的选择等,具体步骤如下:

(1) 设置目录、工程名称和顶层实体名称。

选择菜单命令"File"→"New Project Wizard",会出现一个"New Project Wizard"的简介对话框,在该对话框中点击"Next"按钮将弹出如图 8.3.1 所示"Directory, Name, Top-Level Entity"对话框,这个对话框用于设置工程项目存放目录、工程名称和工程顶层设计实体(Top-Level Design Entity)的名称,通常情况下可以将"工程名称"和"工程顶层设计实体"(简称"顶层实体")设置为相同的名称。图 8.3.1 中将工程项目存放目录设置为"E：\sample1",将工程名称和顶层实体名称都设置为"test1"。

所谓"顶层实体"是系统设计文件最终顶层模块的名称,"顶层实体"的功能类似于 C 语言中 main() 函数的功能。在 C 语言中 main() 函数是整个程序的入口,main() 是唯一的,且 main() 这个名称是不能改变的;在 Quartus Ⅱ 中,"顶层实体"是硬件的最终设计文件入口,这个文件是可以随时被设置的。

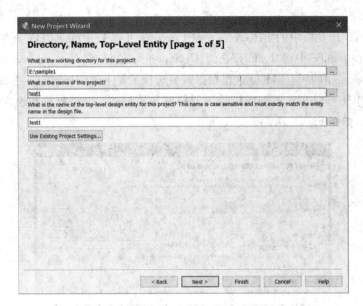

图 8.3.1　设置目录、工程名称和顶层实体名称

（2）将已有设计文件添加到工程中。

在完成第（1）步后，点击"Next"按钮将会弹出"Add Files"对话框，如图 8.3.2 所示。在这个对话框中可以在"File name"的空白处选择或输入已存在的设计文件，然后选择"Add"按钮将其加入到这个工程中，也可以使用"User Libraries..."按钮把用户自定义的库函数加入到工程中使用，完成后点击"Next"按钮进入如图 8.3.3 所示对话框。由于这是我们的第一个工程，在图 8.3.2 所示对话框中不做任何操作。

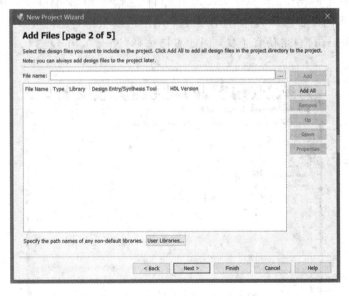

图 8.3.2　在工程中添加文件

（3）选择使用的器件。

图 8.3.3 所示是"Family & Device Settings"对话框。如果选中"Auto device selected by the Filter"，则由编译器自动选择；否则就要在"Avalibable devices"列表中手动选择所

需的器件。

由于 DE2-70 开发板中的 FPGA 芯片是 Cyclone Ⅱ 系列中的 EP2C70F896C6 芯片,因此首先在"Device family"中将"Family"选为"Cyclone Ⅱ",这样在"Available devices"下面的列表中就会列出 Cyclone Ⅱ 的所有器件。这里根据需要选择的是 EP2C70F896C6 芯片。

在对话框中还可以在右上侧通过设置器件的封装形式、引脚数目和速度级别等约束可选器件的范围,如图 8.3.3 所示。

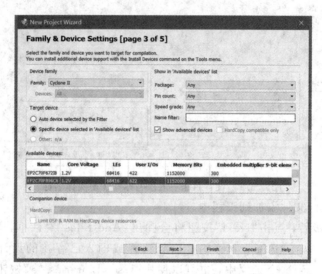

图 8.3.3　选择器件

(4) 设置 EDA 工具。

在完成第(3)步的操作后,点击"Next"按钮将会弹出"EDA Tool Settings"对话框,如图8.3.4 所示,询问是否选择其他 EDA 工具,用户可以根据自己的开发习惯选择 EDA 工具。这里使用 Quartus 自带仿真工具,因此直接选择"Next",出现图 8.3.5 所示工程设置报告界面。

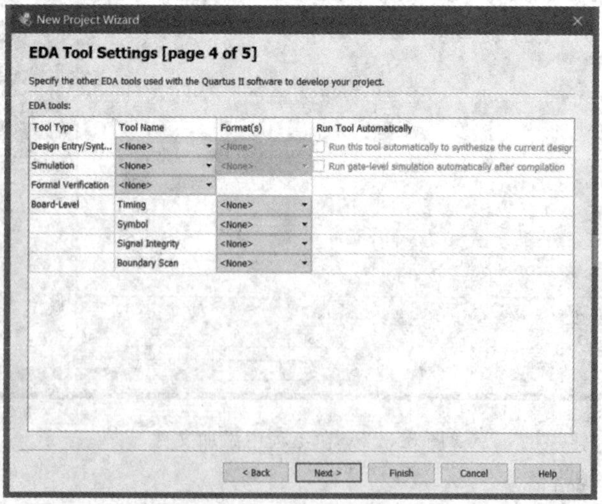

图 8.3.4　EDA 工具选择

（5）查看工程设置报告。

"Summary"对话框显示新建工程的设置情况，包括从第（1）步到第（4）步的所有用户设置，如图 8.3.5 所示。

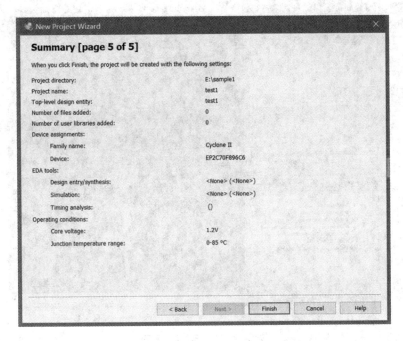

图 8.3.5　新建工程设置报告对话框

（6）进入工程开发设计界面。

在图 8.3.5 所示对话框中点击"Finish"完成工程的创建，并在软件界面顶部的标题栏显示工程名称和存储路径，如图 8.3.6 所示。图 8.3.6 中显示的软件界面，主要功能区域有标题栏、菜单栏、工具栏、资源管理窗口、编译状态窗口、信息显示窗口和工程工作区等。

• 标题栏：显示当前工程的路径和工程名。

• 菜单栏：主要由文件（File）、编辑（Edit）、视图（View）、工程（Project）、资源分配（Assignments）、操作（Processing）、工具（Tools）、窗口（Window）和帮助（Help）等下拉菜单组成。

• 工具栏：包含了工程开发过程中一些常用命令的快捷方式图标。

• 资源管理窗口：用于显示当前工程中的相关资源和文件。这个窗口包括三个标签：Hierarchy 标签提供工程的层级显示；Files 标签提供所有的工程文件；Design Units 标签提供设计单元的列表。

• 工程工作区：在整个开发过程实现不同功能时，该区域将打开与其当时功能相对应的操作窗口，显示不同的内容，进行不同的操作，例如设计文件的录入、仿真设置、仿真分析、引脚分配、编程下载编译报告等都在该区域中操作或显示。

• 编译状态窗口：显示编译过程模块综合、布局布线等各阶段的进度和所用时间。

• 信息显示窗口：是一个消息处理器的显示窗口，可以提供详细的编译报告、警告和错误信息。设计者可以根据这里的某个消息定位到 Quartus Ⅱ 软件不同窗口中的相应位置，检查相关信息。

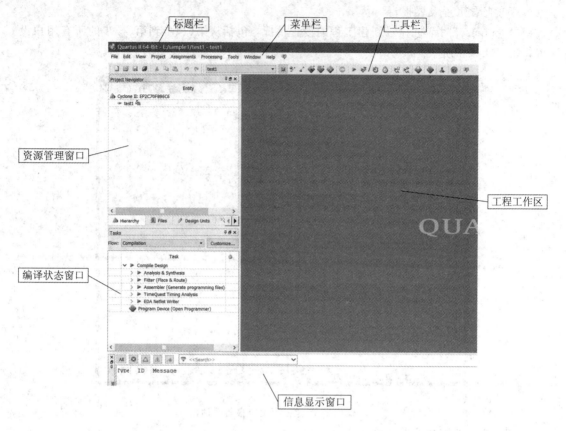

图 8.3.6　工程创建完毕的软件界面

这里补充说明一下,在新建工程完成后,也可以随时向工程中添加文件和改变器件的设置,具体操作如下。

(1) 在工程中添加文件。

在资源管理窗的"Files"标签中选中文件夹,点击右键,会出现"Add/Remove Files in Project..."快捷菜单,如图 8.3.7 所示,点击后就可以进入文件添加对话框,这个对话框的界面与图 8.3.2 的类似。

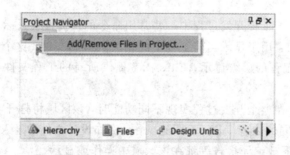

图 8.3.7　在资源管理窗添加文件

(2) 更改器件设置。

在资源管理窗的"Hierarchy"标签中选中器件名称,点击右键,在出现的快捷菜单中选择"Device...",如图 8.3.8 所示,点击后就可以进入器件设置对话框,这个对话框的界面与图 8.3.3 的类似。

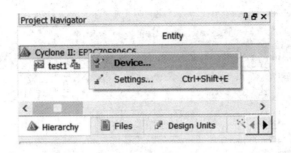

图 8.3.8　在资源管理窗重新设置器件

8.3.2　设计输入

Quartus Ⅱ 软件开发过程中设计输入最常用的方式是原理图方式和 HDL 文本方式。下面将分别介绍这两种方式的具体设计步骤。

1. 基于原理图的设计输入

本节以全加器为例，说明如图 8.3.9 所示的电路原理图作为设计文件，在 Quartus Ⅱ 软件中的"绘图"过程。

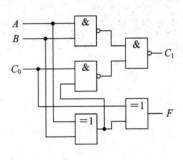

图 8.3.9　全加器原理图

1）建立原理图文件

执行菜单栏"File"→"New"命令，在如图 8.3.10 所示的新建文件窗口中选择"Block Diagram/Schematic File"，点击"OK"。在工作区中会自动生成一个名为"Block1. dbf"文件的空白图纸，并在图纸上侧自动打开如图 8.3.11 所示的绘图工具栏。接下来的工作就是在这张空白的图纸上，"绘制"图 8.3.9 所示的全加器电路图。

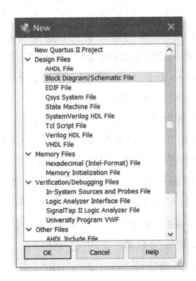

图 8.3.10　建立原理图输入文件

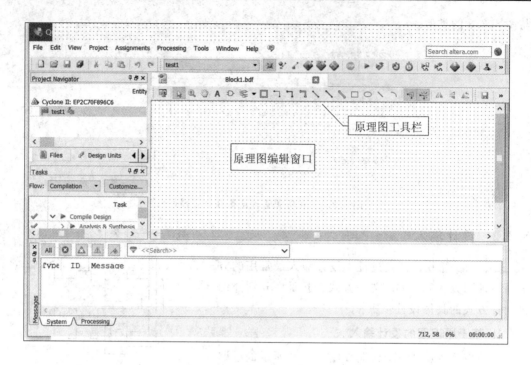

图 8.3.11　原理图编辑窗口和工具栏

2) 放置元器件

图 8.3.9 中的全加器是由 3 个"与非门"和 2 个"异或门"组成的,因此需要从器件库中先找到"与非门"和"异或门",并将这两个元件添加到原理图编辑窗口中。

在图 8.3.11 所示原理图编辑窗口中的任意空白处双击鼠标左键,会弹出图 8.3.12(a)所示元件选择窗口,在这个窗口的左侧列出了当前工程的元件和系统提供的所有器件库,有两种方式可以查找所需的元件。一种方式是在图 8.3.12(a)左侧的"Name"文本框中输入元件的名称;另一种方式是在图 8.3.12(a)左侧的"Libraries"元件库窗口中,按照元件的分类查找所需的元件,拖动"Libraries"右边的滑块,这里可以根据元件类别按层次展开器件库,在展开的器件库中选择所需的元件。器件库中提供了各种逻辑功能符号,包括 megafunctions(宏功能)、others、primitives(原语)等。原语库中主要包括基本逻辑单元库,如各种门电路、缓冲器、触发器、引脚、电源和地等。

如果确切地知道元件的名称就可以直接在"Name"处输入设计原理图所需的元件名称。本例中在"Name"文本框中填入"nand2"(二输入与非门),软件会自动在器件库中找到 nand2 元件,并在窗口右侧给出器件逻辑符号的预览,如图 8.3.12(b)所示,点击"OK"确认后会将该元件返回到原理图编辑窗口,选择适当的位置点击鼠标左键即可放置一个 nand2 元件。可以看到该元件上有两个名称,上方的名称是"NAND2",表示这个元件的类别,下方的名称是"inst",这是系统为这个元件自动命名的名称,是标识这个元件特有的实例化名称,可以根据需要修改元件的名称。选中该元件,点击鼠标右键,在弹出的快捷菜单中选中"Properties"命令,会出现如图 8.3.13 所示的元件属性对话框,在"General"选项卡中将元件命名为"G1"。

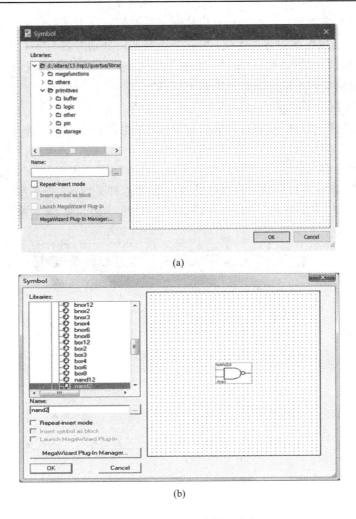

(a)

(b)

图 8.3.12　查找所需的元器件

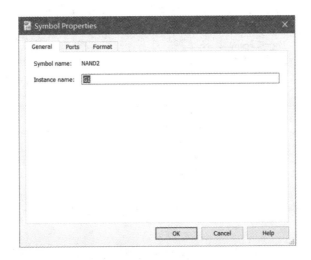

图 8.3.13　为元件命名

本例中的全加器需要三个与非门,另外两个与非门可以上述方法放置到原理图上,也可以将"G1"复制后用粘贴的方法生成,将这三个与非门分别命名为"G1"、"G2"和"G3"。

异或门在原语库中的名称是"xor",将图 8.3.9 中所需的两个异或门用同样的方法绘制到原理图编辑窗口,并将其分别命名为"G4"和"G5"。

3)放置输入和输出端口

图 8.3.9 有三个输入信号和两个输出信号,因此电路图还需要添加三个输入端口和两个输出端口,输入端口(input)和输出端口(output)可以在"Libraries"→"Primitives"→"Pin"分类下找到。将添加的三个输入端口分别命名为"A"、"B"和"C0",两个输出端口命名为"S"和"C1"。输入端口和输出端口默认的引脚名称都是"pin_nameX"。为了操作方便,一般是需要对其进行重新命名的,其命名方法与元件相似。图 8.3.14 是输入端口引脚"A"命名的对话框。

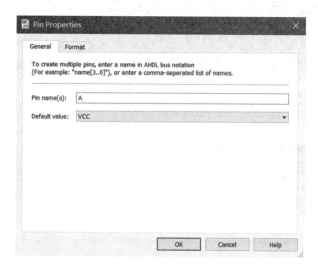

图 8.3.14 为端口信号命名

将元件和输入/输出端口放置完毕后的情况如图 8.3.15 所示。

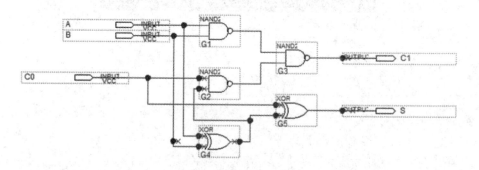

图 8.3.15 绘制完成后的全加器原理图

4)连线

添加完元件和输入/输出信号后,还需要将输入/输出端口、各元件按照图 8.3.9 进行连接。有两种连线的方式。第一种方式是在原理图编辑窗口的工具栏中选中 ⌐ (Orthogonal Node Tool，垂直连线工具)图标，在需要连接线的起始位置点击鼠标左键，然后按住左键并拖动鼠标到连接线的终点，松开鼠标左键即可；第二种方式是将鼠标放到元件的引脚上，鼠标会自动变成"十"形状，按左键拖动鼠标，就会有导线引出，根据电路图画好所有连线。

5) 保存原理图文件

完成全加器电路图的绘制后要将其保存。执行主窗口的"File"→"Save As"命令，将原理图文件取名为"myAdd1.bdf"，并保存在此工程项目建立的文件夹内。至此，基于原理图的设计输入完成。

2. 基于 Verilog HDL 语言的文本输入

下面同样以"全加器"为例，说明用 Verilog HDL 文本方式输入设计文件的过程。

1) 建立 Verilog HDL 文件

执行主窗口的菜单栏"File"→"New"命令，在"Design Files"对话框中选择"Verilog HDL File"，点击"OK"。

2) 输入源代码

在文本编辑窗口中输入全加器的源代码，具体代码如下：

```
module Fadder(cout, sum, a, b, cin);        //模块名，端口列表
    output cout, sum;                        //输出端口声明
    input a, b, cin;                         //输入端口声明
    assign{cout, sum}=a+b+cin;               //数据流语句 a+b
endmodule                                    //模块结束
```

文件编辑完毕后，保存上述 Verilog HDL 文件，并将其命名为"Fadder.v"。至此，基于 Verilog HDL 语言的文本设计输入完成。可以看到，利用 Verilog HDL 语言设计输入的方法更简洁，移植性、通用性好，便于修改设计，是目前普遍采用的设计方法。

3) 生成符号文件

用源代码编写的模块，如果要在原理图中使用，就需要生成符号模块。首先，在资源管理器中选择需要的源代码文件，然后执行主窗口的菜单栏"File"→"Create/Update"→"Create Symbol Files for Current File"命令，如果源代码文件没有语法错误，便可创建设计文件的符号模块，该模块会出现在 Libraries 器件库中的 Project 文件夹下，如图 8.3.16 左侧所示，创建的模块符号如图 8.3.16 右侧所示。

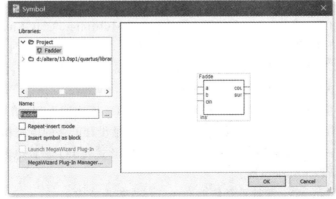

图 8.3.16　由 Verilog HDL 文件创建的全加器模块

8.3.3　编译

完整的编译包括 Analysis & Synthesis、Fitter、Assembler 和 Timing Analyzer 四个主要过程的连续执行。

在工具栏中点击 ▶ 图标可以执行编译，或者选择菜单栏中的"Processing"→"Start Compilation"命令启动编译。本例中"全加器"的编译过程中编译状态窗口的信息如图 8.3.17 所示。

图 8.3.17　编译过程中的编译状态窗口

在图 8.3.17 显示的编译状态窗口中完成以下几个步骤：

(1) Analysis & Synthesis：完成综合的功能。

(2) Fitter：对设计进行布局布线。

(3) Assembler：为编程或配置目标器件建立一个或多个编程文件，包括.sof 和.pof。

(4) TimeQuest Timing Analysis：作为全编译的一部分自动运行，观察和报告时序信息，例如建立时间、保持时间、时钟至输出延时、引脚至引脚延时、最大时钟频率、延缓时间以及设计的其他时序特性。

若顺利通过编译，则主窗口下方的"Messages"窗口会在编译过程结束后提示"Quartus Ⅱ Full Compilation was successful."，并给出如图 8.3.18 所示的编译报告，详细列出该硬件设计占用可编程芯片的资源情况，包括逻辑单元(Total Logic Elements)、寄存器(Total Registers)、引脚(Total Pins)、乘法器(Embedded Multiplier 9-bit Elements)和锁相环(Total PLLs)等资源。

编译结束后，可以在 RTL 视图中看到综合后生成的电路图，用户可以分析综合后结果是否与所设想中的设计一致。执行"Tools"→"Netlist Viewers"→"RTL Viewer"命令打开 RTL 视图，本实例中用 Verilog HDL 实现的 Fadder 模块的 RTL 结果如图 8.3.19 所示。RTL 阅读器右侧的窗口是设计结果的主窗口，包括设计电路的模块和连线；RTL 阅读器左侧显示的是一个层次列表，在每个层次上用树状形式列出了设计电路的所有单元。层次列表的内容包括以下几个方面：

(1) 实例(Instances)：能够被继续展开成低层次模块或实例。

(2) 原语(Primitives)：是最低层次的节点，不能被展开。

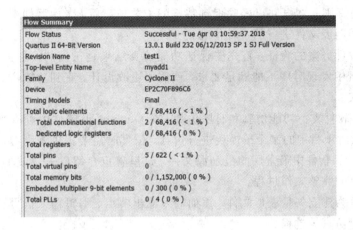

图 8.3.18　编译报告

（3）引脚（Pins）：当前层次的 I/O 端口。如果端口是总线，也可以将其展开，观察到每一个端口的信号。

（4）网线（Nets）：连接节点的连线。当网线是总线时也可以展开，观察每条网线。

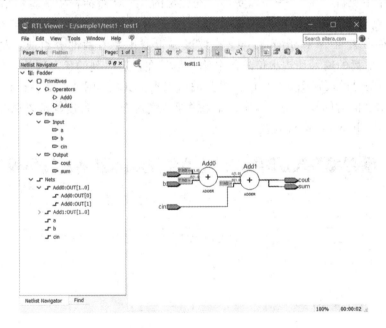

图 8.3.19　RTL 视图

在使用 Quartus Ⅱ 软件成功编译所完成的设计后，可以生成多种配置或编译文件，用于不同配置方式。对于不同的目标器件，编译后开发工具会根据指定的 FPGA 器件自动生成 .sof 和 .pof 配置文件。

8.3.4　功能仿真

仿真是指在软件环境中验证电路的功能是否能够满足设计要求。仿真分为功能仿真和时序仿真。功能仿真主要验证在不考虑电路时延的情况下，输入和输出之间的逻辑关系是否正确。时序仿真则是在电路已经映射到特定的工艺环境后,考虑器件中实际存在的电路延时对布局布线网表文件进行的一种仿真。

仿真是对设计方案的验证,首先要保证功能仿真结果是正确的,在功能仿真通过后,如果在时序分析中发现时序不能满足要求,就需要更改设计,直到功能仿真和时序仿真都能达到设计要求。

Quartus Ⅱ软件支持功能仿真和时序仿真。在 Quartus Ⅱ 软件中可以对整个设计进行仿真,也可以只对项目中的某个子模块进行仿真。仿真时需要提供激励源,矢量波形文件.vwf 是Quartus Ⅱ软件中最常用的激励源文件,这里着重介绍以矢量波形文件.vwf 作为激励源进行仿真的完整操作过程。

仿真一般分为建立矢量波形文件、添加输入输出节点、编辑输入信号、保存矢量波形文件和进行功能仿真等过程。

1. 建立矢量波形文件

在进行仿真之前,必须为仿真的输入信号提供测试激励,测试激励被保存在矢量波形文件中。

在主菜单中执行"File"→"New"命令,在弹出的"New"对话框中选择"University Program VWF"会自动建立一个空白的波形文件,并打开如图 8.3.20 所示波形编辑器,自动为该波形文件命名为"Waveform3.vwf"。波形编辑器由左右两部分组成:左边是信号窗口,显示用于仿真的输入和输出信号的名称及信号在标定时刻的状态取值;右边是波形窗口,显示对应信号的波形图。窗口的上方是波形编辑工具栏。图 8.3.20 所示波形编辑器中显示的整个仿真的时间长度是 960 ns。如果需要改变这个时间长度则可以选择主菜单"Edit"→"Set End Time..."进行设置。

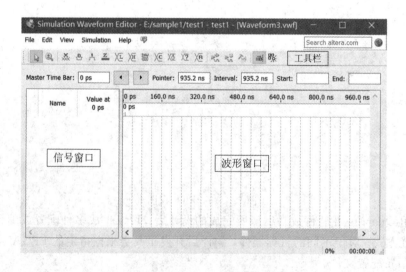

图 8.3.20　波形编辑器

2. 添加输入输出节点

在编辑输入波形之前,需要在待测试的电路中找到所需观测的信号。在 FPGA 的术语中,"节点"一词用来指电路中的信号,可以是输入信号(输入节点)、输出信号(输出节点)

或内部信号。对于本例中的全加器，需要找到输入和输出节点，这个过程是通过使用一个名为"Node Finder"的操作来完成的。在波形编辑器信号窗口的空白处点击鼠标左键或在波形编辑窗口的菜单中选择"Edit"→"Insert"→"Insert Node or Bus..."，出现如图 8.3.21 所示的弹出窗口，点击右侧的"Node Finder..."，会出现如图 8.3.22 所示的"Node Finder"窗口。

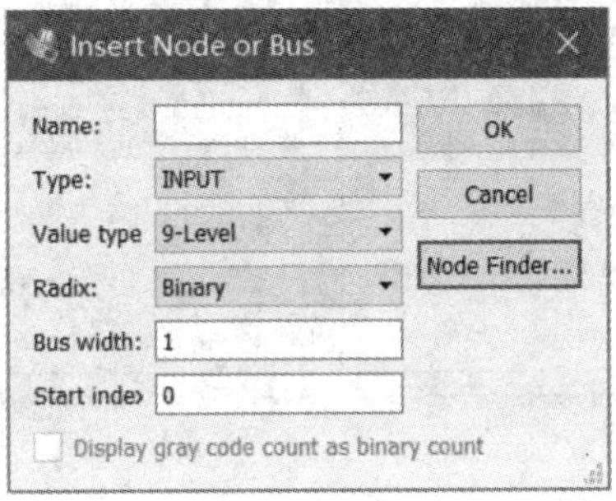

图 8.3.21　"Insert Node or Bus..."窗口

在如图 8.3.22 所示的"Node Finder"窗口中，过滤器(Filter)选项用于识别感兴趣的节点。在全加器的电路中，我们只对出现在 FPGA 芯片上的引脚节点感兴趣，因此，Filter 设置应该是"Pins：all"，然后点击"List"。随后会在左边的"Nodes Found"列表框中显示电路中所有的节点，可以根据需要选择希望在仿真过程中观察到的节点。

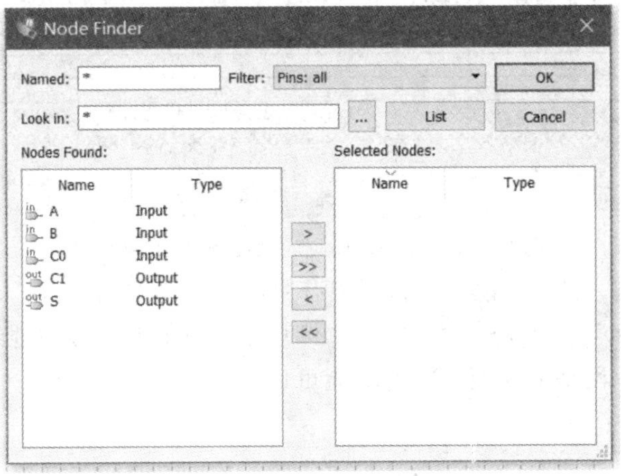

图 8.3.22　"Node Finder"窗口

在本例中，点击"List"按钮后，左侧的"Nodes Found"列表框列出了全加器电路所有输入、输出引脚"A"、"B"、"C0"、"C1"、"S"。右侧为选中信号列表框。如果选择单个节点，可以在左侧的待选节点窗口中选择所需的输入和输出节点，然后点击中间的 > 按钮将所需的信号添加到右侧的选中节点列表中。若要将所有输入输出信号添加到右侧窗口中，则可以直接点击中间的 >> 按钮。节点选择完成后的"Node Finder"窗口如图 8.3.23 所示。

点击图 8.3.23 所示的"OK"按钮，回到图 8.3.21 所示"Insert Node or Bus"窗口中，再次点击"OK"按钮，回到波形编辑窗口，这时会看到如图 8.3.24 所示添加了观测节点的

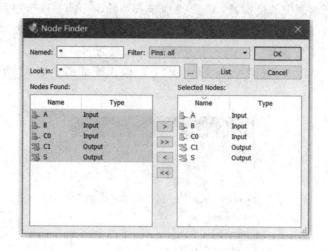

图 8.3.23　仿真节点选择后的结果

波形编辑窗口。在图 8.3.24 中,所有输入节点的取值都是逻辑 0,接下来要绘制输入波形,让输入波形作为激励信号验证设计电路的正确性,由仿真程序给出输出波形。

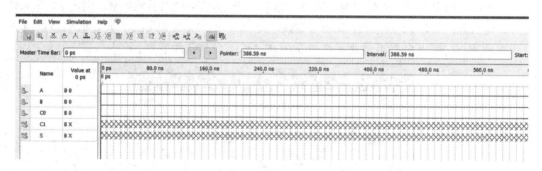

图 8.3.24　添加观测节点后的波形编辑窗口

　　为了便于绘制输入波形,波形编辑器中有用虚线绘制的网格线。网格线的宽度可以执行"Edit"→"Grid Size"进行调整,如图 8.3.25 所示。为了能够方便地编辑波形,波形编辑窗口提供了自动抓取网格的功能,这个功能可以选择主菜单"Edit"→"Snap to Grid"进行设置。

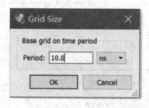

图 8.3.25　调整网格宽度

3. 编辑输入信号

　　绘制输入信号波形的方法有多种。最直接的方法是选定某个信号的一个时间范围,并指定该范围信号的取值。

波形编辑窗口中的波形编辑工具栏为编辑输入信号的波形提供了方便,图 8.3.26 标出了工具栏中各快捷按钮的功能。

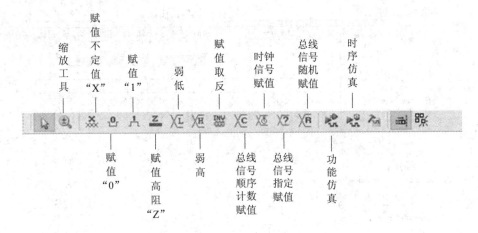

图 8.3.26　波形编辑工具栏

常用的输入信号设置包括时钟信号 clk、清零信号 clr、输入波形信号等。时钟信号 clk 的产生可以点击时钟信号按钮 ,弹出如图 8.3.27 所示的时钟信号设置窗口。在此窗口中可以设置时钟信号的周期、相位和占空比。

图 8.3.27　时钟信号设置对话框

如果设定清零信号 clr 高电平有效,在信号窗口选中 clr 信号的名称,就会在波形图窗口上选中整个信号,然后点击低电平按钮 ,就会将整个 clr 信号置为 0;然后根据需要选中 clr 波形中的某一段点击高电平按钮 ,将信号的该段置为 1。

下面说明本节中全加器的三个输入信号“A”、“B”和“C0”绘制的过程。下面分别用不同的方法对这三个信号进行设置。

(1) 信号“A”。

在 160 ns 点附近的输入信号“A”波形上点击鼠标,然后将鼠标拖动到 320 ns 点。所选的时间段以蓝色突出显示,如图 8.3.28(a)所示。通过点击 图标将波形的值更改为 1,如图 8.3.28(b)所示。

(2) 信号“B”。

另一种可以编辑波形的方式是通过使用反转图标 将选定的时间间隔内信号的值取反。我们使用这种方法来创建信号“B”的波形。在“B”信号波形内选择 80～160 ns 时间

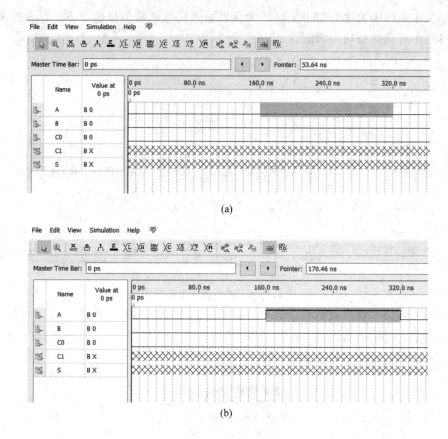

图 8.3.28　编辑全加器输入信号"A"的波形

段，然后按 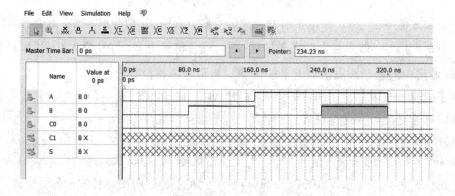 图标，使其值从 0 变成 1，然后再选择 240～320 ns 时间段做同样的操作。

操作完成后信号"B"的波形如图 8.3.29 所示。

图 8.3.29　编辑全加器输入信号"B"的波形

（3）信号"C0"。

我们使用第三种方法来绘制"C0"的波形。这个信号应该在每隔 40 ns 的区间取值在 0 和 1 之间交替变化。信号的这种规律变化的模式与逻辑电路中使用的时钟信号类似。"C0" 虽然不是时钟信号，但以时钟信号的设置方式指定"C0"是很方便的。

在信号窗口点击"C0"输入，它将选择"C0"的整个仿真时间，然后点击  时钟图标，会弹出如图 8.3.30 所示窗口，这里设置 80 ns 的时钟周期和 50％的占空比。

图 8.3.30　时钟信号参数设置

在如图 8.3.30 所示界面中点击"OK"，"C0"的设置结果如图 8.3.31 所示。

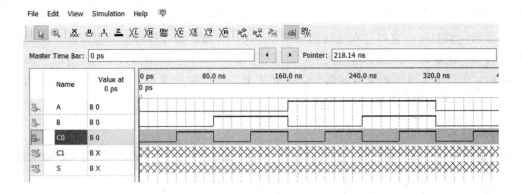

图 8.3.31　编辑全加器输入信号"C0"的波形

每个仿真信号的数据显示的格式都是可以选择的，方法是：在信号窗口选中信号，点击鼠标右键，在弹出的快捷菜单中选择"Properties..."，会弹出如图 8.3.32 所示的数据显示选项。

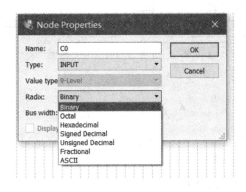

图 8.3.32　数据显示格式设置

图 8.3.32 中各选项对应的数据格式如下：

• Binary：二进制数。
• Octal：八进制数。

- Hexadecimal：十六进制数。
- Signed Decimal：有符号十进制数。
- Unsigned Decimal：无符号十进制数。
- Fractional：小数。
- ASCII：ASCII 码。

4. 保存矢量波形文件

在设置完输入信号的波形后，就可以保存波形文件了。具体方法是：点击主窗口的保存按钮，并对输入波形文件命名后，系统会将其保存在当前工程所建立的文件夹中。这里将前面编辑的全加器的矢量波形文件命名为 Fadder.vwf。

5. 进行功能仿真

生成矢量波形文件后，就可以对电路的功能进行仿真了。在波形编辑窗口的主菜单中选择"Simulation"→"Run Functional Simulation"，或者工具栏上的 按钮，会自动弹出一个显示仿真过程的窗口并在过程结束后自动关闭，随后会自动弹出一个与波形编辑器类似的窗口，该窗口中给出了输出波形，如图 8.3.33 所示。在这个窗口中，所有的波形都是只读的，所以输入波形如果有任何变化则必须重新修改波形文件，然后重新进行仿真。从图 8.3.33 中可以看出，输出信号"本位和"信号"S"和"本位向高位的进位"信号"C1"与输入信号"A"、"B"和"C0"的关系与全加器的真值表一致。

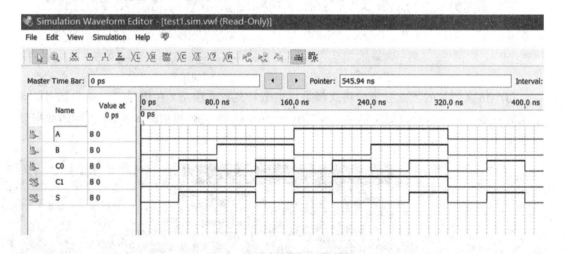

图 8.3.33　全加器功能仿真结果

8.3.5　时序仿真

在功能仿真正确后，可以加入电路的传输延时，进行时序仿真。在波形编辑窗口中选择"Simulation"→"Run Timing Simulation"，或者工具栏上的 按钮，会自动弹出一个显示仿真过程的窗口并在过程结束后自动关闭，随后会自动弹出一个时序仿真结果窗口，如图8.3.34 所示。同样的，在这个窗口中所有的波形也都是只读的，如果输入信号有任何变化则必须修改波形文件，然后重新进行仿真。

与图 8.3.33 比较，可以明显地看到输出波形相比输入波形相对应有大约 6 ns 的延时，同时波形中还显示出由于竞争产生的毛刺。

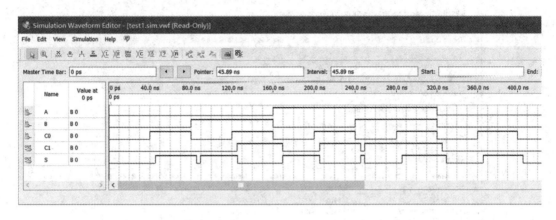

图 8.3.34　全加器时序仿真结果

8.3.6　工程配置及引脚分配

最终的硬件设计是要在可编程芯片上实现的，因此在完成设计输入和仿真后，还要进行工程配置及时序约束，其中包括器件的选择、引脚分配、时序约束等。

器件的选择是指为所完成的设计文件选择具体的芯片。

引脚分配是为对所设计的工程进行硬件测试，将设计工程的输入和输出信号锁定在器件确定的引脚上，也可以设置器件引脚的电平标准和电流强度等。

时序约束是为了使系统的设计满足运行速度的要求，在综合、布局布线阶段附加相关的约束条件。要分析工程是否满足用户对电路速度的要求，也需要对工程的设计输入文件添加时序约束，时序分析工具是以用户的时序约束判断时序是否满足设计要求的标准，因此要求设计者正确输入时序，以便得到正确的时序分析报告。

这里以 DE2 - 70 开发板为例，说明常用的器件配置和引脚分配步骤。

1. 器件的配置

选择"Assignments"→"Device"选项，打开如图 8.3.35 所示的器件设置对话框。在该对话框里可选用工程所需要的、Quartus II 软件所支持的元器件种类。除了选择器件的型号，还要选择"Device and Pin Options..."选项，打开如图 8.3.36 所示的器件配置对话框，可以设置配置芯片、未使用引脚的状态以及其他选项。

（1）设置配置芯片。

在图 8.3.36 左侧的类别选择窗口中选择"Configuration"配置器件，在右侧勾选"Use configuration device"，并在右侧的器件中选中配置芯片，如 EPCS16。

（2）配置未使用引脚的状态。

在左侧的类别选择窗口中选择"Unused Pins"，弹出如图 8.3.37 所示对话框。在该对话框里可以设置未使用引脚的工作状态，如设置成输入三态。器件的其他选项可以根据实际需要选择配置。

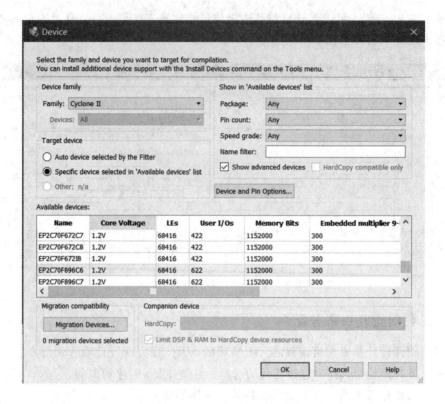

图 8.3.35　器件设置对话框

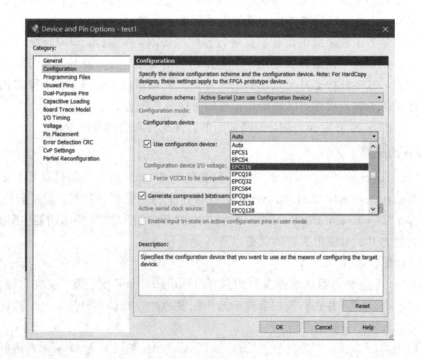

图 8.3.36　器件配置对话框

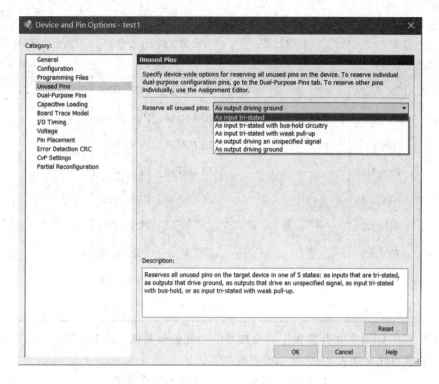

图 8.3.37　设置未使用引脚的状态

2. 引脚分配

对可编程器件配置完成后，为了能对"全加器"进行硬件测试，应将其在 FPGA 芯片上配置的引脚与 DE2 - 70 开发板上的硬件资源建立对应关系。DE2 - 70 开发板上的资源非常丰富，这里只介绍简单的输入/输出设备，如开关和发光二极管。DE2 - 70 开发板上的资源与 FPGA 芯片 EP2C70F896C6 引脚的对应关系如表 8 - 1 所示。

表 8 - 1　DE2 - 70 开发板上的部分输入/输出设备及其引脚

拨码开关 （输入设备）		按钮开关 （输入设备）		发光二极管（红色） （输出设备）		发光二极管（绿色） （输出设备）	
iSW[0]	PIN_AA23	iKEY[0]	PIN_T29	oLEDR[0]	PIN_AJ6	oLEDG[0]	PIN_W27
iSW[1]	PIN_AB26	iKEY[1]	PIN_T28	oLEDR[1]	PIN_AK5	oLEDG[1]	PIN_W25
iSW[2]	PIN_AB25	iKEY[2]	PIN_U30	oLEDR[2]	PIN_AJ5	oLEDG[2]	PIN_W23
iSW[3]	PIN_AC27	iKEY[3]	PIN_U29	oLEDR[3]	PIN_AJ4	oLEDG[3]	PIN_Y27
iSW[4]	PIN_AC26			oLEDR[4]	PIN_AK3	oLEDG[4]	PIN_Y24
iSW[5]	PIN_AC24			oLEDR[5]	PIN_AH4	oLEDG[5]	PIN_Y23
iSW[6]	PIN_AC23			oLEDR[6]	PIN_AJ3	oLEDG[6]	PIN_AA27
iSW[7]	PIN_AD25			oLEDR[7]	PIN_AJ2	oLEDG[7]	PIN_AA24
iSW[8]	PIN_AD24			oLEDR[8]	PIN_AH3	oLEDG[8]	PIN_AC14

续表

拨码开关 (输入设备)		按钮开关 (输入设备)	发光二极管(红色) (输出设备)		发光二极管(绿色) (输出设备)
iSW[9]	PIN_AE27		oLEDR[9]	PIN_AD14	
iSW[10]	PIN_W5		oLEDR[10]	PIN_AC13	
iSW[11]	PIN_V10		oLEDR[11]	PIN_AB13	
iSW[12]	PIN_U9		oLEDR[12]	PIN_AC12	
iSW[13]	PIN_T9		oLEDR[13]	PIN_AB12	
iSW[14]	PIN_L5		oLEDR[14]	PIN_AC11	
iSW[15]	PIN_L4		oLEDR[15]	PIN_AD9	
iSW[16]	PIN_L7		oLEDR[16]	PIN_AD8	
iSW[17]	PIN_L8		oLEDR[17]	PIN_AJ7	

为了能够在 DE2-70 开发板上对全加器的功能进行验证,将全加器的端口与 DE2-70 开发板上的资源建立如表 8-2 所示的对应关系。

表 8-2　变量与芯片引脚的对应关系

端口名称	资源名称	芯片引脚
A	iSW[0]	PIN_AA23
B	iSW[1]	PIN_AB26
C0	iSW[17]	PIN_L8
C1	oLEDG[0]	PIN_W27
S	oLEDR[0]	PIN_AJ6

在 Quartus Ⅱ 软件的 Assignments 菜单下点击"Pin Planner",会出现如图 8.3.38 所示的引脚分配工具。它右侧是器件的封装视图,在封装图中以不同的颜色和符号表示不同类型的引脚,并以其他符号表示 I/O 块;左下角在默认状态下显示"All Pins"列表。

在器件封装视图中点击右键,可以选择显示指定特性的引脚、显示器件的总资源、查找引脚等功能。将鼠标放于某个引脚的上方,会自动弹出该引脚属性的标签,双击该引脚打开引脚的属性窗口可以对其进行配置。

在"All Pins"列表中"Node Name"栏已经列出设计中所有的输入/输出引脚。在"Node Name"列是每个端口的名称,在"Location"列是每个端口对应的引脚,在这里可以按照表 8-2 对全加器的端口进行引脚分配。图 8.3.38 显示的是引脚分配完毕的状态。

引脚分配的另一种方法是在主窗口的菜单栏"Assignments"中选择"Assignment Editor"后,弹出如图 8.3.39 所示的窗口。双击"To"栏选择输入需要分配的引脚"A",在"Assignment Name"列设置为 Location 的情况下,在"Value"列设置芯片的引脚。

需要注意的是,在工程配置和引脚分配完成后,必须重新编译工程。

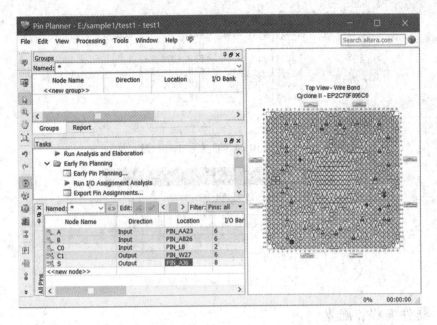

图 8.3.38 设置未使用引脚的状态

		Status	From	To	Assignment Name	Value	Enabled	Entity	Comment	Tag
1		✔ Ok		A	Location	PIN_AA23	Yes			
2		✔ Ok		B	Location	PIN_AB26	Yes			
3		✔ Ok		C0	Location	PIN_L8	Yes			
4		✔ Ok		C1	Location	PIN_W27	Yes			
5		✔ Ok		S	Location	PIN_AJ6	Yes			
6			<<new>>	<<new>>	<<new>>					

图 8.3.39 用 Pin Editor 分配端口引脚

前面的引脚分配方法需要手工配置每个端口，适合硬件设计引脚数量不多的情况。如果系统的引脚数量比较多，这种方法就比较繁琐了。在这种情况下可以采用文件导入的方式，批量进行引脚分配，具体方法如下。

（1）建立 *.cvs 文件。

新建一个 Excel 文件，首先在该文件中的第一行定义四列，每列的名称如图 8.3.40 所示。其中第一列的标题是"To"，该列对应的是输入/输出端口的名称；第三列的标题是"Value"，对应的是可编程芯片的引脚名称；第四列的标题为"Enabled"，用于指示是否对该行对应的端口进行引脚分配。图 8.3.40 中从第二行开始的信息是全加器例子中每个端口信号对应的引脚内容。这里将文件保存为 Fadder.cvs。

注意：保存时将文件类型设为 .cvs（逗号分隔符）格式，且该文件中的端口名一定要和 Quartus 顶层文件的输入/输出变量名一样。

（2）导入 *.cvs 文件。

选择"Assignments"→"Import Assignments"，打开如图 8.3.41 所示的对话框，输入"Fadder.cvs"导入该文件，即可完成引脚分配。

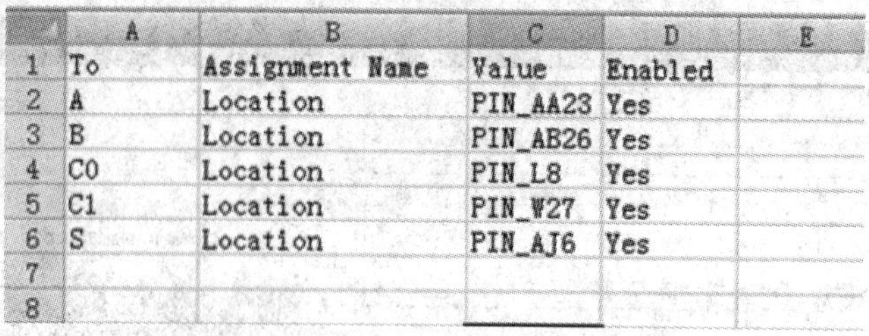

图 8.3.40　Excel 文件中的信息

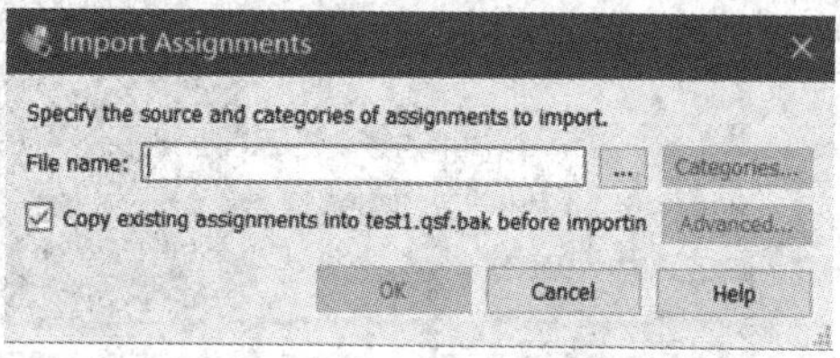

图 8.3.41　导入引脚分配文件

8.3.7　器件编程和配置

最终的硬件功能是要在硬件上验证和实施的，就是要对配置的芯片进行编程，完成最终的开发。Quartus Ⅱ软件成功编译完成后，会自动产生 .sof 和 .pof 两个文件。配置文件下载，就是将 .sof 格式或者 .pof 格式的文件下载至可编程芯片中。下面介绍具体的编程配置步骤。

1. 选择下载线缆类型

首先将 DE2‑70 开发板和 PC 机通过通信线连接好，并打开开发板的电源。本实验使用的是 USB‑Blaster 下载线缆。执行主窗口的菜单栏"Tools"→"Programmer"命令或工具栏的 ◆ 按钮，启动如图 8.3.42 所示的下载窗口。

在图 8.3.42 中左上角显示"No Hardware"说明没有选定的硬件，点击"Hardware Setup..."按钮，弹出如图 8.3.43 所示的硬件设置对话框，进行下载线缆类型的设置。在"Available hardware items"栏中显示当前已有的硬件项目有"USB‑Blaster"，点击"Currently selected hardware"选项卡，选择"USB‑Blaster"作为当前的下载线缆，点击"Close"按钮后，会回到如图 8.3.42 所示的窗口，显示已选择的下载线缆。

2. 选择编程模式

在图 8.3.42 中的"Mode"栏中可以看到有 4 种编程模式可以选择，即 JTAG、In‑Socket Programming(套接字内编程)、Passive Serial(被动串行模式)和 Active Serial Programming(主动串行编程模式)，此处选择默认的 JTAG 模式。

3. 确认下载文件

应注意核对下载的文件名。若需要下载的文件没有出现，则需要在图 8.3.42 所示界面的左侧点击"Add File..."按钮，手动选择。全加器编译成功后会产生 test1.sof 文件。选择好文件后，注意勾选"Program/Configure"项。

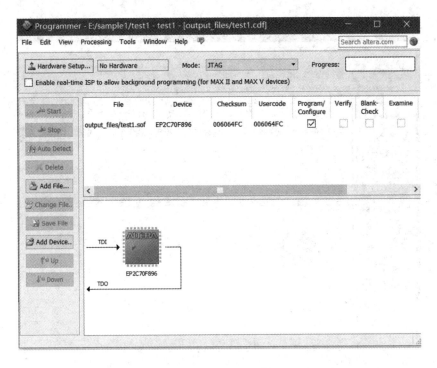

图 8.3.42　下载配置文件界面

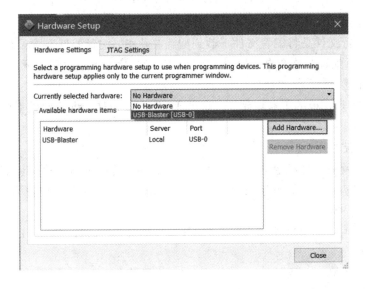

图 8.3.43　设置下载线缆类型

4. 对编程芯片进行编程

在完成以上操作后,会显示如图 8.3.44 所示的窗口界面,点击"Start"按钮,即可对实验开发板的 FPGA 器件进行下载。

在配置文件下载的过程中,图 8.3.44 中右上角的 "Progress"滚动条会显示下载进度,当下载进度为 100% 时,表示编程成功。成功下载后,可以通过实验开发板观察全加器的工作情况。

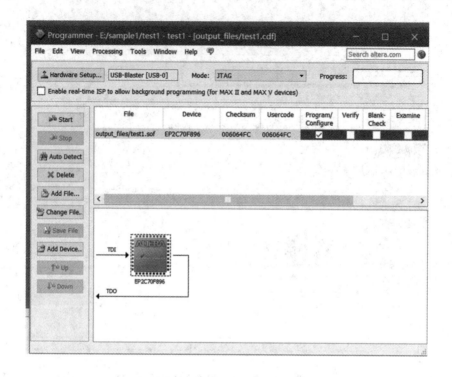

图 8.3.44　设置完成后的编程下载界面

在前面介绍过, .sof 配置文件是由下载电缆将其下载到 FPGA 中的, 在掉电时, 数据会丢失。.pof 配置文件是将配置文件下载到配置芯片中。配置器件通常是可编程的只读存储器, 在加电时, 配置芯片会自动配置 FPGA。配置芯片的下载过程如下:

(1) 连接开发板。

将 DE2 - 70 开发板的下载电缆与 PC 的 USB 接口相连, 将开发板上的 RUN/PROG 开关拨向 PROG。

(2) 设置配置芯片。

DE2 - 70 开发板上的配置芯片是 EPCS16, 在"Assignments"→"Device"→"Device & Pin Options"→"Configuration"选项卡中, 将"Configuration Device"设置为"EPCS16"。

(3) 设置编程模式。

在如图 8.3.44 所示的"Mode"栏中将编程模式配置为"Active Serial Programming"(主动串行编程模式)。

(4) 添加 .pof 编程文件。

确认将编译产生的 .pof 文件作为下载文件, 并注意勾选"Program/Configure"项。

(5) 对编程芯片进行编程。

完成第(1)~第(4)步后, 在图 8.3.44 所示窗口的左侧, 点击"Start"按钮, 完成对配置芯片的编程。

将 DE2 - 70 开发板断电, 并将开发板上的"RUN/PROG"开关拨向"RUN", 再加电后就可执行新的硬件设计。

习　题

1. 简述在 Quartus Ⅱ 软件中 FPGA/CPLD 的设计流程以及每个步骤在整个设计过程中的作用。

2. Quartus Ⅱ 软件中顶层实体文件的作用是什么？顶层义件的设置可以改变吗？

3. 归纳利用 Quartus Ⅱ 软件进行文本输入设计的流程。

4. 归纳利用 Quartus Ⅱ 软件进行原理图输入设计的流程。

5. 在 Quartus Ⅱ 软件中有哪几种引脚配置的方法？详细说明这几种方法的使用流程和注意事项，并说明它们各自的特点。

6. 全程编译主要包括哪几个功能模块？这些功能模块各有什么作用？

7. 在系统设计中，若有的模块自行用 Verilog HDL 设计，有的模块使用系统提供的标准器件，则顶层设计文件可以采用哪种方式生成？

8. 功能仿真与时序仿真有什么区别？如何查看这两种仿真结果的波形？

9. 建立仿真波形文件的步骤有哪些？

10. 在 Quartus Ⅱ 软件中如何进行设计的引脚分配？

11. 编译完成后 Quartus Ⅱ 软件生成的配置文件有几种，其作用有什么不同？

参 考 文 献

[1]　谭会生，张昌凡. EDA 技术及应用. 2 版. 西安：西安电子科技大学出版社，2004.

[2]　Browns, Vranesic Z. 数字逻辑与 VHDL 设计(英文版). 3 版. 北京：电子工业出版社，2009.

[3]　王毓银. 数字电路逻辑设计(脉冲与数字电路). 3 版. 北京：高等教育出版社，1999.

[4]　夏宇闻. Verilog 数字系统设计教程. 北京：北京航空航天大学出版社，2003.

[5]　Mano MM, Ciletti M D. 数字设计(英文版). 4 版. 北京：电子工业出版社，2008.

[6]　徐志军，尹廷辉. 数字逻辑原理与 VHDL 设计. 北京：机械工业出版社，2008.

[7]　Altera 官网. https://www.altera.com.

[8]　Xilinx 官网. https://www.xilinx.com.

[9]　Lattice 官网. https://www.semilattice.com.

[10]　Brown S, Vranesic Z. 数字逻辑基础与 Verilog 设计[M]. 夏宇文等译. 北京：机械工业出版社，2008.

[11]　Altera Corporation. DE2 Development and Education Board User Manul. 2005.

[12]　Altera Corporation. Quartus Ⅱ Version 7.2 Handbook. 2013.

[13]　姜雪松，吴钰淳，等. VHDL 设计实例与仿真. 北京：机械工业出版社，2007.

[14]　徐光辉，程东旭，黄如，等. 基于 FPGA 的嵌入式开发与应用. 北京：电子工业出版社，2006：51－86.

[15]　刘皖，何道军，谭明. FPGA 设计与应用. 北京：清华大学出版社，2006：14－76.

[16]　张延伟，杨金岩，葛爱学，等. Verilog HDL 程序设计实例详解. 北京：人民邮电出版社，2008：1－56.

[17]　江国强. PLD 在数字电路设计中的应用. 北京：清华大学出版社，2007：129－162.

[18]　林灶生，刘邵汉. Verilog FPGA 芯片设计. 北京：北京航空航天大学出版社，2006.

[19]　罗杰. Verilog HDL 与数字 ASIC 设计基础. 武汉：华中科技大学出版社，2008.